Kitty Ferguson

GOTTES FREIHEIT UND DIE GESETZE DER SCHÖPFUNG

Aus dem Amerikanischen von Gabriele Gockel,
Bernhard Jendricke und Rita Seuß
(Kollektiv Druck-Reif, München)

Kitty Ferguson

GOTTES FREIHEIT UND DIE GESETZE DER SCHÖPFUNG

»Warum muß sich das Universum
all dem Ungemach seiner Existenz unterziehen?«
(Stephen W. Hawking)

ECON Verlag
Düsseldorf · Wien · New York · Moskau

Titel der amerikanischen Originalausgabe: The Fire in the Equations.
Originalverlag: Bantam Press, London. Übersetzt von: Gabriele Gockel,
Bernhard Jendricke und Rita Seuß (Kollektiv Druck-Reif, München).
Copyright © 1994 by Kitty Ferguson.

Die Deutsche Bibliothek – CIP-Einheitsaufnahme

Ferguson, Kitty: Gottes Freiheit und die Gesetze der Schöpfung/Kitty
Ferguson. Aus dem Amerikan. von Gabriele Gockel... – Düsseldorf;
Wien; New York; Moskau: ECON Verl., 1994. Einheitssacht.: The fire
in the equations ⟨dt.⟩. ISBN 3-430-12667-3

Copyright © 1994 der deutschen Ausgabe by ECON Verlag GmbH,
Düsseldorf, Wien, New York und Moskau. Alle Rechte der Verbreitung,
auch durch Film, Funk und Fernsehen, fotomechanische Wiedergabe,
Tonträger jeder Art, auszugsweisen Nachdruck oder Einspeicherung
und Rückgewinnung in Datenverarbeitungsanlagen aller Art, sind vorbehalten.
Lektorat: Peter Klumbach. Gesetzt aus der Century, Berthold. Satz:
Dörlemann-Satz, Lemförde. Papier: Papierfabrik Schleipen GmbH,
Bad Dürkheim. Druck und Bindearbeiten: Ebner Ulm. Printed in
Germany. ISBN 3-430-12667-3.

Für meinen Vater und meine Mutter,
Herman und Tina Vetter

Die Autorin dankt den folgenden Personen, die das Manuskript ganz oder teilweise gelesen haben und für Fragen zur Verfügung standen. Ihnen verdanke ich wertvolle Anregungen, Kommentare und Korrekturen:

Richard Dawkins, Andrew Dunn, Savas Dimitropoulos, Yale Ferguson, Joseph Ford, Matthew Fremont, Alan Guth, Marissa Harerra, Stephen Hawking, David Hegg, Robert Maseroni, D. Paul La Montagne, Sir Brian Pippard, John Polkinghorne, Herman Vetter, Tina Vetter, Steven Weinberg.

Folgenden Personen danke ich für ihre Hinweise und Anregungen:

Serafina Clarke, Chuck Collins, Duff Ferguson, Howard Ferguson, Peter Harmon, Jim Morgan, Veronica Towle.

Inhalt

1
»Er wurde in Westminster Abbey bestattet«
13

2
Die Dinge sehen
17
Ist das rationale Universum eine Illusion?
28
»Das unendlich geheimnisvolle Buch der Natur...« –
können wir überhaupt viel darin lesen?
39
Ist die objektive Realität eine Fata Morgana?
47
Sind wir wirklich frei in unserem Handeln?
53
Ist das Universum ein Uni-versum?
57

3
Beinahe objektiv
61
Wo werden Ideen ausgebrütet?
64
Die Brille hinter den Augen
75
Die Muse der Naturwissenschaft: Ist die Wahrheit schön?
95
Ist die Wahrheit mächtiger als der Beweis?
101

Die Elite der Naturwissenschaft
104
Der Zeitgeist
109
Die fundamentale Gott-losigkeit der Naturwissenschaft
114
An den Grenzen der wissenschaftlichen Wahrheit
120
Erste Schritte über die im Kopf geschaffenen Bilder hinaus
123
Sonst noch etwas?
126
Gottes Hinterlist
132
Die Moralität der Naturwissenschaft: Ist die Wahrheit gut?
133

4
Die Freiheit Gottes und die Gesetze der Schöpfung
137
Die unbequeme Vorstellung von einem Anfang
138
Der gordische Knoten der Singularität
155
Die Magie der imaginären Zeit
164
Das pulsierende Universum
und die Geheimnisse der dunklen Materie
173
Das rätselhafte Schwanken des Nichts
181
»Wirklichkeit (was immer das bedeuten mag)«
185
Eine Wirklichkeit, in der es keine Äpfel gibt
190

Wo wäre dann noch Raum für einen Schöpfer?
197
Der dritte Kandidat
201
Die erste aller Geschichten von der Henne und dem Ei
204

5
Der schwer faßbare Geist Gottes
209
Gott als Verkörperung der physikalischen Gesetze
212
Ein Drahtzieher im Hintergrund
213
Die Suche nach dem Zweck:
Der Gott, der gerne Tee trinken möchte
215
Der Uhrmacher
217
Das Universum als »abgekartetes Spiel«
245
Der zweite gordische Knoten: das anthropische Prinzip
246
Attacken auf den zweiten gordischen Knoten
249
Alan Guth und das inflatorische Universum
249
Baby-Universen zu Hilfe!
256
Nicht schon wieder der Äther!
259
Die Sehnsucht des Johannes Kepler
266
Der Fiedler auf dem Dach
274

6
Der Gott der Bibel
277
Der Gesetzesbrecher
283
Am äußersten Rand des Legalismus
285
Die Achillesferse des Legalismus
291
Der Tod des Lückenbüßergottes
304
Chaos und Kontrolle
306
Umgekehrter Determinismus?
328
»ICH BIN«
332
Wenn Wahrheiten miteinander kollidieren
336
Die ultimative sich selbst bestätigende Hypothese
341
Der meisterhafte Umgang mit reinen Quinten
345
Wer ist das »Ich« des »ICH BIN?«
351

7
Unzulässige Beweise
355
Öffentliches Wissen versus privates Wissen
356
Zulässige Beweise?
360
Noch einmal: Die Brille hinter den Augen
362

Ein ganzer Schwarm von Zeugen
363
Ein Spiel namens »Ich zweifle«
369
Das Problem Lucy
371
»Ich würde so etwas nicht glauben,
und wenn es mir Cato erzählte!«
373
»Die unüberwindliche Unwissenheit der Naturwissenschaft«
378
»Weil die Bibel es sagt« – der Beweis der Schrift
380
Ist das Ergebnis der Beweis?
383
Die Wahrheit des Stuhls – der Beweis durch die Vernunft
387
Der Beweis durch die Kraft der Erklärung
393
Die Natur als Beweis
398
Der Beweis durch die Verfügbarkeit Gottes
403

**8
Vollständige einheitliche Theorie, Geist Gottes**
405

Anmerkungen
411

Literatur
421

Personen- und Sachregister
427

1
»Er wurde in Westminster Abbey bestattet«

Am Dienstag, dem 25. April 1882, um acht Uhr abends traf die Pferdekutsche mit dem Sarg Charles Darwins in Westminster Abbey ein. Bei unablässigem Regen hatte die fünfundzwanzig Kilometer lange Strecke von Downe in Kent nach London den ganzen Tag gedauert. Der Sarg wurde durch den Kreuzgang der Abtei getragen und in der Chapel of St. Faith aufgestellt. Dies war ein leerstehendes düsteres Gewölbe, eiskalt wie eine Gruft und nur von zwei flackernden Laternen erleuchtet. Der Sarg war ein Prunkstück, doch es war nicht der Sarg, den Darwin und seine Familie gewünscht hatten: einen Kasten aus Eichenholz, »grob gearbeitet, so wie er von der Werkbank kam, ungeschliffen, ganz einfach«, erzählte John Lewis, der Dorfschreiner aus Downe, der den Sarg gezimmert hatte. »Als sie ihre Zustimmung gaben, ihn nach Westminster Abbey überführen zu lassen, . . . war mein Sarg nicht mehr gefragt. Der neue war so blank, daß man sich drin spiegeln konnte.«[1] Doch Charles Darwin gehörte nun der Nation und der Geschichte, nicht mehr seiner Familie und seinem Dorf, und am folgenden Tag gegen Mittag sollte er in Westminster Abbey ein Staatsbegräbnis erhalten.

Als sich am Sonntag zuvor die Nachricht von Darwins Tod verbreitet hatte, wurden von den Kanzeln Londons herab Lobeshymnen auf Darwin und seine naturwissenschaftlichen Entdeckungen gesungen; und auch die Zeitungen schlossen sich am nächsten Tag an. »Darwins Lehre widerspricht in keiner Weise tiefreligiösem Glauben und religiöser Hoffnung«[2], konstatierte die *Daily News*. »Überzeugte Christen können die wesentlichen wissenschaftlichen Erkenntnisse der Evolution genauso akzeptieren wie die Astronomie und die Geologie. Durch sie werden ältere und teure Glaubensüberzeugungen keinesfalls in Frage gestellt«[3], verkündete der *Standard*. Kanonikus H. P. Liddon verglich in einer Nachmittagspredigt in der St. Paul's Cathedral Darwin mit dem heiligen Thomas - dem »ungläubigen Thomas«. Kanonikus Liddon verurteilte Darwins religiösen Skeptizismus nicht, sondern empfahl »jene Geduld und Sorgfalt, mit der er die kleinsten Details beobachtet und registriert hatte«.[4] Der heilige Thomas habe sich geweigert, an Christi Auferstehung zu glauben, bevor er seine Hände in die Kreuzeswunden gelegt habe. Wie Thomas, so habe auch Darwin Beweise gefordert - das »eindeutig gesicherte Zeugnis der Sinne«, wie Kanonikus Liddon es nannte. Der *Guardian* beschwor seine Leser, sie sollten »keine Bedenken haben, daß unter dem geheiligten Boden der Abbey ein heimlicher Feind des Glaubens bestattet liegt«. Die Ehre, dort begraben zu sein, sollte »als ein glückliches Zeichen der Versöhnung zwischen Glauben und Naturwissenschaften«[5] betrachtet werden.

Wie bitte? Hatte denn Darwin nicht jede Möglichkeit ausgeschlossen, daß man gleichzeitig an die Naturwissenschaft und an den jüdisch-christlichen Gott glauben könne, ohne eine intellektuelle Unredlichkeit zu begehen? Extreme Verfechter sowohl der Religion als auch der Naturwissenschaft würden das heute genau so sehen. Darwin machte das wortwörtliche Verständnis der biblischen Schöpfungsgeschichte zunichte und stellte eines der beredtesten Argumente für die Existenz Gottes in Frage - daß nämlich die Welt eigens für das Überleben und die Erhaltung der menschlichen Gattung ersonnen wurde. Die Evolution und das Überleben des Stärksten lieferten eine natürliche Erklärung für etwas, das bisher als ein Wunder betrachtet wurde. Doch es hat seit Darwin immer wieder Naturwissenschaftler gegeben, die sehr religiöse Menschen waren, und es gibt sie noch heute, in den neunziger Jahren dieses Jahrhunderts. Lassen diese, wie es von dem Physiker Max Planck hieß, ihren Glauben vor der Tür, wenn sie ins Labor

gehen, und vergessen sie ihre Wissenschaft, wenn sie in die Kirche gehen?
Am 26. April 1882 war der Himmel noch immer bleiern. In der feuchten und trübseligen, nur von Gaslampen erleuchteten Abbey drängten sich düstergekleidete Koryphäen aus Regierung und Wissenschaft neben Durchschnittsbürgern, die keine schwarzgeränderten Einladungskarten vorweisen konnten und mit den weniger begehrten Plätzen vorliebnehmen mußten. Die Begräbnisfeierlichkeiten begannen mit Lesungen und Chorgesängen aus den Evangelien und den Psalmen. Der Organist von Westminster Abbey, J. Frederick Bridge, hatte auf der Grundlage eines Satzes aus dem Buch der Sprichwörter eigens einen Chorgesang komponiert: »Wohl dem Mann, der Weisheit gefunden, dem Mann, der Einsicht gewonnen hat.«[6] Nach der Messe begaben sich die Trauergäste und das Publikum zur Gruft, begleitet von den Klängen des *Todesmarschs* aus Händels *Saul*. Dieser Marsch war ursprünglich als Klagegesang für einen König komponiert worden, der auf die Liebe Gottes verzichtet hatte und sich nur auf seine eigene Kraft verließ.
Was haben sie daraus gemacht, die Trauergäste, die Würdenträger und die Schaulustigen, die das Begräbnis Charles Darwins aus bloßer Neugier verfolgten? Ist die Weisheit der Wissenschaft gleichbedeutend mit der Weisheit im Buch der Sprichwörter? Das Buch der Sprichwörter beschreibt nicht zuletzt das aufrichtige Ringen des Menschen, das schließlich mit dem »Geschenk der Gotteserkenntnis«[7] belohnt wird. Hundert Jahre nach Darwins Tod schrieb ein anderer englischer Naturwissenschaftler, Stephen Hawking, der endgültige Triumph der menschlichen Vernunft bestehe darin, Gottes Plan zu erkennen. Er meinte, die Naturwissenschaft könne uns in die unmittelbare Nähe dieser Erkenntnis bringen. Ist die Gotteserkenntnis im Buch der Sprichwörter gleichbedeutend mit dem »Plan Gottes« in *Eine kurze Geschichte der Zeit*? Oder ist die Formulierung Hawkings eher eine Metapher für jene Gottähnlichkeit, die wir durch umfassendes Wissen selbst erreichen? Steht am Ziel unseres Strebens nach Erkenntnis ein perso-

nales Wesen, oder sind dieses Wesen wir selbst, die denkende Menschheit im Augenblick ihres höchsten Triumphs, das Meisterstück der Evolution? Die letzte Realität, was auch immer dies sein mag, steht am Ende der Suche. So paradox es klingt: Sie muß auch an deren Anfang stehen. Wir müssen fragen, ob es in unserem Universum, in uns selbst etwas gibt, das wir als gegeben annehmen können – etwas Grundlegendes, das uns als Ausgangspunkt für die Erforschung alles anderen dienen kann. Wenn es so schwierig ist, einen solchen »fixen Punkt« zu finden – und wir werden noch sehen, daß dies tatsächlich schwierig ist –, dann muß die Suche nach der letzten Wahrheit mit einem Akt des Glaubens beginnen. Nicht mit dem Glauben an die umfassende Erkenntnisfähigkeit des Menschen; vielmehr mit dem Glauben daran, daß wir überhaupt etwas wissen können.

2
Die Dinge sehen

*»Kick at the rock, Sam Johnson, break your bones,
But cloudy, cloudy is the stuff of stones.«*
aus »Epistemology« von Richard Wilbur

An der Wand gegenüber meinem Schreibtisch steht ein alter Eichenstuhl mit kerzengerader Lehne. Er wurde vor etwa hundert Jahren in den texanischen Hügeln von Hand gefertigt, zu einer Zeit, als jenes Bergland noch eine Grenze darstellte. Ich habe ihn von meinen Großeltern geerbt. Wenn meine Großmutter und mein Großvater diesen Stuhl betrachteten, der im Eßzimmer ihres Pfarrhauses in Mason County seinen Platz hatte, sahen sie den gleichen Stuhl, den ich heute hier in meinem Arbeitszimmer sehe, das unterstelle ich jedenfalls. Vielleicht ist das Holz mit den Jahren ein wenig dunkler geworden. Wenn mich heute jemand besucht, wird er den gleichen Stuhl sehen, den meine Großeltern sahen und den ich sehe, das unterstelle ich jedenfalls. Das Alltagswissen sagt mir, daß es so ist, der »gesunde Menschenverstand«.

Mein Glaube an den gesunden Menschenverstand steht auf wackligen Beinen. In meinem letzten Buch, *Das Universum des Stephen Hawking*, habe ich eine Welt erforscht, die in keiner Weise eine Welt des gesunden Menschenverstands war. Ein Mann von außerordentlicher Begabung, der dazu verurteilt ist, in einem unnützen Körper zu leben, ohne sich bewegen oder sprechen zu können; der mit tapferer Beharrlichkeit kämpfte und heute einer der überragenden Physiker dieses Jahrhunderts und eine international gefeierte Berühmtheit ist – Haw-

king ist keine Erscheinung des gesunden Menschenverstands. Die Quantenmechanik und Einsteins Allgemeine Relativitätstheorie sind keine Gegenstände des Alltagswissens. Dennoch, auch nach dieser Reise durch den Spiegel und zurück, auf der ich mich mit eigenen Augen überzeugen konnte, wie absurd diese Welt ist, die jeder unmittelbaren Erkenntnis zuwiderläuft, sitze ich hier und sage: Ja, die Realität dieses Eichenstuhls war für meine Großeltern dieselbe wie sie heute für mich ist.
Kürzlich las ich erneut Sir Arthur Eddingtons Einleitung zu seinem Buch »The Nature of the Physical World«[1], wo er von einem Tisch spricht wie ich von meinem Stuhl. Von Eddington ist eine hübsche Anekdote überliefert. Jemand hatte gesagt, daß nur drei Menschen auf der ganzen Welt Einsteins Relativitätstheorie verstünden, worauf er murmelte: »Ich überlege mir gerade, wer der dritte sein könnte.« Aber neben seiner außerordentlichen Intelligenz besaß Eddington auch die Fähigkeit, komplizierte wissenschaftliche Sachverhalte in einfacher Sprache erklären zu können. In jenem Buch, das ich gelesen habe, beschreibt er ein Möbelstück wie meinen Stuhl aus der Perspektive der modernen Physik. Seine Beschreibung hätten meine Großeltern sicher nicht akzeptiert.
Mein Stuhl besteht aus Atomen, und Atome sind fast vollständig leerer Raum. Das bedeutet, daß mein Stuhl zu einem sehr großen Teil aus Leere besteht. Mein Stuhl ist eine Wolke aus Ungewißheit – etwas, das ich mir als Ansammlung unvorstellbar kleiner Partikel vorstellen kann, die verworren im Raum umherschwirren. Ich weiß, daß ich mir diese Partikel nicht als »Dinge« in genau dem Sinn vorstellen darf, in dem ich mir den Stuhl als »Ding« vorstelle – etwas, das in jener exakten Art fixiert werden kann, in der wir normalerweise »Dinge« fixieren. Ich frage mich, ob ein Stuhl, der aus »Nicht-Dingen« besteht, überhaupt ein »Ding« genannt werden kann und weshalb ich ihn als solches betrachte. Ist der mir vertraute Stuhl realer als derselbe Stuhl, von Eddington beschrieben? Oder muß ich die kleinste Ebene des Universums als diejenige betrachten, der

die größtmögliche »Realität« zukommt? Wir werden später auf diese Fragen zurückkommen. Für mich sieht mein Stuhl jedenfalls ganz real aus.

Ein nach den Maßstäben des gesunden Menschenverstands äußerst vernünftiger und gewöhnlicher texanischer Eichenstuhl. Dies scheint die einzige Feststellung zu sein, die der Mensch mit seinen fünf Sinnen über ihn machen kann. Wenn ich die Sitzfläche des Stuhles berühre, trifft ein Schwarm elektronischer Impulse auf meine Hand, die ebenfalls ein Schwarm elektronischer Impulse ist. Alle zusammen nehmen diese Impulse weniger als ein Milliardstel des Platzes ein, den der Stuhl selbst braucht. Daher all der leere Raum. Aber irgendwo zwischen den elektronischen Impulsen und meinem Bewußtsein findet eine geheimnisvolle Transformation statt, die mich ohne jede Mühe das Ganze als ein kompaktes Stück Eichenholz interpretieren läßt.

Vielleicht ist diese Interpretation auf unserer Ebene des Universums die einzig mögliche Deutung überhaupt. Aber ich wüßte zu gerne, ob Sie tatsächlich denselben Stuhl sehen und fühlen würden wie ich, wenn Sie hier in meinem Arbeitszimmer wären. Wir würden ihn uns gegenseitig auf mehr oder weniger die gleiche Art und Weise beschreiben, aber unsere Beschreibungen müßten aus Begriffen bestehen und vollständig von den Bildern in unserem Kopf abhängen, die jeder von uns mit diesen Begriffen zu assoziieren gelernt hat. Vielleicht haben Sie gelernt, den Begriff »braun« vor Ihrem geistigen Auge mit einem anderen Farbton zu assoziieren als demjenigen, der in meinem Kopf auftaucht, wenn man »braun« sagt? Vor meinem geistigen Auge ist mein Stuhl sicherlich nicht genau derselbe wie vor Ihrem geistigen Auge.

Was wissen Sie oder ich überhaupt wirklich über Stühle oder andere Dinge? Und auf welche Weise wissen wir es? Wir Menschen sind über solche bescheidenen Beobachtungen der Welt sehr, sehr weit hinausgelangt. Wir vertrauen nicht nur unseren fünf Sinnen, sondern einer Fülle von Erkenntnissen und einem ungeheuer komplexen System der Mathematik und der Logik.

Mit diesem Instrumentarium hoffen wir, die Wahrheit über weitaus mehr als nur Stühle und Tische herauszufinden. Was ist das Universum? Wie ist es entstanden? Was war vorher? Wie und wann wird es vergehen? Was ist Raum und, was noch rätselhafter ist, was ist Zeit? Wir hoffen, eine Antwort auf die folgende Frage Hawkings zu finden: »Warum muß sich das Universum all dem Ungemach der Existenz unterziehen?«[2] Wir hoffen, genau wie er, Gottes Plan zu erkennen.

Wir möchten auch die Antworten auf Fragen kennen, die in Hawkings Buch *Eine kurze Geschichte der Zeit* zwar unausgesprochen bleiben, doch auf jeder Seite nach einer Antwort verlangen. Warum? Warum sollte ein Mensch ein solch groteskes und extremes Schicksal haben – eine entsetzliche Krankheit, doch einen außergewöhnlichen Verstand und eine tapfere Beharrlichkeit? Dies ist nicht nur Stephen Hawkings Dilemma. In gewisser Weise, in zynischer Weise, möchte man sagen, faßt es die Situation des ganzen Menschengeschlechts zusammen. Es ist die Conditio humana, eine Verhöhnung der Vernunft, ein Theater des Absurden.

Meine Großeltern hätten sich in all das geschickt und es als das Werk eines Gottes betrachtet, dessen Wirken über das menschliche Verstehen hinausgeht; eines Gottes, dessen »unendliche Liebe« die Liebe eines menschlichen Vaters oder einer menschlichen Mutter weit übersteigt. Auf diese Weise gingen sie auch mit der unbegreiflichen Tatsache um, daß ihr jüngster Sohn mit seinem Boot im Ärmelkanal in die Luft flog, und zwar nicht durch feindliches Kanonenfeuer, sondern durch eine verirrte amerikanische Granate. Viele von uns heute sind nicht bereit, eine solche Erklärung einfach so hinzunehmen; übrigens waren es auch meine Großeltern nicht – jedenfalls nicht ohne Klage und Aufbegehren gegen Gott und die mehrfache Aufforderung an ihn, deutlichere Erklärungen zu geben. Sie waren sicher, daß er diese Erklärungen geben konnte, wenn er es nur wollte. Der Geist Gottes war für meine Großeltern nicht etwas, das durch die Physik erforscht werden konnte, obwohl mein Großvater sich für naturwissenschaftliche Erklärungen

brennend interessierte; und gewiß erachtete er solche Informationen für seine persönliche geistige Suche nicht als unerheblich.
Hawking teilt den Glauben meiner Großeltern an Gott nicht. Aber er teilt ihre Begierde, die letzte Wahrheit zu erkennen, eine letzte Erklärung zu finden. Genau wie sie strebt er danach, alle Illusionen hinwegzuwischen und ohne Vorbehalte die unverhüllte Wahrheit hinter allem zu erfahren. Ein solches Vorhaben in die Tat umzusetzen, bringt große Gefahren mit sich. Will der Atheist wirklich die Wahrheit kennen, wenn die Wahrheit darin besteht, daß es einen Gott gibt? Und will der Gläubige die Wahrheit kennen, wenn die Wahrheit darin besteht, daß es keinen Gott gibt? Sind wir wirklich so offen und ohne Vorbehalte? Es gibt aber noch ein weiteres Wagnis für den, der nach der Wahrheit sucht. Man kann nicht im absoluten Nichts anfangen. Man muß ein paar Vorstellungen über das Universum vertrauen, die niemals bewiesen worden sind, niemals bewiesen werden können, und die sich eines Tages vielleicht sogar als falsch herausstellen. Um es ganz simpel zu sagen: Man muß annehmen, daß man existiert und daß man geistig zurechnungsfähig ist. Dies sind gewiß keine schwierigen Annahmen. Sie werden durch den gesunden Menschenverstand gestützt. Nur *muß* man selbstverständlich glauben, daß sie wahr sind, um seinem eigenen gesunden Menschenverstand überhaupt vertrauen zu können. Man sieht schon, in welche geistigen Verstrickungen man sich hier begibt!
Die Suche nach Wahrheit in den Naturwissenschaften beruht auf einer Übereinkunft, die solche grundlegende Annahmen betrifft. Es ist ein Glücksspiel, wenn Sie so wollen; man geht davon aus, daß es bestimmte Glaubenssätze gibt, die die Wissenschaft zwar nicht beweisen kann, die aber dennoch fundiert genug sind, um als Sprungbrett für die naturwissenschaftliche Forschung zu dienen. Es ist irritierend und faszinierend zugleich festzustellen, daß die Religion die meisten grundlegenden Ansichten über die Realität mit den Naturwissenschaften teilt. Wie ist es möglich, daß zwei Ansätze, Naturwissenschaft

und Religion, die jeder für sich beanspruchen, der richtige Weg zur Wahrheit zu sein, einander aber auf vielerlei Weise widersprechen, auf einer solch grundlegenden Ebene übereinstimmen?

Die Erklärung könnte ganz einfach sein: Wir alle betrachten dasselbe Universum, und was für den einen vernünftig denkenden Menschen evident ist, ist es auch für den anderen. Wenn dem so ist, sollte es keine Überraschung sein, daß alle vernünftig denkenden Menschen sich über gewisse grundlegende Aspekte des Universums mehr oder weniger einig sind. Jedoch wird diese Übereinstimmung durchaus nicht von allen geteilt. Wir sprechen hier von einer Weltsicht, die Naturwissenschaft (seit dem 17. Jahrhundert) und westliche Religion teilen – wenn auch mit Einschränkungen. Diese Weltsicht wird aber keineswegs von der gesamten Menschheit geteilt, die, wie anzunehmen ist, doch das gleiche Universum erfahren hat und erfährt.

Vielleicht liegt die Erklärung in den Ursprüngen der Naturwissenschaft, wie wir sie heute kennen. Die Wissenschaftler des 17. Jahrhunderts, die in ihren religiösen Überzeugungen zum größten Teil meinen Großeltern näherstanden als Stephen Hawking (so waren etwa viele der ersten Mitglieder der Royal Society in England Puritaner), entwickelten bei ihrer Suche nach wissenschaftlicher Erkenntnis ein Verfahren, das systematisch das Wahre vom Unwahren trennen sollte. Dieses Verfahren nennen wir die wissenschaftliche Methode. Sie hat uns seit ihren Anfängen wunderbare Dienste geleistet und ermöglichte unseren heutigen sensationellen technologischen Entwicklungsstand. Gleichgültig, welches die Ursprünge der wissenschaftlichen Methode oder ihre philosophischen Wurzeln sind, es gibt keinen Grund, ihre Nützlichkeit anzuzweifeln.

Je nachdem, ob wir an Gott glauben oder nicht, dürften Sie oder ich Gott aus den folgenden Glaubensartikeln ausklammern, doch ansonsten werden wir bei dieser Weltsicht des 17. Jahrhunderts wenig finden, mit dem wir nicht einverstanden sein können. Im 17. Jahrhundert konnte ein Wissenschaft-

ler nach beiden Seiten offen sein, ohne sich den Vorwurf des Widerspruchs gefallen lassen zu müssen.
Seine Religion und seine direkte Erfahrung des Universums lehrte ihn folgendes:
- Das Universum ist *rational* strukturiert und spiegelt sowohl den Intellekt als auch die Zuverlässigkeit seines Schöpfers wider. Es besitzt eine Struktur, es ist symmetrisch geordnet und vorhersehbar. Jeder Wirkung geht zuverlässig eine Ursache voraus. Aus diesen Gründen ist es kein vergebliches Unterfangen, das Universum zu erforschen.
- Das Universum ist uns *zugänglich*, es ist kein Buch mit sieben Siegeln, sondern steht unserer Erforschung offen. Der Verstand, der nach Gottes Ebenbild erschaffen ist, kann das Universum verstehen, das Gott geschaffen hat.
- Das Universum ist *kontingent*, das heißt, daß sich die Dinge, die wir vorfinden, auch ganz anders hätten entwickeln können und daß Zufall und/oder Entscheidungsfreiheit bei der Entstehung der Dinge, wie sie sind, eine Rolle gespielt haben. Ob dies Kontingenz in dem Sinn bedeutet, daß Zufall und Wahlmöglichkeit weiterhin eine Rolle im Universum spielen, oder nur, daß der Zufall oder die Auswahl anfangs einmal gewirkt hat und dieses und kein anderes Universum entstehen ließ, kann man nicht durch reines Nachdenken und durch logische Überlegungen allein herausfinden. Zum Wissen darüber gelangt man nur durch Beobachtung und Erforschung.
- Es gibt so etwas wie *objektive Realität*. Denn Gott existiert; er sieht und weiß alles, es *gibt* hinter allem eine Wahrheit. Die Realität ist wie ein Fels in der Brandung; unseren Meinungen, Wahrnehmungen, Vorlieben, Überzeugungen oder anderem gegenüber gibt sie nicht nach oder rutscht weg wie Sand in der Wüste. Die Realität ist nicht demokratisch. Es gibt etwas Feststehendes, eine Art Rohmaterial, das wir erforschen können.
- Im Universum gilt das Prinzip der *Einheit*. Es gibt eine Erklärung – einen Gott, eine Gleichung oder ein logisches

System –, die allem zugrunde liegt. Das Universum funktioniert nach Gesetzen, die nicht je nach Willkür und Mode von Ort zu Ort, von Minute zu Minute oder von Jahrtausend zu Jahrtausend wechseln. Es gibt keine losen Enden, keine wirklichen Widersprüche. Im Innersten fügt sich alles zusammen.

Von der Annahme der Existenz Gottes vollkommen abgetrennt, gelten diese fünf Annahmen über das Universum, diese fünf Glaubensartikel, wenn Sie so wollen – Rationalität, Zugänglichkeit, Kontingenz, Objektivität und Einheit –, in der naturwissenschaftlichen Praxis auch weiterhin. Manche Autoren meinen sogar, daß ohne sie naturwissenschaftliche Arbeit, wie wir sie kennen, überhaupt nicht möglich wäre. Das beste Argument für ihre Stichhaltigkeit besteht nicht in ihrer Offensichtlichkeit, sondern darin, daß die naturwissenschaftliche Methode offenbar so gut funktioniert! Der Beweis (ein gefährliches Wort) liegt in der Sache selbst.
Dennoch bleiben ein paar Fragen offen. Ist die naturwissenschaftliche Methode, die uns in so wunderbarer Weise bei unserem Streben nach Wissen über das physikalische Universum hilft, auch eine verläßliche Grundlage für das volle Verständnis der Ereignisse um uns herum und für das unserer eigenen Existenz? Wenn durch die wissenschaftliche Methode und die Konstruktion mathematischer Modelle Hawkings Frage, warum »sich das Universum all dem Ungemach der Existenz unterziehen« muß, nicht beantwortet werden kann, wodurch dann? Gibt es einen Sinn und gibt es einen Gott (oder einen »Plan Gottes«) außerhalb der Grenzen der wissenschaftlichen Methode, aber innerhalb der Grenzen der menschlichen Vernunft?
Die menschliche Vernunft kann vom gesunden Menschenverstand nicht geschieden werden. Dieser sagt uns: Ich kann sehen, daß das Universum rational und zugänglich, kontingent und objektiv ist, und die meisten Menschen, die ich kenne, können das ebenfalls sehen ... Wenn andere Kulturen dasselbe

Universum betrachten und dabei zu anderen Schlüssen kommen, so ist das gewiß rätselhaft, aber ich kann mich dadurch nicht allzusehr beunruhigen lassen... Vielleicht haben sie unrecht... Ich kann nur meiner eigenen Wahrnehmung vertrauen. Jemand, der so denkt, wird schnell als naiv abgestempelt. Doch es gibt äußerst kritische Menschen, die eine solche Denkweise teilen. Sie gehen sogar so weit zu sagen, das Argument, »das ist meine Deutung der Dinge, und ich habe keinen stärkeren Bezugspunkt als dies«, sei schwer zu widerlegen. Der Physiker Sir Brian Pippard von der Cambridge University, der mich auf das oben erwähnte Buch Eddingtons aufmerksam machte, sagt mir, es gebe mehr Stühle in meinem Arbeitszimmer als nur den Stuhl des gesunden Menschenverstands und den Stuhl, den der Physiker sieht. Wir haben bereits einen dritten erwähnt, jedoch haben wir ihm nicht ganz die Bedeutung verliehen, wie es Brian Pippard gerne hätte. Dies ist der Stuhl, der vor meinem geistigen Auge steht, das Bild, das ich weder mit Pippard noch mit Ihnen oder mit irgend jemandem sonst teilen kann. Denn ich kann Sie nicht in meinen Geist eindringen lassen, damit Sie sehen, ob »braun« oder etwas anderes in meiner Vorstellung genauso aussieht wie in Ihrer. Wir können über meinen Stuhl diskutieren, wir können ihn einer Beschreibung vergleichen, die mein Großvater bei einer Auflistung seiner Möbel von ihm gegeben hat. Dann werden wir zwar rasch zu dem Schluß kommen, daß wir alle von demselben Gegenstand sprechen, aber deswegen sind die Stühle vor unserem geistigen Auge noch lange nicht identisch.

Vielleicht erscheint Ihnen der Stuhl, der sich vor dem geistigen Auge befindet, weniger substantiell als die anderen, und Sie meinen, er sei verschwommener und subjektiver als Eddingtons Stuhl aus dem Blickwinkel der Physik oder der Stuhl des gesunden Menschenverstands, den wir zu sehen glaubten, bevor wir über all das zu sprechen anfingen. Ein Beweis, den ein einzelner Mensch vorbringt, ist nicht so zuverlässig wie einer, über den Sie und ich und andere sich einig werden können. Für die wissenschaftliche Methode sind solche individuellen, nicht bekräftigten Beweise nicht akzeptabel. Doch Pippard vertritt den Standpunkt – und es ist schwer, dem zu widersprechen –, daß die *eine und alleinige* Gewißheit, die jeder von uns besitzt, die Gewißheit seiner eigenen Existenz ist. Dies heißt: »Komme, was da wolle, es ist dieser [Stuhl] im Bewußtsein jedes Menschen, nach dem sich alles andere, an das wir glauben, richten muß.«[3] Natürlich kann selbst die Gewißheit meiner eigenen Existenz in Frage gestellt werden. Im philosophischen Sinn ist es möglich zu bestreiten, daß ich existiere. Aber ich spüre, daß es so ist, und dies ist der einzige Bezugspunkt, an den ich mich halten kann. Ich bin, in Ermangelung einer besseren, meine einzige Autorität in dieser Sache. Außerdem kann ich mich ausschließlich auf die eigene Vermutung meiner Existenz und auf die Bilder meines geistigen Auges verlassen, wenn es darum geht, überhaupt zu irgendwelchen Schlußfolgerungen über meinen Stuhl oder über das Universum zu gelangen.

Wie steht es nun aber mit der objektiven Wahrheit, wenn die Wahrheit vor meinem geistigen Auge sich von der Wahrheit vor Ihrem geistigen Auge unterscheidet? Pippard behauptet nicht, daß das, was mich mein geistiges Auge zu glauben lehrt, die Wahrheit ist. Auch was Sie Ihr geistiges Auge zu glauben lehrt, ist nicht notwendigerweise die Wahrheit. Pippard sagt lediglich, daß die eine und einzige Gewißheit, die ich habe, die *meiner* eigenen Existenz ist. Die einzige Gewißheit, die *Sie* haben, ist die *Ihrer* eigenen Existenz. Jeder von uns hat nur diesen Ausgangspunkt. Die Frage ist: Wie kann das, was mit der subjektiven Gewißheit meiner Existenz beginnt und sich mit einem Bild des Universums vor meinem geistigen Auge fortsetzt, zur Entdeckung der objektiven Wahrheit führen – oder vielleicht sogar zu der jenes endgültigen Destillats der objektiven Wahrheit, der Vollständigen einheitlichen Theorie oder des Plans Gottes? Was veranlaßt mich zu glauben, daß ich HIER beginnen und DORT ankommen kann, wo die endgültige, objektive Wahrheit vor meinem geistigen Auge steht?
Einer der oben aufgelisteten Glaubensartikel lautete, daß die

Wahrheit in einer Weise existiert, die unabhängig und »verschieden« von mir oder Ihnen ist, unabhängig davon, ob sie ein Physiker oder ein Laie mit gesundem Menschenverstand untersucht; und daß diese Wahrheit nicht davon berührt wird, wie sie sich vor dem geistigen Auge des jeweiligen Menschen darstellt. Pippard sagt mir, es gebe einen vierten Stuhl im Raum – den Stuhl »wie er an sich ist«, die grundlegendste und stabilste aller Vorstellungen von meinem Stuhl und die am schwersten faßbare zugleich.

Ich möchte zu gerne wissen, ob meine Wahrnehmung des großelterlichen Stuhls und des restlichen Universums irgendeine Beziehung zur letzten Realität besitzt. Wenn es einen Gott gibt, möchte ich gerne wissen, wie alles vom Standpunkt Gottes aussieht. Sir Brian Pippard sagt, mein Stuhl an sich – und weiterhin das Universum an sich – könne sich am Ende noch als »etwas völlig anderes«[4] herausstellen, »das außerhalb der Reichweite unseres Denkens liegt«. Wieviel »anders« ist dann wohl der Geist Gottes?

Um von diesen geistigen Höhenflügen wieder auf eine praktischere Ebene zurückzukehren, wollen wir uns auf der Suche nach umfassendem Wissen besonders dem zuwenden, was Gelehrte mit den Mitteln der wissenschaftlichen Methode über das Universum herausgefunden haben – einer Methode, die immerhin ein sehr zuverlässiges Instrument genau dafür zu sein scheint. Wenn Sie mir auf diesem Weg folgen, machen Sie sich auf einen Schock gefaßt. Sie werden nicht nur erfahren, daß die Naturwissenschaft die Annahmen, das Universum sei rational, zugänglich, kontingent, objektiv und einheitlich, bis heute nicht bewiesen hat; Sie werden auch erfahren, daß es wissenschaftliche Entdeckungen und Theorien gegeben hat, die die Richtigkeit jener Annahmen ernsthaft in Frage stellen. Was bedeutet das? Wanken die Grundlagen, auf denen all unser Wissen beruht? Ist die Suche nach Wahrheit ein selbstzerstörerischer Akt? Können wir überhaupt IRGEND ETWAS wissen?

Ist das rationale Universum eine Illusion?

Wir sprechen von einem Universum, das rational und logisch ist, von einem Universum, das sinnvoll ist und eine Struktur hat. Der strenge Beweis dieser Rationalität ist die Verläßlichkeit des Prinzips von Ursache und Wirkung. Jedermann weiß, daß nichts ohne eine Ursache passiert. Die Ursache mag offen liegen oder so verborgen sein, daß wir sie nicht erkennen können, doch sie ist stets vorhanden; davon gehen wir jedenfalls aus. Wir führen langwierige und kostspielige Untersuchungen durch, um die Ursache eines Unglücks wie etwa der Explosion der Raumfähre »Challenger« herauszufinden. Extrem niedrige Temperaturen, Probleme mit den Dichtungsringen. Niemand meint ernsthaft, dies sei »halt nun einmal passiert und damit basta«. Jede Wirkung hat eine Ursache, und dies bedeutet, daß es Ketten von Ursachen und Wirkungen gibt, Ketten, von denen wir nicht erwarten, daß sie ins Leere führen.
Auch wenn der Zufall dabei eine Rolle spielte – daß es zu gleicher Zeit widriges Wetter und Probleme mit den Dichtungsringen gibt, könnte eine sehr unwahrscheinliche Kombination darstellen –, würde niemand behaupten, daß das »Gesetz« von Ursache und Wirkung dadurch außer Kraft gesetzt wird. Die Wetterverhältnisse selbst hatten eine Geschichte von Ursache und Wirkung, ebenso die Dichtungsringe und ihre Sicherungen. Vielleicht wäre es zu kompliziert, diesen Spuren zu folgen, aber es wäre theoretisch möglich. Das Ganze hatte eine Vorgeschichte, und wenn wir diese zurückverfolgen könnten, könnten wir auch das Unglück erklären. Wenn wir ein Glied in der Abfolge dieser Kette nicht fänden, würden wir dennoch nicht zu dem Schluß gelangen, daß ein solches Glied nicht existiert. Es würde uns gar nicht erst in den Sinn kommen. Wir sagen einfach, das Beweismaterial sei unzureichend.
Wir haben uns an die Art und Weise gewöhnt, in der Ursache und Wirkung auf unserer Ebene und in jenem Teil des Universums wirksam werden, den wir beobachten können; und so scheint es sicher zu behaupten – auch wenn wir es über einen

gewissen Punkt hinaus nicht beweisen können –, daß Ursache und Wirkung ähnlich auch in jenen Bereichen des Universums wirksam werden, die wir nicht direkt beobachten können. Wir verlassen uns einfach darauf, daß es so ist.
Wir glauben, daß das Prinzip von Ursache und Wirkung auch in der Zukunft Gültigkeit hat, ohne eine echte Garantie dafür zu haben, daß heute nicht der letzte Tag ist, an dem sie in Kraft sind. Wenn ein Experiment heute zu einem bestimmten Ergebnis führt, so muß es am darauffolgenden Tag das gleiche Resultat haben. Wenn dies nicht der Fall ist, stellen wir das Experiment oder unsere Deutung des Experiments in Frage, nicht jedoch die Zuverlässigkeit des Prinzips von Ursache und Wirkung.
Ebenso nehmen wir an, ohne es im geringsten überprüfen zu können, daß Ursache und Wirkung schon in den frühesten Stadien des Universums Gültigkeit hatten. Vielleicht schon im Augenblick der Schöpfung? So stark ist unser Glaube an dieses Prinzip, daß uns die Vorstellung schwerfällt, das Universum könne ohne eine Ursache existieren; einfach SEIN. Wir wollen wissen, wie es entstanden ist, und wir suchen die Antwort auf die Frage: Warum ist es entstanden; oder sogar: Wer hat es geschaffen?
Der Glaube an Ursache und Wirkung ist ein Eckstein der wissenschaftlichen Methode. Und dennoch erinnern uns Wissenschaftler immer wieder daran, daß das »Gesetz« von Ursache und Wirkung ein »Glaubensartikel« ist, und mitnichten ein Gesetz. Es kann nicht bewiesen werden, daß es in allen Fällen wirksam wird. Ja, es gibt sogar ein wichtiges Teilgebiet der modernen Physik, das uns dazu zwingt, unsere Annahme zu überprüfen, jedes Ereignis habe eine ungebrochene Geschichte von Ursache und Wirkung.
»Quantenmechanik« ist kein Begriff, der unsere Phantasie so stark anregt wie etwa »Schwarzes Loch« oder »Quasar«. Und doch ist die Ebene der Quantenmechanik ein Forschungsbereich, der an Exotik den bizarrsten Science-fiction-Geschichten in nichts nachsteht. Die Quantenmechanik beschäftigt

sich mit den kleinsten Teilchen des Universums, den Atomen und Elementarteilchen. Einige der Vorgänge auf dieser Ebene können nur sehr schwer auf eine Weise erklärt werden, die den Prinzipien des gesunden Menschenverstands entgegenkommt. Eine der Seltsamkeiten besteht darin, daß wir einzelne Ereignisse beobachten, die in gewissem Sinn »unverursachte« Ereignisse ohne eine Vorgeschichte darstellen, wie sie unserer Annahme zufolge eigentlich jedes Geschehen haben muß.
Mit der Quantenebene des Universums werden wir uns in diesem Buch immer wieder beschäftigen. Für diejenigen, die noch nichts darüber wissen oder schon wieder vergessen haben, was sie einmal darüber wußten, wollen wir einen kurzen Abstecher in diesen Bereich machen, bevor wir fortfahren.
Stellen Sie sich einmal etwas relativ Vertrautes vor: unser Sonnensystem. Die Planeten umkreisen die Sonne in Bahnen, deren Verlauf wir genau vorherbestimmen können. Zu jedem gegebenen Zeitpunkt hat jeder Planet im Verhältnis zu den anderen eine ganz bestimmte Position und bewegt sich mit einer ganz bestimmten Geschwindigkeit in eine ganz bestimmte Richtung. Wir können etwa beobachten, daß der Saturn heute HIER ist, und weil wir auch seine Geschwindigkeit und seine Bewegungsrichtung kennen, können wir herausfinden, welcher Bahn er bis hierher gefolgt ist und wohin er sich als nächstes bewegt. Ein Raumfahrer könnte einen bestimmten Kurs festlegen und genau vorausberechnen, zu welcher Zeit und an welchem Ort er mit dem Planeten Saturn zusammentrifft.
Zu Anfang unseres Jahrhunderts glaubten die Wissenschaftler, Atome seien so etwas wie Sonnensysteme im Miniaturformat, bei denen die Elektronen den Kern in ebenso berechenbarer Weise umkreisen wie die Planeten die Sonne. Dies war wie geschaffen für Science-fiction-Phantasien – unser Sonnensystem als Atom im Daumennagel eines Superwesens; intelligente Lebewesen, die auf Elektronen leben wie wir auf der Erde. Daß so etwas möglich sei, hat man Ihnen in der Schule wohl kaum erzählt, doch wahrscheinlich war in Ihrem Physik-

buch das Diagramm eines Atoms dargestellt, das einem Sonnensystem ähnlich war; und höchstwahrscheinlich tragen Sie dieses Bild bis heute mit sich herum, und es taucht in Ihrem Kopf auf, sobald das Wort »Atom« fällt. In den zwanziger Jahren dieses Jahrhunderts fanden die Physiker heraus, daß diese Vorstellung dem Atom nicht angemessen ist (was nebenbei zeigt, welch zeitlicher Abstand zwischen einer wissenschaftlichen Entdeckung und deren Niederschlag in Lehrbüchern liegt). Obwohl keine bildhafte Vorstellung wirklich angemessen ist, sollten wir uns die Elektronen besser als unscharfe Wolke denken, die den Atomkern umgibt. Mit dieser Enthüllung übertraf die Naturwissenschaft alle Science-fiction-Phantasien.

Soweit man bisher entdecken konnte, hat – im Gegensatz zu einem Planeten in einem Sonnensystem – ein Elektron (und das gleiche gilt für alle anderen Teilchen) niemals gleichzeitig eine bestimmte *Position* UND einen bestimmten (Bewegungs-)*Impuls*. Wir können die Position eines Teilchens sehr genau bestimmen, nicht aber zugleich seinen genauen Impuls. Oder wir können sehr genau seinen Impuls bestimmen, nicht aber gleichzeitig seine genaue Position. Es ist, als ob die beiden Meßwerte – Position und Impuls – an den entgegengesetzten Enden einer Wippe säßen. Wenn die Genauigkeit der einen Messung steigt, fällt unvermeidlich die Genauigkeit der anderen und umgekehrt. Dies ist Heisenbergs Unschärferelation der Quantenphysik. Einen Weg aus diesem Dilemma hat man noch nicht gefunden. Wahrscheinlich gibt es auch keinen. Wir können, egal unter welchen Meßbedingungen, nicht gleichzeitig herausfinden, wo ein Teilchen sich befindet UND welche Geschwindigkeit und Bewegungsrichtung es hat. Die Antwort auf diese Frage scheint für jedes beliebige einzelne Teilchen zu jedem beliebigen Zeitpunkt nicht einfach nur unbekannt – nicht einfach nur unerforschlich –, sondern schlicht nicht existent.

Es gibt heute noch immer Physiker, die sich weigern zu glauben, daß eine solch bizarre Situation, solch eine Blockade der weiteren Erforschung der Endpunkt sein soll. Wir hoffen, daß die Weiterentwicklung der Physik unsere Einsicht vermehrt und es ermöglicht, beide Fragen gleichzeitig und exakt zu beantworten: »Wo befindet sich das Teilchen und wie bewegt es sich?« Doch die meisten Wissenschaftler sind zu dem Schluß gekommen, daß es auf diese Frage keine Antwort gibt, daß die Quantenunschärfe nicht von unserer Unfähigkeit als Beobachter herrührt, sondern daß es auf der Ebene der Quanten einfach keine Sicherheit gibt.

Die ganze Tragweite dieses Dilemmas ist Ihnen möglicherweise nicht auf Anhieb klar. Selbstverständlich möchte kein Wissenschaftler und keine Wissenschaftlerin bei seinen oder ihren Untersuchungen enttäuscht werden; doch warum hat diese Unschärferelation nach ihrer Entdeckung in den späten zwanziger Jahren und danach die Wissenschaftler so tief beunruhigt? Sie war zum Teil deshalb so beunruhigend, weil sie unseren Glauben an die Verläßlichkeit des Prinzips von Ursache und Wirkung aushöhlt – ein Konzept, das bis dahin die Annahme eines rationalen Universums gestützt hatte.

Im Fall der Explosion des Raumschiffs Challenger gibt es eine präzise Abfolge von Ereignissen, eine Geschichte (auch wenn sie uns nicht vollständig bekannt ist), die in einer ganz bestimmten Art und Weise abgelaufen ist. Im Fall der Planeten des Sonnensystems hat eine ganz bestimmte Bahn, eine ganz bestimmte Geschichte den Planeten Saturn in jene Position gebracht, in der wir ihn etwa heute abend beobachten können. Selbst von einem Menschen, der unter Gedächtnisschwund leidet und sich an nichts mehr erinnert, den niemand identifizieren kann und dessen Vergangenheit sich nicht aufspüren läßt, *nimmt man an*, daß er eine Geschichte hat, die sich in einer ganz bestimmten und unverwechselbaren Weise vollzogen hat.

Im Fall eines einzelnen Elementarteilchens fehlt diese Kette der Ereignisse, diese ganz bestimmte Geschichte. Ja, das Teilchen besitzt nicht einmal eine Geschichte, die man nicht kennt, oder eine, die man nicht erforschen kann. Es besitzt nur eine unbestimmte Fülle möglicher Geschichten – eine Fülle, die sich jedoch nicht auf die eine oder die andere historische Spur lenken läßt. Bei der Erforschung der Quantenebene stellen wir fest, daß bestimmte Geschichten eines Teilchens wahrscheinlicher sind als andere. Dennoch (um den Fall in seiner extremsten Form vorzutragen) ist *jede* Geschichte möglich, und es gibt *keine* Antwort auf die Frage, welche Geschichte dieses eine Teilchen in jene Position oder zu jenem Impuls gebracht hat, den wir in diesem Augenblick messen. So gesehen hat »Kausalität« hier keine Bedeutung mehr.

Falls Sie meinen, all dies sei zwar faszinierend, aber für die Welt des alltäglichen Lebens nicht sonderlich relevant, darf ich Sie an den Stuhl erinnern, mit dem wir dieses Kapitel begonnen haben. Jede mögliche Materie des Universums besteht aus Atomen. Das gilt für dieses Buch, für uns selbst, die Planeten, die Luft, für Mikroben und auch für Stühle. Jedes Atom besteht aus Teilchen, und die Unschärferelation trifft auf alle Teilchen zu. Sie und ich und Stühle und Tische und jede andere Materie des Universums sind auf einer bestimmten Ebene eine Fülle von Quanten – oder auch ein Gemisch von Geschehnissen ohne Ursache!

Doch wird durch den Verlust des Kausalitätsprinzips auf der Ebene der Teilchen und Atome wirklich die rationale Struktur des Universums in Frage gestellt? Sie blicken nun vielleicht von diesem Buch auf und beruhigen sich damit, daß auf die Nacht der Tag und auf den Tag die Nacht folgt, daß die Jahreszeiten wie erwartet wechseln, daß der Mond und die Planeten in ihren bisherigen Bahnen bleiben, die Galaxie ihre Form behält, daß der Raum, in dem Sie sitzen, die gleiche Größe hat wie eine Stunde zuvor. Was an Absurdem auch immer geschieht, letzten Endes löst sich alles immer auf in jene vertraute und, in diesem Lichte betrachtet, überraschend verläßliche Welt, die wir wahrnehmen. In Kapitel 6 werden wir die Gründe dafür untersuchen. Aber die Naturwissenschaftler können uns bis heute nicht genau sagen, wie und warum diese Auflösung funktioniert, wie und warum die Welt der Quanten mit ihrer Unschärferelation in die Welt des gesunden Menschenverstandes, wie wir sie tagtäglich erfahren, umgewandelt wird. Sie können uns auch nicht sagen, welche Rolle die menschliche Wahrnehmung und das menschliche Bewußtsein bei diesem Sichordnen spielen, wieviel »Interpretation« des menschlichen Geistes in diesen Transformationsprozeß einfließt, wieviel von dem, was wir sehen, nur deshalb vorhanden ist, weil wir erwarten, es zu sehen.

Wir wissen, daß wir uns nicht aller Dinge unmittelbar bewußt sind, die um uns herum geschehen. Unsere fünf Sinne sind unsere einzige Verbindung zur Welt, und es gibt viele Informationen, die sie nicht übermitteln können. In dem Raum, in dem wir uns befinden, gibt es vielerlei Arten elektromagnetischer Strahlung, die wir nicht wahrnehmen. Es sind Formen des Lichts, die das menschliche Auge nicht sehen kann. Einige davon spüren wir als Wärme. Andere spüren wir überhaupt nicht. Einige sind in Form von Radiowellen vorhanden, auf die wir erst dann aufmerksam werden, wenn wir das Radio einschalten. Was geht um uns herum noch vor? Nehmen wir einmal an, das Universum sei in Wirklichkeit ein Ort des Absurden – anarchisch, bedeutungslos, unstrukturiert, richtungslos in Raum und Zeit. Kann *dies* wirklich die Realität sein? Wenn ja, weshalb nehmen wir dann so viele geordnete Strukturen wahr?

Die Evolutionstheorie besagt, daß bestimmte Fähigkeiten bestimmten Individuen einer Gattung eine größere Überlebenschance geben. Dies ist ein einfacher Mechanismus. Solche Individuen sind erfolgreicher als andere in dem Bemühen, die Gegebenheiten ihrer Umwelt auf bestmögliche Art und Weise zu bewältigen; sie leben lange genug, um mehr Nachkommen zu haben als ihre natürlichen Rivalen. Ihre Wesenszüge, einschließlich jener, die ihnen den Überlebensvorteil verschafft haben, werden an mehr Nachkommen weitervererbt als die Wesenszüge jener Individuen ohne diesen Überlebensvorteil. Wir werden in Kapitel 5 noch genauer über die Evolution sprechen, doch das Grundprinzip dürfte den meisten von uns vertraut sein. Wenn etwa grüne und braune Eidechsen auftau-

chen und wenn die Farbe Grün eine gute Tarnung unter Blättern ist – weil auf diese Weise die Feinde der Eidechsen die grünen nicht finden und fressen können –, dann sind ein paar Generationen später (wenn alle anderen Bedingungen gleich bleiben) die braunen Eidechsen wahrscheinlich ausgestorben, und die grünen Eidechsen haben sich vermehrt.
Nehmen wir an, daß es in der Evolution der Lebewesen einen Überlebensvorteil für jene gab, die in der Lage waren, in ihrer Umwelt und ihrer Erfahrung Strukturen zu entdecken. Ihr Gehirn hätte sich auf eine Weise entwickelt, die es ihnen im Laufe der Generationen immer besser ermöglichte, solche Strukturen zu finden. Wir wissen, daß der menschliche Verstand ein ausgezeichnetes Instrument dafür geworden ist, die Fülle von Informationen, die er von seinen fünf Sinnen erhält, zu einer nützlichen, sinnvollen und praktikablen Form zu komprimieren. Denken und Gedächtnis könnten nicht in der gegebenen Art und Weise funktionieren, wenn wir nicht über das Rüstzeug für dieses Komprimieren verfügten. Auch scheint der Gedanke nicht zu weit hergeholt, daß unser Gehirn, durch die Evolution auf diese Weise gepolt, diesen Prozeß routinemäßig fortsetzt – bis zu dem Punkt, wo es Strukturen auch dort findet, wo es in Wirklichkeit gar keine zu entdecken gibt.
Doch hätte der menschliche oder vormenschliche Verstand die Idee einer Struktur überhaupt entwickeln können, wenn es im Universum keine solche gäbe? Interpretieren wir vielleicht deshalb eine diffuse Anhäufung von Quanten als Stuhl? Gibt es etwa in Wirklichkeit eine unendliche Zahl von Dimensionen, von denen unsere Sinne und unser Bewußtsein nur vier wahrzunehmen vermögen? Fließt möglicherweise die Zeit *nicht* chronologisch in einer Art und Weise, die es uns ermöglicht, uns an die Vergangenheit zu erinnern, aber nicht an die Zukunft? Können wir jemals irgend etwas von all dem beweisen? Ein gutes Argument dafür, daß es Strukturen geben muß, ist, daß die Evolution selbst eine Struktur darstellt. Wenn *diese* Struktur nur in unserem Geist existiert, hätte es dann überhaupt eine Evolution geben können?

Es ist schwierig, sich vorzustellen, daß *alle* Strukturen ganz allein *unsere* Erfindung sein könnten. Doch könnte es nicht auch sein, daß der Mensch den in der Natur vorgefundenen Strukturen mehr Bedeutung beigemessen hat als die Natur selbst? Betrachten wir einmal die Symmetrien, die wir in der Natur vorfinden. Wir müssen uns nur umsehen, um zu erkennen, daß es weitaus mehr Erscheinungsvarianten gibt als nur die einfache Symmetrie. Symmetrie scheint ein Ideal zu sein, dem der größte Teil des Universums nicht folgt, jedenfalls nicht auf den für uns sichtbarsten Ebenen.

Als meine Tochter zehn Jahre alt war, wurden in der Schule geometrische Formen in der natürlichen und in der von Menschen geformten Umwelt behandelt. Meine Tochter sammelte Fotografien und entdeckte, daß es sehr einfach war, Beispiele in der von Menschen geformten Umwelt zu finden. Da gab es jede Menge Quadrate, Pyramiden, sogar Dodekaeder. Das Sammeln von Beispielen aus der natürlichen Umwelt war hingegen weitaus schwieriger. Da gab es Kreise in der Pupille des Auges und die Wellen, die entstehen, wenn wir einen Stein in stillstehendes Wasser werfen. Doch bei anderen Formen war das nicht so leicht. Der Basalt in natürlichen Gesteinsformationen bildete nur *in etwa* hexagonale Formen. Die Sechsecke in den Spiralen der DNS, in Bienenstöcken und im Facettenauge einer Bremse schienen ebenso nachlässig und ohne Rücksicht auf die exakte Geometrie entworfen zu sein. Die meisten Baumstämme konnte man nur mit größtem Wohlwollen als zylindrisch bezeichnen. Die Erde ist ausgebeult und keine exakt geformte Kugel. Natürliche Kristalle sind ebenfalls keine perfekten geometrischen Körper. Die eine Seite eines menschlichen Gesichts ist kein genaues Spiegelbild der anderen.

Dem zehnjährigen Kind schien es zunächst, daß der ganze Reichtum der geometrischen und vorgeblich natürlichen und nicht vom Menschen geschaffenen Formen und Figuren, mit denen die Mathematik aufwartet, in der Natur selbst im großen und ganzen nicht realisiert ist. Die Natur hat sich viele

Möglichkeiten nicht zunutze gemacht. Der Mensch schon. Die Dinge, die wir bauen, und die Kunstwerke, die wir schaffen, weisen eine weit höhere geometrische und symmetrische Ordnung auf, als wir sie in der Natur finden. Verbessern wir die Natur und verleihen wir einem wenig rationalen Universum Rationalität, wenn wir ein Gebäude entwerfen oder eine hübsche Zeichnung anfertigen?

Sogar meine kleine Tochter erkannte bald, daß die Dinge noch viel komplizierter waren. In der Natur gibt es sehr wohl eine versteckte geometrische Ordnung. Wie wir mit den Augen sehen, wie wir Entfernung und Perspektive abschätzen, ist immer mit Dreiecken und Kegeln verknüpft. Das Fell einer gespannten Trommel vibriert in Mustern aus Kreisen und einander überschneidenden Kreisen. Die imaginäre Linie, die ein Planet im Laufe der Zeit zieht (nicht nur seine Umlaufbahn, sondern die Struktur vieler sich überlagernder Umlaufbahnen, in Zeitrafferaufnahme, wenn Sie wollen), ist wunderbar geometrisch. Die Regeln der Geometrie bestimmen, wie ein Gebäude konstruiert sein muß, damit es nicht einstürzt, und was nicht gebaut werden kann. Egal, ob wir diese Geometrie und Symmetrie auch auf die auffälligeren Bereiche des Dekors und Designs übertragen wollen, bei der Konstruktion *müssen* wir uns an die geometrischen Regeln der Natur halten. Später werden wir sehen, daß es auch in den grundlegenden Naturgesetzen verborgene Symmetrien gibt.

Doch wenn Symmetrie und Geometrie tiefer gehen, als wir in der natürlichen Welt ohne weiteres wahrnehmen können, dann geht die Abweichung von den Idealen der Geometrie und Symmetrie ebenfalls tiefer. Die Materie im Universum in Form von Sternen, Planeten und Galaxien ist ungleichmäßig verteilt, und zwar in einer Weise, die die Naturwissenschaft noch nicht durchschaut hat und die riesige und geheimnisvolle Lücken offenläßt. Auf der Ebene der Elementarteilchen entdecken wir eine Rechts- und eine Linkstendenz im Universum mit einer leichten Bevorzugung der linken Seite. In der Frühzeit des Universums könnte es ein unendlich geringes Ungleichgewicht zwischen der Quantität der Materie und der Quantität der Antimaterie gegeben haben; ein Ungleichgewicht, aus dem das Universum der Materie entstanden ist, das wir heute vor uns haben. Wenn wir irgendwie fähig wären, uns die natürliche Welt vorzunehmen, die Linien geradezurücken, die Asymmetrien und Unregelmäßigkeiten zu korrigieren, aus allen Baumstämmen richtige Zylinder zu machen, dann wäre das, was daraus entsteht, unnatürlich, unschön, unmöglich. Wenn jemand oder etwas die in der Physik entdeckten Asymmetrien »korrigieren« würde, könnten wir und unser Universum nicht existieren. So wichtig auch das Strukturprinzip der Natur ist, so mächtig ist die Notwendigkeit, aus der Form herauszutreten, aus dem Lot zu geraten, die Balance ins Wanken zu bringen. Überall gibt es eine Spannung zwischen idealer Struktur und der Abweichung von ihr. Können wir diese Spannung selbst als Symmetrie, als Struktur, als Gleichgewicht bezeichnen? Eine solche subtile Symmetrie, eine solche Spannung ist Künstlern und Musikern gut bekannt. Es gehört zu ihrem Handwerk, sie zu nutzen und sich ihrer zu bedienen. Wissenschaftlern mag sie weniger geläufig sein, ausgenommen denjenigen, die in der Chaos- und Komplexitätsforschung arbeiten.

Die rationale Struktur des Universums geht über ihre Manifestierung in oberflächlicher Symmetrie, Struktur sowie Ursache und Wirkung hinaus. Es scheint, als besitze sie die Fähigkeit zu beurteilen, wann eine Symmetrie gebrochen werden muß, wann die Gesetze der Geometrie gedehnt werden müssen, wann das Prinzip von Ursache und Wirkung nicht gelten darf. Ist dies vielleicht die Rationalität des göttlichen Plans?

Vielleicht haben wir den Anteil an Asymmetrie und »Irrationalität« unterschätzt, den ein rationales Universum ohne Widersprüche verkraften kann. Vielleicht gibt es gar keinen Widerspruch zwischen einem rationalen Gott und einem Bereich der menschlichen Erfahrung, der die konventionelle Vorstellung von Rationalität bis zum Zerreißen zu spannen scheint. Oder sind derartige Überlegungen nur Rückzugsgefechte, die wir führen, um unsere Vorstellungen von der Rationalität des Universums und dem Vorhandensein eines göttlichen Plans aufrechterhalten zu können?

»Das unendlich geheimnisvolle Buch der Natur . . .« – können wir überhaupt viel darin lesen?

»Wir kennen nicht mehr als ein Millionstel von einem Prozent der Dinge«[5], sagte der amerikanische Erfinder Thomas Alva Edison einmal. Natürlich ist es bereits mehr als sechzig Jahre her, daß er diesen Satz gesprochen hat. Heute wissen wir wohl schon ein wenig mehr. Doch bereits ein beiläufiger Blick auf die Dinge um uns herum zeigt uns, daß es unglaublich viel gibt, was wir noch nicht wissen.

Wir haben bereits die Zuverlässigkeit unserer fünf Sinne, durch die alle Informationen über das Universum zu uns gelangen, in Frage gestellt. Trotzdem haben wir das instinktive Gefühl (was nicht genau das gleiche ist wie der gesunde Menschenverstand), daß das Universum unserer Erforschung und unserem Verständnis offensteht; und dieses Gefühl ist gewiß in unserer Generation oder in unserem Jahrhundert nicht zum erstenmal aufgetaucht. Dennoch es ist möglich, sich ein Universum vorzustellen, das zwar rational, aber irgendwie versperrt, verhüllt, schwierig zu durchschauen ist; so wie unsere Alltagswelt für jemanden sein muß, der blind und taub geboren ist. Es ist sogar möglich, sich ein Universum vorzustellen, in dem diese Schranke des Verstehens uns zum Vorteil gereicht. T. S. Eliot schrieb einmal: »Die Menschheit kann nicht besonders viel Realität verkraften.« Vielleicht hatte er recht damit.

Trotzdem streben wir danach, die Wahrheit über alles und hinter allem zu erfahren, mit unseren Teleskopen immer weiter zu sehen, mit unseren Mikroskopen immer gründlicher zu forschen, alle Antworten zu kennen. Wir lassen uns nicht so leicht entmutigen und sind nicht besonders bescheiden in der Einschätzung unserer Fähigkeiten und unserer Leistungen.

Im April 1980 hatte Stephen Hawking die Unverfrorenheit zu behaupten, wir seien bereits so weit, daß wir noch vor dem Ende des 20. Jahrhunderts eine Theorie finden könnten, die alles erklärt, was im Universum geschieht, geschehen ist oder geschehen wird. Acht Jahre danach schrieb er, daß wir (nicht nur die Naturwissenschaftler, sondern alle Menschen) mit jener Theorie in Händen auch den Plan Gottes würden erkennen können. Dies erinnert ein bißchen an eine heitere Episode aus der Zeit um die Jahrhundertwende: Preußen schloß sein Patentamt mit der Begründung, daß bereits alles überhaupt Machbare erfunden sei und es daher keine neuen Erfindungen mehr geben werde. Kurz danach begann Albert Einstein in einem schweizerischen Patentamt mit Gedanken zu spielen, die die Naturwissenschaft revolutionieren sollten.

In dem Kinderspiel »Pass the Parcel« (Gib das Paket weiter) wird ein in buntes Papier gewickeltes »Paket« unter den Kindern herumgereicht; dazu spielt Musik. Wenn die Musik aufhört, muß das Kind, bei dem sich das Paket gerade befindet, die erste Schicht des Papiers abwickeln. Heraus kommt ein Bonbon, die Belohnung für das Kind. Die Musik spielt weiter, das Paket wird weiter herumgereicht, und das Spiel wird fortgesetzt. Bei jeder Musikpause wird eine weitere Schicht Papier abgewickelt, und das Paket wird immer kleiner. Ganz in der Mitte befindet sich etwas weitaus Aufregenderes als die Bonbons, die zuvor zutage befördert wurden.

Die Naturwissenschaft spielt ein ähnliches Spiel wie dieses »Pass the Parcel«: Schicht um Schicht wird Wissen offengelegt und immer tiefere Erkenntnis und vollkommeneres Verständnis enthüllt. Man wickelt zum Beispiel Atome aus und findet Elektronen, Protonen und Neutronen. Man wickelt Protonen und Neutronen aus und findet Quarks. Wer weiß, ob es nicht noch tiefere Schichten gibt als die der Elektronen und Quarks? Im weiteren Verlauf des Spiels halten wir den Atem an, gespannt, was wohl zum Vorschein kommt, wenn die letzte Hülle fällt. Wir werden möglicherweise einen sehr langen Atem brauchen.

Falls unser Spiel »Infinite Pass the Parcel« – »Das unendliche Weitergeben des Pakets« – heißt, wird es nie zu Ende gehen. Wir könnten alt und grau werden und noch immer in diesem Kreis sitzen und der blechernen Musik zuhören. Neue Generationen werden unseren Platz im Kreis einnehmen. Wir werden immer subtilere Theorien entdecken, von denen jede das Universum noch genauer als die vorige beschreibt. Wenn exaktere Meßmethoden oder neue Beobachtungen möglich sind, entdecken wir Dinge, die durch bestehende Theorien nicht erklärbar gewesen wären. Oder eine fortgeschrittenere Theorie wird entwickelt. Mit jedem Schritt vorwärts wird eine weitere Schicht des Pakets ausgewickelt. Der Anteil des »Unbekannten« scheint immer kleiner zu werden. Aber wenn das Wissen unendlich ist, wird das »Unbekannte« niemals wirklich kleiner. Unter jeder Schicht wird eine tiefere Schicht zum Vorschein kommen, dann noch eine und noch eine. Selbst wenn es so etwas wie ein vollständiges Wissen geben sollte, könnte unsere Art, Wissenschaft zu betreiben, es mit sich bringen, daß eine unendliche Anzahl von Verfeinerungen notwendig ist, um zum Kern zu gelangen. Wir müßten das Paket bis in alle Ewigkeit weiterreichen. Einstein zum Beispiel glaubte, »daß dieser Prozeß der Vertiefung einer Theorie keine Grenzen hat«.[6]

Ob das geheimnisvolle Buch der Natur nun unendlich ist oder nicht – die Naturwissenschaft hat bereits einige Seiten aufgeschlagen, die unleserlich scheinen. Wir haben schon die Ebene der Quanten erwähnt und darauf hingewiesen, wie uns auf dieser Ebene die Unschärferelation einschränkt. Der Physiker Paul C. W. Davies beschrieb die wissenschaftliche Beschäftigung mit Elementarteilchen als eine Tätigkeit, bei der »man immer mehr über immer weniger erfährt«. Und Hawking bezeichnet die Quantenmechanik als »Theorie darüber, was wir nicht wissen und was wir nicht vorhersagen können«. Einstein wollte die Unschärferelation der Quanten nicht als inhärentes Prinzip akzeptieren. »Gott würfelt nicht«, erklärte er. Der dänische Physiker Niels Bohr hingegen war überzeugt, daß die Welt der Quanten an sich unbestimmt sei, und entgegnete: »Albert, schreib Gott nicht vor, was er tun kann!« In den dreißiger Jahren entwarf Einstein ein Experiment (auf das wir noch ausführlicher zurückkommen werden), mit dem er zu zeigen hoffte, daß jedes Geschehen – auch auf der Ebene der Quanten – eine ganz bestimmte Ursache hat. Erst in den sechziger Jahren war die Technik so weit entwickelt, daß Einsteins Experiment durchgeführt werden konnte. Und es zeigte sich, daß Einstein unrecht hatte.

Die Welt der Quanten stellt nicht das einzige Kapitel im Buch des Universums dar, das nicht entziffert werden kann. In den späten sechziger und siebziger Jahren schien es eine Zeitlang, als ob Singularitäten von unendlicher Dichte und unendlicher Krümmung der Raumzeit alle Hoffnung zunichte machten, jemals etwas darüber zu erfahren, wie das Universum entstanden ist. *Wenn* es Singularitäten gibt, dann stellen sie tatsächlich ein ernsthaftes Hindernis dar. Der Relativitätstheorie zufolge sollten wir sie im Zentrum Schwarzer Löcher finden, am Anfang des Universums und wahrscheinlich auch an dessen Ende. Physiker mögen es nicht, auf Singularitäten zu stoßen. Es ist keine leichte Sache, die Tür vor der Nase zugeschlagen zu bekommen.

Werfen wir zunächst einen Blick auf die Singularitäten im Zentrum Schwarzer Löcher. Die Theorie der Schwarzen Löcher geht davon aus, daß einem massenreichen Stern, noch um einiges größer als unsere Sonne, der sich Millionen oder Milliarden von Jahren erfolgreich dagegen gewehrt hat, unter dem Druck der eigenen Schwerkraft in sich zusammenzustürzen, irgendwann der Brennstoff ausgeht, um weiterhin Widerstand zu leisten. Um genauer zu sein, der Brennstoff ist Wasserstoff, und der Stern hat Energie produziert, indem er diesen Wasserstoff zunächst in Helium und danach in schwerere Elemente umgewandelt hat. Wenn die Energie, die der Stern produzieren kann, nicht mehr ausreicht, um die Gravitationskraft auszugleichen, beginnt der Stern zu kollabieren. Wenn der Stern massiv genug ist, wird er immer weiter kollabieren, bis er zum Schwarzen Loch geworden ist.

Was genau ist nun ein Schwarzes Loch? Die klassische Lehrbuchdefinition lautet: ein Bereich des Universums, aus dem nichts entweichen kann, es sei denn, es ist schneller als das Licht. Nun gibt es aber unseres Wissens nichts, das die Lichtgeschwindigkeit überschreiten kann und deshalb kann definitionsgemäß auch nichts, nicht einmal das Licht selbst, aus einem Schwarzen Loch entweichen.

Wenn Sie mit dem Konzept der Schwarzen Löcher nicht vertraut sind, stellen Sie sich wahrscheinlich jetzt eine unsichtbare, kompakte Kugel im All vor (die Überreste des Sterns), die kein Licht entsendet und von ihrer Oberfläche nichts entweichen läßt; doch diese Vorstellung ist nicht ganz korrekt. Ein Schwarzes Loch ist kein Objekt, sondern es schließt den Raum ein, der den kollabierenden Stern – grob gesagt sphärisch, doch wahrscheinlich ausgebeult wie die Erde am Äquator – umgibt. Die Relativitätstheorie sagt vorher, daß der Stern innerhalb dieses Raums ohne Ausweg immer weiter kollabiert, bis seine gesamte Materie zu einem Punkt von null Volumen und unendlicher Dichter komprimiert ist; dies nennt man eine Singularität.

Physikalische Theorien haben Probleme mit unendlichen Zahlen. Wenn Einsteins Allgemeine Relativitätstheorie eine Singularität von unendlicher Dichte und unendlicher Krümmung der Raumzeit beschreibt, dann beschreibt diese Theorie damit zugleich ihre eigene Kapitulation. Sämtliche Theorien der klassischen Physik brechen angesichts einer Singularität zusammen, denn wir sind nicht mehr in der Lage, irgend etwas vorherzusagen.

Nun werden sich einige von Ihnen wundern, weshalb wir nicht das gesamte Innere eines Schwarzen Lochs, sondern lediglich die Singularität als *Terra incognita* beschreiben, als eine jener nicht entzifferbaren Buchseiten. Wenn kein Licht oder irgend etwas sonst aus einem Schwarzen Loch entweichen kann, dann kann gewiß auch keine Information nach außen dringen. Wie können wir also wissen, was sich in seinem Innern abspielt?

Schwarze Löcher sind in der Tat mysteriös, aber wir wissen mathematisch und theoretisch eine Menge über sie, und so kennen wir auch die Kräfte in ihrem Innern. Darüber hinaus ist der Gedanke gar nicht so abwegig, daß wir eines Tages über die Technologie verfügen könnten, die nötig ist, um in das Innere eines Schwarzen Lochs zu gelangen. Wenn jemand *wirklich* neugierig ist, kann er dann hineinspringen, und wenn das Schwarze Loch groß genug ist, daß die Gravitationskräfte den Neugierigen nicht sofort in tausend Stücke zerreißen, dann kann er aus erster Hand erfahren, was im Innern eines Schwarzen Lochs oder wenigstens in dessen äußersten Bereichen vor sich geht. Dieser Beobachter wird dann zwar nicht mehr zurückkehren können, um uns seine Erfahrungen mitzuteilen, aber wenigstens kann so die Neugier eines einzelnen befriedigt werden. Das Innere des Schwarzen Lochs ist also nicht unerforschlich. Doch machen nicht jene Singularitäten, die sich möglicherweise im Zentrum der Schwarzen Löcher befinden, den Physikern am meisten Kopfzerbrechen. Das eigentlich unentzifferbare Phänomen ist die Singularität am Beginn des Universums. Zuerst sollten wir jedoch erörtern, weshalb es dort überhaupt eine Singularität geben sollte.

In den zwanziger Jahren machte der amerikanische Astronom Edwin Hubble eine der revolutionärsten Entdeckungen unseres Jahrhunderts: Er fand heraus, daß das Universum expandiert. Die entfernten Galaxien bewegen sich von uns und voneinander immer weiter weg. Wenn dies stimmt – und heute bestreitet das niemand mehr ernsthaft –, dann befanden sich die Galaxien einst viel enger beieinander, falls sich nicht irgendwann einmal in der Vergangenheit eine drastische Veränderung ergeben hat. Das heißt, daß sich an irgendeinem Punkt in der fernen Vergangenheit alles, was wir jemals im Universum werden beobachten können, an ein und demselben Ort befunden haben muß. Diese ganze ungeheure Masse und Energie muß dann in einem einzigen, unendlich dichten Punkt zusammengeballt gewesen sein.

Wir werden auf Hubbles Entdeckung, ihre Vorgeschichte und die Kontroversen, die sie auslöste, im vierten Kapitel zurückkommen. Im Augenblick genügt es zu sagen, daß zwar schon die

Allgemeine Relativitätstheorie die Existenz von Singularitäten voraussagt, aber erst im Jahr 1970 Roger Penrose von der Oxford University und Stephen Hawking (beide Experten für Schwarze Löcher) ihr Wissen im Bereich der Schwarzen Löcher anwendeten, die Zeitrichtung umkehrten und zeigten, daß das Universum als Singularität begonnen haben muß. Dies war gut für ihre Karrieren als Physiker. In anderer Hinsicht war es eher schlecht.

Wenn Hawking und Penrose recht haben, so folgt aus der Singularität am Anfang des Universums, daß der Anfang des Universums jenseits unserer wissenschaftlichen Erkenntnismöglichkeiten liegt – ein unentzifferbares Blatt ist. Genau wie im Fall der Singularität eines Schwarzen Lochs brechen die Gesetze und Theorien der klassischen Physik, einschließlich Einsteins Relativitätstheorie mit ihrer Annahme einer Singularität, angesichts der Singularität am Anfang des Universums zusammen. Wir könnten diese Gesetze nicht dazu benutzen, Vorhersagen darüber zu treffen, was aus dieser Singularität hervorgeht: Es könnte jedes beliebige Universum daraus entstehen. Und die Frage nach dem, was zeitlich vor dieser Singularität geschehen ist, hat wahrscheinlich überhaupt keinen Sinn. Alles, was wir über den Anfang sagen könnten, ist, daß die Zeit begann, weil wir festgestellt haben, daß sie begonnen hat. Es dauerte nicht lange, bis Physiker – mit Hawking an der Spitze – diesen letzten gordischen Knoten zu attackieren begannen. Wir werden die Ergebnisse dieses Unterfangens im vierten Kapitel vorstellen.

Doch noch eine weitere Kategorie des Wissens über das Universum scheint unserer Erforschung verschlossen. Bis heute haben wir keinen Weg gefunden, um »Naturkonstanten« vorauszusagen, wie etwa Masse und Ladung des Elektrons und die Geschwindigkeit des Lichts im Vakuum. Diese als unbekannt zu bezeichnen, wäre jedoch nicht korrekt. Denn die Masse und die Ladung des Elektrons sowie die Geschwindigkeit des Lichts können wir ja messen. Was wir nicht wissen, ist viel subtiler als das: Wenn wir diese Werte nicht direkt messen

könnten, wären wir nicht in der Lage, mit Hilfe unserer Theorien herauszufinden, was sie sind. Diese Naturkonstanten sind »zufällige Elemente« in allen unseren Theorien. Ein Außerirdischer, der unser Universum niemals gesehen hat, könnte mit keiner unserer heutigen Theorien herausfinden, welche Werte sie in unserem Universum haben. Und dies ist für einen Physiker eine unbefriedigende Situation.
Werden wir die Antworten darauf jemals erfahren? Zur Zeit werden vielversprechende Wege der Forschung erprobt. Wenn aber – wie eine spekulative Theorie behauptet, die wir in Kapitel 4 näher betrachten wollen – unser Universum als ein Wurmloch entstand, das aus einem anderen Universum herausführte, werden wir nie alle Naturkonstanten vorausberechnen können; obschon wir besser verstehen werden, weshalb wir dazu nicht in der Lage sind.
Relativ junge Bereiche der Naturwissenschaft, die Chaostheorie und die Komplexitätsforschung, die wir im einzelnen im Kapitel 6 untersuchen werden, legen uns nahe, wir seien bisher allzu optimistisch gewesen. Die Fähigkeit des Menschen, auch nur die Umlaufbahnen des Sonnensystems sehr weit in die Zukunft hinein vorauszusagen, sei äußerst gering. Denn bei den meisten, vielleicht sogar allen Systemen der Natur würde nur unendlich genaue Kenntnis gegenwärtiger Details (und vielleicht nicht einmal das) es erlauben, präzise zu berechnen, was zukünftig mit diesem System geschieht oder was in der Vergangenheit geschehen ist. Wir besitzen aber niemals eine unendlich genaue Kenntnis der Einzelheiten. Was also ist mit unseren tapferen Bemühungen, die Geschichte des Universums bis an seine Ursprünge zurückzuverfolgen und seine Zukunft vorherzusagen?
Chaos- und Komplexitätsforschung führen uns auch eine nicht unerhebliche Hürde zwischen uns und den fundamentalen Naturgesetzen vor Augen. Bei unserem Bemühen, die Struktur des Universums zu verstehen, stoßen wir auf viele Momente, wo es schwierig, ja vielleicht sogar unmöglich ist zu bestimmen, ob das, was wir sehen, das Ergebnis fundamentaler Gesetzmä-

ßigkeiten ist oder nur ein Produkt des Zufalls. Wenn wir ein zufälliges Ergebnis beobachten, eines von vielen möglichen Ergebnissen, die die fundamentalen Gesetze zulassen, wäre es irreführend zu glauben, unsere Beobachtung sei ein Schlüssel zu den fundamentalen Gesetzen des Universums. Wenn zum Beispiel die Haufenbildung von Galaxien auf die Naturgesetze zurückzuführen ist, können wir sie auch erforschen und etwas über jene grundlegenden Gesetzmäßigkeiten erfahren. Wenn sich aber die Haufenbildung von Galaxien nach dem Zufallsprinzip vollzieht und die zugrundeliegenden Gesetze eine Vielzahl von Ergebnissen zulassen, dann können wir durch die Erforschung der Art, wie die Galaxien angeordnet sind, über die grundlegenden Gesetze nicht viel erfahren. Es ist eine Art Zwickmühle. Wenn wir nicht verstehen, was durch die fundamentalen Gesetze tatsächlich bestimmt wird und wo diese flexibel sind, dann können wir auch nicht herausfinden, worin diese Gesetze bestehen.

Ist die objektive Realität eine Fata Morgana?

Denken wir einmal darüber nach, ob wir an eine objektive Realität, eine objektive Wahrheit glauben. Die meisten von uns werden mit »Ja« antworten; und wir neigen auch zu der Annahme, daß die Naturwissenschaft und die wissenschaftliche Methode die besten Wege sind, um sie zu erreichen – um festzustellen, was wahr ist und was nicht.
Doch die Naturwissenschaft behauptet nicht, sie habe die letzte Wahrheit über irgend etwas entdeckt. Wissenschaftler sprechen eher davon, daß sie Vorhersehbarkeiten entdecken – daß sie ein tieferes Verständnis der Natur suchen; nicht vom »Urteil der Naturwissenschaft«, sondern vom »Standardmodell«, d. h. einem Modell, das die meisten Experten zum gegenwärtigen Zeitpunkt akzeptieren. Sie sprechen von »approximativen Theorien«, d. h. von Theorien, die zwar in einem bestimmten Bereich zufriedenstellend funktionieren, aber nicht

die ganze Wahrheit zu sein beanspruchen, die in allen Bereichen angewandt werden kann. Sie sprechen von »effektiven Theorien«, d. h. von etwas, mit dem man gegenwärtig arbeiten kann, obwohl man weiß, daß es nicht absolut und unzweideutig korrekt ist.

Es besteht allgemeine Einigkeit darüber, daß in der Naturwissenschaft nichts jemals »bewiesen« werden kann. Das beste, was man von einer Theorie sagen kann, ist, daß sie nicht widerlegt worden ist. Gleichgültig, wie oft etwas durch Experimente bestätigt wird, gibt es immer noch eine unendliche Anzahl von Gelegenheiten, es in der Zukunft zu überprüfen. Das heißt, daß die Anzahl der Gelegenheiten, bei denen es widerlegt werden könnte, die Anzahl der Gelegenheiten, bei denen es bereits überprüft und verifiziert wurde, immer übertrifft. Wissenschaftler sind Skeptiker, wenn es darum geht, endgültige und unangreifbare Wahrheiten auszusprechen. Vielleicht ist es eher dieser Skeptizismus, der viele Naturwissenschaftler daran hindert, an Gott zu glauben, und nicht die Feststellung, daß durch die Naturwissenschaft Gott widerlegt wird. Der Gedanke, die letzte unangreifbare Wahrheit zu finden, ist in einem gewissen Sinn vielen Wissenschaftlern und vielen anderen Menschen auch fremd geworden, selbst wenn wir glauben, daß es eine solche Wahrheit gibt.

In Bereichen außerhalb der Naturwissenschaft ist die Wahrheit noch schwerer faßbar. Wenn es um Fragen der Religion, um Ethik und menschliches Verhalten geht, sind wir schnell geneigt zu sagen, dies sei Ansichts- oder Glaubenssache. Und wie steht es dann mit dem Begriff der objektiven Realität? Es zeigt Hawkings Toleranz, wenn er etwa sagt, die Frage, ob Gott in unserem Leben wirkt, sei »Glaubenssache«; aber ganz gewiß meint er damit nicht, die objektive Realität sei für den Atheisten etwas anderes als für jemanden, der an Gott glaubt. Denn es ist ja nicht so, daß der Christ oder der Jude in einem von Gott geschaffenen und erhaltenen Universum lebt und der Atheist in einem Universum, für das es keinen Gott gibt. Wenn es so etwas wie objektive Wahrheit gibt, müssen manche Men-

schen absolut recht haben und andere absolut unrecht. Toleranz ist notwendig; nicht weil alle gleichermaßen recht haben, sondern weil wir keine Möglichkeit besitzen, ein für allemal zu beweisen, wer von uns recht hat.
Das heißt, FALLS es so etwas wie eine objektive Realität gibt. Es ist nicht falsch zu sagen, daß auf der Quantenebene des Universums die objektive Wahrheit wohl darin besteht, daß wir objektive Realität einbüßen.
Rufen Sie sich einmal in Erinnerung, auf welche beiden Arten wir die Unschärfe auf der Quantenebene des Universums erklärt haben. Einmal könnte man sagen, die Dinge scheinen ungewiß, weil wir noch keinen adäquaten Weg gefunden haben, sie zu beobachten und zu messen. Jedoch ist die Mehrheit der Physiker heute überzeugt, daß die Unschärferelation der Quanten tiefere Gründe hat als nur die der Beobachtung und der Meßmethoden. Wenn wir die Geschwindigkeit eines Teilchens genau messen, *hat* dieses Teilchen im Augenblick unserer Messung keine präzise Position, die sich messen ließe.
Dabei stellt sich die Frage, ob etwas, das nicht irgendwo lokalisiert werden kann, ein wirkliches »Etwas« ist. Existiert es denn tatsächlich als ein unabhängiges Ding? Und wenn ja, müßte es dann nicht eine exakte Position und einen bestimmten Impuls haben?
Noch schwieriger ist die Tatsache, daß wir als Beobachter die Realität auf der Ebene der Quanten in gewissem Sinn verändern. Soweit man bisher feststellen konnte, hat selbst ein Atom niemals eine exakte Position UND einen exakten Impuls gleichzeitig. Wenn man die Position eines Atoms feststellen will, findet man genau das, wonach man sucht: ein Atom an einem exakten Ort – doch sein Impuls bleibt unbestimmt. Wenn man den Impuls eines Atoms feststellen will, findet man ebenfalls, wonach man sucht: ein Atom, das sich auf eine bestimmte Art und Weise bewegt – doch seine Position bleibt unscharf. Ein äußerst zuverlässig unzuverlässiger Geselle, dieses Atom. Doch was passiert, wenn man von einem Atom gar nichts mißt? Es sieht so aus, als schlüpfe ein Atom, wenn man

es nicht beobachtet, in einen Zustand, den man als spukhaft beschreiben kann und der keine konkrete Realität besitzt. Nur unter Beobachtung entschließt es sich, entweder ein Atom mit einer bestimmten Position oder ein Atom mit einer bestimmten Geschwindigkeit zu sein. Welches dieser Atome es wird, hängt allein davon ab, was der Beobachter messen will. Einfach gesagt: der Beobachter scheint Realität zu schaffen, indem er sie beobachtet.

John Wheeler ist der Physiker, der den Begriff »Schwarzes Loch« geprägt hat – ein Glücksfall, denn bis dahin hatte man nichts Besseres als die Bezeichnung »Kollapsar« gefunden. Außer der Fähigkeit, prägnante Begriffe zu finden, besitzt Wheeler ein außerordentliches Talent dafür, Analogien zu entwickeln, die es auch Nichtphysikern ermöglichen, Physik zu verstehen. Hier nun seine quantentheoretische Version des Ratespiels »Twenty Questions«:

Prof. Wheeler ist der Kandidat. Wir alle glauben, er habe ein Geheimwort gewählt, doch er will uns einen Streich spielen. Er wählt überhaupt kein Wort. Das Spiel beginnt. »Tier, Pflanze oder Mineral?« fragen wir. Prof. Wheeler, der kein Geheimwort, sondern nur eine vage Liste sämtlicher Substantive seiner Sprache im Kopf hat, kann nach Belieben eine dieser drei Kategorien wählen. »Tier«, antwortet er. Wir richten jetzt alle unsere Aufmerksamkeit auf das Tierreich, und die Anzahl der möglichen Antworten wird kleiner. »Säugetiere?« fragt jemand. »Nein«, antwortet Prof. Wheeler, obwohl er genausogut mit »Ja« hätte antworten können. »Reptil?« lautet die nächste Frage. »Ja«, sagt Prof. Wheeler mit anerkennendem Kopfnicken; genausogut hätte er auch »nein« sagen können. Jetzt denken wir alle an Schlangen und Eidechsen und ähnliches, das ganze Tierreich der Reptilien steht im Geist vor uns. Auch vor dem geistigen Auge Prof. Wheelers. Es ist kein ganz bestimmtes Reptil, das sich vor sein geistiges Auge drängt. Im Verlauf des Spieles muß Prof. Wheeler zwar genau aufpassen, daß seine Antwort jeweils den vorherigen nicht widerspricht; aber wenn er sich daran hält: Können Sie sehen, daß am Ende ein ganz bestimmtes Wort herauskommt, obwohl in Prof. Wheelers Kopf gar keines darauf wartete, gefunden zu werden? Die Richtung, die unsere Fragen eingeschlagen haben, hat das verborgene Wort gewissermaßen erst geschaffen.

Auf analoge Weise, sagt Wheeler, wird durch unser Experimentieren bestimmt, was Realität auf der Ebene der Quanten ist. Es ist keine Realität, die irgendwo »draußen« unabhängig von uns existiert und nur darauf wartet, entdeckt zu werden, keine Realität, die sich immer gleich bleibt, egal ob jemand hinschaut oder nicht. Unser Beobachten schafft eine reale Situation, wo sonst nur spukhafte Ungewißheit herrschen würde. Wir können diese Realität nicht von der Person trennen, die beobachtet, oder von der Art, wie sie beobachtet.

Wenn wir als Beobachter auf der Ebene der Quanten Realität manipulieren oder sogar schaffen – welche Auswirkungen hat dies dann auf das Universum als Ganzes? Wieder hat Wheeler eine verblüffende Hypothese parat: Vielleicht kann es ohne Beobachter überhaupt kein Universum geben. Folgt daraus, daß das Universum gar nicht existiert hat, bevor es in ihm denkende Wesen gab? Folgt daraus weiterhin, daß unsere Beobachtungen eine Geschichte des Universums vor dem Auftauchen des Menschen erschaffen – eine Geschichte, die gewissermaßen nicht existierte, bevor wir angefangen haben, Fragen über den Ursprung des Universums zu stellen? Welche Bedeutung haben unser Sachverstand und unsere Technologie, wenn wir damit lediglich Antworten entdecken können, die wir selbst geschaffen haben? Und wenn wir aussterben, verschwindet dann auch das Universum?

In einer analogen Fragestellung: Kann Gott existieren ohne Menschen, die an ihn glauben? Wenn die Existenz Gottes eine Sache des Glaubens ist, dann hätten wir, wenn niemand an Gott glauben würde, keinen einsamen Gott, sondern gar keinen. Ist es möglich, sich eine Situation vorzustellen, in der die Antwort auf die Frage »Existiert Gott?« unbestimmt ist in der Art, in der Teilchen auf der Ebene der Quanten unbestimmt sind? Würde dann der Glaube und nicht die Beobachtung eine positive Antwort schaffen? Dies wäre nicht gleichbedeutend damit, daß der an Gott Glaubende getäuscht würde; sowenig wie der Physiker, der ein Elektron an einem bestimmten Ort lokalisiert, getäuscht wird. Unglauben würde eine negative Antwort schaffen, und auch das wäre keine Täuschung. Kann Wahrheit der Wahrheit widersprechen?

Es genügt wohl, zu sagen, daß den meisten Menschen die Vorstellung nicht angenehm ist, daß es einander widersprechende Wahrheiten geben kann. Gegensätzliche Meinungen – das ja. Einander widersprechende Beweise – auch das. Jemand irrt sich. Jemand lügt. Ein Kompromiß – wunderbar. Aber einander widersprechende Wahrheiten? Nein. Die meisten von uns glauben instinktiv, daß es auf jede Frage eine endgültige Antwort geben muß, selbst auf die Frage, ob Gott existiert. Wir haben das Gefühl, daß unsere Meinungen und unsere Glaubensvorstellungen nicht etwas real oder irreal machen können. Wir manipulieren die Realität nicht, ob diese Realität nun die Existenz eines Stuhles oder die Existenz Gottes betrifft. Auch wenn einiges in der Quantenphysik auf das Gegenteil hindeutet, glaube ich nicht, daß bei der Entscheidung über die endgültige Realität meine Stimme zählt.

Diese Reaktion beschränkt sich aber nicht auf den sprichwörtlichen Mann auf der Straße mit seinem gesunden Menschenverstand. Die meisten Naturwissenschaftler haben ebenfalls das Gefühl, es müsse etwas »Reales« geben, da sonst die Ergebnisse ihrer Untersuchungen in der materiellen Welt nicht in solch erstaunlicher und unerwarteter Weise zueinander passen würden. Ganz ähnlich äußern sich Menschen über ihren Glauben an Gott. Aber ist dieses »Zusammenpassen« – aus dem wir schließen, daß es eine objektive, physisch greifbare Welt außerhalb von uns gibt – nicht einfach das Muster, auf das uns die Evolution so außerordentlich gut getrimmt hat – einschließlich des guten Gefühls, das eintritt, wenn wir es entdeckt haben? Vielleicht suchen wir uns für unsere wissenschaftlichen Forschungen – sei es nun bewußt oder unbewußt –

ja sogar Probleme und Fragestellungen aus, die diese Art der befriedigenden Lösung wahrscheinlich machen, und lassen jene beiseite, bei denen das nicht der Fall ist.

Sind wir wirklich frei in unserem Handeln?

Ein Freund, Jim Morgan, erzählte mir, daß er eines Tages im Sommer 1990 in einem Campingstuhl im Garten saß und *Eine kurze Geschichte der Zeit* las. Da ließ sich auf einmal eine etwa zehn Zentimeter lange Heuschrecke auf Seite 9 nieder und blieb dort etwa sechs Sekunden lang sitzen. Jim hörte auf zu lesen und überlegte: Wurde es im Augenblick der Erschaffung der Welt vor zehn bis zwanzig Milliarden Jahren ein für allemal festgeschrieben, daß er und die Heuschrecke sich auf Seite 9 von Hawkings Buch begegnen würden, genau so, an einem ruhigen Sommernachmittag? Keine Sekunde früher, keine Sekunde später, und nicht auf Seite 8 oder 10? Hawking hat natürlich den Standpunkt vertreten, alles, was im Universum geschieht, was geschehen ist und geschehen wird, *sei* vorherbestimmt, entweder durch eine Vollständige einheitliche Theorie oder durch Gott. Jim Morgan meint, es würde ihm gefallen, wenn Hawking recht hätte. Wenn er recht hat, so ist die Annahme, Zufall und freie Wahl spielten bei den Geschehnissen im Universum eine Rolle, falsch.

Was ist eine Vollständige einheitliche Theorie? Es ist eigentlich nicht richtig, von *einer* Vollständigen einheitlichen Theorie zu sprechen. Dies hieße nämlich, daß es mehr als eine solche Theorie gibt. Es muß vielmehr heißen: *die* Vollständige einheitliche Theorie – das einfache Regelwerk, das der ungeheuren Komplexität und dem kleinsten Detail des Universums zugrunde liegt. Eine Formel, die auf einem T-Shirt Platz hätte? Möglicherweise.

Für einen Nichtphysiker ist es nicht leicht einzusehen, daß es eine solche Formel geben könnte. Schon ein Blick aus dem Fenster oder die Vergegenwärtigung, wie unser Körper funktio-

niert, zeigt uns, daß es viel zu viele unterschiedliche Phänomene im Universum gibt, als daß sie so kurz und bündig erklärt werden könnten. Doch Naturwissenschaftler haben im Laufe der Jahrhunderte immer wieder herausgefunden, daß die Natur oft weniger kompliziert ist, als sie auf den ersten Blick aussieht. Der amerikanische Physiker und Nobelpreisträger Richard Feynman hat das Muster, nach dem sich dieser Prozeß abspielt, erklärt. Es gab nämlich, so sagt er, eine Zeit, in der wir etwas Bestimmtes Bewegung nannten, etwas anderes Wärme, und ein drittes Schall. »Aber nachdem Sir Isaac Newton die Gesetze der Bewegung erklärt hatte«, so Feynman, »entdeckte man bald, daß einige dieser scheinbar verschiedenen Dinge Aspekte ein und derselben Sache waren. Beispielsweise ließen sich die akustischen Erscheinungen vollständig mit der Bewegung von Atomen in der Luft erklären. Damit fiel die Akustik als eigenständiges Gebiet weg. Nicht anders erging es der Wärmelehre, als man die Erscheinungen der Wärme durch die Gesetze der Bewegung zu begreifen lernte. So wurden große Bereiche der physikalischen Theorie zu einer vereinfachten Theorie zusammengefaßt.«[7]
Hawking äußerte in seiner Einführungsvorlesung als Lucasischer Professor für Mathematik in Cambridge die Vermutung, wir könnten bald in der Lage sein, die *gesamte* theoretische Physik in einer vereinfachten Theorie zusammenzufassen; er meinte aber damit nicht, daß wir bald eine Theorie haben werden, mit deren Hilfe wir Menschen alles Geschehen im Universum vorhersagen könnten. Wir werden sie nicht dazu verwenden können zu entscheiden, auf welches Pferd wir im Grand National Derby setzen sollen. Es gibt Milliarden und aber Milliarden von Details, die an der Geschichte jedes einzelnen Teilchens eines jeden einzelnen Pferdes mitwirken; das gleiche gilt für den Rasen, auf dem das Rennen stattfindet, ganz zu schweigen vom Wetter, und das alles müßten wir von der Entstehung des Universums bis zu dem Tag verfolgen, an dem das Rennen stattfindet. Es gibt keinen Computer, der eine solche Rechenoperation durchführen könnte. Und es gibt noch

weitere unüberwindbare Probleme, die es uns nicht erlauben, alles vorherzusagen. Hawking meint, es sei auch besser so, denn andernfalls würden wir mit unserer Platzwette die Gewinnquoten ändern! Selbst unsere Reaktion auf unsere Vorhersage und die Auswirkungen unserer Reaktion müßten dann von der Theorie vorhergesagt werden.

Hawking meinte etwas weitaus weniger Dramatisches, als er erklärte, die Physik sei auf dem Weg zu einer Theorie, die in einheitlicher Weise die Aktivitäten der Elementarteilchen erklären könnte und das Funktionieren jener vier Kräfte, durch die sie interagieren. Diese Interaktion liegt allem Geschehen im materiellen Universum zugrunde. Hawking sagte in seiner Einführungsvorlesung, eine Theorie, die das Universum vollständig erklärt, müsse auch eine Antwort auf die Frage beinhalten, was die »Ausgangsbedingungen« des Universums seien, die Bedingungen am Anfang des Universums, noch vor dem Beginn der Zeit. Wir werden sehen, daß eine vollständige Theorie möglicherweise noch mehr als dies leisten muß, je nachdem, wie man die Theorie des Universums definiert.

Doch lautet die Frage, die wir uns hier stellen, nicht, ob wir eine solche Theorie jemals finden können oder was wir Menschen mit ihrer Hilfe vorhersagen können oder nicht. Vielmehr ist die Frage, ob eine solch umfassende Theorie innerhalb oder außerhalb des menschlichen Begriffsvermögens liegt. Und falls sie existiert: kann sie die Sachverhalte nur *erklären*, oder kann sie sie auch *prognostizieren* oder sogar *determinieren*? Ist der freie Wille eine Illusion? Gibt es etwa gar keine Entscheidungsfreiheit?

Hawking hat zwar gesagt, er glaube, daß alles determiniert sei, doch er hat auch gesagt, daß der freie Wille »eine gute approximative Theorie des menschlichen Verhaltens«[8] sei. Wir haben »approximative Theorie« weiter oben als eine Theorie definiert, die in einem bestimmten Kontext nützlich ist, aber nicht in jedem Kontext korrekt sein muß. Hawking meint, es sei in der offenen Frage nach der Determiniertheit des Geschehens das Beste, anzunehmen, wir hätten einen freien Willen und eine freie Wahl. Und die meisten Menschen verhalten sich auch dementsprechend. Selbst Menschen, die von der Prädestination überzeugt sind, schauen nach links und nach rechts, bevor sie die Straße überqueren. (Natürlich könnte man einwenden, diese Leute müßten eben nach rechts und links schauen, da sie dafür prädestiniert sind.)

Hawking steht nicht allein mit seiner Überzeugung, alles sei determiniert, obwohl es heute wahrscheinlich weniger Naturwissenschaftler gibt, die mit ihm übereinstimmen, als es im 18. und 19. Jahrhundert der Fall gewesen wäre. Doch die Theorien Hawkings unterscheiden sich von jenen Positionen dadurch – und wir werden das später genauer untersuchen –, daß sie auch das Prinzip der Kontingenz in Frage stellen, das besagt, freie Wahl und/oder Zufall spielten bei der Entstehung des Universums eine Rolle.

Andere moderne Wissenschaftszweige zeichnen ein anderes Bild. Chaos- und Komplexitätsforschung enthüllen das subtile Gleichgewicht zwischen Vorhersagbarkeit und Nichtvorhersagbarkeit im Universum. Dadurch können wir besser verstehen, weshalb beides in unserer Alltagswelt erfahrbar ist. Auf Chaos und Komplexität werden wir in Kapitel 6 in einem anderen Zusammenhang noch zurückkommen. Einstweilen genügt es zu sagen, daß beide Theorien sich gegen den Determinismus und für das Prinzip der Kontingenz aussprechen. Jedoch gibt es in der Chaos- und Komplexitätsforschung auch Hinweise darauf, daß die Frage nach der vollständigen Determination allen Geschehens vom Menschen niemals ganz beantwortet werden kann.

Die Frage, ob alles prädestiniert ist oder nicht, taucht in Wissenschaft und Religion immer wieder auf und hat tiefgreifende Auswirkungen auf die menschliche Ethik. So heißt es einerseits, Gott kenne die Zukunft. Andererseits heißt es, wir besitzen einen freien Willen und sind verantwortlich für das, was wir tun. Wie kann beides zugleich wahr sein? Einerseits könnte die Vollständige einheitliche Theorie die Zukunft vom Augenblick der Entstehung des Universums an determiniert haben. Andererseits rät man uns, davon auszugehen, daß wir in einem kontingenten Universum leben – einem nicht vollständig vorhersehbaren Universum, das nur erforscht werden kann, indem es beobachtet wird, und nicht durch das reine Denken, egal wie fortgeschritten und informiert dieses Denken auch sein mag. Die ungeheure Paradoxie, die der abendländischen Religion zugrunde liegt, scheint auch der Naturwissenschaft zugrunde zu liegen.

Ist das Universum ein Uni-versum?

Die Annahme, das Universum sei als eine Einheit zu beschreiben, ist anhand der Alltagserfahrung weniger leicht zu belegen als die anderen vier Annahmen. Denn im Alltag begegnet uns häufig das Gegenteil von Einheit. Scheinbar können wir eine solche Einheit nur annehmen, indem wir unsere wissenschaftlichen Untersuchungen auf das beschränken, was in jenes Bild der Einheitlichkeit paßt. In ähnlicher Weise behaupten andere, daß wir nur, indem wir die Augen vor Widersprüchen und einander widersprechenden Behauptungen verschließen, unseren Glauben an einen Gott aufrechterhalten können.
Doch unser Glaube an diese unbeweisbare Einheit läßt uns in der Wissenschaft weiter nach tieferen, einfacheren Erklärungen suchen; Erklärungen, mit deren Hilfe sich das zersplitterte Bild in etwas Neues, Einfaches verwandelt, das eine große Eleganz und Schönheit besitzt. Wenn »Gesetze« nicht mehr gelten, muß das, was wir vorher »Gesetze« nannten, nur ein Annäherungsversuch gewesen sein, und wir müssen weiter nach jenen Gesetzen suchen, die wirklich fundamental und unveränderlich sind – nach einer allem zugrundeliegenden Symmetrie. Diese Vorgehensweise hat sich in der Tat als nützlich erwiesen. »Schönheit« ist ein nützliches Leitprinzip in der Physik – Schönheit, die zum Teil mit diesem Sichordnen zuvor disparater Elemente zu tun hat. Indem unser Verständnis sich erweitert, scheinen sich oft auch Widersprüche aufzulösen.

Oft . . . aber nicht immer. Selbst in der Mathematik, jenem Bereich des Denkens, in dem wir am stärksten Vollständigkeit und Zusammenhang ohne Widersprüche erwarten, gibt es Widersprüche. Auf eine bestimmte Weise betrieben, führt Mathematik zu einem bestimmten Ergebnis, und auf eine andere Weise betrieben, führt sie zu einem konträren Ergebnis. Wir haben gelernt, Mathematik als ein verläßliches Leitprinzip der realen Welt zu betrachten – wir benutzen es im Alltag auf eine einfache Art und in der theoretischen Physik auf eine Weise, die die Wissenschaftler zu einem fundamentalen Verständnis des Universums führen soll. Könnte es sein, daß die Mathematik manchmal Kartenhäuser baut? Oder sollten wir jenem Weg folgen, der die Mathematik als der Natur entsprechend betrachtet, und daraus schließen, daß jedem Widerspruch in der Mathematik ein Widerspruch in der Natur entspricht? Wo bleibt dann unser Prinzip der Einheit?

Unsere Vorstellung, es müsse Gesetze geben, die für alle Zeiten und an allen Orten unumstößliche Gültigkeit haben, hat zur Folge, daß wir glauben, die Erforschung eines kleinen Teils des Universums bringe uns große Fortschritte. Wir könnten das gesamte Universum und seine Geschichte besser verstehen – und sogar seine Zukunft vorhersagen. Als durch den Zusammenbruch der physikalischen Gesetzmäßigkeiten angesichts einer Singularität der Gedanke in Frage gestellt wurde, es gebe unabänderliche Gesetze, die selbst bei der Entstehung des Universums in Kraft waren, suchte man verstärkt nach Theorien, die solche Singularitäten untergraben. Wenn wir aber Theorien favorisieren, die unsere Vorstellung von Einheitlichkeit aufrechterhalten, riskieren wir dann nicht einen Zirkelschluß? Bestimmt dann nicht unsere Annahme unsere Theorie, während gleichzeitig unsere Theorie unsere Annahme stützt?

Was also folgt daraus? Können wir mit den Mitteln der Naturwissenschaft überhaupt etwas Bedeutsames über das Universum erfahren? Werden nicht die Annahmen, die der wissenschaftlichen Methode zugrunde liegen, durch die wissenschaftlichen Theorien und Entdeckungen des 20. Jahrhunderts in Frage gestellt? Können wir jenen Theorien und Entdeckungen überhaupt trauen? Stammen sie nicht aus einer Struktur, die möglicherweise selbst nur ein zweifelhaftes Erbe der religiösen Dogmatik des 17. Jahrhunderts ist?

Vielleicht ist dies ein reiner Glaubensakt, ein Sichhinwegsetzen über Beweise, die das Gegenteil nahelegen. Doch nur wenige Menschen sind bereit, in totalen Pessimismus zu verfallen oder die wissenschaftliche Suche aufzugeben. Kaum jemand würde sagen, daß die Menschheit als Ganzes und der einzelne nichts Wesentliches über das Universum wissen können. Die einen betreiben wissenschaftliche Forschung wie eh und je, andere suchen nach Gott, und wieder andere tun beides, halten sich beide Optionen offen oder versuchen, eben irgendwie zurechtzukommen – wobei sie das Universum weiterhin als rational, kontingent, offen für die Erforschung durch den Menschen, im Grund einheitlich betrachten und annehmen, daß es so etwas wie objektive Wahrheit gibt. Jenseits dieser gedanklichen Konstruktion, die viele von uns teilen, sind wir ein divergenter und ziemlich kunterbunter Haufen, jeder von uns eine Art Parzival auf der Suche nach dem Gral, mit höchst unterschiedlichen Motiven, Lebensbahnen und Graden des Engagements. In den folgenden Kapiteln werden wir sehen, wohin dieses Abenteuer uns bis jetzt geführt hat und wohin es uns noch führen wird.

3
Beinahe objektiv

»*Erfahrung ist nicht alles, und der Gelehrte ist nicht passiv; er wartet nicht darauf, daß die Wahrheit zu ihm kommt oder er durch Zufall auf sie stößt. Er muß sich schon selbst bemühen, sie herauszufinden, und es liegt an seinem Denken, ihm den Weg zu zeigen, der zu ihr führt. Dafür bedarf es eines Werkzeugs; nun, genau an diesem Punkt beginnt der Unterschied...*«
Henri Poincaré[1]

In dem Monty-Python-Film *Die Ritter der Kokosnuß* macht sich ein Trupp von zerlumpten Rittern auf die Suche nach dem Heiligen Gral; sie reiten auf imaginären Pferden. Das schmale Produktionsbudget erlaubte nicht die Anschaffung von wirklichen Schlachtrössern, auf denen sich die Helden in angemessener Weise hätten fortbewegen können. Aber das machte nichts, denn imaginäre Pferde waren für dieses Abenteuer genau das Richtige. In einem Universum, das anscheinend über keinerlei klaren Begriff von »Pferd« verfügt, versuchen die Ritter eine uneinnehmbare Festung zu stürmen, indem sie ein gigantisches hölzernes Kaninchen zimmern und sich darin verbergen.

Das Ende von Kapitel 2 erinnert mich an diese Ritter und läßt mich zugleich an die Inszenierung von Richard Wagners *Ring des Nibelungen* denken, die Harry Kupfer kürzlich bei den Bayreuther Festspielen vorgestellt hat. Wagners Götter und Helden bevölkerten dort eine Welt, die im Laserlicht erstrahlte, und ihre Speere, Schwerter, Helme und Schilde, ja selbst das

Gepäck, das sie bei ihrem Einzug in die Walhalla bei sich trugen, bestanden aus transparentem Plexiglas. Das Licht, das die durchsichtigen Waffen und erkennbar leeren Koffer reflektierten, drang bis in den hintersten Winkel des abgedunkelten Zuschauerraums; gelegentlich streiften diese Lichtbündel über das Publikum hinweg und blendeten den einen oder anderen Zuschauer im Parkett.

Müßte ich mich für eine dieser beiden Versinnbildlichungen des menschlichen Strebens nach Wahrheit entscheiden, würde ich der Klarheit und dem alles durchdringenden Licht von Harry Kupfer den Vorzug vor dem Schmutz, Blut und Klamauk des Monty-Python-Films geben. Natürlich sind auch bei Richard Wagner die Zauberwaffen der Walhalla am Ende ebenso wirkungslos und jämmerlich wie das riesige hölzerne Kaninchen der Monty Pythons – und außerdem könnten auch die Ritter ohne Pferd unverhofft über den Gral stolpern. Dennoch: Die Klarheit und das Licht hinterließen einen vielversprechenderen Eindruck.

»Dafür bedarf es eines Werkzeugs ... genau an diesem Punkt beginnt der Unterschied ...«, heißt es in dem Zitat von Henri Poincaré zu Beginn dieses Kapitels. Wir, die wir am Ausgang des 20. Jahrhunderts leben, haben großes Vertrauen in das »Werkzeug«, das wir die naturwissenschaftliche Methode nennen. Dieses Werkzeug, so denken wir gern, verschafft uns Klarheit und Licht – Licht, das die Dunkelheit der Unwissenheit durchdringt, Klarheit in der Erkenntnis der Wahrheit. Doch wenn wir die Theater-Metapher ein wenig weiterspinnen, stellen wir fest, daß das Licht uns auch blenden und dunkle Schatten erzeugen kann und daß das Transparente zuweilen zu einem Spiegel wird, der unser eigenes Bild reflektiert.

Wie auch immer, wie könnten wir *nicht* der Naturwissenschaft vertrauen, die jene Technologie hervorgebracht hat, auf der unsere moderne Zivilisation beruht? Glauben wir etwa nicht, daß die Lampe leuchten wird, wenn wir den Schalter umlegen ... daß die Mikrowelle das Essen gar werden läßt ... daß unser Telefax via Satellit nach Perth gelangt? Sind wir etwa

nicht bis zum Mond gereist und wieder zurück? Erforschen unsere Weltraumteleskope nicht die fernsten Grenzen des Universums? Erschließen unsere Instrumente etwa nicht die grundlegende Struktur der Materie, und enthüllen sie nicht die tiefsten Geheimnisse der Erbmasse und des organischen Lebens? Sicherlich gibt es dabei hin und wieder ärgerliche Mißerfolge. Und bestimmt hegen wir gegenüber manchen Aspekten der Lebensweise, die uns die Technologie ermöglicht, ernsthafte Bedenken. Doch es gibt keinen Zweifel: die Naturwissenschaft ist auf allen Ebenen unglaublich erfolgreich.
Dennoch: Müssen wir alles akzeptieren, was die Naturwissenschaft uns sagt?
Die Naturwissenschaft hat das nie von uns verlangt. Der dogmatische Glaube an die bahnbrechende Rolle der Naturwissenschaft ist keine Erfindung von Wissenschaftlern – dieser Glaube, der blind die jeweils neueste Entdeckung als die beste und die richtige Entdeckung feiert; der das propagiert, »was die moderne Naturwissenschaft uns sagt« und was als »Urteil der Naturwissenschaft« ausgegeben wird. Dabei wird nicht einmal am Rande erwähnt, ob damit spekulative Theorien und vorläufige Entdeckungen gemeint sind oder begründete naturwissenschaftliche Erkenntnisse.
Es ist das unabdingbare Recht der Naturwissenschaft, sich zu irren, und sie nimmt dieses Recht wahr, indem sie selbst ihre am meisten bejubelten Behauptungen gnadenlos immer wieder in Frage stellt. Manche Leute stellen sich gern vor, die Naturwissenschaft meißle gleichsam aus dem Universum die Wahrheit heraus, ähnlich wie Michelangelo mit Hilfe eines Meißels aus einem Marmorblock eine menschliche Gestalt schuf. In Wirklichkeit bastelt die Naturwissenschaft häufig nur an sich selbst herum. Nein, wir dürfen nicht alles glauben, was die Naturwissenschaft uns sagt. Wie die meisten Wissenschaftler, so können auch wir nur hoffen, daß durch diesen Prozeß des Wegmeißelns die Wahrheit schließlich zutage tritt.
Selbst wenn das so wäre . . . können wir erwarten, daß die Naturwissenschaft alle Fragen beantwortet? Wird sie uns eines

Tages die letzte und vollständige Wahrheit über das Universum und alles, was darüber hinausgeht, vorlegen?
Es gibt noch ganz andere Schwierigkeiten. Wenn wir nämlich bloß nach Teilwahrheiten suchen und nach Vorhersagbarkeiten, treten Probleme auf, die wir in Kauf nehmen können; diese werden jedoch zu entmutigenden Hindernissen, wenn unser Ziel die letzte und vollständige Wahrheit ist. Wie können wir eine Methode finden, mit der sich das Universum aus unvoreingenommener Sicht betrachten läßt? Wie können wir die letzte Wahrheit erkennen, wenn und falls wir auf sie stoßen? Wie können wir beweisen, daß wir sie gefunden haben? Es wäre naiv, sich der Vorstellung hinzugeben, daß die Naturwissenschaft genau diese Probleme lösen würde: daß sie uns befähige, die Realität unvoreingenommen und rein objektiv zu untersuchen und daß sie schlüssig beweise, was wahr ist und was nicht. Das ist eine *sehr* naive Vorstellung von Naturwissenschaft.

Betrachten Sie dieses Kapitel als eine Art Einführung. In Kapitel 4 werden wir uns ganz der Naturwissenschaft anvertrauen und unter ihrer Führung die äußersten Grenzen von Raum, Zeit und naturwissenschaftlicher Vorstellungskraft erkunden und dabei Festungen einnehmen, die früher einmal Religion und Philosophie besetzt hielten. Auch wenn wir uns nicht die Denkweise eines Einstein, Hawking und deren Kollegen aneignen können, sollten wir zur Vorbereitung auf Kapitel 4 doch versuchen, ein wenig mehr *mit* ihnen zu denken – und das heißt, eine differenziertere Vorstellung von der Funktionsweise der Naturwissenschaft zu gewinnen.

Wo werden Ideen ausgebrütet?

Die Grundpfeiler der Naturwissenschaft bilden die Annahmen, die wir in Kapitel 2 diskutiert haben: das Universum ist rational, kontingent (der Veränderung und dem Zufall unterworfen), dem menschlichen Geist zugänglich, und es bildet eine Einheit; und es gibt so etwas wie eine objektive Wahrheit. Was wir

außerdem noch in der Schule über die naturwissenschaftliche Methode gelernt haben, kann auf zwei Grundprinzipien reduziert werden:
1. Sämtliche Theorien, Ideen, vorgefaßten Meinungen, instinktiven Annahmen und Vorurteile darüber, wie die Dinge nach den Gesetzen der Logik beschaffen sein müßten, wie sie der Billigkeit halber sein sollten oder wie wir sie gerne haben möchten, müssen an der äußeren Realität überprüft werden – wie sie nämlich *wirklich* sind. Und wie finden wir heraus, wie sie wirklich sind? Durch direkte Erfahrung des Universums selbst. Das setzt natürlich voraus, daß wir alle wissen, was wir unter »direkter Erfahrung des Universums« verstehen – doch lassen wir das hier einmal so stehen.
2. Die Überprüfung, die Erfahrung, muß öffentlich stattfinden und wiederholbar sein – in einem öffentlich zugänglichen Bereich. Wenn die Ergebnisse nur ein einziges Mal erzielt, wenn die Erfahrung nur von einem einzigen Menschen gewonnen wird und für andere, die diesen Test oder diese Beobachtung unter annähernd gleichen Bedingungen nachvollziehen wollen, nicht möglich ist, muß die Naturwissenschaft die betreffende Entdeckung als ungültig zurückweisen – nicht als zwingend falsch, aber als nutzlos. Eine einmalige, private Erfahrung ist nicht akzeptabel.
Als private Quellen durchaus akzeptabel sind hingegen Vorschläge darüber, was wahr sein *könnte*. Hier kommt die Kreativität ins Spiel. Einstein schrieb: »Wenn ich mich selbst und meine Methoden des Denkens betrachte, gelange ich zu der Schlußfolgerung, daß mir die Gabe der Phantasie mehr bedeutet hat als mein Talent, positives Wissen aufzunehmen.«[2]
Hawking meinte: »Die Fähigkeit, diese intuitiven Sprünge zu vollführen, zeichnet einen guten theoretischen Physiker aus.«[3]
Poincaré bezeichnet das als die Fähigkeit, »in den Himmel aufzusteigen, ohne einen Fesselballon zu benutzen«.[4] Eine solche Naturwissenschaft hat etwas von Kunst an sich.
Kreativität beschränkt sich nicht auf die theoretische Seite der Naturwissenschaft. Wenn die unabhängige Realität sich uns

von selbst erschließen oder nur darauf warten würde, in eindeutiger Weise von uns entdeckt zu werden, könnten wir zu Recht schlußfolgern, daß bei Beobachtern und Experimentatoren Kreativität weder notwendig noch wünschenswert sei. Wir würden es nicht schätzen, daß sich zwischen uns und die direkte Erfahrung des Universums die menschliche Subjektivität schiebt. Doch die Natur ist nicht so zuvorkommend. Wissenschaftliche Entdeckungen müssen der Natur abgeluchst und ans Tageslicht gelockt werden, sie müssen herausgemeißelt und -gehämmert, herausgeschürft und geschliffen werden. Poincaré hatte – in dem Zitat zur Einleitung dieses Kapitels – recht, als er sagte, bei unserer Suche nach Wahrheit zeige uns zuerst unser Denken den Weg, »der zu ihr führt«. Wenn wir einen »Weg, der zu ihr führt«, wählen oder ersinnen, nehmen wir zwangsläufig einen bestimmten Standpunkt ein oder legen ihn zugrunde.

Das war auch das Dilemma von Darwin, als er auf den Galapagos-Inseln Fakten sammelte. Der Wissenschaftshistoriker J. H. Brooke berichtet darüber folgendes: »Weil [Darwin] in seinem Tagebuch festhielt, daß die Arten auf den Galapagos-Inseln am Ursprung all seiner Theorien stünden, haben populäre Darstellungen ... das Bild eines geduldigen Faktensammlers heraufbeschworen, der von seinen Funden überwältigt ist ... Ärgerlich an solchen Darstellungen ist, daß sie die Logik der Entdeckungen trivialisieren können. Sie unterstellen, daß die ›Fakten‹ bereits vorher schon vorhanden waren und auf den Galapagos-Inseln nur darauf warteten, von Darwin aufgelesen zu werden. Darwin selbst wußte besser, daß sich das ganz anders verhielt. So hatte er sich etwa zu Beginn seiner Forschungsreise besorgt gefragt, ob er denn wirklich die richtigen Fakten aufzeichnete. Seine Erfahrung auf den Galapagos-Inseln machte auf recht peinliche Weise deutlich, daß nicht neue Fakten unzweideutig in Richtung auf eine neue Theorie hinwiesen, sondern daß eine vorausgehende Erwartung nötig war, um überhaupt ein relevantes Faktum als solches erfassen zu können.«[5]

Es ist nie einfach, über Erfahrungen mit unabhängiger Realität zu sprechen. Falls jemals das Gefühl aufgekommen sein sollte, wir wüßten, was unabhängige Realität bedeutet, wurde unsere Zuversicht durch die Quantenebene des Universums ernsthaft erschüttert. Denn auf dieser Ebene ist die Vorstellung, der Wissenschaftler sei ein vom Objekt seiner Beobachtung losgelöster Beobachter, nicht mehr haltbar. Wie wir in Kapitel 2 festgestellt haben, scheint das, was auf der Quantenebene real ist, davon abzuhängen, ob und wie wir es beobachten. Es gibt offensichtlich keine grundlegende Realität der Quanten in dem Sinne, wie wir gewöhnlich »Realität« verstehen – nämlich als etwas, das unabhängig davon existiert, ob wir es beobachten oder nicht, und das darauf wartet, entdeckt und untersucht zu werden.

Die Begegnung mit dem Quantenaspekt hat in uns den Verdacht genährt, es könne sich auf jeder Ebene des Universums das, was wir finden, schon dadurch verändern, wie wir es betrachten. Es ist daher äußerst wichtig, danach zu fragen, von welchem Standpunkt aus wir etwas ansehen, wie wir gerade zu diesem und keinem anderen Standpunkt gelangt sind und wie sehr dieser Standpunkt uns einschränkt. Der deutsche Physiker Werner Heisenberg hat einmal gesagt: »Auch in der Naturwissenschaft ist also der Gegenstand der Forschung nicht mehr die Natur an sich, sondern die der menschlichen Fragestellung ausgesetzte Natur.«[6]

»Wie wir es betrachten« – das kann alles mögliche bedeuten, von der Entscheidung, welchen Apparat wir am Dienstag im Laboratorium benutzen werden, bis zu der Frage, für welche Zwecke der nationale Forschungsetat in den nächsten zehn Jahren verwendet werden soll.

Bei der alltäglichen Arbeit stellt sich die Frage, welche Techniken oder Geräte man für die Durchführung eines Experiments benutzen soll; welche Daten als wichtig für die Erstellung einer Hypothese ausgewählt werden; welche der schwieriger zu ermittelnden Daten besondere Mühe lohnen und welche nicht; welche Teile von inkonsistenten Daten man ruhigen Gewissens ignorieren darf und welche nicht. In einem breiter gesteckten Kontext entscheiden sich die Naturwissenschaftler für einen bestimmten theoretischen oder metatheoretischen Rahmen und machen den Verlauf der Forschung von diesem Rahmen abhängig. Ob im kleinen oder im großen Bereich – jede dieser Entscheidungen bestimmt, wie wir etwas betrachten.

Die jeweiligen Standpunkte gründen zudem auf Entscheidungen, denen wir weniger Recht zugestehen als naturwissenschaftlichen Techniken oder Theorien, Einfluß nehmen zu dürfen auf das, was wir wissenschaftlich erarbeiten. Es handelt sich dabei um tückische Dinge, die schwer zu kontrollieren sind: individuelle Vorlieben, kulturelle Prägungen, religiöse oder antireligiöse Grundhaltungen, politische und wirtschaftliche Interessen, unser Wertesystem, der Zeitgeist und die aktuellen Moden in der Naturwissenschaft. Eine Theorie findet man fast zwangsläufig dann plausibler, wenn sie dem gegenwärtigen Denken – innerhalb wie außerhalb der Gemeinschaft der Naturwissenschaftler – entspricht.

Andere Standpunkte hingegen sind weniger tückisch als verblüffend: Unsere Wahrnehmung wird dadurch eingeschränkt, daß wir in einem zehn oder zwanzig Milliarden Jahre alten Universum leben und nicht zu einer anderen Zeit; daß wir auf der Erde leben und nicht anderswo; daß unsere Gehirne auf diese und keine andere Weise beschaffen sind: fähig und vielleicht allzu schnell bereit, Informationen in bestimmte Muster zu pressen. Reichen unsere Begabung und unsere wissenschaftliche Vorstellungskraft aus, um uns auch nur ansatzweise ausmalen zu können, wie anders wir die Dinge sehen würden, wenn wir sie in einer anderen Zeit und von einem anderen Ort aus betrachten würden, mit anderen Sinnen und Gehirnen, oder wenn wir hinter alles sehen könnten? Wir sind, wie der Physiker Murray Gell-Mann es formuliert hat, »ein kleiner winziger Teil der Schöpfung«, der tatsächlich glaubt, »er sei fähig zum Verstehen des Ganzen«.[7]

Die naturwissenschaftliche Methode selbst ist ein bestimmter Standpunkt. Seit dem 17. Jahrhundert trifft sie Annahmen, was Ordnung sei, und sucht nach einem geordneten Universum, wobei sie sich auf die Bereiche konzentriert, die für eine Systematisierung am meisten geeignet erscheinen, und diejenigen Bereiche ausblendet, die diese Eigenschaft nicht erfüllen. Der britische Astrophysiker John Barrow schreibt in seinem Buch *Theorien für alles*: »Wir haben uns deshalb daran gewöhnt, in der Natur lineare, vorhersagbare und einfache Erscheinungen als vorrangig zu empfinden, weil wir sie eher untersuchen können. Sie lassen sich am einfachsten verstehen.«[8] Die fünf Grundbedingungen, die wir in Kapitel 2 diskutiert haben, beeinflussen die Wahl der Theorien, die wir am akzeptabelsten finden. Das gleiche gilt für unsere Sicht der Mathematik. Darüber hinaus beschränkt sich die naturwissenschaftliche Methode auf Evidenz, die untermauert werden kann.

Die unabhängige Realität durch Erfahrung erschließen zu wollen, unvoreingenommen und ohne sich auf irgendeinen Standpunkt einzulassen – mit einem uneingeschränkten Erfahrungsbereich also –, das wäre so, als wollte man den Stuhl an sich entdecken. Trotz allem, was wir uns an Wissen angeeignet haben, reicht es dafür bei weitem nicht aus.

Kann unser Standpunkt das beeinflussen, was wir finden? Man muß nicht einmal davon ausgehen, daß die Dinge auf allen Ebenen so unsicher sind wie auf der Quantenebene, um diese Frage zu bejahen. Und man muß dazu auch nicht glauben, daß ein Standpunkt die objektive Realität verändert. Sich für ein bestimmtes Experiment zu entscheiden, das eher einen bestimmten Beweis zu erbringen verspricht als einen anderen; sich zu entscheiden aufgrund einer Theorie, die besagt, welcher Beweis bedeutender sein wird und herausgefunden werden sollte; sich zu entscheiden, welche Theorie ernst genommen werden sollte . . . derartige Entscheidungen verändern zwar nicht die objektive Realität, tragen aber dazu bei, festzulegen, was wir als Realität *wahrnehmen* und was als naturwissenschaftliche Erkenntnis hervortreten wird. Manche Kritiker meinen, das führe zu einem »Wissen«, dem jegliche Basis in der objektiven Realität fehlt. Sollen wir einen solchen Skeptizismus ernst nehmen? Wir sollten jedenfalls genau beobachten, »wie wir etwas betrachten«.

In der modernen Naturwissenschaft spielt die Theorie eine überragende Rolle. Insbesondere in der Physik legt sie den Standpunkt und den Kurs fest. Dadurch wird jedoch keineswegs die Bedeutung von Beobachtung und Experiment geschmälert oder der Behauptung Vorschub geleistet, daß Beobachtung und Experiment nichts erbringen können, was die Theorie nicht schon vorweggenommen hat. Den Weg festzulegen, bedeutet nicht, blind zu sein gegenüber dem Gelände. Damit neue, auch völlig überraschende Entdeckungen einen Sinn ergeben, aktualisieren die Theoretiker häufig ihre Konzepte, und wenn zwei Theorien miteinander konkurrieren, entscheiden sie sich für diejenige, die sich stärker auf Beweise aus Experiment und Beobachtung stützen kann. Die Naturwissenschaft geht nicht rücksichtslos über empirische Daten hinweg. Doch die Theorie assimiliert die Daten und legt nach angemessener Prüfung den weiteren Kurs fest.

Wenn das der Fall ist, woher bekommen wir dann die Theorie überhaupt?

Die Zitate von Einstein, Hawking und Poincaré über Phantasie und intuitive Sprünge mögen zu der Annahme verleiten, eine Theorie könne voll und ganz ein Hirngespinst sein. Doch sind es wirklich Phantasie und Intuition, die den Kurs der Naturwissenschaft bestimmen?

Es stimmt, daß eine Theorie so weit über vorherige naturwissenschaftliche Erkenntnisse hinausgehen kann, wie die Vorstellungskraft den Theoretiker trägt. Die meisten Theorien entstehen jedoch durch Überlegungen auf der Basis vorangegangener naturwissenschaftlicher Erkenntnisse, Beweise und anderer erfolgreicher Theorien. Bei jeder naturwissenschaftlichen Theorie, woraus auch immer sie erwächst, wird vorausgesetzt, daß sie mit solchen Erkenntnissen und Beweisen logisch übereinstimmt. Ist dies nicht der Fall, sollte die Theorie diesen Widerspruch erklären oder darlegen, nach welchem

Bestimmen unsere Erwartungen, was wir herausfinden? Wissenschaftsphilosophen benutzen diese hinterlistige Zeichnung (eine sogenannte »Kippfigur«), um das Problem deutlich zu machen. Wenn man eine attraktive junge Dame mit Halsband und Schleier sucht, erkennt man sie darin auch. Wenn man aber eine häßliche alte Frau mit Hakennase und Kopftuch sucht, sieht man in der Abbildung nur noch diese.

noch nicht entdeckten Beweis wir suchen müssen, anhand dessen man belegen kann, daß unsere bisherigen Schlußfolgerungen nicht richtig waren. Als zum Beispiel Ende des 18. Jahrhunderts der Planet Uranus entdeckt wurde, stellten Astronomen fest, daß sich seine per Beobachtung bestimmten Positionen nur schwer in Einklang bringen ließen mit den Positionen, die in Berechnungen auf der Basis der Newtonschen Theorien vorausgesagt wurden. Dieser Widerspruch ließ sich jedoch erklären, wenn man die Existenz eines – damals noch unentdeckten Körpers – annahm, dessen Gravitation die Umlaufbahn des Uranus beeinflußte. Newtons Theorie war nicht falsch. Sie verhalf vielmehr den Astronomen dazu, die Position des unbekannten Körpers vorauszusagen. Im Jahre 1846 wurde dieser unbekannte Körper – der Planet Neptun – entdeckt; seine tatsächliche Position wich um weniger als einen Grad von der vorausgesagten Position ab.

Eine starke Theorie sammelt ein breites Spektrum von Indizien, um dem, was bisher unerklärt, verwirrend oder widersprüchlich war, einen Sinn zu geben. Der Theorie der supersymmetrischen Strings zufolge besteht die grundlegende Struktur des Universums – sehr vereinfacht ausgedrückt – nicht aus punktähnlichen Teilchen (wie wir uns beispielsweise die Elektronen und Photonen vorstellen), sondern aus winzigen vibrierenden oder schleifenförmigen Saiten. Andere Theorien weisen Widersprüche auf, wenn sie versuchen, die Gravitation mit der Quantenmechanik zu verschmelzen; die Superstring-Theorie hingegen wäre nicht widerspruchsfrei, wenn es die Gravitation *nicht* gäbe. Das spricht für die Superstring-Theorie.

Für eine Theorie spricht weiterhin, wenn sie sich mit dem Netzwerk der bereits bestehenden Theorien erfolgreich verknüpfen läßt; wenn sie zur Verbesserung anderer Theorien und Technologien beiträgt; und wenn es ihr gelingt, arbiträre Elemente auszuschalten. Arbiträre Elemente sind Dinge, die von der Theorie selbst nicht vorausgesagt werden können, sondern als gegeben hingenommen werden müssen, damit die Theorie überhaupt funktionieren kann.

Ein für Naturwissenschaftler entscheidendes Kriterium lautet, wie ökonomisch (der Fachterminus dafür heißt »sparsam«) eine Theorie ist – das heißt, wie gut sie Vorstellungen in eine einfachere, einleuchtendere Form bringt. Dieses Kriterium ist nicht auf die Naturwissenschaft beschränkt; es spiegelt eine instinktive Art der Suche nach Erklärungen wider. Denn wir halten nicht nach einer komplizierten Erklärung Ausschau, wenn eine einfache, unmittelbar einleuchtende Erklärung bereits vorliegt. Wenn wir sehen, daß auf einem Baum ein mittelgroßes, schwarzglänzendes Lebewesen sitzt, das Flügel und einen Schnabel hat, dann sagen wir: »Das ist eine Krähe«, und schlagen nicht erst in einem Ornithologiebuch über exotische Vögel nach oder spekulieren darüber, daß es vielleicht ein Vogel sein könnte, der bislang als ausgestorben galt. Wenn wir einen lauten Knall hören, denken wir, daß es eine Fehlzündung von einem Auto oder ein Knallfrosch war, und überlegen nicht groß, ob unser sonst recht friedlicher Nachbar soeben seine Frau erschossen haben könnte. Doch in der Naturwissenschaft ist es wie im Alltagsleben nur eine Annahme, daß die einfachste, ökonomischste Erklärung höchstwahrscheinlich die richtige ist – ein Problem, das gewaltige Dimensionen annimmt, wenn wir uns selbst davon überzeugen wollen, daß wir DIE Erklärung für alles gefunden haben.

Von einer Theorie wird erwartet, daß sie Voraussagen für zukünftige Versuchsergebnisse trifft. Das Kriterium der Einfachheit wird nicht dadurch erfüllt, daß die Theorie beschreibt, was wir finden müßten, damit bewiesen wäre, daß sie richtig ist. Der Theoretiker sollte auch angeben, wonach zu suchen ist, damit bewiesen werden könnte, daß die Theorie falsch ist. Aufgrund der Eigenart der Theorien, die wir später diskutieren werden, ist es wichtig, daß es Möglichkeiten geben muß, um nachzuweisen, daß eine Theorie nicht richtig ist; damit wollen wir uns kurz beschäftigen. In den Grenzbereichen des naturwissenschaftlichen Denkens werden Theorien nahezu »unfalsifizierbar«, und im nächsten Kapitel werden wir uns mit diesen Grenzbereichen befassen.

Es ist ein Unterschied, ob der Nachweis mißlingt, daß etwas richtig ist, oder ob der Beweis gelingt, daß es falsch ist. Der Wissenschaftsphilosoph Karl Popper hat dargelegt, daß keine Hypothese jemals experimentell bewiesen werden kann. Ganz gleich, wie viele Experimente die Hypothese bestätigen, es gibt immer noch eine unendliche Anzahl von möglichen zukünftigen Experimenten, die andere Resultate erbringen könnten. Die Aussage, etwas sei nicht bewiesen, ist nicht annähernd so tragfähig wie die Aussage, es sei bewiesen, daß es unkorrekt ist. »Nicht bewiesen« ist nicht gleichzusetzen mit »falsch«.
In den Grenzbereichen der Physik gibt es eine Anzahl von Theorien, die nur sehr geringe Aussicht haben, in absehbarer Zukunft – oder überhaupt jemals – mittels Experiment oder Beobachtung überprüft zu werden. Die mikroskopische Ebene, auf der angeblich Wurmlöcher auftreten; das instabile Ur-Nichts, das möglicherweise zu einem Etwas zerfallen ist; das Zentrum Schwarzer Löcher oder der Ursprung des Universums, an dem wir nach Singularitäten unendlicher Dichte suchen könnten; die Periode, als die Zeit vielleicht eine Dimension des Raums war; der Beginn des ersten Sekundenbruchteils des Universums, als die Gravitation womöglich eine abstoßende Kraft war – all das liegt weit außerhalb unseres experimentellen und beobachtenden Zugriffs. In einer bestimmten Hinsicht sind diese Theorien »metaphysisch«. Doch wir werden in Kapitel 4 zu all diesen Orten und Zeiten hypothetische Ausflüge unternehmen und diese Theorien genauer unter die Lupe nehmen. Warum? Nur weil nicht bewiesen ist, daß sie falsch sind? Ist *alles* glaubwürdig, was nicht falsifiziert werden kann?
Ja. Rein formal muß jedes gedankliche Modell, das – falls es wahr wäre – nicht das herkömmliche, erfolgreiche naturwissenschaftliche Wissen umstößt, als wissenschaftlich glaubwürdig angesehen werden. Doch wie wir gesehen haben, wird von der Theorie mehr verlangt als die Absicherung gegen eine mögliche Widerlegung. Im Gegenteil, eine Theorie, die keine Möglichkeit der Falsifikation bietet, wird als nicht sehr überzeugend einge-

schätzt. Die oben vorgestellten Modelle sind in dem Maße plausibel, in dem die Theoretiker nachgewiesen haben, daß sie in sich und gegenüber den bekannten naturwissenschaftlichen Gesetzen und Beobachtungsdaten mathematisch und logisch konsistent sind; durch den Nachweis, daß es ihnen an dieser Konsistenz mangle, *könnten* sie falsifiziert werden. Solche Unterschiede sind wichtig, wenn wir hochspekulative naturwissenschaftliche Theorien diskutieren, und sie sind besonders bedeutsam, wenn wir Fragen der Art stellen, ob der Glaube an Gott falsifizierbar ist. Falls ja, nach den Maßstäben welcher Gesetze und Beweise? Falls nein, ist Gott nicht eine sehr überzeugende Theorie? Und spielt das bei Gott überhaupt eine Rolle?

Wir haben gesagt, daß die Theorie ein legitimes Mittel in der Naturwissenschaft ist, sich einen Standpunkt zu verschaffen. Sie ist ein Standpunkt, und wir glauben, mit ihm umgehen zu können, erstens, weil uns bewußt ist, daß es ein Standpunkt *ist* – dahinter steckt nichts Tückisches – und zweitens, weil wir über anerkannte Methoden der Überprüfung von Theorien verfügen. Falls jedoch eine Theorie unbemerkt unsere Wahrnehmung der Realität derart verzerren würde, daß sogar die Überprüfung zu einem falschen Ergebnis kommt, wäre das problematisch. Wir müssen also folgende Möglichkeit berücksichtigen: Könnte unsere Sichtweise (die von einem theoretischen Standpunkt bestimmt wird) das, was wir finden, vorbestimmen und dadurch den Wert der naturwissenschaftlichen Erkenntnisse ernsthaft in Frage stellen – ohne daß wir es bemerken?

Die Brille hinter den Augen

Ende der sechziger Jahre erschien Russell Hansons Buch *Perception and Discovery*. Darin vertritt er die erstaunliche Behauptung, daß die naturwissenschaftliche Theorie nicht nur Voraussagen macht, die überprüft werden können, sondern daß sie zuweilen auch vorschreibt, was bei der Überprüfung entdeckt wird – und damit ihre eigene Verifikation absichert. Hanson bezeichnet Theorien als »Brille hinter den Augen«[9] der Naturwissenschaft.

Eine Brille soll uns beim Sehen helfen, und meistens tut sie das auch. Doch Brillen können uns auch Streiche spielen. Ich erinnere mich noch, daß ich als Kind zwei »Agenten«-Brillen besaß. Ich hatte sie mit einem Coupon auf einer Corn-flakes-Schachtel bestellt. Ich erhielt zwei Brillen aus Karton und Zellophan sowie eine Karte, die mit Flecken übersät war wie ein Gemälde von Seurat. Die Flecken ergaben mit bloßem Auge betrachtet kein Bild. Wenn man aber die eine Brille aufsetzte, konnte man vage etwas lesen – das Wort »Vorsicht«. Mit der anderen Brille ergaben die gleichen Flecken das Wort »Weitermachen«. Hätte ich nur die eine Brille bekommen, hätte ich niemals die zweite Mitteilung entdeckt. Und hätte ich überhaupt keine dieser Brillen gehabt, wären für mich beide Wörter nicht zu erkennen gewesen.

Ein Beispiel, das manche für eine Bestätigung von Hansons Verdacht gegenüber der Brille hinter den Augen halten, trat kurz nach Erscheinen seines Buches zutage, und zwar bei der experimentellen Bestätigung der Elektroschwach-Theorie. Diese Theorie gehört zu den bedeutendsten Fortschritten in der Physik des 20. Jahrhunderts. Sie führt uns einen gewaltigen Schritt näher an die einfache Struktur heran, von der wir glauben, daß sie dem Universum zugrunde liegt. Auf den folgenden Seiten werden wir uns eingehender mit der Elektroschwach-Theorie beschäftigen, weil sie einerseits die Sache mit der Brille gut illustriert und die Gründe zeigt, warum die meisten Naturwissenschaftler nicht glauben, uns in die Irre zu führen, und weil andererseits diese Theorie eine gute Einführung in die Vollständige einheitliche Theorie und andere Konzepte darstellt, über die wir in den folgenden Kapiteln sprechen werden. Die Elektroschwach-Theorie ist keine Vollständige einheitliche Theorie, doch sie wird als Schritt in diese Richtung angesehen. Ende der sechziger Jahre entwarfen unabhängig voneinander Abdus Salam und Steven Weinberg ähnliche Theorien, die in der naturwissenschaftlichen Welt für gehörige Aufregung sorgten. Salam, ein Physiker aus Pakistan, arbeitete damals am Imperial College in London, Steinberg war am MIT beschäftigt; beide verfolgten Gedankengänge weiter, die der Physiker Sheldon Glashow entwickelt hatte. Es hatte den Anschein, daß die Theorien von Salam und Weinberg uns die grundlegenden Gesetzmäßigkeiten der Physik viel besser begreiflich machen könnten.

Um Salams und Weinbergs Theorie zu verstehen, muß man etwas über die vier Kräfte (bzw. Wechselwirkungen) wissen, die vermutlich der gesamten Natur zugrunde liegen:
Alle Materie im Universum (nach unserem gewöhnlichen Verständnis) setzt sich aus Atomen zusammen. Atome wiederum bestehen aus Elementarteilchen und viel leerem Raum. Die uns vertrautesten Materieteilchen sind die Elektronen (die die Atomkerne umkreisen) sowie die Protonen und die Neutronen (zusammengeballt im Atomkern). Protonen und Neutronen setzen sich aus noch kleineren Materieteilchen zusammen, die man Quarks nennt. All diese Materieteilchen gehören zur Klasse der »Fermionen«, so benannt nach dem großen italienischen Physiker Enrico Fermi. Fermionen verfügen über eine Art Übermittlungssystem: Sie tauschen untereinander Botschaften aus, die eine Reihe von Reaktionen und Veränderungen bewirken. Vergleichen wir es mit einem Übermittlungssystem bei Menschen, das aus vier verschiedenen Komponenten besteht: Telefon, Telefax, Post und Brieftauben. Nicht alle Menschen würden alle vier Möglichkeiten benutzen, um Mitteilungen zu senden und zu empfangen und aufeinander Einfluß zu üben. Es ist nicht ganz falsch, dieses viergliedrige Übermittlungssystem mit dem der Fermionen zu vergleichen; bei den Fermionen sprechen wir jedoch von vier »Kräften« bzw. »Wechselwirkungen«. Andere Elementarteilchen dienen als Boten, und manchmal tauschen auch diese untereinander Mitteilungen aus. Diese »Boten«-Teilchen heißen Bosonen. Es scheint, daß jedes Elementarteilchen im Universum entweder ein Fermion oder ein Boson ist.

Eine der vier Grundkräfte der Natur ist die Gravitation. Man kann sich die gravitative Anziehungskraft, die uns an der Erde festhält, als »Botschaft« vorstellen, die von den Bosonen (in diesem Fall sind es »Gravitonen«) zwischen den Elementarteilchen in den Atomen unseres Körpers und den Elementarteilchen in den Atomen der Erde ausgetauscht werden, wodurch diese Elementarteilchen näher zueinander rücken. Die zweite Kraft, der Elektromagnetismus, besteht aus Botschaften, die von Bosonen (in diesem Fall »Photonen«) zwischen den Protonen im Atomkern, zwischen Protonen und den Elektronen in ihrer Nähe und zwischen Elektronen ausgetauscht werden. Das ist der Grund dafür, warum Elektronen den Kern umkreisen. Im Alltagsleben begegnen wir Photonen in Form von Licht, Wärme, Mikro- und Radiowellen. Der dritte Übermittlungsdienst, die starke Kraft, sorgt dafür, daß der Atomkern zusammenhält. Ihre Botenteilchen sind die »Gluonen«. Die vierte, die schwache Kraft, erzeugt Radioaktivität.

Die gravitative Kraft, die elektromagnetische Kraft, die starke und die schwache Kernkraft ... die Aktivität dieser vier Kräfte ist verantwortlich für sämtliche Botschaften zwischen sämtlichen Fermionen im Universum und für alle Interaktionen zwischen ihnen. Ohne diese vier Kräfte würde jedes Fermion, jedes Teilchen der gewöhnlichen Materie, in Isolation existieren – falls es überhaupt existierte –, ohne Möglichkeit, mit anderen Teilchen in Kontakt zu treten oder sie zu beeinflussen, blind gegenüber allen anderen. Simpel gesagt, vermutlich würde ohne zumindest eine dieser vier Kräfte überhaupt nichts geschehen. Das ist, wenn man darüber nachdenkt, eine sehr weitreichende Behauptung. Denn wenn sie zutrifft, würde uns ein vollständiges Verständnis dieser Kräfte das Verständnis der Prinzipien liefern, die allem Geschehen im Universum zugrunde liegen.

Die Arbeit der Physiker in unserem Jahrhundert zielte zu einem großen Teil darauf ab, mehr darüber zu erfahren, wie diese vier Kräfte der Natur funktionieren und wie sie sich zueinander verhalten. In unserem menschlichen Übermittlungssystem würden wir vielleicht feststellen, daß Telefon und Telefax keine voneinander getrennten Komponenten sind, sondern die gleiche Sache in unterschiedlicher Ausführung. Diese Entdeckung würde die beiden Übermittlungsdienste »vereinheitlichen«. In ähnlicher Weise haben die Physiker versucht, die Kräfte der Natur zu vereinheitlichen, in der Hoffnung, endlich auf eine Theorie zu stoßen, die alle vier Kräfte der Natur als eine »Superkraft« erklärt, die sich in verschiedenen Formen zeigt; eine Superkraft, die auch Fermionen und Bosonen zu einer einzigen Familie vereint. Eine solche Theorie wäre ein wichtiger Schritt auf dem Weg zu einer Theorie, die das Universum erklären würde – der sogenannten Vollständigen einheitlichen Theorie.

Ein weiterer Bestandteil einer Vollständigen einheitlichen Theorie wären die »Randbedingungen« des Universums. Wenn Sie eine Modelleisenbahn aufbauen, die verschiedenen Züge auf die Gleise setzen, die Signale und Weichen installieren, legen Sie die Randbedingungen fest, bevor Sie den Strom anstellen. Im Falle unserer Modelleisenbahn heißt das, daß die Realität beginnt, wenn sämtliche Bestandteile sich in dieser und keiner anderen Position befinden. Wo die Züge fünf Minuten später herumfahren werden und ob sie zusammenstoßen, hängt zu einem großen Teil von diesen Randbedingungen ab. Da es Randbedingungen für den Beginn des Spiels sind, nennen wir sie Anfangsbedingungen.

Angenommen, zehn Minuten später erhalten Sie Besuch von einem Freund. Sie stellen den Strom ab. Nun haben Sie ein anderes Bündel von Randbedingungen – die genaue Position aller Bestandteile der Anlage in dem Augenblick, in dem Sie sie ausgeschaltet haben. Sie könnten jetzt Ihren Freund bitten, er solle herausfinden, von welcher Position die Züge vor zehn Minuten losgefahren sind.

Naturwissenschaftliche Experimente finden unter ähnlichen Randbedingungen statt – die Lage der Dinge zu einem bestimmten Zeitpunkt, zum Beispiel zu Beginn eines Experiments. Naturwissenschaftliche Beobachtung und Theorien des

Universums besitzen ebenfalls Randbedingungen, allerdings gibt es dabei weniger Möglichkeiten, diese festzulegen. Wenn ich frage, auf wie viele unterschiedliche Weisen das Universum begonnen haben könnte, damit es sich so entwickeln konnte, wie wir es heute beobachten – wobei ich voraussetze, daß die Gesetze der Physik, soweit bekannt, richtig sind und sich nicht geändert haben –, steckt in der Formulierung »wie wir es heute beobachten« eine Randbedingung. In einem bestimmten, subtileren Sinne benutze ich auch die Gesetze der Physik und die Annahme, daß sie sich nicht verändert haben, als Randbedingungen. Die Antwort, nach der ich suche, bezieht sich auf die Frage: Welches sind die Randbedingungen zu *Beginn* des Universums, das heißt die Anfangsbedingungen – der genaue Lageplan beim Startschuß, einschließlich des Mindestmaßes an Gesetzmäßigkeiten, die zu jenem Zeitpunkt in Kraft sein mußten, damit irgendwann in der Zukunft das Universum so aussehen würde, wie wir es heute kennen?

Eine Vollständige einheitliche Theorie würde nicht nur eine einheitliche Beschreibung der Elementarteilchen und der Kräfte liefern und die Randbedingungen für den Ursprung des Universums angeben, sie würde auch Werte erklären können, die wir weiter oben als arbiträre Elemente aller gegenwärtigen Theorien bezeichnet haben – einschließlich der »Naturkonstanten« wie zum Beispiel Masse und Ladung des Elektrons und der Geschwindigkeit des Lichts im Vakuum. Durch Beobachtung wissen wir, was sie sind, doch eine Vollständige einheitliche Theorie würde sie erklären und voraussagbar machen. Wenn die Natur wirklich vollständig einheitlich ist, dann könnten die Anfangsbedingungen, die grundlegendsten Teilchen, die Kräfte, die diese beherrschen, und die Naturkonstanten auf eine einheitliche und völlig kompatible Weise zusammenhängen; und wir wären in der Lage, dieses Zusammenwirken vielleicht als zwangsläufig, absolut und selbsterklärend erkennen zu können. Wenn wir vom Heiligen Gral der Naturwissenschaft, der Allumfassenden Theorie, sprechen, meinen wir damit diese Kompatibilität – nicht bloß die vollständige Beschreibung des Universums, sondern die Antwort auf die Frage: Warum stimmt das Universum mit dieser Beschreibung überein? Mit diesem Ziel vor Augen können wir sehen, warum eine Erkenntnis wie die von Einstein – daß die Gravitation nicht nur eine Kraft ist, die sich auf Objekte auswirkt, sondern daß sie auch als Krümmung der Raumzeit gedacht werden muß, die durch die Anwesenheit von Objekten *verursacht* wird – mehr ist als nur eine interessante Theorie. Es ist die Erkenntnis, daß die Natur auf vielschichtige Weise miteinander verwoben ist.

Der Beitrag von Abdus Salam und Steven Weinberg zu dieser Suche nach einer endgültigen Theorie Ende der sechziger Jahre bestand in dem Vorschlag, daß die elektromagnetische und die schwachnukleare Wechselwirkung keine voneinander getrennten Kräfte seien, sondern zwei Erscheinungsformen ein und derselben Kraft.

Salam und Weinberg wußten, daß bei der elektromagnetischen Wechselwirkung das Photon (das Botenteilchen der elektromagnetischen Kraft) keine eigene elektrische Ladung besitzt und die elektrische Ladung der Teilchen, die seine Botschaften senden und empfangen, nicht verändert. Die beiden Wissenschaftler hielten es für möglich, daß manche Botschaften der schwachen Wechselwirkung ebenfalls keine Ladung transportieren. Und falls dem so wäre, wären die Botenteilchen der schwachen Wechselwirkung und die Photonen vielleicht wirklich eineiige Zwillinge, die in unterschiedlicher Verkleidung auftreten. Dieser Gedanke war nicht unproblematisch. Denn falls eine Verkleidung im Spiel war, so war es eine sehr gute Verkleidung. Das Botenteilchen der schwachen Wechselwirkung kann nur solch kurze Strecken wie innerhalb eines Atoms zurücklegen, während das Photon jede beliebige Strecke im Universum mit Lichtgeschwindigkeit zurücklegen kann. Dennoch meinten Salam und Weinberg, die beiden Teilchen (das massereiche Botenteilchen der schwachen Wechselwirkung und das masselose Photon) könnten auf identische Weise in der zugrundeliegenden Gleichung erscheinen.

Dem gesunden Menschenverstand nach zu urteilen, ist diese

Hypothese von Salam und Weinberg zwar nicht lächerlich, aber auch nicht besonders vielversprechend. In der Naturwissenschaft jedoch gibt es eine Fülle von Beispielen dafür, daß anscheinend völlig ungleichartigen Situationen die gleichen Gesetzmäßigkeiten zugrunde liegen. Wer würde schon auf den ersten Blick hin annehmen, daß dieselbe Kraft, die einen hochgeworfenen Ball auf die Erde zurückfallen läßt, gleichzeitig dafür sorgt, daß die Planeten in elliptischen Bahnen um die Sonne kreisen und sich das Universum nicht so weit ausgedehnt hat, daß das Leben, wie wir es kennen, niemals hätte entstehen können? Eines der Probleme, mit denen Wissenschaftler zurechtkommen müssen, besteht darin, daß einfache grundlegende Gesetzmäßigkeiten dazu neigen, sich in der Welt, die zu erforschen wir in der Lage sind, auf verwirrende und widersprüchliche Weise zu manifestieren.

Es geschieht oft, daß etwas, was nach physikalischen Gesetzmäßigkeiten symmetrisch ist, als etwas Nichtsymmetrisches in Erscheinung tritt. Die Lösung, die Salam und Weinberg vorschlugen, hatte etwas mit diesem Konzept der Symmetriebrechung zu tun. Wir verwenden hier das Wort Symmetrie auf eine Weise, die für manchen Leser vielleicht neu ist; doch im folgenden wird die Bedeutung klar werden. Wir beginnen mit grundlegenden Gesetzmäßigkeiten, die symmetrisch sind, das heißt, daß sie eine Reihe von Ergebnissen (Manifestationen von Gesetzmäßigkeiten in den beobachtbaren Erscheinungen) gleich wahrscheinlich machen. Doch keines dieser gleich wahrscheinlichen Resultate ist zu den anderen symmetrisch. Ein einfaches Beispiel: Man setzt einen Stab mit einem Ende auf den Boden und läßt ihn umfallen. Dem physikalischen Gesetz nach darf er in jede beliebige Richtung fallen. Die dabei wirkende Kraft – die Gravitation – ist symmetrisch in dem Sinne, daß sie keiner Fallrichtung den Vorzug gibt: Sämtliche Ergebnisse (die Richtungen, in die der Stab fallen könnte) sind gleich wahrscheinlich. Doch der Stab kann nicht gleichzeitig in sämtliche Richtungen umfallen, sondern er *wird* in die eine oder andere Richtung fallen. Das Ergebnis – die tatsächliche Fall-

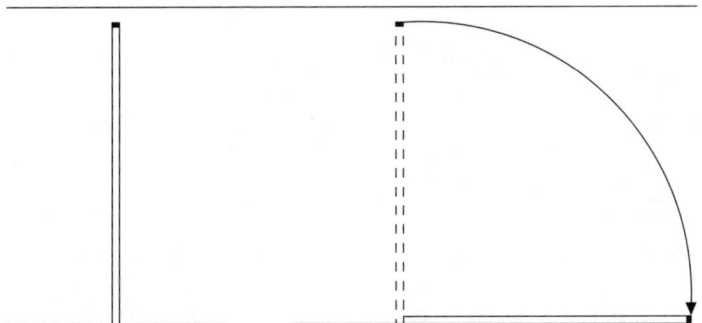

Wenn man einen dünnen Stab auf die Spitze stellt, kann er aufgrund der Schwerkraft in jede Richtung umfallen. Aber er kann nicht in jede Richtung zugleich umfallen. Er wird in eine bestimmte Richtung fallen. Der Prozeß – die Richtung, in die wir ihn fallen sehen – ist nicht symmetrisch. Die grundlegende Symmetrie ist gebrochen.

richtung, die wir beobachten – ist nicht symmetrisch. Wir sagen dann, die Symmetrie sei gebrochen. Ein anderes Beispiel: Ein Magnet wird so lange nicht zu einem Magneten, solange seine Temperatur über einer bestimmten Grenze liegt. Oberhalb dieser Temperatur haben die Kräfte, die auf die Atome in dem Metall einwirken, keine bevorzugte Richtung. Jede Richtung ist der anderen gleichwertig, die Lage ist symmetrisch, und das Metallstück besitzt nach außen keinen Magnetismus. Unterhalb der kritischen Temperatur jedoch orientieren sich die Atome in eine Richtung. Es könnte jede beliebige Richtung sein, doch es können nicht sämtliche Richtungen auf einmal sein. Wenn sich die Atome also ausrichten, wird die Symmetrie gebrochen, und wir haben an diesem Stück Metall einen Nord- und einen Südpol. Es ist nun ein Magnet.

Eines der faszinierendsten Beispiele für Symmetriebrechung hat mit der Richtung der Zeit zu tun. Abgesehen von sehr wenigen Ausnahmen sind die Gesetze der Physik hinsichtlich der Zeit symmetrisch, das heißt, sie gelten zeitlich vorwärts gleichermaßen wie zeitlich rückwärts und geben keiner der bei-

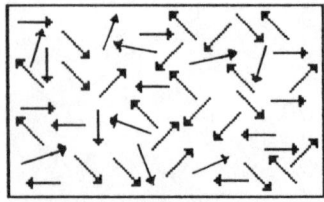 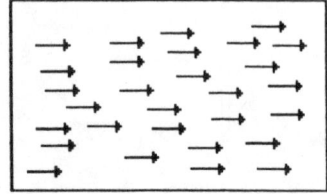

Oberhalb einer bestimmten Temperatur haben die Kräfte, die auf die Atome in einem Metallstab einwirken, keine bevorzugte Richtung. Die Situation ist symmetrisch, und der Metallstab ist insgesamt nicht magnetisch.

Unterhalb der kritischen Temperatur orientieren sich die Atome in eine Richtung. Die Symmetrie ist gebrochen, und der Metallstab ist ein Magnet.

den Richtungen den Vorzug. Die meisten physikalischen Interaktionen könnte man abfilmen und anschließend den Film rückwärts laufen lassen, ohne daß jemand sagen könnte, welche Richtung die korrekte ist. Doch wie wir alle wissen, ist das Ergebnis dieser physikalischen Gesetzmäßigkeiten in unserem Universum nicht zeitsymmetrisch. Aus irgendeinem Grund haben wir eine genau festgelegte Zukunft und Vergangenheit, und man würde kaum das eine mit dem anderen verwechseln können. Wie diese Symmetriebrechung zustande kommt, ist immer noch eines der großen Geheimnisse.

Salam und Weinberg verwendeten in ihrer Theorie die Symmetriebrechung in folgendem Sinne: Bei sehr hohen Energien, wie sie zum Beispiel im ersten Sekundenbruchteil des Universums auftraten, waren das Photon und das Botenteilchen der schwachen Wechselwirkung identische Zwillinge. Die Situation war symmetrisch. Bei niedrigeren Energien, wie sie heute im Universum herrschen, ist die Symmetrie gebrochen. Das Teilchen ist entweder ein masseloses Photon oder ein massereiches Botenteilchen der schwachen Wechselwirkung. Daß sie in Wirklichkeit identische Zwillinge sind, ist ein Geheimnis, das in den physikalischen Gesetzmäßigkeiten verborgen liegt. Bevor Salam und Weinberg zu dieser Erkenntnis kamen, litt die Physik unter einem Standpunktproblem: Wir leben in einem Zeitalter des Universums, in dem diese tiefen Symmetrien der Natur schon seit langem gebrochen sind.

Die schwache Wechselwirkung, die zuvor niemand auf gänzlich zufriedenstellende Weise erklären konnte, ergab in dieser neuen Theorie, die sie mit der elektromagnetischen Kraft vereinte, viel mehr Sinn. Störende unendliche Größen verschwanden, und arbiträre Elemente früherer Theorien zur schwachen Wechselwirkung waren in der Elektroschwach-Theorie keine arbiträren Elemente mehr. Die Physiker nahmen die Vorschläge von Salam und Weinberg ernst, noch bevor sie auf irgendeine experimentelle Weise verifiziert wurden.

Der experimentelle Nachweis ließ nicht lange auf sich warten. Unter anderem sagt die Elektroschwach-Theorie einen sogenannten neutralen Strom für die schwache Wechselwirkung voraus – eine Übermittlung der Botschaft ohne den Austausch einer elektrischen Ladung (wie beim Photon in der elektromagnetischen Wechselwirkung). Anfang der siebziger Jahre wurden durch Experimente im Europäischen Zentrum für Nuklearforschung (CERN) in Genf und im Fermilab bei Chicago solche neutralen Ströme nachgewiesen. Das überzeugte die Physiker im großen und ganzen von der Richtigkeit der Elektroschwach-Theorie; eine schwedische Zeitung prophezeite sogar, Salam und Weinberg würden 1975 den Nobelpreis erhalten. Bis hierher klingt unsere Geschichte wie ein Beispiel aus dem Lehrbuch der wissenschaftlichen Methodik: Die Theorie macht Voraussagen, die im Experiment überprüft und (in diesem Fall) bestätigt werden.

Das stimmt jedoch nicht ganz. Denn die Experimentatoren hätten den neutralen Strom bereits Anfang der sechziger Jahre finden *können*, noch bevor Salam und Weinberg ihre Theorie vorlegten. Den Nachweis dafür gab es nämlich schon. Man könnte sagen, daß die Experimentatoren ihn erbracht hatten, ohne zu erkennen, was er war. Der neutrale Strom zeigte sich schon damals in Experimenten mit der schwachen Wechselwirkung – »zeigte sich« in dem Sinn, daß Physiker etwas feststellten, was später andere Experimentatoren als Auswirkung des neutralen Stroms erklärten. Bei diesen früheren Experimenten geschahen allerdings noch viele andere Dinge – zum Beispiel von Neutronen hervorgerufene Ereignisse, die diejenigen von einem neutralen Strom hervorgerufenen hätten nachahmen können. Und deshalb glaubten die Experimentatoren diesem Nachweis nicht, obgleich schon mindestens dreißig Jahre lang über den neutralen Strom spekuliert worden war. Sie gingen darüber hinweg, weil sie es für einen Teil jener Hintergrundereignisse hielten.

In den siebziger Jahren wurden neue Berechnungen und Experimente durchgeführt, diesmal von Physikern, die sich vor Augen hielten, was sie laut der Salam-Weinberg-Theorie finden würden und wie sie es finden könnten. Weinberg hat es folgendermaßen formuliert: »Eine neue Sache, die 1973 für die Experimentatoren besondere Bedeutung gewann, war die Vorhersage, daß die Stärke des neutralen Stroms innerhalb einer gewissen Bandbreite liegen mußte.«[10]

Genau an diesem Punkt werden die Skeptiker abwinken und darauf verweisen, daß hier ganz deutlich Hansons »Brille hinter den Augen« am Werk ist. Denn wenn man ein physikalisches Phänomen, das sichtbar vor Augen liegt, nicht ohne die Hilfe einer Theorie als existent feststellen kann, müsse man sich fragen, welche anderen signifikanten Daten man wohl übersehen hat, weil man gerade dieser Theorie und keiner anderen gefolgt ist. Könnten nicht gerade die Daten, die man nicht ermittelt hat, diejenigen sein, die die Theorie ungültig machen würden? Wir seien nicht in der Situation, werden sie einwenden, daß wir unabhängige Beweise völlig unvoreingenommen überprüfen, um herauszufinden, ob eine Theorie richtig ist. Statt dessen würden wir es zulassen, daß uns die Theorie an der Nase herumführt. Andere Kritiker könnten jedoch entgegenhalten, es sei Kleinkrämerei, der Naturwissenschaft vorzuwerfen, sie habe den neutralen Strom nicht entdeckt, bevor die

Theorie den Weg dazu gewiesen hatte; diese Episode beweise ja gerade, wie sehr wir auf die Theorie angewiesen sind!
Die Geschichte geht aber noch weiter. »Der Unterschied im Jahre 1973 bestand darin«, schreibt Weinberg, »daß nun eine These da war, die jene gewisse Unwiderstehlichkeit besaß, jene innere Konsistenz und Strenge, die den Physikern den Eindruck vermittelte, daß sie mit ihrer eigenen wissenschaftlichen Arbeit besser vorankommen würden, wenn sie von der Richtigkeit der Theorie ausgingen, als wenn sie warten würden, daß sie verschwindet.«[11] Doch 1976 brachte einen großen Rückschlag. Experimente in Oxford und Seattle ergaben, daß den Kräften des neutralen Stroms einige der Eigenschaften fehlten, die die Elektroschwach-Theorie vorhergesagt hatte. Weinberg schildert, wie er und andere Theoretiker darauf reagierten: »Pierre Duhem und W. Van Quine hatten vor langer Zeit dargelegt, daß es nicht möglich sei, eine wissenschaftliche Theorie vollkommen durch experimentelle Daten zu widerlegen, weil immer die Möglichkeit bestehen würde, durch Manipulation der Theorie oder der Hilfsannahmen Übereinstimmung zwischen Theorie und Experiment herzustellen. Irgendwann muß man dann einfach entscheiden, ob die knifflige Argumentation, zu der man genötigt ist, um nicht mit dem Experiment in Widerspruch zu geraten, so abstoßend ist, daß man sie nicht mehr akzeptieren kann. Nach den Experimenten von Oxford und Seattle machten sich denn auch viele von uns Theoretikern an die Arbeit, um nach einer geringfügigen Modifikation der elektroschwachen Theorie zu suchen, die erklären würde, warum die Kräfte der neutralen Ströme nicht die erwartete Asymmetrie zwischen rechts und links aufwiesen ... Aber es klappte offensichtlich nicht.«[12] Ein Problem war, daß die Theorie nicht zufriedenstellend abgeändert werden konnte, ohne die Übereinstimmung mit den früher gewonnenen Daten, die sie gestützt hatten, aufzugeben.
Im Jahre 1978 schließlich konnte man in Stanford durch ein neues Experiment die Vorhersagen verifizieren, die von den Experimenten in Oxford und Seattle in Frage gestellt worden

waren. Weinberg schreibt hierzu: »Mit einemmal kamen die Teilchenphysiker überall zu dem voreiligen Schluß, daß die ursprüngliche Version der elektroschwachen Theorie doch die richtige sei. Und dies, obwohl noch immer zwei Experimente den Vorhersagen der Theorie bezüglich der Kraft zwischen Elektronen und Kernen widersprachen, während nur eines sie bestätigte... Woran lag es, daß, kaum hatte dieses eine Experiment stattgefunden und Übereinstimmung mit der elektroschwachen Theorie ergeben, sich die Physiker generell darin einig waren, daß die Theorie doch die richtige sei? Einer der Gründe war sicherlich, daß wir alle erleichtert waren, uns nicht mit einer der gekünstelten, unnatürlichen Varianten der ursprünglichen elektroschwachen Theorie befassen zu müssen. Die Physiker nahmen das ästhetische Kriterium der Natürlichkeit zu Hilfe, um widersprüchliche experimentelle Daten gegeneinander abzuwägen.«[13] Das erinnert mich an die Bemerkung meines Sohnes über meine »unwissenschaftliche« Vorgehensweise beim Zählen von Spielkarten, wenn ich herausfinden will, ob sich in einem Spiel auch wirklich 52 Karten befinden. Er meinte nämlich, wenn ich die Karten durchzähle und feststelle, daß es zu viele oder zu wenig sind, zähle ich sie noch einmal. Und wenn es diesmal nach meiner Zählung 52 sind, zähle ich *kein* drittes Mal mehr, sondern mische und teile aus. Vielleicht ist das aber gar nicht so unwissenschaftlich! Bei den meisten Kartenspielen, die wir in der Familie spielen, stellt sich nämlich schnell heraus, ob alle Karten im Spiel sind. Auf ähnliche Weise haben spätere Experimente – die keine Wiederholung des Stanford-Experiments waren – die Schlußfolgerung bestätigt, daß die ursprüngliche Version der Elektroschwach-Theorie richtig war.

Eine bedeutsame Folge der Elektroschwach-Theorie für die Physik war, daß sie die Entwicklung von Beschleunigern förderte, die stark genug waren, um die vorausgesagten Teilchen der schwachen Wechselwirkung zu produzieren. Das war ein äußerst kostspieliges und zeitaufwendiges Unternehmen, das nichts mit der vergleichsweise einfachen Sache eines Zuschusses, eines Universitätsetats oder sogar eines Staatshaushalts zu tun hatte.

1983 schließlich führten die Physiker Carlo Rubbia, Simon van der Meer und ein Team von 130 weiteren Physikern beim CERN in der Schweiz Experimente durch, um – wenn möglich – drei bis dahin noch unentdeckte Teilchen nachzuweisen, die in der Theorie von Salam und Weinberg vorausgesagt wurden. Nun denken Sie vielleicht: »Jetzt aber halt! Einhundertdreißig Physiker! Das muß doch genügen, um einen wissenschaftlichen Nachweis zu erhärten und Objektivität zu gewährleisten. Trotz aller Unabhängigkeit und Verschrobenheit bei Physikern – einer von ihnen hätte sicherlich die Brille hinter den Augen für einen Augenblick abgelegt und gerufen ›der Kaiser hat ja gar nichts an!‹, falls dies nötig gewesen wäre!« Andere würden jedoch genau das Gegenteil behaupten, nämlich, daß es einen Punkt gibt, ab dem *mehr* Beobachter dazu neigen, einen bestimmten Standpunkt zu bestätigen, anstatt größere Objektivität herzustellen, und daß man nicht notwendigerweise die aufmüpfigsten Physiker auswählt – diejenigen, die gern die Rolle des Außenseiters übernehmen –, wenn man ein Team zusammenstellt.

Jahre der angestrengten Suche, Investitionen in Millionenhöhe und beruflicher Ehrgeiz bei der Entwicklung der Anlagen und der Durchführung des Experiments erzeugen Erwartungsdruck und entwickeln eine eigene Dynamik – in diesem Stadium war der Standpunkt von weit mehr bestimmt und gestärkt als nur von der ursprünglichen wissenschaftlichen Faszination der Theorie. Die ganze Welt erwartete, daß die Teilchen entdeckt werden würden. Die Männer, die sie vorausgesagt hatten, hatten für ihre Theorie im Jahre 1979 bereits den Nobelpreis erhalten. Die Entdeckung der Teilchen war nur mehr das Tüpfelchen auf dem »i«. In einer Situation wie dieser würde der Widerspruch eines einzelnen in einer Gruppe von 130 Physikern kaum Gehör finden und wäre überhaupt viel weniger wahrscheinlich, als wenn zwei oder drei Wissenschaftler in relativer Abgeschiedenheit arbeiten würden; denn dabei könnten sie größeres Verständnis für die Gesamtanlage des Experiments entwickeln und müßten sich nicht jeweils auf einen bestimmten Teil konzentrieren, für den ihre Spezialkenntnisse vonnöten wären. Nein, die Beteiligung von 130 Physikern bei dem Experiment im CERN ist nicht der Grund, warum wir der Elektroschwach-Theorie so großen Glauben schenken; einmal abgesehen davon, daß die Sachkenntnis jener Experten nötig war, um überhaupt ein verläßliches Experiment durchführen zu können.

Die Elementarteilchen kamen tatsächlich zum Vorschein. Zuerst wurden 1983 die beiden Teilchen W^+ und W^- entdeckt, und 1984 schließlich Z^0, das Botenteilchen, das als Träger des neutralen Stroms agiert. Sie zeigten exakt die Massewerte, die die Elektroschwach-Theorie vorhergesagt hatte – eine weitere schöne Fügung. Wie kamen diese Teilchen zum Vorschein? Niemand hatte beim CERN durch ein Mikroskop gespäht und war dabei auf Elementarteilchen gestoßen, die wie winzige Billardkugeln umherschossen. Die Physiker, die das Experiment entworfen hatten, gingen davon aus, sie in den Trümmern zu finden, die entstehen, wenn Materie und Antimaterie bei annähernd Lichtgeschwindigkeit aufeinanderprallen. Diese Trümmer hinterlassen auf fotografischen Platten Spuren. Rubbia, van der Meer und andere Forscher des Teams betrachteten dies als Beweis für die Existenz der W- und Z-Teilchen.

»Direkte Erfahrung des Universums?« Bestimmt war es das. In einer solchen Situation jedoch wird das, was man in Erfahrung gebracht hat, zu einer Frage der Interpretation; es erfordert große Sachkenntnis und verlangt nach einer Beurteilung. Und die Brille der Theorie beeinflußt dieses Urteil notgedrungen. Jemand hat gesagt, der Entwurf und die Interpretation eines komplizierten physikalischen Experiments sei so kreativ und subjektiv, daß es eher an das Verschneiden eines edlen Sherrys durch einen Kellermeister erinnert als unserer naiven Vorstellung zu entsprechen, wie Naturwissenschaft zu funktionieren habe. Das mag übertrieben sein, doch dieses Bild verdeutlicht, daß das subjektive Element ein wesentlicher Teil der naturwissenschaftlichen Forschung ist – und daß es naiv von uns ist, zu glauben, es könne anders sein. Doch das soll der Naturwissenschaft nicht ihren Nimbus nehmen. Unabhängig davon, wieviel Kreativität, wieviel Subjektivität und wie viele Brillen hinter den Augen beim Verschneiden des Sherrys auch im Spiel sein mögen, das Resultat wird entweder ein edler Sherry *sein* oder etwas, das schleunigst in den nächsten Ausguß geschüttet werden sollte. Entscheidend ist nicht, daß die Theorie uns zu etwas hinführt, sondern daß sie uns nicht in die Irre leitet. Manchmal weiß man erst im nachhinein, welche dieser beiden Möglichkeiten zugetroffen hat. Die Naturwissenschaftler sind jedoch überzeugt, daß man es am Schluß feststellen wird.

Könnten wir den Skeptizismus ein für allemal dadurch ausräumen, daß wir fordern, die Naturwissenschaft müsse ihre Theoriebrille ablegen und statt dessen beginnen, die Welt so anzusehen, wie sie wirklich ist? Nein. Denn man könnte uns leicht entgegenhalten, daß die Brille uns den Blick für die Wahrheit erst eröffnet, von der wir andernfalls gar nichts wüßten. Hätten wir ohne die Brille von Salam und Weinberg jemals über unsere Nische in der Geschichte hinausgeblickt, selbst nachdem die Elektroschwach-Symmetrie schon lange gebrochen war? Wir verlangen von den Naturwissenschaftlern, nie zu vergessen, daß sie hinter den Augen eine Brille tragen. Und wir hoffen, daß sie verschiedene Erklärungsmuster erproben, bevor sie mit Überzeugung behaupten, sie würden die Realität erkennen. Doch wir können von ihnen nicht erwarten, daß sie überhaupt keine theoretische Brille tragen. Wie bereits gesagt, gibt es keinerlei Möglichkeit, die Realität ohne einen Standpunkt zu betrachten. Denken Sie nur an meine beiden Agentenbrillen. Mit der einen konnte ich das eine Wort lesen, die andere gab mir etwas anderes zu erkennen. Doch der Anblick der fleckenübersäten Karte ohne eine der beiden Brillen war *auch* ein Standpunkt. Wer kann schon sagen, welcher dieser drei Standpunkte mir die »Realität« gezeigt hat? Sicher ist, daß mir keine der drei Möglichkeiten erlaubt hat, alles auf einmal zu sehen, was zu sehen war. Ich möchte eine andere Metapher verwenden, um zu illustrieren, warum man auf die Theorie nicht verzichten kann; sie wird uns das Problem der Begegnung mit unabhängiger Realität noch stärker verdeutlichen.

Sehen Sie sich einmal in dem Zimmer um, in dem Sie sich gerade aufhalten. Angenommen, Sie sind noch sehr jung und jemand möchte, daß Sie jetzt dieses Zimmer und die darin befindlichen Gegenstände zeichnen, so gut sie dies können. Sie sind ein aufmerksamer Beobachter und können einigermaßen talentiert mit dem Stift umgehen: Jedes Detail wäre in Ihrem Bild wiedergegeben – die Tür, das Fenster, die Bücher im Regal, die Lampe, der Hund mit dem gefleckten Fell, vielleicht sogar die Maus, die Ihres Wissens hinter dem Bücherschrank ihr Versteck hat und die man nur gelegentlich zu Gesicht bekommt, die beiden Stühle und der Schreibtisch. Sie könnten jetzt jemandem die Zeichnung zeigen, der nie zuvor in diesem Zimmer gewesen ist, und dieser Mensch würde wissen, welche Gegenstände sich darin befinden.

Nun stellen Sie sich vor, Sie sind ein wenig älter geworden. Inzwischen haben Sie perspektivisches Zeichnen gelernt und erneut ein Bild von diesem Zimmer angefertigt – von demselben Zimmer, jedoch mit einem Unterschied. Denn jetzt erkennt man eine zusätzliche Ordnung der Dinge, die Beziehungen zwischen ihnen sind deutlich sichtbar, und vielleicht werfen sie sogar Schatten. Die Frage ist nun, ist das zweite Bild (das mit der perspektivischen Ausrichtung) eine bessere Darstellung der Realität? Was haben Sie gegebenenfalls in der zweiten Zeichnung eingebüßt?

In einem gewissen Sinne haben Sie ein wenig an Objektivität verloren. Das mag unwahrscheinlich klingen, doch in der perspektivischen Zeichnung ist das, was Sie als Realität wahrgenommen haben, stärker von Ihnen, dem Beobachter, abhängig geworden. Hier ist ein Zimmer, das den Anschein erweckt, daß es jemand von einer ganz bestimmten Position aus gesehen hat und von keiner anderen – zu einem ganz bestimmten Zeitpunkt und keinem anderen. Um die Beziehungen zwischen den Gegenständen in dem Bild zu ordnen und das Spiel von Licht und Schatten wiederzugeben, mußten Sie einen bestimmten Standpunkt wählen und sämtliche anderen beiseite lassen. Sie selbst als Beobachter, die Tageszeit bei der Entstehung der Zeichnung, Ihre Blickrichtung innerhalb des Zimmers (auch wenn Sie selbst auf dem Bild nicht zu sehen sind) und der gewählte Fluchtpunkt, der die Perspektive festlegt – all das ist zu wesentlichen Bestandteilen des Bildes geworden. Wir können diese Analogie noch weiterführen und uns vorstellen, daß wir das Zimmer durch ein Kameraobjektiv betrachten und die Möglichkeit haben, die Tiefenschärfe zu verändern; der Beobachter und die von ihm getroffenen Entscheidungen werden dann zu einem noch enger begrenzenden Standpunkt.

Nun stellen Sie sich vor, Sie seien ein kubistischer Maler. Sie wählen in Ihrem Gemälde nicht einen bestimmten Blickwinkel, eine bestimmte Tageszeit, einen bestimmten Fluchtpunkt und eine bestimmte Tiefenschärfe, sondern mehrere verschiedene gleichzeitig: Hier, auf der linken Bildhälfte, ist ganz groß die Maus zu sehen, daneben zwei Streben der Stuhllehne, dann der Bücherschrank in Seitenansicht, dort der Kopf des Hundes von der Seite und von vorne, hier groß gemalt, dort klein, hier Schatten, dort Licht. Und so weiter und so fort. Es gibt kubistische Gemälde, die so viele verschiedene Blickwinkel, Perspektiven und Details vereinigen, daß sie mehr wie ein abstraktes Teppichmuster wirken oder wie ein verwischter Eindruck. Ein kubistisches Gemälde ist, wie die kindliche Zeichnung und wie das perspektivische Bild, eine Möglichkeit, die Realität wiederzugeben. Ein kubistisches Bild ist sogar eine viel weniger einseitige Wiedergabe der Realität als Ihre perspektivische Zeichnung, denn das darin enthaltene Erfahrungsspektrum ist viel breiter.

In der Wissenschaft entspricht die Arbeit des Naturkundlers oder Sammlers – das sorgfältige Zusammentragen und Auflisten von Daten, die einfachste Form der »Beobachtung« – unserer ersten Zeichnung. Kommt die Theorie hinzu, haben wir die zweite Zeichnung, diejenige, die uns ein genaueres Bild von dem Zimmer zu geben scheint. Doch in der zweiten Zeichnung sieht der eine Stuhl kleiner aus als der andere, obwohl sie in Wirklichkeit beide gleich groß sind, und wir können nicht erkennen, daß der Hund auf der uns abgewandten Seite ebenfalls ein geflecktes Fell hat und zwei Augen, nicht nur eines; außerdem ist aus dieser Zeichnung nicht ersichtlich, daß wir nur ein paar Schritte gehen müßten, um hinter dem Bücherschrank eine Maus zu entdecken, und wir sehen nicht, daß der Schreibtisch hinter uns steht – das alles stellt einen Verlust dar. Ähnlich verhält es sich mit einer Theorie: Bei allem, was wir mit ihr gewinnen, riskieren wir, etwas Bedeutsames zu übersehen, was uns eine andere Theorie vielleicht zeigen könnte.

Wie aber verhält es sich mit dem kubistischen Gemälde? Wäre es uns lieber, daß die Naturwissenschaft ebenso vorgeht – die Realität von sämtlichen Standpunkten aus gleichzeitig zu betrachten, keine Brille zu tragen, alle Möglichkeiten im Kopf zu behalten? Manche meinen, das sei genau das, was die Naturwissenschaft praktiziere. Doch man muß zugeben, daß die perspektivische Zeichnung – trotz allem, was sie über uns selbst, unsere Wahrnehmung und unsere Denkmuster aussagt und trotz des Risikos, damit die Realität zu verzerren und uns selbst zum Narren zu halten – besser als das kubistische Gemälde dazu verhilft, sich in dem Zimmer zurechtzufinden. Was die Naturwissenschaft angeht, müssen wir irgendwo in dem Bereich zwischen der kindlichen Zeichnung und dem kubistischen Gemälde einen Standpunkt oder eine begrenzte Anzahl von Standpunkten beziehen, die für uns nützlich und sinnvoll sind. Wir behaupten ja nicht, das letztgültige und vollständige Bild der Realität entworfen zu haben. Ein Zimmer kann man aus einer unendlichen Anzahl von Perspektiven betrachten, und Poincaré hat betont, daß »eine Erscheinung, die eine vollständige mechanische Erklärung zuläßt, eine unendliche Zahl von anderen [mechanischen Erklärungen] zulassen wird, die auf gleichwertige Weise sämtliche Besonderheiten erklären, die mittels Experiment entdeckt wurden«.[14] Erkennen Sie nun unser Problem – jetzt, da Sie die Brille tragen, die *ich* Ihnen aufgesetzt habe?

Wie aber wählen wir den Blickwinkel, aus dem wir das Zimmer betrachten?

Poincaré meint, wenn eine der Erklärungen uns Beziehungen verdeutlicht, die uns eine andere Erklärung verschweigt, »halten wir diese wohl deshalb für wahrer als die andere, weil sie inhaltlich reicher ist«.[15] Und auch wenn mehrere Theorien gleich plausible Erklärungen der Daten liefern, wird jede zusätzlich unterschiedliche Voraussagen treffen, die überprüft werden können. Wir haben bereits einige der Charakteristika diskutiert, die dazu führen, daß eine bestimmte Theorie in die Lehrbücher Eingang findet und der Naturwissenschaft den Weg weist und eine andere nicht.

Doch eines der schlagkräftigsten Kriterien ist eines, mit dem wir am wenigsten rechnen würden.

Die Muse der Naturwissenschaft: Ist die Wahrheit schön?

Eine der vielen Anekdoten über den großen Mathematiker und Physiker Paul Dirac stammt von seinem Freund und Kollegen Jagdish Mehra. Dirac und Mehra begegneten sich zum erstenmal bei einem Essen im St. John's College in Cambridge. Mehra wurde nervös, als er erfuhr, daß er neben dem berühmten Dirac sitzen sollte. »Das Wetter damals war scheußlich«, erinnert sich Mehra, »und da es in England stets schicklich ist, ein Gespräch mit einer Bemerkung über das Wetter einzuleiten, sagte ich zu Dirac: ›Es ist recht windig, Herr Professor.‹ Er erwiderte kein Wort, sondern stand nach einigen Sekunden auf und verließ den Tisch. Es war mir schrecklich peinlich, da ich glaubte, ihn irgendwie beleidigt zu haben. Er trat an die Eingangstür, öffnete sie, blickte hinaus, kam zurück, setzte sich und sagte einfach: ›Ja‹.«[16]

In der Tat ein Mann, der nach der naturwissenschaftlichen Methode lebte! Ein Mann, der wie Darwin »auf den klar feststellbaren Bericht der Sinne bestand«.

Betrachten Sie nun das folgende Zitat von Dirac selbst: »Es ist wichtiger, daß die Gleichungen schön sind, als daß sie mit dem Experiment übereinstimmen . . . weil der Widerspruch mit geringfügigen Merkmalen zu tun haben kann, die nicht angemessen berücksichtigt wurden, was aber bei der Fortentwicklung der Theorie korrigiert werden kann . . . Wenn man seine Arbeit danach ausrichtet, Schönheit in seinen Gleichungen zu erzielen, und wenn man dafür ein wirklich sicheres Gespür hat, hat man bestimmt einen sicheren Weg zum Erfolg eingeschlagen.«[17] Schönheit ist subjektiv – »Schönheit liegt im Auge des Betrachters«, heißt es – und diese Subjektivität ist kaum von etwas anderem zu überbieten. Dennoch ist das Schöne in der Physik eine geläufige Richtschnur.

So gut wie alle Physiker verstehen sehr wohl, was Dirac meinte, als er über das Schöne sprach. Der Mathematiker G. H. Hardy schrieb: »Die Gestaltungsmuster des Mathematikers müssen, ähnlich denen des Malers oder des Dichters, Schönheit aufweisen. Die Ideen müssen, wie die Farben oder die Worte, auf harmonische Weise zusammenpassen. Schönheit ist der erste Prüfstein.«[18] Weinberg sagte: »Ich glaube, die Allgemeine Relativitätstheorie verdankt ihre allgemeine Anerkennung zu einem großen Teil . . . ihrer Schönheit.«[19] Der Physiker Murray Gell-Mann sieht darin eines der großen Geheimnisse: »Warum ist unser Sinn für das Schöne und die elegante Form ein solch brauchbares Mittel bei der Entscheidung, ob etwas gut oder schlecht ist?«[20] John Wheeler meint, Gott oder die Evolution hätten unser Denken so geformt, daß unsere instinktive Fähigkeit, das Schöne zu erkennen, ein Werkzeug zum Auffinden der Wahrheit sei. Vielleicht bezeichnet man das, wonach man geforscht und was man schließlich entdeckt hat, deshalb unwillkürlich als das »Schöne«, weil Generationen von Physikstudenten die Gedankenläufe ihrer Vorgänger und die Lehrbücher studiert haben und darauf konditioniert sind, versteckten Spuren zu folgen. Was auch immer die Erklärung dafür sein mag, die meisten Physiker würden zustimmen, daß zu einem guten Teil Diracs »sicheres

Gespür« beim Erkennen des Schönen das ist, was einen großen Physik-Theoretiker ausmacht.

Indem Dirac behauptet, die Schönheit der Gleichungen sei wichtiger als deren Übereinstimmung mit dem Experiment, gibt er die Objektivität nicht ganz auf. Was Physiker unter Schönheit verstehen, ist nicht ganz das gleiche, was alle anderen Menschen mit diesem Begriff assoziieren, auch wenn beides nahe beieinander liegt. Die meisten von uns fassen Schönheit in dem Sinne auf, daß alles in einer wohlgefälligen, harmonischen Weise geformt ist. Das gehört sicherlich zu dem, was uns in Kunst, Musik, Dichtung, Natur und sogar bei einem schönen Gesicht oder Körper anspricht, diesem unerwarteten Zusammentreffen von disparaten Elementen in einer Weise, daß es uns wie zwangsläufig, dabei unbemüht und äußerst wohltuend erscheint.

Die Schönheit in der Physik hat auf ähnliche Weise mit einem Zusammentreffen zu tun, das wie ein kleines Wunder aussieht. Die Einfachheit spielt hierbei eine Rolle, die elegante Form, die mathematische Konsistenz und die Kreativität. Aufgrund solcher Qualitäten sind zum Beispiel die Superstring-Theorie oder die Wurmloch-Theorie so ansprechend und überzeugend, nicht aber weil irgend jemand jemals einen Superstring oder ein Wurmloch beobachtet hätte oder weil jemand hofft, in absehbarer Zukunft eines entdecken zu können. Selbst wenn eine Theorie in Widerspruch zu Experiment und Beobachtung steht, wie dies bei der Elektroschwach-Theorie zeitweilig der Fall war, ist es nicht unlogisch zu meinen, vielleicht seien ja eher die Versuchsergebnisse irreführend als die Theorie.

Es ist ungeheuer schwierig, mathematische Konsistenz zu erzielen; und das ist einer der Gründe, warum sie so sehr überzeugt, wenn es gelingt. Es gibt so viele anerkannte mathematische und physikalische Gesetze und Regeln, mit denen eine Theorie übereinstimmen muß. Fast ist es so, als löste man ein Kreuzworträtsel, in dem vertraute Silben und Wörter sich zu neuen Wörtern verbinden, die man noch nie zuvor gehört hat. Und noch bevor man im Wörterbuch nachgeschlagen hat, ist man sich sicher, daß das unbekannte Wort korrekt sein muß. Denn wäre es nicht korrekt, müßten große Teile des Rätsels umgeändert werden, deren Richtigkeit unbestritten ist, weil sie sich auf komplizierte, aber stimmige Weise ineinanderfügen. Wenn man das Wort dann im Wörterbuch nicht findet, wird man eher an dessen Vollständigkeit zweifeln als am Wort.

Der Sinn für das Schöne hat bei der Akzeptanz der großen Theorien des 20. Jahrhunderts eine Rolle gespielt. Schönheit, selbst in Form von Rationalität, mathematischer Konsistenz und einem scheinbar zwangsläufigen Sichzueinanderfügen der Teile wird letztlich aber für weniger schlüssig erachtet als direkte experimentelle Überprüfung und Beobachtung. Schwarze Löcher sind mathematisch gesehen schön, aber wir versuchen immer noch vergeblich, eines zu entdecken. Für Dirac und viele andere war Schönheit eine außerordentlich verläßliche Richtschnur. Doch sie ist nicht unfehlbar. Denn war es nicht eben dieses Gefühl für das Schöne im Sinne von Rationalität und Verständlichkeit, das Einstein, Louis de Broglie und Erwin Schrödinger (die Väter der Quantenphysik) glauben ließ, Ereignisse auf Quantenebene seien *nicht* von Natur aus unscharf? Und irrten sie sich nicht? ... wie wir – bis jetzt zumindest – meinen.

Es stimmt auch, daß die Naturwissenschaftler manchmal keine andere Wahl haben, als ein nicht sehr schönes Territorium zu erkunden, wo alles durcheinanderzuliegen und falsch zu sein scheint. Ein unschönes Problem, das noch nicht gelöst ist, besteht im offensichtlichen Widerspruch zwischen der Allgemeinen Relativitäts- und der Quantentheorie, über den Sie in Kapitel 5 mehr erfahren werden. Diese beiden herausragenden Theorien unseres Jahrhunderts sind für uns sowohl in theoretischer wie in praktischer Hinsicht von ungeheurem Nutzen. Sie bilden die Grundlage für einen großen Teil der modernen Technologie. Dennoch – wenn beide Theorien zuträfen, müßten wir annehmen, daß das Universum entweder zu einer kleinen Kugel zusammengeballt oder so weit ausgedehnt sein sollte, daß sich keine Galaxien bilden könnten. Ein Blick genügt, um festzustellen, daß keines von beiden zutrifft. Diese Art von Uneleganz ist beunruhigend, trotz des überwältigenden Erfolges, den diese Theorien erfahren haben. Wir folgen den Richtlinien der Schönheit und der mathematischen Logik von Theorie zu Theorie, immer tiefer in die Geheimnisse des Universums hinein, in der Hoffnung, daß wir schließlich auf den Gedanken stoßen werden, der hinter allem steht und dessen Schönheit alles übertrifft, was uns bisher begegnet ist. Wissenschaftler wie John Wheeler glauben fest daran, daß es kein komplizierter Gedanke ist. Er wird in seiner Einfachheit unübertroffen sein. In dem Bemühen, diesen einfachen, schönen Gedanken aufzuspüren, vermischt sich in der Physik die Suche nach dem Wissen mit der Suche nach Gott. »Singe Gott ein einfaches Lied«, heißt es in der *Messe* von Leonard Bernstein, »denn Gott ist das Einfachste von allem.«[21] Finden Sie einen Begriff für Gott, der die letzte Wahrheit enthält, ohne auf einem personalen Gott zu bestehen, und nicht wenige der agnostischen Physiker werden in Bernsteins Lied einstimmen.

Unser Glaube an die Mathematik und die Logik führt uns zu der Überzeugung, daß etwas nicht wahr sein kann – nicht wahr sein darf –, wenn es mathematisch und logisch nicht widerspruchsfrei ist. Das schränkt die Möglichkeit, ob etwas existieren bzw. stattfinden kann oder nicht, stark ein. Wenn die mathematische Konsistenz um so schwieriger zu erzielen ist, je mehr wir uns der letzten Wahrheit nähern – wie die Theoretiker behaupten –, dann ist es vielleicht diese Schwierigkeit, die uns zwingt, die einzige mathematisch konsistente Gleichung aufzustellen, die dem gesamten Universum zugrunde liegt. Ist es denkbar, daß Gott nur eine einzige Möglichkeit hatte, das Universum zu erschaffen, ohne gegen die mathematische Konsistenz zu verstoßen – was nicht sein darf? Diese Frage hat Einstein fasziniert: »Woran ich wirklich interessiert bin, ist die Frage, ob Gott die Welt noch auf eine andere Weise geschaffen haben könnte; das heißt, ob die Notwendigkeit der logischen

Einfachheit überhaupt Freiheit zuläßt!«[22] Wenn Gott durch die mathematische Konsistenz eingeschränkt wird, dann ist die mathematische Konsistenz mächtiger als Gott – oder sie *ist* selbst Gott. Und woher kam die mathematische Konsistenz? Ob die mathematische Konsistenz eines Erfinders bedurfte, ist eine Frage von überragender Bedeutung. Ich hörte, wie einmal am Ende einer öffentlichen Vorlesung über Physik diese Frage aufgeworfen wurde: »Ist mathematische Konsistenz, wie wir sie kennen, die einzige Möglichkeit, wie es sein KÖNNTE – oder ist es vorstellbar, daß es auch anders sein könnte? Mußte irgend jemand sich dafür entscheiden, sie so sein zu lassen, wie sie ist?« Ein Naturwissenschaftler oder Mathematiker würde darauf antworten, daß die mathematische Konsistenz einfach so ist, wie sie ist. Der Mathematiker G. H. Hardy formulierte es folgendermaßen: »317 ist eine Primzahl, nicht weil wir dies meinen oder weil unser Gehirn auf die und keine andere Weise geformt ist, sondern *weil es so ist*, weil die mathematische Realität auf diese Weise konstruiert ist.«[23] Wenn es keine andere Wahl gibt, wie etwas sein könnte, brauchen wir auch keinen Grund dafür zu suchen, geschweige denn einen Schöpfer, der entschieden hat, daß es so sei. Die unbegründete, unerklärbare »Erste Ursache« des Universums ist möglicherweise die mathematische Konsistenz. Punktum.

Skeptiker werden die Behauptung, mathematische Konsistenz sei eben so wie sie ist, unbefriedigend finden, und das nicht notwendigerweise aus religiösen Gründen. Der Naturwissenschaftler oder Mathematiker wiederum mag solche Einwände für naiv halten, doch man könnte erwidern, daß Skeptiker weniger konform denken als der Naturwissenschaftler/Mathematiker – denn sie sind weniger an einen bestimmten Standpunkt gebunden. Es gibt den rein gefühlsmäßigen Standpunkt, daß alles möglich sein KÖNNTE. Ist es denn so unvorstellbar, daß es eine Realität geben KÖNNTE, in der 317 keine Primzahl ist? Daß wir nicht fähig sind, uns das vorzustellen, beweist noch gar nichts. Hardy gesteht das fast ein, wenn er sagt, daß »die mathematische Realität auf diese Weise *konstruiert* ist«.

Doch mit ziemlicher Sicherheit hatte Hardy nicht die Absicht, dies zuzugeben. Vielleicht fehlte ihm wie uns allen nur das Vokabular, um die unbegründete fundamentale Wahrheit zu beschreiben. Ob die mathematische Konsistenz das sein muß, was sie ist, und ob sie jemanden benötigte, der sie erfand – solche Fragen können Mathematiker leider nicht schlüssig beantworten. Und es gibt noch weitere solche Fragen.

Ist die Wahrheit mächtiger als der Beweis?

Die meisten von uns halten die Mathematik für ein leuchtendes Beispiel für Klarheit und Objektivität. Wenn es eine universelle Sprache gibt – »universell« im wörtlichsten Sinn –, dann ist es die Mathematik. Schon als kleine Kinder lernen wir die direkte Beziehung zwischen Mathematik und Realität. Leg zwei Äpfel in eine Schachtel, leg zwei weitere hinzu, dann wirst du vier Äpfel in der Schachtel haben – wie die Mathematik unfehlbar voraussagt. Durch solch einfache Beispiele entsteht in uns der Glaube, daß diese Beziehung zur Realität sich auch in Situationen bewährt, die weit über die Fähigkeit des Menschen hinausgehen, etwas mit Hilfe von bildhaften Objekten darzustellen: $10^{40} \times 10^{10} = 10^{50}$. Wir glauben das, auch wenn wir es niemals anhand von Äpfeln nachprüfen können. Wir gehen davon aus, daß diese Regeln in der Andromeda-Galaxis und für den Quasar P. C. 1158+4635 ebenso sicher gelten wie bei uns zu Hause. Und wir geben Galilei recht, wenn er sagt, daß das »Buch der Natur in mathematischen Symbolen geschrieben ist«[24], ohne uns jemals zu vergegenwärtigen, wie erstaunlich und sogar unwahrscheinlich es doch ist, daß sich die Natur immer so zuverlässig nach unseren mathematischen Voraussagen zu verhalten scheint. Wie wir bereits gesehen haben, kann unter Mathematikern und Physikern der Glaube an die Mathematik so stark werden, daß sie mitunter die mathematische Konsistenz für einen überzeugenderen Wahrheitsbeweis halten als die Ergebnisse von Experiment und Beobachtung. Für man-

che von ihnen ist der Glaube an die mathematische Konsistenz zwingender als die Vorstellung, es gebe einen Gott.
Ist denn die Mathematik nicht unser einziges sicheres, unverstelltes Fenster zur Realität? Warum sollten wir sie nicht sogar für überzeugender halten als durch Beobachtung und Experiment gewonnene Beweise, nachdem wir ja wissen, wie mehrdeutig der Begriff der direkten Begegnung mit der unabhängigen Realität sein kann? Der britische Naturwissenschaftler Jonathan Powers hat es auf den Punkt gebracht: »Wir erfahren die Mathematik als eine Quelle der Absoluten Autorität und als Hort der Absoluten Wahrheit, die durch bloße menschliche Interessen nicht getrübt werden kann. Mathematische Beweise sind unnachgiebig und lassen sich durch Täuschung oder Kompromisse nicht verwässern.«[25]
Interessanterweise *kann* die Mathematik unter anderem beweisen, daß es Wahrheit jenseits der mathematischen Beweismöglichkeiten gibt. Es war der deutsche Mathematiker Kurt Gödel, der uns auf dieses Problem aufmerksam gemacht hat. Im Jahre 1931 stellte er ein Theorem vor, das man heute unter dem Namen Gödelsches Theorem der Unvollständigkeit kennt. Gödel zeigte, daß man in jedem mathematischen System, das komplex genug ist, die Addition und Multiplikation ganzer Zahlen zu ermöglichen, Behauptungen aufstellen kann – und sie auch als wahr *erkennen* kann –, die sich innerhalb dieses Systems mathematisch weder beweisen noch widerlegen lassen. Das wäre nicht weiter von Bedeutung, wenn diese unbeweisbaren (und unwiderlegbaren) Behauptungen nur besondere Kuriositäten in den Randbezirken der Mathematik wären; das sind sie aber nicht. Zu ihnen gehören außerordentlich bedeutsame Ergebnisse. Die Addition und Multiplikation ganzer Zahlen ist sicherlich kein exotisches Terrain!
In Kapitel 2 haben wir festgestellt, daß die Annahmen, die der naturwissenschaftlichen Methode zugrunde liegen, von der naturwissenschaftlichen Methode nicht bewiesen oder widerlegt werden können. Wenn Gödel recht hatte, verlangt auch die Mathematik einen Glaubenssprung. Alle bedeutenden mathe-

matischen Systeme sind offen und unvollständig. Selbst in der Mathematik übersteigt die Wahrheit unsere Fähigkeit, sie zu beweisen. Eine Definition der Religion lautet, sie sei ein Gedankensystem, das von einem verlange, an »Wahrheiten« zu glauben, die nicht bewiesen werden können. Wenn das das bestimmende Kennzeichen der Religion ist, dann ist gemäß dem Gödelschen Theorem die Mathematik eine Religion. Der Mathematiker F. De Sua meinte sogar, es habe den Anschein, daß die Mathematik die einzige Religion sei, die bewiesen habe, daß sie eine *ist*.[26]

Aus Gödels Entdeckung sind weitreichende und irritierende Folgerungen zu ziehen. John Barrow betont in seinem Buch *Pi in the Sky*, es könne nicht mit Sicherheit bewiesen werden, daß ein zur Addition und Multiplikation ganzer Zahlen fähiges System in sich konsistent ist.[27] Das bedeutet, daß Systeme wie die Geometrie, die Arithmetik, die Logik – sämtliche mathematischen Systeme, auf die sich die Physiker stützen – in sich widersprüchlich sein könnten und es keine Möglichkeit gibt, jemals herauszufinden, daß sie es nicht sind. Welche Schlußfolgerungen können wir ziehen, wenn die Mathematik nach der einen Methode zu einer bestimmten Vorhersage führt, und nach der anderen Methode zu einem ganz anderen, konträren Resultat kommt? Nun, dann dürfen wir uns zumindest glücklich schätzen, daß wir diesen Widerspruch herausgefunden haben! Es gibt nämlich kein zuverlässiges Verfahren, um solche Widersprüche systematisch aufzuspüren. Sie zu entdecken ist größtenteils Glückssache.

Die großen spekulativen Theorien, die sich mit dem Ursprung des Universums und der Vereinigung der Kräfte beschäftigen, verlassen sich sehr stark auf die mathematische Konsistenz. Da wir niemals sicher sein können, ob sich in unseren Berechnungen nicht irgendwo Widersprüche versteckt halten, ohne daß wir es ahnen, befinden wir uns in einer prekären Lage. Die eine Theorie baut auf der anderen auf. Die Befürchtung ist nicht von der Hand zu weisen, daß wir möglicherweise ein sehr kurzlebiges Kartenhaus konstruieren. Andererseits haben wir in Kapitel 2 gesehen, wie meine Tochter mit dem Blick des Kindes festgestellt hat, daß die Natur sich gar nicht sämtlicher Möglichkeiten der Geometrie bedient. Vielleicht hat die Natur auch nicht alle Möglichkeiten der Arithmetik ausgeschöpft und ist auf diese Weise den Fallgruben ausgewichen. John Barrow meint: »Die physikalische Wirklichkeit könnte natürlich selbst dann, wenn sie letztlich mathematisch ist, nicht die ganze Arithmetik nutzen; sie könnte also vollständig sein«[28], selbst wenn die Mathematik es nicht ist. Leider können wir das in der theoretischen Physik nicht voraussetzen.

Wir sagten bereits, daß wir bei unserem Streben nach der letzten Wahrheit auf Hindernisse stoßen, die uns bei der Suche nach Teilwahrheiten und Vorhersagbarkeit nicht begegnen. Eine der großen Fragen lautet: Wie werden wir erkennen, wann wir die letzte Wahrheit gefunden haben? Wie können wir beweisen, daß wir sie gefunden haben? Gödels Theorem mit all seinen Implikationen für das Konzept der mathematischen Konsistenz – angesiedelt in jenem Bereich der menschlichen Erkenntnis, der von jeher als am besten befähigt erschien, unanfechtbare Beweise zu erbringen – ist entmutigend.

Die Elite der Naturwissenschaft

Zu Beginn dieses Kapitels sprachen wir davon, daß die Gründe für Voreingenommenheit in der Naturwissenschaft nicht nur in der wissenschaftlichen Technik oder Theorie zu suchen sind, sondern auch in Bereichen, denen wir weit weniger Recht zugestehen, uns zu beeinflussen. Einige Beispiele:
Wenn wir versuchen, ein Bild über die Wahrheit des Universums oder einen Teil des Universums zu entwerfen, fließen vorgefaßte Vorstellungen mit ein, die so tief in uns verwurzelt sind, daß wir uns ihrer kaum bewußt sind. Überlegungen solcher Art lauten beispielsweise: »Welcher Wahrheit würde ich *den Vorzug geben*?« (Jede andere Version ist mir unangenehm); »Wie *sollte* meiner Meinung nach die Wahrheit aussehen?« (Wenn

ich das Universum geschaffen hätte, hätte ich es sicherlich auf diese Weise konstruiert); »Welche Vorstellung habe ich von ihr?« (Ich stelle Vermutungen an); »Zu welchen Befürchtungen gibt sie Anlaß?« (Das will ich nicht einmal in Erwägung ziehen); »Was muß sie einfach sein?« (Alles andere wäre undenkbar) – solche Überlegungen sind bestimmt nicht objektiv. Es sind persönliche Standpunkte – genau das, was die naturwissenschaftliche Methode angeblich ausräumt, sofern es nicht durch Fakten gestützt wird. Die persönlichen Lieblingsvorstellungen herausragender Naturwissenschaftler – Powers bezeichnet sie als »die Ikonen der wissenschaftlichen Forschung« – lassen sich nur schwer und langsam ausräumen. Die Meinungen und Vorurteile der anerkannten Experten unserer Zeit üben großen Einfluß darauf aus, welche Theorien von anderen Naturwissenschaftlern ernst genommen werden, über welche sie spotten und welche Wege sie bei ihren Untersuchungen einschlagen. Besonders geringe Neigung zeigen die Naturwissenschaftler, das zuletzt zitierte Vorurteil – »es muß wahr sein, weil alles andere undenkbar wäre« – aufzugeben. Der mit dem Nobelpreis ausgezeichnete Physiker Subramanyan Chandrasekhar sagte einmal über Eddington: »Er war ein großer Mann. Er meinte, es müsse ein Naturgesetz geben, das verhindert, daß ein Stern zu einem Schwarzen Loch wird. Warum vertrat er diese Meinung? Einfach nur, weil er glaubte, daß das schlecht wäre? Wieso glaubt er entscheiden zu können, wie die Naturgesetze aussehen sollten? Ähnlich verhält es sich mit dieser häufig zitierten Bemerkung von Einstein, in der er seine Mißbilligung der Quantentheorie zum Ausdruck brachte: ›Gott würfelt nicht.‹ Wie kann er das wissen?«[29]
Chandrasekhar konnte genau beurteilen, welche Bedeutung Eddingtons Vorurteil hatte.[30] Im Januar 1935 – der Inder Chandrasekhar war damals 24 Jahre alt und studierte in Cambridge – legte er bei einem Treffen der Royal Astronomical Society eine wissenschaftliche Arbeit vor. Darin beschrieb er eine wichtige mathematische Entdeckung, die ihm geglückt war, als er der Frage nachgegangen war: Was passiert, wenn

ein Stern mit großer Masse keinen nuklearen Brennstoff mehr hat und unter der Kraft seiner eigenen Gravitation kollabiert? Chandrasekhar hatte allen Grund, zu erwarten, daß diese Präsentation der Startschuß zu seiner Karriere sein würde. Ihn hatte das Interesse ermutigt, das Sir Arthur Eddington seiner Entdeckung entgegengebracht hatte. Eddington war damals in Cambridge der führende Kopf unter den Physikern. Heute bezeichnen wir die Trennlinie, die Chandrasekhar in jenem Papier beschrieben hat – die Trennlinie zwischen der Masse der Sterne, deren Kollaps zum Stillstand kommt und die als Weiße Zwerge weiterexistieren, und der jener Sterne, die immer weiter kollabieren – als den Chandrasekharschen Grenzwert. Was Chandrasekhar entdeckt hatte, sollte ein wesentlicher Bestandteil der Theorie der Schwarzen Löcher werden, und zum Teil aufgrund dieser frühen Arbeit erhielt er 1983 den Nobelpreis.

Doch kein Mensch hätte das am 11. Januar 1935 vorhersehen können.

In seiner Präsentation an jenem Tag sagte Chandrasekhar nicht, daß ein Stern von großer Masse zu einem Schwarzen Loch werden würde. Er hätte diesen Begriff auch gar nicht verwenden können, da John Wheeler ihn erst dreißig Jahre später einführte. Chandrasekhar war vorsichtig genug, nicht zu sagen, wie der kollabierende Stern enden würde; diese verlockende Frage ließ er offen.

Eddington, der nach ihm sprach, war nicht so zurückhaltend über die Folgerungen, die sich aus Chandrasekhars Entdeckungen ergaben. »Ich nehme an«, sagte Eddington, »[der Stern] schrumpft bis auf einen Radius von einigen Kilometern zusammen, wenn die Gravitation stark genug wird, um die Strahlung zurückzuhalten, und kommt dann schließlich zur Ruhe.« Dieses Ergebnis sei für ihn undenkbar, er halte es für ein perfektes Beispiel einer *reductio ad absurdum*. »Ich denke, es muß ein Naturgesetz geben, das verhindert, daß sich ein Stern auf solch absurde Weise verhält.«[31] Eddingtons Einfluß innerhalb der Physik war so groß, daß ihm die Zuhörerschaft in seiner Ablehnung sofort beipflichtete, obwohl niemand, auch Eddington selbst nicht, die Logik und die Berechnungen von Chandrasekhar widerlegen konnte. Das, was nach Eddingtons Meinung nicht existieren konnte – und worüber er und die Mitglieder der Royal Society sich lustig machten –, nennen wir heute selbstverständlich ein Schwarzes Loch. Chandrasekhar hat nicht vergessen, wie er am Abend jenes Tages allein im Versammlungsraum in Cambridge stand und – frei nach T. S. Eliot – dachte: »So also geht die Welt zugrund, nicht mit Gewalt: mit Gewimmer.«

Heute allerdings betrachtet Chandrasekhar diesen Vorfall nicht mehr als den vernichtenden Schlag, als den er ihn damals empfand, obgleich die anhaltende Meinungsverschiedenheit zwischen ihm und Eddington dazu führte, daß er in England keine feste akademische Anstellung fand, sich schließlich anderen Forschungsgebieten zuwandte und sich erst viele Jahre später wieder mit Schwarzen Löchern beschäftigte. Trotz anfänglicher Zweifel setzte er seine Karriere fort, nicht in England, sondern in Amerika, und seiner Ansicht nach hat es ihm als Naturwissenschaftler wie als Privatperson geholfen, daß sich der Erfolg nicht schon so früh einstellte.

Doch welche Folgen hatte das für die Physik? »Angenommen, Eddington hätte geglaubt, daß es in der Natur Schwarze Löcher gibt ... Es ist sehr schwer, darüber zu spekulieren«, meint Chandrasekhar. »Eddington hätte das Ganze zu einem sehr spektakulären Forschungsbereich machen können, und viele Eigenschaften der Schwarzen Löcher wären vielleicht zwanzig oder dreißig Jahre früher entdeckt worden. Ich kann mir gut vorstellen, daß die theoretische Astronomie sehr viel anders ausgesehen hätte. Doch es ist nicht meine Sache, darüber zu urteilen, ob dieser Unterschied ... nun, ich würde sagen, der Unterschied wäre der Astronomie zuträglich gewesen.«[32]

Obgleich wir aus dieser Beschreibung der naturwissenschaftlichen Elite den Vorwurf heraushören, es handle sich um eine »Tyrannei der alten Männer«, besteht diese Elite keineswegs nur aus Leuten, die schon jenseits von Gut und Böse sind und keine bedeutsamen Leistungen mehr vollbringen können.

Auch besteht diese Elite nicht nur aus »Ikonen« wie Eddington. Es sind auch die Mitglieder der universitären Ausschüsse, der Regierungskomitees, der Förderungskomitees, der Verlags- und Unternehmensvorstände, die darüber entscheiden, welche Theorien und Hypothesen ernst zu nehmen sind, wessen Aufsätze veröffentlicht werden, wessen Theorien überprüft werden. Jemand hat einmal das Gerangel um Promotionen, Fördermittel, Laboratoriumszugang und Teleskopbenutzung folgendermaßen beschrieben: »Es drängeln sich zu viele um den Trog, und das Süppchen ist recht dünn.« Politik, Wirtschaft sowie Modeströmungen innerhalb der naturwissenschaftlichen Welt haben gravierenden Einfluß darauf, welche Theorie zu einem »spektakulären« oder überhaupt zu einem *möglichen* Forschungsfeld erklärt wird – und welche wissenschaftliche Erkenntnisse dabei gewonnen werden.

Hinzu kommt, daß in der Naturwissenschaft das Mentor-System immer noch gang und gäbe ist. Wenn Sie als Physikstudent das Grundstudium abgeschlossen haben, das Ihnen einen breiten Überblick über das Studiengebiet verschafft hat, spezialisieren Sie sich auf einzelne Forschungsgebiete und werden dabei von einem oder mehreren Experten angeleitet, deren aktuelle Arbeit Sie interessieren muß und die für Stipendien sorgen können, von denen Sie leben – und wenn Sie Glück haben, wird eine »Ikone« Ihr Mentor. Zumindest zeitweilig haben Sie das Denkmuster und die theoretischen Ansichten Ihrer Mentoren zu übernehmen, und Ihr eigenes Forschungsprogramm ist mit dem ihren verknüpft, besteht oft auch aus Zuarbeit für die Mentoren. Das heißt nicht zwangsläufig, daß es Ihrer Arbeit an Originalität mangelt und es neben der Heldenverehrung und echten Bewunderung nicht ein gewisses Maß an Unmut gegen diese Tyrannei gibt. Doch zumindest was die Promoventen- und Postgraduiertenforschung angeht, wird wahrscheinlich niemand der Betroffenen einen Aufstand wagen. Denn die Mentoren entscheiden darüber, ob Sie Ihren akademischen Titel erhalten, und ihre Verbindungen werden, so hoffen Sie, Ihnen eine gute Stelle verschaffen. Und wenn Sie schließlich

Ihrer eigenen Wege gehen, wird Ihre wissenschaftliche Ausrichtung und das, was Sie durch Ihre Arbeit als wissenschaftliche Erkenntnis erzielen – außer Sie sind wirklich ganz besonders unabhängig –, vermutlich von den Ansichten Ihrer früheren Mentoren eingefärbt sein, insbesondere wenn deren Arbeit renommiert ist.

Der Zeitgeist

Die Denkmuster unserer Kultur und unser historischer Hintergrund spielen ebenfalls eine große Rolle bei der Entscheidung darüber, welche theoretischen Überlegungen ernst genommen und welche wissenschaftlichen Erkenntnisse gewonnen werden. Teils liegt es daran, daß von außerhalb Druck auf die Naturwissenschaft ausgeübt wird, doch es ist auch dem Umstand zuzuschreiben, daß die Naturwissenschaftler selbst Teil dieser Kultur sind und wie alle anderen Menschen von deren Zeiterscheinungen, Werten und moralischen Prinzipien geprägt sind. Die naturwissenschaftliche Methode selbst ist nicht darauf ausgelegt, moralische oder Werturteile zu fällen. Im Prinzip ist eine naturwissenschaftliche Entscheidung darüber, ob etwas wahr ist, keine Entscheidung darüber, ob es auch gut ist. Es ist sogar möglich, daß uns die Wahrheit abstößt, uns Schwierigkeiten bereitet, ein akutes moralisches Dilemma verursacht oder »politisch nicht korrekt« ist. Die Wahrheit braucht nach den gegenwärtigen Maßstäben des Guten überhaupt nicht »gut« zu sein, auch wenn dieselbe Wahrheit noch ein Jahrhundert zuvor oder in einer anderen Kultur als gut erschienen wäre. Kann man da noch sagen, daß das, was in unsere gegenwärtigen Maßstäbe paßt, vermutlich eher als »Wahrheit« zum Vorschein kommt?
Maßstäbe neigen dazu, bestimmte Prioritäten zu befördern. Die Gesellschaft und gewisse Gruppen in ihr zwingen die Naturwissenschaft, sich auf die Suche nach dem zu konzentrieren, was die Gesellschaft am dringendsten wissen möchte. Wir

fördern die Erprobung der Theorien, die uns zusagen und von deren Erkenntnissen wir uns Vorteile versprechen, vernachlässigen aber die Erprobung der Theorien, deren Ergebnisse vermutlich nur von geringem Nutzen sind oder uns nicht zusagen. Diese Förderung beziehungsweise Entmutigung kommt zu einem großen Teil von außerhalb der naturwissenschaftlichen Welt, und dieser Druck ist dann besonders stark, wenn die Kosten für die Erprobung einer Theorie den Einsatz großer öffentlicher oder privater Gelder erfordern.

Wir verlangen nach Heilmitteln gegen Krebs und die Alzheimersche Krankheit, nicht aber gegen Krankheiten, von denen vor allem weniger reiche Länder (die die entsprechenden Pharmazeutika gar nicht bezahlen könnten) oder nur ein kleiner Teil der Bevölkerung betroffen sind – zumindest so lange nicht, bis sie uns selbst betreffen, wie das bei Aids heute der Fall ist. Im November 1992 konnte man in *Newsweek* lesen: »Die pharmazeutischen Unternehmen haben es weitgehend aufgegeben, nach [Arzneien gegen die Malaria] zu forschen. Aus wirtschaftlicher Sicht macht es wenig Sinn, teure Pharmazeutika für Menschen bereitzustellen, die sich nicht einmal Schuhe leisten können ... Altruismus hat in der Malaria-Forschung noch nie eine große Rolle gespielt. Dank des Chinins konnte Europa die Tropen kolonisieren. Chlorochin war das Ergebnis von Bemühungen, die US-amerikanischen Truppen im Ausland zu schützen. Da keine Weltreiche oder Armeen mehr auf dem Spiel stehen, benötigt die entwickelte Welt eine neue Begründung für den Kampf gegen die Malaria. Die zur Zeit beste heißt, daß 2,1 Milliarden Menschen – etwa 40 Prozent der Weltbevölkerung – in Gefahr sind.«[33]

Wir favorisieren jene Zweige der Wissenschaft, die das nationale Prestige und die nationale Sicherheit erhöhen: Wir wollen den Wettlauf im All gewinnen. Wir wollen eine wirksame Bewaffnung und Raketenabwehrsysteme.

Wir geben dem den Vorzug, was unseren wirtschaftlichen Absichten entspricht: Gebt uns die Erfindungen, die unsere Wettbewerbsfähigkeit stärken – innovative Güter und Dienst-

leistungen, mit denen sich unsere Industrie für die internationalen Handelskonflikte der neunziger Jahre und danach wappnen kann.
Wir schließen uns der erfolgreichen Seite an: Eine Zeitlang heißt der letzte Schrei, »die Grenzen neu setzen« – Erkundung des Weltraums und Super-Colliders, Entschlüsselung der DNS, damit wir vielleicht einmal Dinosaurier klonen können. Naturwissenschaft im Sinne von Steven Spielberg und George Lucas. Dann wieder wollen wir eine nützliche Naturwissenschaft; von welchem praktischen Wert könnte die Entdeckung eines sechsten Quarks oder eines Schwarzen Lochs sein?
Wir bringen moralische Überlegungen ins Spiel, die manche Arten von Forschung sehr schwierig machen: Keine Experimente mit Tieren, Menschen und menschlichen Föten. Keine Experimente mit Genmanipulationen und Klonen.
Der Großvater von Charles Darwin, Erasmus Darwin, meinte bei der Gründung der Derby Philosophical Society im Jahre 1783, diese Gesellschaft wolle auf »vornehme Weise Fakten erschließen«. Für unsere heutigen Ohren klingt das recht altmodisch, doch es liegt nicht so weit entfernt von unserer Suche nach »politisch korrekten Fakten«. Wir entschließen uns, Problembereiche auf der Grundlage von Werten und Prinzipien anzusehen, die uns wichtig sind, und meinen, die Forschung könne gar nicht anders, als zu zeigen, daß wir recht haben: Zeigt uns, daß »Intelligenz« weitestgehend das Produkt von Umwelt, nicht von Vererbung ist, so daß wir die Ungleichheit mit sozialen Maßnahmen korrigieren können. Bei manchen prekären Problemstellungen, wie etwa bei der Frage nach den Ursachen der sexuellen Orientierung oder dem Zusammenhang von Rasse und Intelligenz, ist es für die Naturwissenschaftler praktisch unmöglich, Forschungsgelder bewilligt zu bekommen, sobald auch nur das geringste Risiko besteht, daß sie etwas herausfinden könnten, was wir nicht wissen möchten. Es ist unwahrscheinlich, daß wir unwillkommene Antworten als gültige Erkenntnisse akzeptieren würden. Man könnte das durchaus rechtfertigen: Das Leben ist ohnehin schon unge-

recht genug, man muß daher nicht auch noch nach wissenschaftlichen Entschuldigungen für noch mehr Ungerechtigkeit suchen.

Doch das führt uns zu einer neuen Frage: Gibt es ein System von Werten und Prinzipien, das ein überzeugenderes Konzept darstellt als die wissenschaftliche Wahrheit? Es hat den Anschein, daß die meisten von uns diese Frage mit »Ja« beantworten würden. Trotz unserer enormen Wissenschaftsgläubigkeit gibt es Umstände, unter denen wir als Individuen oder als Gruppe bereit sind, die Wissenschaft nicht gelten zu lassen. Hier ein Beispiel: Einstein war, wie Sie sich erinnern, nicht bereit zu akzeptieren, daß der Quantenbereich in sich unscharf ist. Er meinte, die Unschärfe auf Quantenebene sei der nicht ausreichenden Meßgenauigkeit zuzuschreiben. Um zu beweisen, daß er und alle, die ihm zustimmten – eine Minderheit unter den Physikern –, recht hatten, schlug er ein bestimmtes Experiment vor. Erst nach Einsteins Tod war es möglich, die Hindernisse, die gegen die Durchführung dieses Experiments sprachen, aus dem Weg zu räumen; der französische Physiker Alain Aspect, der CERN-Physiker John Bell und ihre Kollegen konnten es schließlich durchführen und interpretieren. Das Ergebnis: Einstein hatte unrecht. Die Welt der Quanten *ist* in sich unscharf. In seinem Buch *Superforce* schreibt der britische Physiker Paul Davies folgendes darüber:

»Mehrere Monate, nachdem Aspect die Ergebnisse seines Experiments veröffentlicht hatte, durfte ich für das Radioprogramm der BBC eine Dokumentarsendung über die begrifflichen Paradoxien der Quantenphysik machen. Zu dieser Frage äußerten sich neben Aspect selbst auch John Bell, David Bohm, John Wheeler, John Taylor und Sir Randolph Peierls. Ich fragte jeden von ihnen, welche Schlüsse sie aus den Ergebnissen von Aspects Arbeit zogen und ob sie meinten, daß das konventionelle Verständnis von Realität nun endgültig passé sei. Die Vielfalt der Antworten war erstaunlich.

Einer oder zwei der Befragten meinten, es sei durchaus keine Überraschung gewesen. Ihr Vertrauen in die offizielle Darstellung der Quantentheorie, wie sie vor langer Zeit Bohr formuliert hatte, war so stark, daß für sie das Experiment von Aspect nur eine Bestätigung bedeuten konnte (wenngleich eine willkommene Bestätigung) für etwas, das sie niemals ernsthaft in Zweifel gezogen hatten. Andere unter den Befragten jedoch waren nicht bereit, es dabei zu belassen. Ihr Glaube an die Realität im Alltagsverständnis – die objektive Realität, nach der Einstein suchte – blieb ungebrochen. Was man aufgeben müsse, sagten sie, sei die Annahme, daß Signale sich nicht schneller als mit Lichtgeschwindigkeit bewegen können. Es müsse trotz allem eine Art geisterhafte Fernwirkung im Spiele sein.«[34] Der holländische Wissenschaftler A. van den Beukel meinte dazu: »Man reibt sich verwundert die Augen... Diejenigen, die sowieso schon fest an die eine Sache glauben, brauchen keine Bestätigung; sie sind ja davon überzeugt. Und diejenigen, die die konträre Auffassung teilen, zeigen sich unbeeindruckt von einem allem Anschein nach überwältigenden Gegenargument und sind bereit, eines der grundlegendsten Prinzipien der ganzen Naturwissenschaft über Bord zu werfen, als sei es nichts.«[35] Wir wissen natürlich nicht, wie Einstein selbst auf das Ergebnis des von ihm vorgeschlagenen Experiments reagiert hätte.

Angesichts dieses erstaunlichen Verhaltens von Menschen, die sich der Naturwissenschaft verpflichtet fühlen und höchstes Vertrauen in sie setzen, darf man sich zu Recht fragen, ob es überhaupt viele Leute – Naturwissenschaftler eingeschlossen – gibt, die nicht irgendwelchen Werten oder Prinzipien anhängen (im obigen Beispiel die »Realität im Alltagsverständnis – die objektive Realität, nach der Einstein suchte«), an denen sie zumindest im Privaten festhalten würden, selbst wenn die wissenschaftlichen Erkenntnisse noch so stark dagegen sprechen. Wenn genügend Leute einen solchen Wert vertreten – innerhalb oder außerhalb der naturwissenschaftlichen Welt –, haben wir es plötzlich mit dem Zeitgeist zu tun, der Einfluß darauf ausübt, was als naturwissenschaftliche Erkenntnis ans Licht kommt. Zumindest neigen wir dazu, jedem

Fünkchen eines wissenschaftlichen Beweises oder einer Theorie, das unsere Sichtweise unterstützt, übertriebene Aufmerksamkeit zu schenken und ihm ein unangemessenes Gewicht einzuräumen.

Wir sind alle in gewissem Maß Gefangene von Denkmustern unserer Kultur und Zeit, die wir so verinnerlicht haben, daß niemand von uns noch genau wahrnehmen kann, wie wir beeinflußt werden. Es ist leichter, die Vorurteile anderer Kulturen und Epochen zu sehen, doch wir können nicht die menschliche Geschichte unter die Lupe nehmen und dann den Schluß ziehen, unsere eigene Kultur sei aus irgendwelchen Gründen eine Ausnahme – frei von Vorurteilen, die unsere Wahrnehmung der Realität beeinflussen.

Die fundamentale Gott-losigkeit der Naturwissenschaft

Noch einmal zurück zum Thema Werte und Prinzipien: Beeinflussen religiöse Aspekte die Erkenntnisse der Naturwissenschaft?

Wir wären erstaunt, wenn wir heute unter den Naturwissenschaftlern – außer bei Anhängern des Kreationismus – jemanden finden würden, der offen der Bibel oder religiösen Lehren das Recht einräumte, darüber zu entscheiden, welche naturwissenschaftlichen Erkenntnisse wahr oder falsch sind. Wie aber steht es mit subtileren Möglichkeiten der Einflußnahme? Und was ist von der Behauptung zu halten, manche Naturwissenschaftler ließen sich von ihrer atheistischen Überzeugung vorschreiben, welche wissenschaftlichen Erkenntnisse sie akzeptieren und welchen Theorien sie den Vorzug geben?

Die Annahme, die Naturwissenschaft sei ein gottloser Hort von Atheisten, ist falsch. Viele Naturwissenschaftler glauben aufrichtig an Gott, andere wieder sind Agnostiker, aber keine Atheisten. Wenn aber jemand die Theorie aufstellen würde, daß Bittgebete die Chancen einer Heilung verbessern, und diese Theorie zur Erprobung vorschlagen würde, würde wohl kaum ein Naturwissenschaftler – sei er nun Atheist, Agnostiker, Jude, Christ, Moslem, Buddhist oder was auch immer – dies als wissenschaftlich seriös erachten. Warum nicht? Warum soll es ein grundlegendes Prinzip sein, daß stichhaltige Wissenschaft nur möglich ist, wenn Gott aus der Naturwissenschaft völlig herausgehalten wird? Um ganz genau zu sein, müssen wir noch hinzufügen, daß gläubige Juden und Christen gute Gründe haben, eine solche Theorie und deren Erprobung abzulehnen, da eines der wichtigsten Gebote ihrer beiden Religionen lautet: »Du sollst Gott, deinen Herrn, nicht versuchen.«[36] Das kann aber nicht der alleinige Grund sein, weshalb die Naturwissenschaft solchen Fragen aus dem Weg geht.

Eine der grundlegenden Annahmen der Naturwissenschaft lautet, daß uns das Wissen über das Universum zugänglich ist. Diese Annahme versucht man dadurch abzusichern, daß man sämtliche Barrieren beseitigt, die Wissensgebiete unzugänglich zu machen drohen. Dahinter steht die Hoffnung, daß alles, was heute noch unzugänglich erscheint und jenseits unseres Verständnisses liegt, irgendwann einmal ein offenes Buch für uns sein wird. Die Ergebnisse der Quantentheorie und der Chaos-Komplexitäts-Forschung legen zwar einen anderen Schluß nahe. Doch der Glaube an die Zugänglichkeit des Universums ist nach wie vor ein Grundpfeiler der Naturwissenschaft.

Wenn es einen Gott gibt, dann heißt das so gut wie sicher, daß Verstand und Vernunft des Menschen allein nicht ausreichen, um alles zu erkennen und zu verstehen. Es gibt dann ein Wissen, das wir uns niemals aneignen können, sofern Gott selbst es uns nicht offenbart. Naturwissenschaftler, die an Gott glauben, sagen, daß sie durch ihren Glauben in der naturwissenschaftlichen Arbeit gestärkt werden; doch auch die meisten dieser religiösen Wissenschaftler praktizieren die Naturwissenschaften nach der Prämisse, daß das Unbekannte bedenkenlos erforscht werden darf und kein verbotenes Gelände ist. Wollte man auf wissenschaftlich akzeptable Weise ein Ereignis untersuchen, in dem Gott seine Hand im Spiel haben könnte, so sollte man versuchen, eine Erklärung dafür zu finden, die nicht jenseits des menschlichen Verständnisses liegt, oder, wie es Weinberg formuliert, »davon ausgehen, daß es keine göttliche Einmischung gibt, und überprüfen, wie weit man mit dieser These kommt«.[37] Das alles klingt nach einem voreingenommenen Standpunkt, und das stimmt wohl auch – doch es führt nicht zwangsläufig zu voreingenommenen wissenschaftlichen Ergebnissen. Es ist durchaus nicht unvernünftig, zu meinen, falls es einen Gott gäbe, solle man lieber versuchen, seine Existenz zu falsifizieren und daran scheitern, als zu versuchen, seine Existenz zu beweisen. Denn Gott *kann* vermutlich ganz gut für sich selbst sorgen!

In der Naturwissenschaft des 20. Jahrhunderts gibt es ein gutes Beispiel für das Paradox, daß Versuche, eine Theorie zu falsifizieren, dazu beitragen können, sie zu verifizieren. Fünfzig Jahre lang tobte eine Kontroverse, zuerst um die Frage, ob sich das Universum ausdehnt, und danach (als unzweifelhaft klar war, daß es sich ausdehnt), ob diese Ausdehnung bedeutet, daß das Universum einen Anfang hatte, den Urknall. Der Gedanke, daß in der Urknall-Theorie Platz für einen Schöpfer ist, findet nicht bloß deswegen Anhänger, weil diese Theorie einen Zeitpunkt beinhaltet, an dem Schöpfung hätte stattfinden *können* (was bei einem ewigen Universum nicht der Fall ist), sondern auch, weil wir am Beginn des Universums dem Unerklärbaren begegnen. Die Gesetze der Physik, wie wir sie kennen, haben dort keine Gültigkeit mehr; es gibt ein Anfangsereignis, dessen Ursache für uns unfaßbar ist.

In seinem Buch *God and the Astronomers* schreibt der amerikanische Astronom Robert Jastrow: »In religiöser Hinsicht bin ich Agnostiker. Bestimmte seltsame Entwicklungen in der Astronomie faszinieren mich aber – teilweise wegen ihrer religiösen Implikationen und teilweise wegen der merkwürdigen Reaktionen meiner Kollegen ... Die Theologen sind im allgemeinen sehr erfreut darüber, zu hören, daß das Universum einen Anfang hatte, doch die Astronomen sind seltsamerweise darüber erbost. Ihre Reaktionen sind ein interessantes Beispiel dafür, wie das naturwissenschaftliche Denken – das angeblich ein sehr objektives Denken ist –, reagiert, wenn von der Wissenschaft selbst ans Licht gebrachte Fakten zu einem Konflikt mit den Glaubensartikeln unseres Standes führen. Es stellt sich heraus, daß die Wissenschaftler auf die gleiche Weise reagieren wie alle anderen Menschen, wenn ihre Überzeugungen in Konflikt mit der Empirie geraten. Es irritiert uns; wir tun so, als gäbe es den Konflikt nicht, oder wir übertünchen ihn mit inhaltsleeren Phrasen.«[38]

Wenn Jastrow von »Überzeugungen« spricht, meint er damit nicht nur religiösen Glauben, sondern zweifellos auch die Reaktionen vieler Leute, die – angefangen bei Einstein – auf die Vorstellung, daß sich das Universum ausdehnt, alles andere als gelassen und objektiv reagierten. »Dieser Umstand [eines sich ausdehnenden Universums] irritiert mich«, schrieb Einstein.[39] Allan Sandage hat mit seiner Forschung sehr dazu beigetragen, die Ausdehnungstheorie zu bestätigen; dennoch meinte er: »Es ist eine derart befremdliche Schlußfolgerung ... daß sie einfach nicht wahr sein kann.«[40] Als ungeachtet der persönlichen Präferenzen verschiedener Wissenschaftler bewiesen war, daß das Universum sich tatsächlich ausdehnt, legten Herman Bondi, Tom Gold und Fred Hoyle die »Steady-State-Theorie« vor – eine Erklärung für die Ausdehnung des Universums, die ohne die Annahme auskommt, das Universum habe einen Anfang gehabt. Die drei Forscher zeigten sich ausgesprochen ablehnend gegenüber jedem Ansatz, der die biblische Sicht der Schöpfung stützte; und nicht nur sie waren enttäuscht, als Beobachtungsergebnisse eher für die Urknall-Theorie als für die Steady-State-Theorie sprachen. Aus Gründen, die nicht das geringste mit wissenschaftlicher Objektivität zu tun haben, war die Urknall-Theorie eine zu bittere Pille, und manche Forscher wollen sie bis heute nicht schlucken.

Diese Geschichte des Widerstands gegen die Urknall-Theorie ist jedoch auch einer der Gründe dafür, warum sie heute so überzeugend ist. Wenn eine Theorie sich gegen Skeptizismus und Widerstand innerhalb der naturwissenschaftlichen Gemeinschaft durchsetzen muß und wenn eine andere ernstzunehmende Theorie mit ihr konkurriert, wird sie wahrscheinlich viel eher die von Popper formulierten Anforderungen erfüllen – nämlich daß möglichst viele der Vorhersagen überprüft werden sollten, die sie widerlegen könnten, und daß Beweise zu ihren Gunsten äußerst überzeugend sein müssen. Anders als im Falle der Elektroschwach-Theorie ließ sich ein Großteil der Physiker nur sehr zögernd von der Urknall-Theorie überzeugen, und zwar durch Daten, die zu finden sie nicht unbedingt erpicht waren.

In Kapitel 4 werden wir jedoch sehen, daß die Physiker die Hoffnung nicht aufgaben, die ins Schloß gefallene Tür wieder zu öffnen, auf die wir in der Urknall-Singularität gestoßen sind. Einige dieser Physiker sind zumindest erfreut, gewissermaßen als Nebenprodukt ihrer Theorien zeigen zu können, daß wir Gott dennoch nicht benötigen. Hawking legt sehr großen Wert darauf, daß seine Keine-Grenzen-Thesen zeigen, wie das Universum einfach SEIN könnte (»Wo wäre dann noch Raum für einen Schöpfer?«[41]).

In ähnlicher Tonart legt Richard Dawkins eines seiner Hauptmotive dar, warum er das zum Bestseller gewordene Buch *Der blinde Uhrmacher* geschrieben hat. Er wollte nachweisen, daß die Evolution die richtige »Erklärung der Erscheinungen [sei], von denen Paley meinte, sie bewiesen die Existenz eines göttlichen Uhrmachers«.[42] Viele Leute haben sich gefragt, warum es sowohl Hawking als auch Dawkins für nötig hielten, bei dieser Diskussion das Thema Gott überhaupt ins Spiel zu bringen. Warum hielten sie sich nicht einfach an die Naturwissenschaft?

Eine kurze Geschichte der Zeit und *Der blinde Uhrmacher* gehören zu den besten populärwissenschaftlichen Werken, die jemals geschrieben wurden, und beide Autoren scheinen vom Gedanken an Gott besessen zu sein. Ob sie wollen oder nicht, vermitteln beide den Eindruck, es sei viel erfreulicher, daß die wissenschaftliche Theorie, über die sie schreiben, unser Bedürfnis nach einem Gott zunichte macht, als daß die Theorie

einen neuen Teil des rätselhaften Universums für den Menschen verständlich macht. Das kann nicht als religiös neutraler Standpunkt bezeichnet werden. Die Naturwissenschaft ist für Hawking und Dawkins *nicht* prinzipiell gott-los.
Alles, was unsere Entscheidung beeinflußt, welche Theorie den Ton angibt, beeinflußt potentiell auch den zukünftigen Kurs der Naturwissenschaft und das Ergebnis wissenschaftlicher Erkenntnis. Natürlich betreiben wir Naturwissenschaft nicht mehr – wie es einst im Cavendish-Laboratorium in Cambridge hieß – »mit Siegellack und Kordel«. Insbesondere in der Physik zeichnet sich am Ende des 20. Jahrhunderts immer deutlicher ab, daß die Theorie nicht nur ein wenig, sondern sehr weit vor dem Experiment angesiedelt ist und dadurch die Entscheidungen beeinflußt, wer in den künftigen Jahrzehnten die Gelder für die kostspieligen modernen Äquivalente von Siegellack und Kordel zugewiesen erhält. Die Theorie gibt der Naturwissenschaft die Richtung vor, und es ist nicht allein wissenschaftliches Denken, das bestimmt, welche Theorie das Sagen hat. Diese Entscheidung ist eine komplizierte und willkürliche Angelegenheit. Vieles spielt dabei eine Rolle, von reiner Ästhetik bis zu Machthunger, Ruhmsucht und Bereicherungsabsicht.
Sollen wir jener Minderheit zustimmen, die meint, die wissenschaftliche Erkenntnis komme fast ausschließlich als Ergebnis von Kräften zustande, die nichts mit einer Auseinandersetzung mit der Realität zu tun haben? Die Kräfte zu erkennen, die hierbei im Spiel sind, muß aber nicht zwangsläufig zum Pessimismus führen. Weinberg schreibt: »Eine Gruppe von Bergsteigern mag über den besten Weg zum Gipfel streiten, und ihre Argumente mögen durch die Geschichte und die soziale Struktur der Expedition bedingt sein, doch am Ende finden sie entweder einen geeigneten Weg zum Gipfel, oder sie finden ihn nicht, und wenn sie tatsächlich den Gipfel erreichen, werden sie den Weg kennen. Daß es sich in der Wissenschaft genauso verhält, kann ich zwar nicht beweisen, doch meine gesamte Erfahrung als Wissenschaftler spricht dafür. Die Verhandlungen über Veränderungen der wissenschaftlichen Theorie wer-

den weitergehen, und Wissenschaftler werden aufgrund von Berechnungen und Experimenten immer wieder ihre Meinung ändern, bis sich schließlich die eine oder andere Auffassung unverkennbar als objektiver Erfolg herausschält. Nach meiner festen Überzeugung entdecken wir in der Physik etwas Reales, etwas, das so ist, wie es ist, unabhängig von den sozialen oder historischen Bedingungen, die uns erlauben, es zu entdecken.«[43]

Hat Weinberg recht? Wird sich die Wissenschaft als Instrument zur Erkenntnis der Realität als stark genug erweisen, um sich gegen all die Defekte und Stolpersteine, die Modeerscheinungen und falschen Fährten, die guten, aber irrigen Absichten, die Arroganz und die Anmaßungen, den Lärm der vielen Stimmen, die uns auf einen bestimmten Weg zwingen wollen, durchzusetzen? Stimmt es denn, daß die Wahrheit zu guter Letzt doch zum Vorschein kommt? »Sich zur Entdeckung durchwursteln«[44] – so hat der amerikanische Physiker Peter Trower es genannt. Das klingt mehr nach den Rittern bei Monty Python als nach den von Laserlicht umstrahlten Göttern und Heroen in Bayreuth. Vielleicht ist das Durchwursteln die dem Menschen gemäße Weise, ans Ziel zu gelangen. Menschlich ist auch, sich über die nur undeutlich wahrgenommenen Wege zu wundern, die niemals eingeschlagen werden, über die noch nicht einmal halbverstandenen »Andeutungen« und über die Standpunkte, die vielleicht völlig außerhalb der menschlichen Vorstellungskraft liegen.

Es ist an der Zeit, danach zu fragen, ob uns nicht die wissenschaftliche Methode selbst eine einseitige Sicht der Realität vermittelt.

An den Grenzen der wissenschaftlichen Wahrheit

Religion, Philosophie, Kunst, Musik, Dichtung, Literatur – mit keinem dieser Instrumente läßt sich die Welt so zuverlässig und systematisch erforschen wie mit der Naturwissenschaft.

Jemand sagte einmal, daß die anderen Methoden die Welt entweder liebkosen oder mit dem Schlachtermesser zerlegen würden, während die Naturwissenschaft wie mit einem chirurgischen Laser vorgehe. Dennoch – die Künste und die Geisteswissenschaften haben die Grenzen der menschlichen Erfahrung erweitert und uns Einsichten und Erklärungen vermittelt, denen unverkennbar Wahrheit anhaftet. Sie verkörpern etwas, wozu die Naturwissenschaft nicht in der Lage ist – und feiern es sogar –, nämlich das Unerklärliche, das Abseitige, das Nichteinordbare, das Unvorhersehbare, das Sinnlose, das Einzigartige, das Wunderbare, das Absurde und das Irrationale. Im Vergleich dazu erscheint das Studium der Naturwissenschaft mit ihrem Hang zur Vorhersagbarkeit, zur Rationalität, Eleganz und Einfachheit wie eine Flucht in eine formalisierte, künstliche Welt.

Trotzdem – wenn es so etwas wie objektive Wahrheit gibt, dann muß sie für den Künstler und Philosophen die gleiche sein wie für den Gläubigen, den Dichter und den Naturwissenschaftler. Wie ist das möglich? Einer meiner besten Lehrer, ein Mann, der in seinem abenteuerlichen Leben die verschiedensten Kulturen der Welt kennengelernt hatte, meinte als alter Mann, daß er das moderne Gerede, alle Menschen seien gleich, nicht mehr ertragen könne. »Sehen Sie denn nicht«, fragte er uns, »daß das Wunder ... die Herrlichkeit gerade darin besteht ... daß wir so *verschieden* sind!« Naturwissenschaft, Religion, Kunst, Literatur und Musik beschäftigen sich alle mit der gleichen Realität. Das Wunder – und vielleicht die Herrlichkeit – und sicherlich die Verwirrung darüber – liegen darin begründet, daß sie sie so verschieden betrachten.

Es ist leichter, die einseitige Sichtweise vergangener Generationen zu erkennen als unsere eigene. Gegenwärtig sind wir in der Lage, zu erkennen, daß der Standpunkt, der von Newtons Tagen bis weit in unser eigenes Jahrhundert die Naturwissenschaft beherrschte – nämlich die Betrachtung der Realität als Ansammlung von vorhersehbaren Systemen –, eine verzerrte und beschränkte Sichtweise war. Vorhersehbare Systeme eignen sich besser für eine naturwissenschaftliche Forschung, die zu bedeutsamen und nützlichen Ergebnissen gelangen will, und aus diesem Grund entschied sich nahezu jeder, der ein Forschungsprojekt entwarf, für ein Gebiet, das Systematisierbarkeit versprach. Im Laufe der Jahre verfestigte sich das, was zunächst nur eine Hoffnung gewesen war, zu dem Eindruck, daß alles im Universum, all die Kompliziertheit und Vielfalt, die darin herrscht, sich schließlich in vorhersehbare Systeme auflösen lassen würde. Heute zeigen die Chaos- und die Komplexitätsforschung, daß vorhersehbare Systeme die Ausnahme und nicht die Regel sind. Die Naturwissenschaft war von einem einseitigen Standpunkt ausgegangen und hatte das gefunden, was sie zu finden erhofft hatte.

Wie alle anderen Gebiete des menschlichen Wissens entwikkelt sich auch die Naturwissenschaft weiter, und es gibt keinen Grund, warum man annehmen sollte, daß sie die Scheuklappen, die sie vielleicht heute trägt, auch morgen noch tragen wird. Ungeachtet dessen stellt die naturwissenschaftliche Methode in einem breiteren und vielleicht auch dauerhafteren Sinne wohl dennoch einen beschränkten Blickwinkel dar:

Angenommen, wir entdecken intelligente Wesen auf einem anderen Planeten. Wie anders mag die »Realität« aus der Sicht *ihrer* Naturwissenschaft aussehen? Zu den Annahmen der Naturwissenschaft gehört, daß es grundlegende Gesetzmäßigkeiten gibt, die im gesamten Universum gelten. Doch diese Gesetzmäßigkeiten würden sich nicht in genau gleicher Weise auf anderen Planeten manifestieren. Wir wissen, daß zwar die gravitative Konstante auf dem Mond keine andere als auf der Erde ist, sich aber die Erfahrung der Gravitation auf dem Mond anders darstellt als auf der Erde. Gibt es außer diesen leicht erklärbaren Widersprüchen vielleicht noch andere, fundamentalere Differenzen, auf die wir in einer außerirdischen Naturwissenschaft stoßen würden?

Auf der individuellen Ebene der Wahrnehmung erfindet unser Gehirn bis zu einem gewissen Grad das Bild eines Stuhls; das basiert auf früherer Erfahrung solcher Objekte und vorangegangener Erfahrung durch »Sehen« – Annahmen über Größe, Entfernung und Perspektive, die wir in der Kindheit gemacht haben. Die Psychologen sind der Ansicht, es sei für einen Menschen nahezu unmöglich, ein Objekt zu beschreiben, das nicht auf irgendeine Weise mit etwas verknüpft werden kann, das er schon früher einmal gesehen oder erlebt hat. Wenn ein von Geburt an blinder Mensch das Augenlicht zurückerhält, weiß dieser Mensch nicht sofort, wie man sieht. Selbst wenn Wesen von einem anderen Planeten fünf Sinne ähnlich den unseren hätten: würden sie in *meinem* Stuhl auch nur Vergleichbares sehen?

Es wird vermutet, daß Denkprozesse, die sich als Reaktion auf Überlebensprobleme entwickelt haben, bestimmten, »wie wir sehen«, lange bevor es so etwas wie Naturwissenschaft gab. Wir wissen, daß sich die Naturwissenschaft zum Teil als Antwort auf Probleme entwickelt, nach deren Lösung die Gesellschaft verlangt. Das gleiche müßte für die Entwicklung der Wahrnehmung und der naturwissenschaftlichen Erkenntnis auf einem anderen Planeten gelten. Würde sich herausstellen, daß die dortigen Methoden der Entdeckung und des Nachdenkens über das Universum die gleichen sind wie bei uns? Wäre unsere Logik für außerirdische Gehirne denn überhaupt logisch? Gibt es tatsächlich nur eine einzige mögliche Methode, von der individuellen Sicht eines Stuhls bis zu einem Bild des Stuhls an sich zu gelangen? Falls nicht, haben wir Menschen dann die beste Methode gefunden? Und was können wir mit unserer Methode alles nicht entdecken?

Erste Schritte über die im Kopf geschaffenen Bilder hinaus

Auf der allerelementarsten Ebene führt uns die naturwissenschaftliche Methode über unsere persönlichen, einzigartigen Ausgangspunkte hinaus und erlaubt uns, durch das Aufzeigen von Beziehungen unsere individuellen, privaten Ansichten der

Realität zu erweitern. In Kapitel 2 haben wir gesehen, daß zwei Menschen sehr wohl darin übereinstimmen können, einen bestimmten Stuhl als braun zu bezeichnen, was aber längst nicht bedeutet, daß sie dieselbe Farbe wahrnehmen. Braun ist nur ein Codewort, und vielleicht habe ich gelernt, es für einen anderen visuellen Eindruck zu verwenden als Sie. Wir wissen nicht, wie wir herausfinden können, ob das zutrifft, noch wissen wir, wer von uns beiden (wenn überhaupt einer) die Farbe des Stuhls an sich sieht.

Nehmen wir jedoch an, ich sage, der Stuhl ist braun und das Bücherregal ist ebenfalls braun, und Sie stimmen dem zu. Nun haben wir zwar nicht festgestellt, welche Farbe der Stuhl letztlich hat, aber wir haben eine Beziehung herausgefunden, in diesem Fall ein Beispiel für Gleichheit. Die meisten von uns würden sagen, daß ein wenig Objektivität ins Spiel gekommen ist. Es ist paradox, daß wir gleichzeitig auf gewisse Weise die Frage auszublenden beginnen, welche letzte objektive Realität die Farbe des Stuhls nun hat. Doch warum sich über das nicht Feststellbare den Kopf zerbrechen? Wir haben uns entschieden, *daß* es etwas gibt, auf das wir uns einigen können. Es ist nicht länger eine individuelle Entscheidung; es waren zwei Menschen dafür nötig. Wir können vorhersagen, daß eine dritte Person ebenfalls Stuhl und Bücherregal als gleichfarbig und wahrscheinlich als »braun« bezeichnen wird. Wenn dies tatsächlich geschieht, um so besser. Die Naturwissenschaft weigert sich, Beweise anzuerkennen, die keine Möglichkeit der Bestätigung haben, und deshalb wird die Erstellung naturwissenschaftlicher Fakten immer eher eine soziale als eine individuelle Leistung sein. Doch wir kennen immer noch nicht die Stuhlfarbe an sich, und es ist auch völlig ungewiß, ob wir sie auf diesem Wege jemals herausfinden werden.

Solche Übereinkommen werden auch weit jenseits von Stühlen und Bücherregalen getroffen, und auch auf diesen anderen Ebenen haben wir gelernt, nicht das Absolute zu erwarten. Zum Beispiel kann uns keine der gegenwärtigen naturwissenschaftlichen Theorien sagen, warum die Lichtgeschwindigkeit und die Stärke der grundlegenden Naturkräfte das sind, was sie sind. Wir haben die Lichtgeschwindigkeit und die Stärke der Kräfte beobachtet. Und weil wir dieses Wissen *nur* durch Beobachtung gewinnen können, meinen wir vielleicht, daß bei der Entdeckung dieser Werte keinerlei Übereinkunft im Spiel sei, sondern daß es sich um grundlegende Erkenntnisse über die unabhängige Realität handele. Darüber hinaus beschreiben wir sie in Zahlen, nicht in Worten. Eine Zahl ist ein präziseres Etikett. »Zwei« ist »zwei« für mich und für Sie, und zwar auf eine exaktere Weise, als es die Bezeichnung »braun« jemals sein kann.

Doch was sagt uns eine Zahl? Eine Zahl spiegelt das Verhältnis zu anderen Zahlen wider, und auf diese Weise können wir die beobachtete Stärke der einen Kraft zu der beobachteten Stärke der anderen Kräfte in Beziehung setzen. Die Wissenschaftler würden sich nichts lieber wünschen, als erklären zu können, warum diese Werte und Beziehungen genau diejenigen sind, die sich auf unser Universum anwenden lassen – oder sogar zeigen zu können, warum diejenigen Werte und Beziehungen, die wir beobachten, wahrscheinlicher sind als andere. Es gibt fortlaufend Versuche, einige der Naturkonstanten mittels Symmetriesystemen zu verstehen. Auch hierbei konzentrieren wir uns auf das, womit wir umzugehen in der Lage sind – Beziehungen. Absolute Werte, die absolute Position in Raum und Zeit – in der grundlegendsten Bedeutung des Wortes absolut – die Naturwissenschaft hat diese Begriffe so gut wie aufgegeben. Vielleicht gibt es für Gott absolute Werte und Positionen. Doch wir können nicht einmal genau angeben, was das heißen würde.

Wie weit bringt uns das Verfahren, Beziehungen zu entdecken? Bis zur letzten Wahrheit über *Beziehungen im Universum*? Vielleicht. Bis zum letzten objektiven Wissen über das Universum und darüber hinaus? Das hängt davon ab, ob die Beziehungen die letzte Realität sind. Wir hoffen, daß eine Vollständige einheitliche Theorie schließlich alles zu einem glücklichen Ende führen wird – die grundlegenden Gesetzmäßigkeiten und Elementarteilchen, die Anfangsbedingungen und die Naturkonstanten. Doch würde selbst dann eine vollständige Selbst-konsistenz, ein perfektes System von Beziehungen, etwas Absolutes repräsentieren, etwas, das über die »Selbst-Referenz« hinausgeht – über eine Beschreibung, die zwar in sich selbst perfekt ist, aber eben doch keine Beschreibung des Wesenskerns, des Absoluten, der Stuhl-an-sich-Realität darstellen könnte.

Es gibt Fragen, die wir wohl niemals mit der naturwissenschaftlichen Methode – zumindest der uns bekannten – werden beantworten können, ganz gleich, wie erfolgreich wir auch ihre Möglichkeiten ausschöpfen. In mehr als einer Hinsicht wäre eine Vollständige einheitliche Theorie nicht notwendigerweise eine Theorie von *allem*.

Sonst noch etwas?

Zunächst einmal müssen wir uns bewußt machen, daß eine Vollständige einheitliche Theorie uns nicht in die Lage versetzen würde, alles zu wissen oder ganz genau vorherzusagen, was im physikalischen Universum geschieht. Die Grenzen der Vorhersagbarkeit sind erreicht, wenn wir uns der Beobachtung auf Quantenebene zuwenden. Unsere Fähigkeit, Berechnungen von ausreichender Komplexität durchzuführen, ist beschränkt; das gleiche gilt für die Erschließung der unendlichen Fülle von Einzelheiten auf jeder beliebigen Ebene, die wir für unsere Berechnungen benötigen würden, um irgend etwas Spezifisches vorhersagen zu können. Wir sind begrenzt durch unser mangelndes Verständnis der Beziehungen zwischen den verschiedenen Ebenen der Komplexität: Wird im Molekularbereich alles determiniert durch das, was auf atomarer Ebene vor sich geht?... und so weiter. Wir werden begrenzt durch zufällige Sprünge in der Evolution, die jede präzise Vorhersage, welche Wesen entstehen werden, zunichte machen.

Dies alles schränkt den Wert einer Vollständigen einheitlichen Theorie hinsichtlich spezifischer Voraussagen sehr stark ein. Dennoch würde eine solche Theorie vielleicht alles *erklären*, indem sie eine einfache Formel erstellt, die unsere sämtlichen Beobachtungen zusammenfaßt und deren Grundlage bildet – ohne die Einzelheiten strikt festzulegen oder uns Vorhersagen zu ermöglichen. Nehmen wir einmal an, daß wir eines fernen Tages in der Zukunft zu einer vollständigen physikalischen Erklärung der Welt gelangen. Wäre das dann alles, was man über das Universum wissen könnte? Enthält die letzte Wahrheit noch etwas, was über diese letzte physikalische und mathematische Erklärung hinausgeht?

Wir brauchen uns von dieser Frage nicht ins Bockshorn jagen zu lassen. Teil dieses »noch etwas« könnte der menschliche Geist und die Persönlichkeit des Menschen sein. Können wir mit einer physikalischen Formel unser Bewußtsein, unseren Geist, unsere Persönlichkeit, unsere Intuition und Gefühle gänzlich erklären? Das ist hinsichtlich der Fragen, die wir in diesem Buch aufwerfen, ein Problem von äußerst großer Bedeutung, und deshalb werden wir noch häufiger darauf zurückkommen. Falls wir superkomplizierte Maschinen sind – die Summe unserer physikalischen Teile und ihrer mechanischen Funktionen, die sich wiederum durch den Prozeß der Evolution gebildet haben –, dann wäre die Naturwissenschaft wohl letztlich in der Lage, uns alles zu sagen, was es über uns zu wissen gibt. Selbst wenn kein Computer jemals den menschlichen Geist simulieren kann, könnte die Naturwissenschaft vielleicht eine andere vollständige physikalische Erklärung finden. Doch gegenwärtig haben wir vom naturwissenschaftlichen Standpunkt aus keinen Grund, die Möglichkeit auszuschließen, daß unser Bewußtsein, unser Geist und unsere Persönlichkeit mehr beinhalten, als eine solche Theorie erfassen könnte. Gibt es eine Seele? Und falls es eine gibt: beginnt und endet ihre Existenz mit unserer materiellen Existenz? Trotz einiger imposanter Fortschritte auf dem Gebiet der künstlichen Intelligenz und des zunehmenden Verständnisses für die Funktionsweise unseres Gehirns würde heute bestimmt niemand behaupten wollen, er könne vorhersagen – auch wenn er davon überzeugt sein mag –, daß es der Wissenschaft schließlich gelingen wird, das Phänomen des Bewußtseins, des Geistes und der Persönlichkeit in ein materialistisches Bild zu übertragen. Wenn die Naturwissenschaft das nicht kann, dann gibt es Wahrheit jenseits der naturwissenschaftlichen Erklärungsmöglichkeiten. Ein weiterer Teil des »noch etwas« könnte das sein, was wir das Übernatürliche nennen. Vielleicht sind das nur Phantasieprodukte, psychologische Phänomene, die von der Wissenschaft weniger erklärt, als wegerklärt werden sollten. Oder vielleicht sind es wirkliche Ereignisse, die wir zur Zeit nur noch nicht erklären können, weil es uns an einem umfassenden Verständnis des vollen Potentials der physikalischen Welt mangelt. In beiden Fällen könnte das Übernatürliche schließlich doch noch in den Bereich der naturwissenschaftlichen Erklärung fallen. Wenn die übernatürliche Welt jedoch wirklich existiert und sie ihrer Natur nach jenseits der Überprüfungsmöglichkeit durch die naturwissenschaftliche Methode liegt, dann gibt es Wahrheit jenseits der naturwissenschaftlichen Erklärungsmöglichkeiten. Es mag tatsächlich mehr Dinge zwischen Himmel und Erde geben, als sich unsere Naturwissenschaft (wenn nicht sogar unsere Philosophie) träumen läßt.

Ein weiterer Teil dieses »noch etwas« könnte die »Bedeutung« dessen sein, was wir durch Erfahrung erschließen. Es gibt Bedeutung im Sinne der Signifikanz, die wir einem physikalischen Ereignis zuschreiben, und es gibt Bedeutung im Sinne einer letzten Signifikanz, die nicht davon abhängt, ob wir sie erkennen oder nicht. Wenn die menschliche Psyche gänzlich als physikalischer Prozeß erklärbar ist – was, wie wir oben sagten, möglich sein könnte –, dann könnte auch jede Bedeutung, die wir bestimmten Ereignissen zuschreiben, auf ähnliche Weise durch die Naturwissenschaft erklärt werden. Daß zum Beispiel die Geburt meines Kindes für mich eine Bedeutung besitzt, die über das physikalische Ereignis hinausgeht, könnte lediglich eine Frage meiner Psychologie und meiner Körperchemie sein. Leiden, Schönheit, das Böse – das alles kann vielleicht auf die Physik, die Chemie und die Art und Weise zurückgeführt werden, wie sich unser Fühlen, Denken und Reagieren im Laufe der Evolution entwickelt hat. Vielleicht gibt es in all diesen Bereichen keine Bedeutung, die jenseits der wissenschaftlichen Erklärungsmöglichkeit liegt. Doch es gibt keinen *wissenschaftlichen* Grund, warum wir die Möglichkeit ausschließen sollten, daß eine Geburt eine ultimative Bedeutung hat. Ist das Leben heilig? Wenn ja, warum? Weil das Kind ein Geschenk Gottes ist? Die mögliche Heiligkeit des Lebens ist eine »Bedeutung«, die sich durch die naturwissenschaftliche Methode nicht erforschen läßt. Gibt es das Böse oder das Schöne in einem letzten Sinn, der vom Menschen weder gedeutet noch zurückgeführt werden kann auf unsere im Laufe der Evolution entstandene Vorliebe gegenüber bestimmten Dingen? Hat ein Ereignis Bedeutung in dem Sinn, den Christen meinen, wenn sie sagen, daß durch die Kreuzigung Christi die Möglichkeit universeller Erlösung eröffnet wurde? Wenn Bedeutung mehr ist als eine vom Menschen getroffene Bewertung, Interpretation und Symbolisierung, dann gibt es Wahrheit jenseits der naturwissenschaftlichen Erklärungsmöglichkeiten.

Ein weiterer Teil des »noch etwas« heißt vielleicht Gott oder ist eine andere Antwort auf das »Warum« des Universums. Wenn der Geist Gottes nur ein Euphemismus für die Summe aller physikalischen Gesetze ist, dann liegt Gott nicht außerhalb des Zugriffs durch die Naturwissenschaft. Doch Hawking schreibt: »Auch wenn nur eine einheitliche Theorie möglich ist, so wäre sie doch nur ein System von Regeln und Gleichungen. Wer bläst den Gleichungen den Odem ein und erschafft ihnen ein Universum, das sie beschreiben können? Die übliche Methode, mit der die Wissenschaft sich ein mathematisches Modell konstruiert, kann die Frage, warum es ein Universum geben muß, welches das Modell beschreibt, nicht beantworten.«[45] Manche seiner Kollegen würden ihm wohl widersprechen, doch wenn Hawking recht hat, dann gibt es Wahrheit jenseits der naturwissenschaftlichen Erklärung.

Doch schießen wir nicht ein wenig über das Ziel hinaus? Es gibt eine philosophische Richtung, die behauptet, daß etwas nicht wirklich sein kann, wenn es naturwissenschaftlich nicht zu erfassen ist. Das mag extrem klingen, doch es wird in gewisser Weise gestützt von der Vermutung, daß unsere beschränkte Meßkapazität auf Quantenebene in Wirklichkeit auf Beschränkungen dessen zurückgeht, was dort stattfinden kann. Auf den ersten Blick mag es lächerlich erscheinen, diese Vermutung auf andere Gebiete der Naturwissenschaft und der menschlichen Erfahrung zu übertragen, doch geschieht das sowohl in der Naturwissenschaft als auch in der Religion immer wieder.

Doch hat denn die Wissenschaft tatsächlich das Problem des Übernatürlichen nur mit einem knappen »tut mir leid, kann ich nicht untersuchen« abgehakt? Hat sie nicht auf positivere Art bewiesen, daß die übernatürliche Welt nur eine Täuschung unseres Gehirns ist, nur ein psychologisches Phänomen, bestenfalls eine Ansammlung ungewöhnlicher, aber durchaus natürlicher Begebenheiten? Hat die Naturwissenschaft nicht gezeigt, daß das, was wir Gott nennen, nichts anderes ist als die Gesetzmäßigkeiten der Natur oder Wunschdenken? Hat die Naturwissenschaft nicht gezeigt, daß Bedeutung nur eine Frage der Interpretation ist – und vom Blick des jeweiligen Betrachters abhängt? Und gibt es nicht schon stichhaltige Beweise dafür, daß der menschliche Geist und die menschliche Persönlichkeit nichts anderes sind als das Produkt komplizierter physikalischer Mechanismen?

Nein. Die Naturwissenschaft war bisher in keinem dieser vier Gebiete in der Lage, eine vollständige physikalische Erklärung anzubieten; wir wissen weder, ob sie dies jemals wird leisten können, noch ob es nicht sogar physikalische Erklärungen gibt, die wir prinzipiell nicht erkennen *können*. Doch selbst wenn uns die Naturwissenschaft eine umfassende physikalische Erklärung vorlegen sollte, könnten wir nicht behaupten, die EINZIGE Erklärung gefunden zu haben. Wir könnten nicht einmal sagen, daß wir die einzige vollständige *physikalische* Erklärung gefunden haben. Genaugenommen könnten wir nicht einmal behaupten, die einfachste oder die beste physikalische Erklärung gefunden zu haben. Die Naturwissenschaft kann gegenwärtig lediglich zeigen, daß dies nicht der Fall ist – indem sie eine einfachere oder bessere Erklärung findet. Zu behaupten, es sei »bewiesen« worden, daß etwas »nur so« oder »nur so« sein könne, ist keine wissenschaftliche Aussage. Die Naturwissenschaft kann nicht beweisen, daß es keine alternativen oder besseren Erklärungen gibt; aber sie *kann* sehr wohl zeigen, daß manche der alternativen Erklärungen ungenügend sind und im Widerspruch zu den empirischen Befunden stehen. Das heißt, es ist nicht schlechthin alles möglich.

Andererseits: Versuchen wir uns nicht so stark abzusichern, daß es schon lächerlich wirkt? Klammern wir uns nicht an Strohhalme und machen die Dinge komplizierter als nötig, nur um uns die Möglichkeit offenzuhalten, daß es Gott, die Bedeutung, das Übernatürliche und die menschliche Seele doch gibt? Wenn wir etwas zufriedenstellend erklärt haben, *könnten* wir vielleicht noch nach einer anderen Erklärung Ausschau halten, aber warum *sollten* wir?

Wenn überhaupt Hoffnung besteht, daß wir die Welt wahrnehmen können, ohne durch einen Standpunkt eingeschränkt zu sein, muß die Realisierung dieser Hoffnung sicherlich mit einer Lektion beginnen, die wir aus der Alltagserfahrung oder aus fast jeder guten Detektivgeschichte ziehen können: Eine einfache Erklärung, die alle Fakten berücksichtigt, ist nicht zwingend auch die richtige Erklärung. Das schwarze Ding auf dem Baum muß nicht immer eine Krähe sein. Der laute Knall, der eines Tages in meiner Nachbarschaft zu hören war, war weder eine Fehlzündung noch ein Knallfrosch, noch hatte einer meiner Nachbarn seine Frau erschossen. Der Knall kam vielmehr von einer selbstgebastelten Minikanone, mit der jemand Golfbälle auf einen Baum schoß. Das wirkliche Leben wird insbesondere dort – aber nicht nur dort –, wo menschliches Verhalten ins Spiel kommt, durch die einfachste Erklärung nicht immer am besten wiedergegeben.

Wir glauben, hinter der Unordnung stünden unkomplizierte, elegante Gesetze. Doch sogar in der Naturwissenschaft scheint es stets mehr lose Enden zu geben, als den meisten von uns lieb ist, und das ist genau das, was der Romandetektiv Sir Henry Merrivale[46] als »die verdammte Widerspenstigkeit der Dinge im allgemeinen« bezeichnete: Sie eignen sich scheinbar für eine einfache, sinnvolle Erklärung, während sie in Wirklichkeit auf verabscheuenswürdig komplizierte und unlogische Weise zustande gekommen sind. Der Versuch, zu verallgemeinern und Erklärungen zu finden, die unserem Bedürfnis nach Übersichtlichkeit und Einfachheit und der Logik von Ursache und Wirkung entsprechen, führt nicht immer zur Wahrheit. Wir können nicht sicher sein, daß die letzte Wahrheit tatsächlich einfach sein wird. Und natürlich gibt es auch noch die andere Möglichkeit, daß unsere einfachste wissenschaftliche Erklärung noch nicht einfach genug ist – daß Bernstein recht hatte mit seiner Ansicht, Gott sei das Einfachste überhaupt.

Haben wir jetzt die Behauptung widerlegt, alles sei durch die Naturwissenschaft mit physikalischen Begriffen erklärbar? Bestimmt haben wir nichts dergleichen getan. Wir haben gezeigt, daß die Naturwissenschaft nicht beweisen kann, daß eine bestimmte physikalische Erklärung DIE vollständige Erklärung ist. Andererseits haben wir aber nicht gezeigt, daß es noch eine weitere Erklärung *gibt* oder daß noch etwas anderes zu erklären wäre.

Gottes Hinterlist

Die alte, vor Darwin praktizierte »Naturtheologie« suchte in der Schöpfung nach Beweisen für die Existenz Gottes. Da nun die Naturwissenschaft andere Erklärungen für den Ursprung vieler Dinge gefunden hat, die früher nur als Werk Gottes zu erklären gewesen waren, scheint die Basis für den Glauben an die Naturtheologie sehr schmal geworden zu sein. Wir können nicht mehr behaupten, die Natur weise unweigerlich über sich selbst hinaus. Die philosophischen Fragen jedoch, die von der Naturwissenschaft aufgeworfen wurden, weisen *tatsächlich* unweigerlich über die Naturwissenschaft hinaus. Nicht ohne

Grund heißt es bei Hawking: »Es ist schwierig, über den Beginn des Universums zu diskutieren, ohne den Gottesbegriff hinzuzuziehen.«[47] Und Fred Hoyle schrieb: »Ich habe es immer kurios gefunden, daß die meisten Naturwissenschaftler zwar behaupten, sie hätten mit der Religion nichts im Sinn, diese aber ihr Denken mehr beherrscht als das eines Geistlichen.«[48] Und vielleicht sollte man die Warnung von C. S. Lewis, daß »ein junger Mensch, der Atheist bleiben möchte, seine Lektüre äußerst sorgfältig wählen sollte«[49], dahingehend ergänzen, daß zu den Büchern, die unbedingt zu vermeiden sind, auch die naturwissenschaftlichen Werke gehören.

Wenn Naturwissenschaftler eine neue Entdeckung hinsichtlich der Funktionsweise des Universums machen, lautet ihre erste Reaktion gewöhnlich so: »Wie raffiniert! Ich selbst wäre nie auf die Idee gekommen, es so zu machen!« Der nächste Gedanke, der ihnen durch den Kopf geht, lautet: »Wem ist es dann aber eingefallen?« Ist es Weisheit oder Naivität oder soziale Konditionierung, die diesen Gedanken hervorruft? Ist es ein gottgegebener Instinkt, der uns fragen läßt »Wer?«, wenn es uns blitzartig aufgeht, daß hier ein Geist wie unser eigener, diesem jedoch weit überlegener, am Werk war? Oder ist unser Denken so hoffnungslos anthropomorph, daß es uns schwerfällt, eine kluge Struktur als erste Ursache zuzulassen anstatt eines klugen Wesens?

Unser spontanes »Wer hat sich das ausgedacht?« ist nicht die einzige Frage, die über die Naturwissenschaft hinausweist.

Die Moralität der Naturwissenschaft: Ist die Wahrheit gut?

Den meisten Naturwissenschaftlern ist wie vielen anderen Menschen nicht ganz wohl bei dem Gedanken, daß dem Prinzip nach wissenschaftliche Erkenntnisse an sich keine moralischen Inhalte haben und daß Wahrheit nicht das »Gute« impliziert. Es gibt einen »moralischen Pfeil« in der Naturwissenschaft. Auch abgesehen von der Frage, wie Erkenntnisse in die Praxis umgesetzt werden und ob wir sie gutheißen, gibt es zunächst einmal das Gefühl, daß es gut ist, Wissenschaft zu betreiben – jedenfalls mehr der Mühe wert als vieles andere, was der Mensch anstellen kann. Wir halten die Suche nach der Wahrheit über das Universum für eine hohe Aufgabe. Des weiteren gibt es das Gefühl, daß das Wahre an sich besser ist als das Falsche und Wissen besser als Unwissenheit, daß die objektive Wahrheit schön und geordnet sein wird, nicht aber häßlich und konfus. Ob nun ein Gott bei der Schöpfung seine Hand im Spiel hatte und »sah, daß es gut war« oder nicht, wir gehen davon aus, daß objektive Wahrheit Klarheit und ein gutes Gefühl verschafft. Es gibt nur wenige Menschen, die glauben, daß die letzte Wahrheit schrecklich sein, Verwirrung stiften und in den Irrsinn führen könnte. Vielmehr scheinen wir nur dem Pfeil folgen zu müssen, der in Richtung auf die letzte Wahrheit weist, um von dieser abgewirtschafteten Welt – in der die Menschen das Rohmaterial der Realität so unklug verwenden – befreit in heiligere Gefilde erhoben zu werden und dem letzten »Guten«, dem Geist Gottes oder dem perfekten menschlichen Wissen näher zu kommen.

Kleiner Pfeil, wer – oder was – hat dich geschaffen? Der moralische Pfeil in der Naturwissenschaft, der den Weg hin zur Wahrheit zeigt und weg von der Unwahrheit, hin zum Wissen und weg der Unwissenheit, hin zum Schönen und weg von der Häßlichkeit, und der diesen Richtungen einen Wert beimißt – dieser »Pfeil« ist nicht leicht zu erklären, auch wenn das schon viele Leute versucht haben. Er scheint aus dem Instinkt zu kommen. Vielleicht ist er ein Resultat der Evolution. Verschafft einem diese Art zu denken vielleicht einen Überlebensvorsprung? Ist »gut« nur das, was für die Spezies »gut« war? Haben sich unsere Gehirne so überentwickelt, daß sie der Zusammenfassung von Information in vereinfachten Mustern einen ästhetischen und sogar moralischen Wert beimessen? Vielleicht stammt dieser Pfeil aus unserer eigenen kulturellen Prägung oder ist eine von uns selbst erfundene »Bedeutung«, weil es uns gefällt, auf diese Weise zu denken. Gehört er womöglich zu den unbegründeten Gesetzen des Universums – ähnlich wie nach Hardy »317 eine Primzahl ist«? Ist dieser Pfeil vielleicht nichts anderes als eine Rechtfertigung für die Naturwissenschaft, die sie zu mehr macht als einer bloßen Möglichkeit, seinen Lebensunterhalt zu verdienen? Ist er denn überhaupt ein Maßstab für irgend etwas?

Manche meinen, die beste Antwort auf die Frage, warum es diesen Pfeil gibt, wer oder was diesen Kompaß geschaffen hat, sei, daß es einen Gott gebe, dessen Natur die »Wahrheit« und das »Gute« und das »Schöne« definiert. C. S. Lewis bezog dieses Argument nicht allein auf die Naturwissenschaft, sondern generell auf die Frage, warum es überhaupt im Universum eine gut-schlecht-Ausrichtung gibt.

Die Natur erfüllt uns mit Freude und flößt uns Ehrfurcht ein. Sie bewegt uns tief und auf eine Art und Weise, die schwer auszudrücken oder zu würdigen ist. Und sie führt uns zu Fragen, die die Naturwissenschaft wohl nie beantworten kann. Doch weist das alles auf einen Gott hin? Vor Darwin hatten viele Menschen keine philosophischen Bedenken, wenn sie zur Musik von Haydn eine Hymne sangen, in der es heißt, daß die Sterne und Planeten – obwohl ohne Stimme im gewöhnlichen Sinne – »zu Ohren der Vernunft« unmißverständlich erklären: »die Hand, die uns schuf, ist göttlich«[50]. Welche Art von Vernunft aber wäre das, die uns auch heute diese Stimme vernehmen ließe?

4
Die Freiheit Gottes
und die Gesetze der Schöpfung

»*Man könnte die Evolution der Welt mit einem soeben zu Ende gegangenen Feuerwerk vergleichen: ein paar rote Schwaden, Asche und Rauch. Wir stehen auf einem Stück ausgekühlter Schlacke und sehen das langsame Verglühen der Sonnen, und wir versuchen, uns den entschwundenen Glanz am Ursprung der Welten ins Gedächtnis zu rufen.*«
G. Lemaître

Heute, am Ende des 20. Jahrhunderts, haben wir ein Bild vom Universum, das sich kraß von demjenigen unserer Vorfahren zu Beginn des Jahrhunderts unterscheidet. Heute zählt es zum Allgemeinwissen, daß jene Sterne, die wir mit bloßem Auge erkennen können, lediglich Sterne unserer eigenen Galaxis, der Milchstraße, sind und daß die Milchstraße nur eine von Milliarden Galaxien ist. Ebenfalls zum Allgemeinwissen gehört, daß das Universum nicht ewig ist, sondern vor zehn bis zwanzig Milliarden Jahren einen Anfang hatte, und daß es sich ausdehnt. Heute halten wir dies alles für so selbstverständlich, daß man kaum glauben möchte, welche Fortschritte wir in den vergangenen neunzig Jahren bei der Suche nach dem Ursprung des Universums gemacht haben.
Trotz unseres tieferen Verständnisses ist uns das Universum in vielerlei Hinsicht noch rätselhafter geworden, als es für frühere Generationen war. Es ist kein vertrauter und gemütlicher Ort. Es erstreckt sich in unvorstellbare Entfernungen und enthält Systeme, die von unglaublichen Kräften angetrieben werden.

Die Erde erscheint uns heute winzig und unbedeutend, wie ein Stäubchen, wie ein auskühlendes Stück Schlacke. Vorausgesetzt, daß wir Menschen für Gott von Interesse sind, könnte man meinen, er wolle das Credo von Horton, dem Elefanten von Dr. Seuss, ins absurde Extrem treiben: »Ein Mensch ist ein Mensch, ganz gleich, wie klein er sein mag.«[1]
Der erste Teil dieses Kapitels beschäftigt sich noch einmal kurz mit der Kette theoretischer und empirischer Entdeckungen, die im Laufe der Jahre zu dem Schluß geführt haben, daß das Universum mit einem Urknall begonnen hat. Wir werden auch auf die philosophischen und religiösen Kontroversen eingehen, die diese erstaunlichen und manchmal unwillkommenen Entwicklungen begleitet haben. Den Lesern, denen diese Geschichte bereits vertraut ist, empfehle ich, etwa bis zur Mitte des Kapitels weiterzublättern, wo es um die zeitgenössischen Auseinandersetzungen geht.

Die unbequeme Vorstellung von einem Anfang

Ende des Ersten Weltkriegs gab es zwar noch keinen konkreten Hinweis darauf, daß das Bild, das man sich seit der Jahrhundertwende vom Universum gemacht hatte, falsch war, doch gingen bereits Vermutungen in diese Richtung. Seit dem 18. Jahrhundert hatte es Spekulationen über verschwommene helle Schwaden gegeben, die man als Nebel bezeichnete. Höchstwahrscheinlich handelte es sich dabei bloß um Gaswolken in unserer Galaxis, aber einige Leute hegten durchaus wildere Vorstellungen: Möglicherweise könnten das neu entstandene Sternensysteme sein, oder Risse im Universum, durch die Materie und Energie aus einem anderen Universum oder einer anderen Dimension hereinströmten, oder weit entfernte, unabhängige Formationen von Sternen und Gasen ähnlich der Milchstraße. Vielleicht war die Milchstraße nur eines von vielen »Insel-Universen«.
Zu Beginn des 20. Jahrhunderts richtete sich die Aufmerksam-

keit allmählich auf jene Nebel, die eine Spiralstruktur aufwiesen, weil viele Astronomen glaubten, dies seien Protosterne – Wolken von kollabierendem Gas kurz vor der Geburt eines neuen Sterns. Zwischen 1912 und 1914 entdeckte Vesto Slipher am Lowell-Observatorium in Flagstaff, Arizona, daß die meisten Spiralnebel, die er beobachtete, eine Rotverschiebung zeigten; das heißt, eine Verschiebung im Farbenspektrum des Lichts vom blauen hin zum roten Ende des Spektrums. Slipher interpretierte diese Verschiebung des von den Nebeln ausgehenden Lichts dahingehend, daß die Entfernung zwischen ihnen und uns zunahm, ähnlich wie wir aus der abnehmenden Tonhöhe eines Motors oder einer Hupe schließen, daß ein Fahrzeug sich von uns wegbewegt – der bekannte Doppler-Effekt. In beiden Fällen wird die Verschiebung von der Dehnung der Wellen verursacht, die von einer Quelle ausgesendet werden, deren Entfernung zu uns zunimmt. Im Falle der Hupe werden Schallwellen gedehnt: Unser Ohr nimmt die Länge einer Schallwelle als Tonhöhe wahr; längere Schallwellen »hören« wir als tiefere Töne. Im Falle der Spiralnebel werden Lichtwellen gedehnt: Unsere Augen nehmen die unterschiedlichen Wellenlängen des Lichts als unterschiedliche Farben wahr, und größere Wellenlängen bedeuten eine Verschiebung zum roten Ende des Spektrums hin. Die Art der Rotverschiebung, die Slipher entdeckte, ist jedoch für das bloße Auge nicht als Rötung des Lichts erkennbar. Slipher kam zu seiner Schlußfolgerung aufgrund von Berechnungen, die auf Vergleichen der Lichtspektren der Nebel mit dem Spektrum von Objekten basierten, deren Entfernung zu uns sich nicht verändert.
Sliphers Entdeckung war revolutionär. 1914 stellte er sie der American Astronomical Society vor. John Miller, einer von Sliphers Professoren, beschrieb dieses Ereignis folgendermaßen: »Es geschah etwas, was ich bis dahin noch nie bei einem wissenschaftlichen Treffen erlebt hatte. Alle erhoben sich von ihren Plätzen und applaudierten.«[2] Das Bild des Universums, das noch um die Jahrhundertwende Bestand gehabt hatte, begann allmählich zu zerbröckeln.

Slipher hatte eine Entdeckung von enormer Wichtigkeit gemacht, doch ihre Bedeutung war nicht sofort klar. Nach Sliphers Ansicht war unsere eigene Bewegung im All die Ursache für die wachsende Entfernung zwischen uns und den Spiralnebeln. Da es im Universum keine absoluten Positionen gibt, scheint die Frage, wer sich nun von wem entfernt, nicht besonders sinnvoll; doch in Sliphers Interpretation waren noch nicht die dramatischeren Implikationen seiner Entdeckung berücksichtigt. Diese wurden erst nach vielen weiteren Beobachtungen deutlich.

Ein Problem bei der Frage, welche Bedeutung die Rotverschiebung hatte, bestand darin, daß noch niemand sagen konnte, wie weit die Spiralnebel entfernt sind. Die Schwierigkeit bei der Messung von Entfernungen im All ist mit der Schwierigkeit vergleichbar, vor der wir stehen, wenn wir in der Nacht die Entfernung zwischen uns und einer Lichtquelle schätzen wollen: Ist das Licht nur ein paar Meter entfernt und sehr schwach, oder ist es kilometerweit weg und sehr stark? Zur Zeit von Sliphers Entdeckung war die Entfernung der Nebel zwar noch unbekannt, doch die Astronomen standen kurz vor einer Antwort. Seit den neunziger Jahren des 19. Jahrhunderts hatte man immer raffiniertere Methoden zur Messung solcher Entfernungen entwickelt.

Doch zu welchen Ergebnissen waren inzwischen die Theoretiker gekommen? Einstein legte 1915 seine Allgemeine Relativitätstheorie vor. In den darauffolgenden zwei Jahren erkannten er und der holländische Astronom Willem de Sitter, daß aus den Lösungen der Einsteinschen Gleichungen der Schluß zu ziehen sei, das Universum dehne sich aus. Wie die meisten seiner Zeitgenossen hielt Einstein das Universum für statisch, das heißt unveränderlich in seiner Größe. Als klar wurde, welche Folgerungen seine Gleichungen nach sich zogen, wurde Einstein ärgerlich. In einem Brief an de Sitter schrieb er: »Eine solche Möglichkeit einzuräumen, scheint sinnlos.«[3] Er beschloß, seine Theorie umzuändern, um die Vorhersage eines sich ausdehnenden Universums auszuschließen, indem er eine neue Naturkonstante einführte – eine »kosmologische Konstante«, ein mathematischer Begriff für eine Kraft der Abstoßung oder »Anti-Gravitation«. Später sollte Einstein diesen kosmologischen Begriff – diese Konzession an seine eigene vorgefaßte Meinung und die seiner Zeitgenossen – »als größten Schnitzer meines Lebens« bezeichnen.

Der russische Mathematiker Alexander Friedmann war der erste, der sich entschieden gegen die vorherrschende Meinung seiner Zeit stellte und darauf bestand, die Einsteinsche Theorie beim Wort zu nehmen. Er ging davon aus, daß der »kosmologische Terminus«, sofern man ihn überhaupt berücksichtigen mußte, nicht notwendigerweise etwas anderes war als Null. Friedmann fand heraus, daß es nicht nur eine einzige Lösung für die kosmologischen Gleichungen der Allgemeinen Relativität gibt, sondern eine ganze Reihe von Lösungen, und daß jede einzelne davon eine andere Art von Universum beschreibt.

Der belgische Astrophysiker und Theologe Abbé Georges-Henri Lemaître – ein Zitat von ihm steht am Anfang dieses Kapitels – fand für die Einsteinschen Gleichungen Lösungen, die denen von Friedmann ähnelten. Im Unterschied zu Friedmann wollte Lemaître jedoch herausfinden, was ihm diese Gleichungen und ihre Lösungen über den Ursprung des Universums sagen könnten. Lemaître entwickelte als erster die Vorstellung von so etwas wie einem Urknall, obgleich er es nicht so nannte. Weil Lemaître nicht nur Astrophysiker, sondern auch Priester war, wurde diese Idee von anderen Wissenschaftlern mit einigem Spott quittiert. Nach Lemaîtres Vorstellung war zu einem bestimmten Zeitpunkt das gesamte gegenwärtige Universum in einem Raum zusammengepreßt gewesen, der nur etwa dreißigmal so groß war wie unsere Sonne – einem »Uratom«. Er meinte: »Die Hypothese vom Uratom . . . interpretiert das gegenwärtige Universum als Ergebnis des radioaktiven Zerfalls eines Atoms.«[4] Als Lemaître in den fünfziger Jahren diesen Satz niederschrieb, dachte er bereits darüber nach, ob dieses Uratom vielleicht als einzelnes Quant gedacht werden könnte.

Während Friedmanns theoretische Arbeiten außer bei Mathematikern weitgehend unbekannt blieben – er starb, vergessen, im Alter von 37 Jahren – errang Lemaître die Aufmerksamkeit der Astronomen; dies hatte er hauptsächlich Eddington (bei dem er in Cambridge studiert hatte) und einem weiteren Schüler Eddingtons, George McVittie, zu verdanken.

In Arizona wiederum hatte Vesto Slipher eigene Instrumente zur Erforschung der Spiralnebel entwickelt. Er entdeckte, daß bei den meisten Objekten, die er beobachten konnte, eine Rotverschiebung auftrat. Anfang 1921 berichtete er von einer gewaltigen Rotverschiebung (zumindest erschien sie zu jener Zeit als gewaltig) bei einem Nebel mit der Bezeichnung NGC584. Nach Sliphers Berechnungen vergrößerte sich die Entfernung zu diesem Nebel mit einer Geschwindigkeit von annähernd 2000 Kilometern pro Sekunde. 1922 sandte Slipher die Ergebnisse seiner Messungen von 40 Spiralnebeln – von denen 36 sich entfernten – an Eddington nach Cambridge.

Als Slipher 1914 seine Entdeckungen über die Rotverschiebung zum erstenmal öffentlich bekanntgab, befand sich unter der Zuhörerschaft ein junger Mann namens Edwin Hubble. In den folgenden Jahren erkannte Hubble allmählich die Verbindung zwischen Sliphers Beobachtungen und den Lösungen, die de Sitter (und Lemaître und Friedmann – deren Arbeiten Hubble damals jedoch noch nicht gekannt haben dürfte) aus den Einsteinschen Gleichungen gewonnen hatte. Hubble beschäftigte sich jetzt ebenfalls mit den Spiralnebeln. Im Jahre 1923 entdeckte er, daß ein schwacher Lichtfleck im Großen Andromedanebel keine Nova war, wie er zuvor angenommen hatte, sondern ein Cepheid – ein Stern, dessen Helligkeit sich regelmäßig verändert. Diese Erkenntnis ermöglichte es ihm schließlich, die Frage zu lösen, ob die Spiralnebel innerhalb unserer Galaxis liegen oder weiter entfernt sind, das heißt unabhängige »Insel-Universen«. Die Astronomen hatten herausgefunden, wie man die Entfernung zu einem Cepheiden aus dem Rhythmus seiner Helligkeitsveränderungen berechnen kann. Hubbles Berechnungen ergaben, daß der Andromedane-

bel viel weiter entfernt liegt als jeder andere Stern der Milchstraße. Er ist tatsächlich eine andere Galaxis.
In der Folgezeit wies Hubble nach, daß es außer unserer eigenen noch viele weitere Galaxien gibt. 1929 schließlich stellte er eine der revolutionärsten Behauptungen in der Geschichte der Naturwissenschaft auf, eine Behauptung, die für immer unsere Vorstellungen über das Universum, seine Geschichte und über uns selbst verändern sollte. Er und sein Mitarbeiter Milton Humason (eine bizarre Persönlichkeit, er hatte seine Karriere am Mount-Wilson-Observatorium nicht als Wissenschaftler, sondern als Maultiertreiber begonnen) behaupteten nämlich, daß sich außer den Galaxien, die uns am nächsten sind, jede Galaxis im Universum zunehmend von uns entfernt. Darüber hinaus würden sich sämtliche Galaxien im Universum, außer den nah beieinanderliegenden, ebenfalls voneinander entfernen.
Je länger die Beobachtungen fortgeführt wurden, um so mehr Galaxien und Rotverschiebungen wurden verzeichnet. Anfang der fünfziger Jahre war die Beziehung zwischen dem, was die Astronomen mit ihren Teleskopen entdeckten, und den theoretischen Voraussagen von Einstein, Friedmann und Lemaître klar. Die Rotverschiebungen werden um so größer, je weiter entfernt eine Galaxis von uns ist, was heißt, daß die Galaxis sich um so schneller von uns entfernt, je weiter sie entfernt ist. Wie Friedmann vorausgesagt hatte, würden wir – unabhängig von unserer eigenen Position im Universum – in jeder beliebigen Galaxis feststellen, daß die anderen Galaxien immer weiter zurückweichen, und zwar bei doppelter Entfernung mit doppelter Geschwindigkeit. Man kann sich diesen Vorgang mit Hilfe eines Rosinenkuchens verdeutlichen, den man in den Backofen schiebt. Angenommen, wir sitzen auf einer x-beliebigen Rosine, während der Teig aufgeht und den Abstand zwischen den einzelnen Rosinen größer werden läßt: Wir würden sehen, daß sämtliche anderen Rosinen sich von uns entfernen – bei doppeltem Abstand mit doppelter Geschwindigkeit. Das Beispiel mit dem Rosinenkuchen veranschaulicht auch, daß man sich

die Ausdehnung des Universums – wie Friedmann zuerst vorschlug – nicht so vorstellen darf, daß im All die Galaxien gleichsam voreinander fliehen, sondern daß der Raum zwischen ihnen anschwillt.

Wenn sich nun das Universum ausdehnt wie ein Rosinenkuchen, sollten wir – dieser voreilige Schluß ließe sich leicht ziehen –, die entsprechende Technologie einmal vorausgesetzt, eigentlich zur Oberfläche des Kuchens gelangen und die Grenzen des Universums finden können. Was wäre jenseits dieser Grenzen? Diese Frage ist leider völlig bedeutungslos. Eddington schlug vor, sich einen Ballon vorzustellen, der auf seiner Oberfläche mit Flecken bemalt ist. Stellen Sie sich nun eine Ameise vor, die auf der Oberfläche des Ballons herumkrabbelt. Damit diese Analogie einen Sinn hat, muß man hinzufügen, daß für die Ameise nichts anderes existiert als die Oberfläche des Ballons. Sie kann weder über diese Oberfläche hinausblicken noch wahrnehmen, daß der Ballon ein »Innenleben« hat. Diese Dimensionen existieren für die Ameise nicht. Wenn nun der Ballon weiter aufgeblasen wird und sich dadurch ausdehnt, wird die Ameise feststellen, daß sämtliche Flecken auf der Oberfläche des Ballons sich von ihr entfernen. Unabhängig davon, wo sie sich gerade befindet, jeder Fleck wird sich von ihr wegbewegen. Die Ameise wird nirgendwo eine Grenze oder ein Ende finden. Das gleiche gilt wohl für unser Universum, auch wenn es hier mehr Dimensionen gibt als im Ballon-Universum der Ameise.

Eine andere Frage, die sich uns vielleicht aufdrängt, wäre, wo im Universum die Ausdehnung begonnen hat. Wo liegt der Punkt, vor dem alles zurückweicht? Man kann sich die Ausdehnung des Universums zum Beispiel als eine Explosion nach außen vorstellen. Auch wenn es im Universum keine absoluten Richtungen gibt, könnten Wesen, die auf einem Trümmerteil einer Explosion leben, die Frage stellen, wo genau im Verhältnis zu ihrem jetzigen Aufenthaltsort die Explosion stattfand, und eine Antwort erwarten. Durch Eddingtons Ballon-Analogie begreifen wir, warum es keinen solchen Ursprungspunkt des Universums gibt. Auf der Oberfläche des Ballons gibt es keinen solchen Punkt – oder, wenn Ihnen das lieber ist: jeder Punkt könnte mit gleichem Recht behaupten, der Ursprungspunkt zu sein. Vergessen Sie dabei nicht, daß das Innere des Ballons eine Dimension ist, die nicht existiert. In der modernen Kosmologie wird Friedmanns Vorstellung übernommen: Das Universum sieht (im großen Maßstab) nach allen Richtungen gleich aus; und zwar unabhängig von unserem eigenen Standpunkt im All. Es gibt keine Grenze, von der aus wir in der einen Richtung Galaxien sehen würden und in der anderen Richtung gar nichts. Es gibt auch kein Zentrum, auf das wir deuten könnten und sagen: »Dort hat es begonnen.«

Wir können jedoch fragen, *wann* das Universum begonnen hat.

Ganz gleich, von welchem Punkt im Universum wir in welche Richtung blicken, wir blicken immer in die Vergangenheit. Selbst in einem so kleinen Raum wie dem Zimmer, in dem ich diese Sätze schreibe, ist alles Schnee von gestern. Dabei spielt die Verzögerung, mit der das Bild der gegenüberliegenden Wand mein Auge erreicht, jedoch keine große Rolle, weil Licht – und damit jedes Bild, das mir ins Auge fällt – sich mit sehr hoher Geschwindigkeit fortbewegt.

Wenn es jedoch um kosmische Entfernungen geht, spielt die Verzögerung sehr wohl eine Rolle. Das Licht, das uns von einigen weit entfernten Quasaren erreicht, wurde vor vielleicht zehn Milliarden Jahren von dort ausgesendet.[5] Sind die Quasare heute immer noch dort? In weiteren zehn Milliarden Jahren werden unsere Nachfahren auf der Erde (falls es dann die Erde und Menschen auf ihr noch geben sollte) vielleicht herausfinden, ob diese Quasare, oder die Galaxien, in die sie sich vielleicht verwandelt haben, in den neunziger Jahren des 20. Jahrhunderts (Erdzeit) noch dort waren. Von unserem eigenen Aussichtspunkt können wir nur feststellen, daß sie vor zehn Milliarden Jahren existiert haben. Da die Vergangenheit in allen Richtungen liegt, muß irgendwo da draußen – in noch weiterer Entfernung als die Quasare – die Antwort auf die

Frage zu finden sein, ob das Universum einen Anfang hatte, und wenn ja, wann dieser war.

Zum Glück gibt es noch andere Möglichkeiten zur Beantwortung dieser Fragen als die Beobachtung des Sekundenbruchteils, in dem das Universum entstand – eine Beobachtung, die mit unserer heutigen Technologie nicht möglich ist – und vermutlich mit keiner, die wir je erfinden könnten. Wenn sich das Universum ausdehnt, darf man logischerweise annehmen, daß es zu einem früheren Zeitpunkt, wie Lemaître behauptet hat, viel dichter gewesen sein muß als heute. Und korrekterweise könnte man auch annehmen, daß es einen Zeitpunkt gegeben haben muß, zu dem alles, was wir je im Universum beobachten könnten, sich an exakt demselben Ort befunden haben muß und daß dies der Anfang gewesen sein muß.

Muß es so gewesen sein?

Im Jahre 1948 legten Hermann Bondi, Thomas Gold und Fred Hoyle eine Theorie vor, die zwar die Ausdehnung des Universums bestätigte, aber die Notwendigkeit, daß das Universum einen Anfang gehabt haben muß, abstritt. Nach ihrer »Steady State«-Theorie hat das Universum nicht immer schon sämtliche Materie in sich gehabt, die es heute enthält. Mit der Ausdehnung des Universums entsteht kontinuierlich neue Materie, die die Lücken füllt, und so bleibt die Durchschnittsdichte der Materie im Universum stets gleich groß. Galaxien wie die unsere durchlaufen Lebenszyklen und gehen unter – wenn die Sterne in ihnen ausgebrannt sind und die Galaxien sterben –, doch gleichzeitig bilden sich aus neuer Materie neue Galaxien.

Ein Steady-State-Universum hätte keinen Anfang und kein Ende. Diese Rückkehr zur Möglichkeit eines immerwährenden Universums wurde von vielen Leuten begrüßt – einschließlich der Theoretiker, die es erfunden hatten –, weil man auf diese Weise jeden Hinweis auf eine »Schöpfung« ausschließen konnte, die einem Universum, das einen Anfang hat, inhärent ist. Der naturwissenschaftliche und (in geringerem Maße) der philosophische Streit zwischen den Anhängern der Steady-

State-Theorie und denjenigen der Urknall-Theorie dauerte über ein Jahrzehnt lang.

Von unserer Sicht aus ist es wohl nicht leicht zu verstehen, warum die Frage, ob es einen Anfang gab, überhaupt ein so wichtiges philosophisches Problem darstellen kann. Heute akzeptieren fast alle Naturwissenschaftler – sowohl Atheisten und Agnostiker als auch gläubige Christen – die eine oder andere Spielart der Urknall-Theorie. Daß es einen Urknall gegeben hat, beweist noch nicht definitiv, daß es auch einen Gott gibt. Wie wir bald sehen werden, beweist ein Urknall noch nicht einmal, daß es einen Anfang gegeben hat. Warum also waren Bondi, Gold, Hoyle und manche ihrer Kollegen so beunruhigt? Wir müssen versuchen, das aus dem Blickwinkel derjenigen zu sehen, die diese Frage Ende der vierziger und in den fünfziger Jahren diskutierten.

In gewissem Maße verlor das Lager der »Gottgegner« gegenüber den »Gottesbefürwortern« um so mehr an Boden, je deutlicher wurde, daß die Urknall-Theorie höchstwahrscheinlich richtig war; doch das ist nicht die ganze Geschichte. In Kapitel 3 haben wir gesehen, daß der Astronom und Agnostiker Robert Jastrow in seinem Buch *God and the Astronomers* seine Wissenschaftler-Kollegen wegen ihrer Reaktion auf die Urknall-Theorie tadelte – die Antwort des »naturwissenschaftliche[n] Denken[s] – das angeblich ein sehr objektives Denken ist –, wenn von der Wissenschaft selbst ans Licht gebrachte Fakten zu einem Konflikt mit den Glaubensartikeln unseres Standes führt«. Jastrow beschrieb die Situation folgendermaßen:

»Das ist eine außerordentlich seltsame Entwicklung, die keiner außer den Theologen erwartet hatte. Sie hatten immer an das Bibelwort geglaubt: Am Anfang schuf Gott Himmel und Erde. Der heilige Augustinus fügte hinzu: ›Wer kann dieses Mysterium verstehen oder es anderen erklären?‹ Die Entwicklung kam unerwartet, weil es der Naturwissenschaft bis dahin auf so überaus erfolgreiche Weise gelungen war, die Kette von Ursache und Wirkung zeitlich zurückzuverfolgen . . .

Nun würden wir gerne noch weiter in der Zeit zurückgehen, doch die Barrieren gegen ein weiteres Fortschreiten scheinen unüberwindlich. Es dreht sich dabei nicht um ein weiteres Jahr Forschung, um ein weiteres Jahrzehnt Arbeit, um eine neue Meßmethode oder um eine andere Theorie; heute sieht es so aus, als werde die Naturwissenschaft niemals in der Lage sein, das Rätsel der Schöpfung zu lösen. Für den Naturwissenschaftler, der bislang fest an die Macht der Vernunft geglaubt hatte, endet die Geschichte wie ein böser Traum. Er hat die Berge der Unwissenheit erklommen, er steht davor, den höchsten Gipfel zu erobern, und in dem Moment, da er über den letzten Felsen klettert, wird er von einer Schar Theologen begrüßt, die bereits seit Jahrhunderten dort oben sitzen.«[6]

Doch – Jastrow weist selbst darauf hin – war die Kontroverse weit komplizierter; es handelte sich nicht nur um einen simplen Wettstreit zwischen Naturwissenschaft und Religion, bei dem die Religion offenbar einen großen Sieg davongetragen hatte. Denn es ist nicht Gott, dem Jastrows Naturwissenschaftler begegnen, als sie über den letzten Felsen geklettert sind. Sie stoßen vielmehr auf eine Schar Leute, unter ihnen vermutlich auch der heilige Augustinus, die vor einer verschlossenen Tür am Beginn der Zeit stehen, die wir bei unserer Suche nach dem allumfassenden Wissen nicht öffnen dürfen.

Die Ironie von Jastrows Geschichte liegt nicht darin, daß die Theologen alles schon seit langer Zeit erklärt hätten, die Naturwissenschaftler aber nicht. Die Ironie besteht vielmehr darin, daß die Theologen schon seit vielen Jahrhunderten gesagt haben: Wir beschäftigen uns mit einem Rätsel, das die Menschen *niemals* werden lösen können, und nun kommen die Wissenschaftler nach angestrengter Suche zu ihrem Verdruß zu dem gleichen Schluß. Nun müssen sich die Naturwissenschaftler zu den Theologen setzen. Nicht Gott wurde entdeckt, sondern eher die Grenzen, die dem intellektuellen Streben des Menschen gesetzt sind, und das ist der Punkt, wo es den Wissenschaftlern weh tut. Die Theologen haben gelernt, mit diesen Beschränkungen recht gut zu leben und der Situation sogar Positives abzugewinnen. Der Vorteil, den sie angeblich haben – und wenn es stimmt, ist es ein sehr großer Vorteil –, besteht darin, daß für sie die Grenze des intellektuellen Strebens nicht notwendigerweise das Ende der Suche nach vollständigem Wissen ist.

Eine Zeitlang konnte sich die Steady-State-Theorie, die den Glauben an ein ewiges Universum erlaubte, behaupten und der Urknall-Theorie starke Konkurrenz machen. Beide Theorien schienen gleichwertige Erklärungen für die Beobachtungsergebnisse liefern zu können. In den sechziger Jahren jedoch wurden neue Entdeckungen gemacht, die die Steady-State-Theorie im Unterschied zu ihrer Konkurrentin nicht erklären konnte.

Doch wieder zurück in die vierziger Jahre: George Gamow (ein in Rußland geborener Physiker, der 1933 in den Westen emigriert war) und die beiden Amerikaner Ralph Alpher und Robert Herman hatten begonnen, Theorien über die Frühzeit des Universums aufzustellen. Zu diesem Zweck rechneten sie die Gleichungen von Friedmann bis zu dem Ereignis zurück, mit dem das Universum seinen Anfang nahm. Die drei sagten voraus, daß es noch übriggebliebene Strahlung – Photonen (Botenteilchen der elektromagnetischen Kraft) – geben müsse, die etwa im Jahr 1000 nach Beginn des Universums entstanden sei. Zu dieser Zeit muß das Universum noch sehr heiß gewesen sein, doch die Vorhersage lautete, daß sich die Temperatur jener Photonen bis heute auf ungefähr fünf Grad oberhalb des absoluten Nullpunktes abgekühlt haben müsse. Eine solche Strahlung wäre jedoch nur sehr schwer zu beobachten, und die Voraussage wurde nicht überprüft. Der Nachweis für diese Strahlung wurde schließlich 1965 durch Zufall erbracht. Die Geschichte dieser Entdeckung erinnert an die Diskussion über das Zusammenspiel von Theorie und direkter Beobachtung, die wir in Kapitel 3 geführt haben. Es ist ein Beispiel dafür, wie die Theorie zwar nicht den Weg vorzeichnet, aber die nötige Brille bereitstellt, um Daten lesen zu können, die ansonsten nur verwirrend wären.

Mitte der sechziger Jahre wurde in den Bell-Laboratorien in New Jersey eine Trichterantenne für die Bodenstation der Fernmeldesatelliten Echo I und Telstar konstruiert. Die Menge an Hintergrundgeräuschen, die diese Antenne einfing, schränkte ihre Verwendbarkeit für den Empfang von Signalen aus dem All stark ein. Die Wissenschaftler, die mit dieser Antenne arbeiteten, mußten sie immer wieder neu justieren und sich mit der Untersuchung der Signale zufriedengeben, die stärker als das Hintergrundrauschen waren. Es war ein Ärgernis, das man nicht weiter beachtete; doch zwei junge Wissenschaftler, Arno Penzias und Robert Wilson, nahmen das Rauschen ernster. Ihnen fiel auf, daß es sich nicht veränderte, ganz gleich, in welche Richtung sie die Antenne drehten. Wäre das Rauschen durch die Erdatmosphäre verursacht worden, hätte das nicht der Fall sein können, denn eine Antenne, die horizontal ausgerichtet ist, wird stärker von der Erdatmosphäre beeinflußt als eine Antenne, die senkrecht nach oben weist. Demnach mußte das Rauschen entweder von außerhalb der Erdatmosphäre oder von der Antenne selbst stammen. Wilson und Penzias dachten zuerst, daß die Störungen vielleicht durch Tauben verursacht würden, die in der Antenne nisteten. Die Vögel wurden vertrieben und die Antenne gesäubert, doch auch das änderte nichts an dem Geräusch.

Wilson und Penzias wußten nichts davon, daß zur gleichen Zeit Robert Dicke in Princeton gerade an der Konstruktion einer Antenne tüftelte, mit der er nach jener Hintergrundstrahlung suchen wollte, die Gamow, Alpher und Herman in den vierziger Jahren vorausgesagt hatten. Als ein weiterer Radioastronom, Bernard Burke, von dem Problem mit der Antenne hörte, das Penzias und Wilson beschäftigte, brachte er die beiden Forscherteams zusammen. Penzias und Wilson waren durch Zufall auf jene Strahlung gestoßen, die Dicke aus theoretischen Gründen zu finden gehofft hatte.

Experimente mit Ballons, die Paul Richards und andere Wissenschaftler 1973 in Berkeley, Kalifornien, durchführten, ergaben, daß das Spektrum der Hintergrundstrahlung mit der

Vorhersage der Urknall-Theorie übereinstimmte. Die kosmische Hintergrundstrahlung (wie man sie heute bezeichnet) wurde durch zahlreiche weitere Experimente bestätigt; sie ist der unmittelbarste Beweis dafür, daß das Universum einmal sehr viel heißer und dichter gewesen ist als heute. Die Strahlung, die uns heute erreicht, hat eine Temperatur von ungefähr drei Grad über dem absoluten Nullpunkt, und nicht – wie Alpher und Herman errechnet hatten – von fünf Grad. Heute wissen wir auch, daß für die Beobachtung der kosmischen Hintergrundstrahlung keine außergewöhnlichen Apparaturen nötig sind. Der »Schnee« auf dem Bildschirm, der erscheint, wenn das Fernsehprogramm zu Ende ist, wird zum Teil von dieser Strahlung verursacht – von diesen Photonen, die ein Überbleibsel aus uralter Zeit sind.

Die Entdeckung der kosmischen Hintergrundstrahlung und ihres Spektrums war eine wichtige Bestätigung für die Urknall-Theorie; doch es war keineswegs die einzige. Die Urknall-Theorie sagt voraus, daß etwa 25 Prozent der Masse sämtlicher Elemente, die das Universum bilden, aus Helium 4 bestehen muß. Mitte der siebziger Jahre gelang es, durch Messungen der Elemente in externen Galaxien (die durch Untersuchung ihrer Spektren möglich sind) und auch in unserer eigenen Galaxis hierfür den Nachweis zu erbringen. Das gleiche gilt für die Fülle anderer Elemente, wie zum Beispiel Deuterium, Helium 3 und Lithium, die beim Urknall entstanden sein müssen.

Außerdem fand die Theorie Unterstützung, weil sie eine Lösung für das Rätsel anbot, daß wir Quasare nur in solch großen Entfernungen von uns entdecken. Die meisten Astrophysiker verbinden Quasare mit Galaxienbildung. Wenn Galaxien regelmäßig zugrunde gingen und von neuen Galaxien ersetzt würden, die aus neuer Materie bestehen, wie die Steady-State-Theorie behauptet, dann müßten wir logischerweise Quasare gleichmäßig im ganzen Universum verteilt finden. Doch im Gegenteil, in unserer Nähe gibt es keine Quasare. Sie sind alle weit entfernt und kraft dieser Tatsache sehr alt. Warum es sich so verhält, ist nur dann verständlich, wenn sich die Galaxienbildung (im wesentlichen) nur einmal, in einer weit zurückliegenden Periode des Universums, vollzogen hat und kein kontinuierlich wiederkehrender Prozeß ist. Wenn wir in die Entfernung blicken, wo sich die Quasare befinden, sehen wir das Universum in der Ära der Galaxienbildung. Diese Information hat eine lange Zeit gebraucht, bis sie uns erreicht hat. Auch wenn die Nachricht von dort draußen veraltet ist, wir können immerhin daraus schließen, daß wir in einem Universum leben, das sich im Laufe der Zeit entwickelt, einem Universum, das dem der Urknall-Theorie entspricht, nicht aber der Steady-State-Theorie.

Während Beobachtungsdaten den Urknall bestätigten, erbrachten die Theoretiker weitere Nachweise und befestigten einen zusätzlichen Sperriegel an der ins Schloß gefallenen Tür am Beginn der Zeit. Wenn die Allgemeine Relativitätstheorie korrekt ist – so war klar geworden –, ist es in hohem Maße wahrscheinlich, daß sich das Universum entweder ausdehnt oder zusammenzieht. Vor dem Hintergrund der Allgemeinen Relativitätstheorie ist nämlich ein statisches Universum etwa so stabil wie ein Bleistift, der auf der Spitze steht. Dennoch erhob sich die Frage: Wenn sich das Universum ausdehnt und kein Steady-State-Universum ist, bedeutet das dann notwendigerweise, daß sich alles, was in ihm ist, zu einem früheren Zeitpunkt an *genau* demselben Ort befunden hat?

Im Jahre 1963 schlugen die russischen Wissenschaftler Jewgenii Lifschitz und Isaak Chalatnikow eine weitere denkbare Geschichte für das sich ausdehnende Universum vor: Man lasse die Zeit rückwärts laufen und stelle sich ein Szenarium vor, in dem sich ein Universum wie unseres zusammenzieht, wobei sich seine sämtlichen Galaxien, offensichtlich auf Kollisionskurs, immer mehr einander nähern. Betrachtet man nun die Galaxien und Sterne genauer, entdeckt man, daß sie neben der Bewegung, die sie direkt aufeinander zusteuern läßt, noch eine andere zusätzliche Bewegung vollführen. Während sich die Galaxien einander nähern, konnte diese zusätzliche Bewegung dafür sorgen, daß sie nicht gegeneinander stoßen, sondern aneinander vorbeifliegen – und das Universum dehnt sich erneut aus, ohne den Zustand unendlicher Dichte erreicht zu haben.

Es war diese Möglichkeit, die Hawking und Roger Penrose Ende der sechziger Jahre interessierte, etwa zur gleichen Zeit, als Wilson und Penzias über die kosmische Hintergrundstrahlung rätselten. Die Allgemeine Relativitätstheorie sagt die Existenz von Singularitäten voraus – von Punkten unendlicher Dichte und unendlicher Raumzeitkrümmung –, doch noch zu Beginn der sechziger Jahre hatten nur wenige Physiker diese Vorhersage ernst genommen. Manche meinten, daß ein Stern von ausreichend großer Masse, der einen gravitativen Kollaps erleidet, eine Singularität im Zentrum eines Schwarzen Lochs bilden könnte. Doch niemand hatte bisher behauptet, daß dies der Fall sein MUSS.

Studenten von John Wheeler behaupten zwar, er habe den Terminus »Schwarzes Loch« schon früher benutzt, doch im allgemeinen wird 1967 als das Jahr genannt, in dem Wheeler diesen Begriff prägte. Die Erforschung von Schwarzen Löchern begann jedoch schon viel früher, wie wir in der Geschichte über Chandrasekhar in Kapitel 3 gesehen haben. Im Jahre 1965 gelang es Penrose, der sich auf vorangegangene Arbeiten von Wheeler, Chandrasekhar und anderen stützte, nachzuweisen, daß – vorausgesetzt das Universum unterliegt der allgemeinen Relativität und einer Reihe anderer Zwänge – ein sehr massereicher Stern, der keinen nuklearen Brennstoff mehr hat und unter der Kraft seiner eigenen Gravitation kollabiert, zwangsläufig zu einem Punkt von unendlicher Dichte und unendlicher Raumzeitkrümmung zusammengepreßt wird – zu einer Singularität. Das geschieht sogar dann, wenn der Kollaps nicht vollkommen reibungslos und symmetrisch vonstatten geht. Daran gibt es keinen Zweifel. Es muß so sein.

Von diesem Punkt ging Hawking aus. In seiner Doktorarbeit, die er 1965 in Cambridge einreichte, drehte er die Richtung der Zeit um und wandte die Theorie der Schwarzen Löcher auf das ganze Universum an. Wenn wir die Ausdehnung des Universums im Rückwärtslauf beobachten könnten, so seine Vermu-

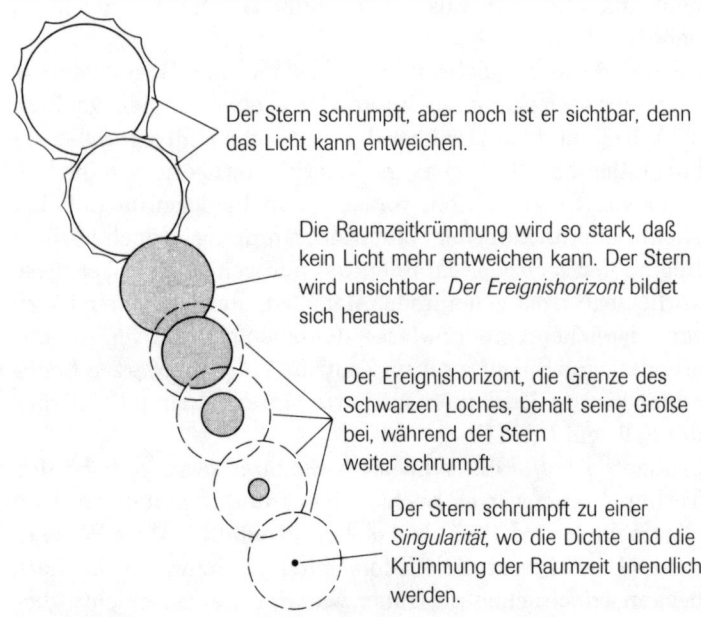

Ein Stern kollabiert und wird ein Schwarzes Loch

tung, könnten wir ein Phänomen wahrnehmen, das den von Penrose beschriebenen Schwarzen Löchern ähnlich wäre. Sobald nämlich der Kollaps (die Ausdehnung des Universums im Rückwärtsgang) weit genug fortgeschritten wäre, würde die zusätzliche Bewegung der Galaxien keinen Unterschied mehr für die Geschichte des Universums machen. 1970 konnten Hawking und Penrose zeigen, daß – so Hawking – »sofern die Allgemeine Relativitätstheorie richtig ist, jedes vernünftige Modell des Universums mit einer Singularität beginnen muß«.[7] Das hieße, daß alles, was wir jemals im Universum beobachten könnten, in einem Punkt von unendlicher Dichte zusammengepreßt gewesen wäre, nicht aber in einer Sphäre, wie Lemaître es sich vorgestellt hatte. In der Singularität wäre auch die Raumzeitkrümmung unendlich. Die Entfernung zwischen sämtlichen Objekten im Universum (sie in diesem Zustand als Objekte zu bezeichnen ist eigentlich inkorrekt) wäre gleich Null.

Der gordische Knoten der Singularität

Die ins Schloß gefallene Tür war nun wirklich verriegelt: Physikalische Theorien können mit unendlichen Größen nichts anfangen. Wenn die Allgemeine Relativitätstheorie eine Singularität von unendlicher Dichte und unendlicher Raumzeitkrümmung vorhersagt, sagt sie damit auch ihren eigenen Zusammenbruch voraus. Tatsächlich werden angesichts einer Singularität sämtliche Theorien der klassischen Physik nutzlos. Es besteht keine Möglichkeit mehr, vorherzusagen, was daraus hervorgehen wird. Angesichts einer Singularität können wir nur noch abwarten und beobachten, was geschieht. Außerdem haben wir keine Möglichkeit, herauszufinden, warum eine Singularität plötzlich aufhört, eine Singularität zu sein, und zu einem Universum wird. Jede Vorstellung ist dabei so gut wie die andere. Und was wäre, wenn wir es andersherum versuchten und uns mit der Vergangenheit beschäftigten? Was geschah vor der Singularität? Es ist noch nicht einmal klar, ob diese Fragen überhaupt eine Bedeutung haben. Eine Singularität am Beginn des Universums bedeutet, daß der Beginn jenseits der Grenzen unserer Naturwissenschaft liegt. Das einzige, was wir sagen können, ist, daß die Zeit angefangen hat, weil wir beobachten, daß es so ist. Hawking und Penrose hatten wirklich einen gordischen Knoten geschnürt.

Das Urknall-Szenarium für den Ursprung des Universums wurde nun folgendermaßen beschrieben:

Am Anfang war die Singularität. Alles, was einmal die Materie/Energie jenes Universums werden sollte, das wir einmal würden beobachten können, war in einem Punkt von unendlicher Dichte zusammengepreßt. Vor zehn oder zwanzig Milliarden Jahren (wenn man »Zeit« nach dem Raum-Zeit-Maßstab bemißt, der erst noch entstehen würde) kam es zur »Explosion«. Das war der Urknall. Sich die unendliche Hitze vorzustellen, die am »Zeitpunkt Null« der Schöpfung herrschte, ist ebenso unmöglich, wie sich einen Punkt von unendlicher Dichte vorzustellen. Sich seine Helligkeit vorstellen zu wollen, ist ebenfalls ein sinnloses Unterfangen, weil es Licht, wie wir es sehen können, noch nicht gab. Nach einer gewissen Zeit dehnte sich das Universum aus und kühlte dabei weit genug ab, daß allmählich Elektronen und Atomkerne zusammenfinden und anfangen konnten, stabile Atome zu bilden. Anstelle der Strahlung begann die Materie, das Universum zu dominieren, und diese Materie konnte kraft ihrer eigenen Gravitation damit beginnen, sich zu sammeln, wodurch der Prozeß in Gang gesetzt wurde, der schließlich zur Entstehung von Sternen, Galaxien und Planeten führte. Zehn oder zwanzig Milliarden Jahre nach dem Anfang finden wir das Universum so vor, wie wir es heute kennen.

Wenn ich mir diesen Prozeß vorstelle, ist es, als stünde ich außerhalb und beobachtete von dort das Geschehen. Doch einen solchen Standpunkt gibt es nicht. Es gab kein »Außen«, wo ich am Anfang hätte stehen können, und auch heute scheint es dieses »Außen« nicht zu geben – keinen Ort außerhalb des Universums, von dem aus man das Universum beobachten könnte. Alles war innerhalb des Punktes unendlicher Dichte. Alles war innerhalb der Explosion. Alles ist immer noch dort. Das war die Schöpfungsgeschichte der Urknall-Theorie, wie sie Mitte der siebziger Jahre erzählt wurde. Auf den ersten Blick schien sie all jenen entgegenzukommen, die an Gott glaubten oder einfach die Ewigkeit zu monoton fanden und sich nicht allzu sehr davon beunruhigen ließen, daß Menschen nicht absolut alles herausfinden können. In der Auseinandersetzung darüber, ob es einen Gott gibt oder nicht, haben beide Seiten je nach passender Gelegenheit und mit großem Einfallsreichtum argumentiert, daß die Frage, ob es eine Urknall-Singularität gab, nicht wirklich relevant sei für die Frage, ob es einen Gott gibt. Doch kaum jemand hatte das Gefühl, daß bei der Antwort gar nichts auf dem Spiel stünde. Ein sehr junger Freund von mir hat es in einem Gemeinplatz zusammengefaßt: »Wenn es einen Anfang gab und wir von ihm wissen, aber ihn niemals erklären können, dann ist das schlicht und einfach eine ganz andere Art von Universum.« Wenn einem diese ganz andere Art von Universum nicht gefällt, dann besteht der nächste Schritt darin, eifrig zu versuchen, den Anfang zu erklären – oder ihn wegzuerklären.

Wir müssen nun zwei verschiedenen Pfaden folgen, um dieses Abenteuer bis in unsere heutige Zeit weiterzuverfolgen. Von der Mitte der siebziger Jahre an versuchten Theoretiker und Forscher weiterhin, die von der Urknall-Theorie nach wie vor ungelösten Probleme zu klären. Die Theoretiker machten sich sogar daran, die Singularität in Frage zu stellen.

Wir sagten, Anfang der siebziger Jahre sei klar gewesen, daß die Urknall-Theorie vieles von dem erklären konnte, was durch Beobachtung entdeckt worden war, vieles, was die Steady-State-Theorie nicht erklären konnte. Die Urknall-Theorie konnte damals jedoch nicht sämtliche Beobachtungsdaten erklären (und kann es immer noch nicht). Zwei der verbleibenden Rätsel haben mit dem Wesen der Materie zu tun.

Erstens: Wie können wir die Tatsache erklären, daß das Universum überhaupt Materie enthält, anstatt leer zu sein? Die Produktion von Materie ist uns kein völliges Rätsel mehr. Wir wissen, wie man im Laboratorium ein Materie-Partikel aus reiner Energie herstellen kann. Doch wir wissen nicht, wie man das macht, ohne zugleich dieselbe Menge von Antimaterie zu produzieren. Nach der Urknall-Theorie entstand in der Frühzeit des Universums eine Menge Materie aus Energie. Das führt zu der Frage: Was geschah mit der ganzen Antimaterie, die gleichzeitig entstanden sein muß?

Wenn in der Frühzeit des Universums gleiche Mengen von Materie und Antimaterie aufgetreten sind – so wie das unter Laborbedingungen geschieht –, dürften wir mit gutem Grund erwarten, daß es heute weder Materie noch Antimaterie mehr gibt, denn wenn Materie und Antimaterie zusammentreffen,

annihilieren sie sich gegenseitig in einer Explosion reiner Energie. Jedes Materieteilchen wäre schon vor langer Zeit auf das entsprechende Teilchen Antimaterie gestoßen, und sie hätten sich gegenseitig zerstört. Das ganze Spiel hätte enttäuschend geendet, wie ein Skatspiel, bei dem die Buben fehlen.
Eine mögliche Lösung für dieses Rätsel wäre, daß sich der größte Teil der Antimaterie anderswo im Universum befindet, während unsere unmittelbare Umgebung ein Gebiet ist, das hauptsächlich Materie enthält. Das Problem dabei ist, daß es dann Grenzen zwischen den Bereichen mit Materie und Antimaterie geben müßte. Es wäre schwierig, nicht zu bemerken, wo diese Grenzen liegen, weil Materie und Antimaterie sich dort gegenseitig zerstören würden, was wir mit Hilfe von Gammastrahlen-Detektoren erkennen könnten. Bislang wurde aber noch in keinem Bereich des Alls, der für solche Detektoren zugänglich ist, ein solcher Vorgang entdeckt.
Ein anderer Erklärungsvorschlag lautet so: Als in der Frühzeit des Universums Materie und Antimaterie entstanden sind, gab es von beidem viel mehr, als wir heute um uns herum sehen, wobei ein Ungleichgewicht (das im Verhältnis zur Gesamtmenge der Materie und Antimaterie vielleicht sehr gering war) zugunsten der Materie-Partikel herrschte. Nach dem großen Zerstörungsspektakel blieben Materie-Partikel übrig, die keinen Antimaterie-Partner zur gegenseitigen Zerstörung gefunden hatten. Diese Partikel stellen die ganze Materie unseres heutigen Universums dar. Wir haben in Kapitel 2 gesagt, daß das Universum, so wie es heute beschaffen ist, ein gewisses Maß an Asymmetrie benötigt. Wenn sich alles völlig im Gleichgewicht befände und alles gleichmäßig beschaffen wäre, gäbe es kein Universum. In dieser Erklärung für den Ursprung der Materie finden wir ein gutes Beispiel für die Notwendigkeit von Asymmetrie.
Wenn es sich auf diese Weise vollzog, haben wir aber unser Problem noch immer nicht vollständig gelöst. Wie können wir das anfängliche Ungleichgewicht – so gering es auch sein mochte – zwischen der Materie und der Antimaterie erklären?

Einige Theorien, die von einheitlichen Naturkräften ausgehen, beschreiben die Bedingungen, unter denen ein solches Ungleichgewicht auftreten könnte, doch bislang haben wir keinen eindeutigen Beweis dafür, daß diese Theorien (oder zumindest eine davon) korrekt sind beziehungsweise, daß diese Bedingungen gegeben waren. Einige Bestandteile davon gibt es zwar, doch längst nicht alle. Dieses Rätsel ist nach wie vor ungelöst.
Ein zweites Problem hinsichtlich der Materie stellte bis zum Frühjahr 1992 eine noch größere Herausforderung für die Urknall-Theorie dar. Bei wiederholten Messungen hatten Forscher herausgefunden, daß die kosmische Hintergrundstrahlung in ihrer Temperatur auffallend gleichmäßig ist. Messungen bis zur Grenze der Beobachtbarkeit in jeder Richtung ergaben, daß die Temperatur immer die gleiche war. Das war ein klarer Nachweis dafür, daß das Universum in seiner Frühzeit glatt, ohne Klumpen, Zusammenballungen und Unregelmäßigkeiten war, die sich nun als Schwankungen in der Temperatur der Strahlung zeigen würden. Doch wir wissen auch, daß unser heutiges Universum Galaxienschwärme, Galaxien, Sterne und Planeten enthält, und sogar solch kleine Materieklumpen wie Menschen. Wie kam es, daß ein Universum, das so gleichmäßig begonnen hat, sich verklumpt hat?
Man muß sich vergegenwärtigen, daß jedes Materieteilchen im Universum aufgrund seiner Gravitation jedes andere Materieteilchen anzieht. Je näher die Teilchen einander sind, um so stärker wirkt auf sie der gravitative Sog der anderen. Wheeler meint, wir sollten uns das Universum als eine riesige Demokratie vorstellen, in der jedes Teilchen in Fom von gravitativer Anziehungskraft über eine Stimme verfügt. Ein einzelnes Partikel hat sehr geringe Stimmkraft. Erst wenn sich mehrere Teilchen zu einem Stimmenblock zusammenschließen – zum Beispiel zum Planeten Erde –, gelingt es ihnen, bedeutenden gravitativen Einfluß auszuüben. Angenommen, alle Materieteilchen im Universum wären gleich weit voneinander entfernt und es gäbe keine Gebiete, in denen einige Teilchen näher zusammengerückt sind und einen losen Verbund gebildet ha-

ben – in einer solchen Situation würde jedes Teilchen aus sämtlichen Richtungen gleich stark angezogen und sich nicht im geringsten von der Stelle bewegen, um näher an andere Teilchen heranzurücken.

Eine Zeitlang sah es so aus, als hätten wir eine solche Struktur in der super-gleichmäßigen Frühzeit des Universums entdeckt – ein Raster, bei dem die Materie so gleichmäßig verteilt wurde, daß sie es niemals geschafft hätte, das Universum in der Form zu bilden, wie es heute ist. Das klingt nach einer höchst unwahrscheinlichen Situation, doch wenn dies in der Frühzeit des Universums nicht der Fall gewesen ist, warum fanden wir dann nicht einmal die winzigsten Schwankungen in der Hintergrundstrahlung – unserem »Bild« davon, wie die Materie kurz nach dem Urknall verteilt war? Es würde nur einer winzigen Veränderung in dieser Gleichförmigkeit bedürfen, damit die Gravitation sich an die Arbeit machen und die Dinge in die eine oder andere Richtung ziehen könnte, und zwar so, daß es in der Hintergrundstrahlung sichtbar würde. Die Gleichförmigkeit der Strahlung zeigte uns, daß es in der Geschichte des Universums ein fehlendes Glied zwischen dem gegenwärtigen Zustand und dem Urknall gab.

Im April 1992 schließlich verkündeten der Astrophysiker George Smoot (er arbeitete am Lawrence-Berkeley-Laboratorium und an der Universität von Kalifornien in Berkeley) und seine Kollegen in anderen Institutionen, daß der Satellit zur Erforschung der kosmischen Hintergrundstrahlung COBE neue Daten geliefert habe. Aus ihnen gehe hervor, daß es im Gefüge des Universums Unebenheiten gibt, die durch den Urknall entstanden sein müssen und nicht erst später. Die *New York Times* titelte daraufhin die Schlagzeile: »Astronomen entdecken Beweis für den Urknall«. In gewissem Sinn stimmte das. Die Unebenheiten waren jene Schwankungen in der kosmischen Hintergrundstrahlung, nach denen die Astrophysiker seit der Entdeckung der Hintergrundstrahlung durch Penzias und Wilson in den sechziger Jahren so lange vergeblich gesucht hatten. Es waren Schwankungen von nicht mehr als einem

Hunderttausendstel Grad, aber doch groß genug – wie die Entdecker meinten –, um zu erklären, was mit dem Universum geschehen war. Diese winzigen Ungleichmäßigkeiten in der Topographie des Universums, als es 300 000 Jahre alt war, waren ein ausreichender Beweis für eine gravitative Situation, in der Materie andere Materie anzog und sich zu immer größeren Klumpen formte.

Es gibt jedoch noch andere Rätsel, die die Erforscher des Urknalls noch nicht gelöst haben. Eines dieser Rätsel hat mit der Gleichförmigkeit der großräumigen Struktur des Universums zu tun. Dieses Problem und die Theorien eines inflationistischen Universums, die vielleicht darauf eine Antwort wüßten, werden wir in einem anderen Zusammenhang in Kapitel 5 diskutieren. Trotz allem – es gibt viele Hinweise darauf, daß wir tatsächlich in einem Urknall-Universum leben.

Muß ein sich ausdehnendes Universum, selbst ein Urknall-Universum, notwendigerweise am Anfang eine Singularität haben? Nach den Berechnungen von Penrose und Hawking mußte es wohl so sein, doch die beiden und ihre Kollegen waren mit diesem Ergebnis nicht glücklich. Die Singularität ist aus der Theorie abgeleitet und nicht aus Beobachtungen oder Experimenten. Sie ist eine Vorhersage, die wir mit unserer heutigen Technologie durch Beobachtungsdaten weder bestätigen noch widerlegen können, und wahrscheinlich werden wir nie in der Lage sein, eine Technologie zu erfinden, die dies leisten könnte. Theoretiker hatten diesen gordischen Knoten entdeckt, also machten sich auch Theoretiker daran, ihn aufzuknüpfen. Sie beschlossen, den Beginn des Universums nicht nur durch die Brille der Relativitätstheorie zu betrachten, die die Singularität vorhersagt, sondern auch durch die Brille der Quantenmechanik, die sie ausschließen könnte.

Bei der Erforschung der Umlaufbahnen im Sonnensystem können wir gleichzeitig Position und Bewegung eines Planeten messen, und zwar beides ziemlich exakt. Das erlaubt es uns, zu bestimmen, wo der Planet zu einem späteren Zeitpunkt sein wird und wo er zu einem früheren Zeitpunkt war. Bei der

Untersuchung eines Elektrons, das einen Atomkern umkreist, ist dergleichen nicht möglich. Wie wir gesehen haben, besteht eine der Beschränkungen der Quantenmechanik darin, daß es unmöglich ist, Position und Impuls eines Elementarteilchens gleichzeitig zu messen und dennoch für beides genaue Werte anzugeben. Ein Elektron umkreist einen Atomkern nicht auf die gleiche vorausberechenbare Weise, wie ein Planet die Sonne umkreist. Die Quantenmechanik sagt, daß die Wahrscheinlichkeit, das Elektron zu entdecken, in einem bestimmten Gebiet rund um den Atomkern überall gleich groß ist. 1989 schrieb Hawking in einem Artikel, er hoffe – und zwar mindestens schon seit Anfang der siebziger Jahre –, daß in einer Theorie der Quantengravitation (einer Theorie, die Allgemeine Relativitätstheorie und Quantenmechanik verbindet) die Singularitäten ebenfalls »verschmiert« sein würden.
Hawking schreibt: »[Zu Beginn dieses Jahrhunderts] gab es ein Problem mit der Struktur des Atoms, von dem man annahm, daß es aus einer Anzahl von Elektronen bestehe, die einen Zentralkern umkreisen, ähnlich wie die Planeten die Sonne. Die frühere klassische Theorie hatte vorhergesagt, daß jedes Elektron aufgrund seiner Bewegung Lichtwellen aussendet. Diese Lichtwellen würden Energie abziehen, wodurch sich das Elektron spiralförmig nach innen bewegen würde, bis es mit dem Kern kollabiert.«[8] Offensichtlich stimmte etwas nicht bei dieser Vorhersage, denn Atome kollabieren nicht auf diese Weise. Hawking fährt fort: »Ein solches Verhalten ist nach der Quantenmechanik jedoch nicht zulässig, weil es gegen das Unschärfeprinzip verstoßen würde; wenn ein Elektron auf einem Kern plaziert wäre, hätte es sowohl eine genau festgelegte Position als auch eine genau festgelegte Geschwindigkeit. Statt dessen sagt die Quantenmechanik, daß das Elektron keine genaue Position hat, sondern daß die Wahrscheinlichkeit, es zu entdecken, in einem bestimmten Bereich um den Kern herum überall gleich groß ist.
Die Behauptung der klassischen Theorie [daß das Elektron mit dem Kern kollidieren muß] klingt ganz ähnlich wie die

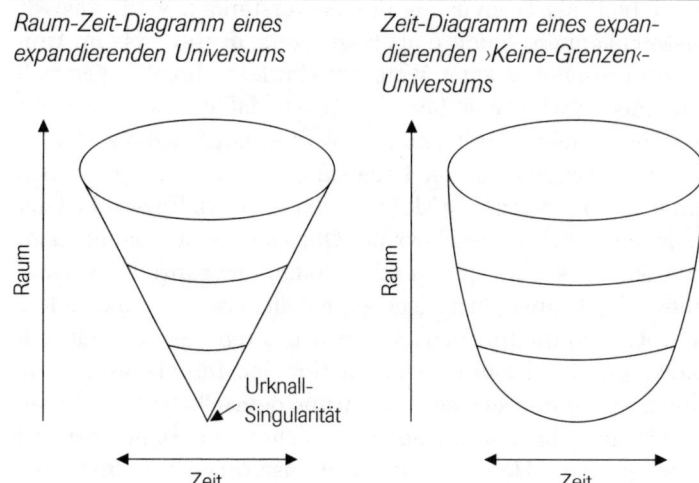

Raum-Zeit-Diagramm eines expandierenden Universums

Zeit-Diagramm eines expandierenden ›Keine-Grenzen‹-Universums

Wenn wir in der Zeit rückwärts blicken bis zum Uranfang des Universums, wird die Zeitdimension zunehmend weniger von den Raumdimensionen unterscheidbar. Es gibt keine Singularität. Die Zeit erstreckt sich nicht unendlich weit rückwärts, aber es gibt keinen Anfang. Es gibt keinen Rand und keine Grenze, so wie es auch am Nord- und Südpol der Erde keinen Rand und keine Grenze gibt.

Behauptung der klassischen Allgemeinen Relativitätstheorie, daß es eine Urknall-Singularität von unendlicher Dichte gegeben haben muß. Deshalb ist zu hoffen, daß man bei einer vielleicht einmal möglichen Verschmelzung von Allgemeiner Relativitätstheorie und Quantenmechanik in eine Theorie der Quantengravitation herausfinden könnte, daß die Singularitäten des gravitativen Kollapses oder der Ausdehnung genauso verschmiert sind wie im Falle des Kollapses des Atoms.«[9] Diese Vorstellung bezog Hawking zunächst auf die Singularitäten in Schwarzen Löchern, dann auch auf die Urknall-Singularität.

Hawkings Theorien setzen enormes Vertrauen in jene Auslegung der Quantenmechanik, nach der das Unschärfeprinzip nicht bloß als Begrenzung dessen verstanden wird, was wir messen können, sondern als Begrenzung dessen, was im Universum geschehen kann. Wenn wir Hawkings Logik folgen wollen, müssen wir wie er davon ausgehen, daß das, was wir nicht messen können – mit anderen Worten ein Ergebnis, das zu erlangen wir nicht in der Lage sind –, auch nicht geschehen kann. Die überwiegende Mehrheit der heutigen Physiker ist der gleichen Ansicht wie Hawking. Obgleich es überhaupt nicht klar ist, ob wir die Quantentheorie auf das ganze Universum anwenden können, benötigen wir möglicherweise keine andere Theorie, um die Singularität auszuschalten – es wäre einfach ein zu genauer Meßwert von Position und Impuls, wenn man sagen würde, daß sich alles an ein und demselben Ort befindet, zusammengeballt in unendlicher Dichte. Die Singularität ist »verschmiert«. Hawking hat jedoch zusammen mit Jim Hartle eine Hypothese aufgestellt, die noch ein wenig komplizierter ist. Die beiden und andere Theoretiker haben versucht, nicht nur eine Möglichkeit zu finden, die verriegelte Tür der Singularität loszuwerden, sondern auch Antworten auf die Fragen zu entdecken, die aufgrund der Singularität unbeantwortbar waren.

Die Magie der imaginären Zeit

»Die heutigen Physiker sind nicht bescheiden«, schreibt der Physiker und Astronom Alan Lightman in seinem Buch *A Modern Day Yankee in a Connecticut Court*[10]. Lightman berichtet darin von einer Vorlesung, die Hawking 1984 in Harvard – wo Lightman damals lehrte – hielt. Es war kurz bevor Hawking seine Stimmbänder entfernen lassen mußte, nachdem eine Lungenentzündung lebensbedrohliche Ausmaße angenommen hatte. Hawking konnte also noch sprechen, allerdings klang es für die meisten Zuhörer wie ein leises Wispern und Stöhnen. Ein Student übersetzte diese Töne in Wörter. Der erste Schock, den man erlebt, wenn man Hawking sprechen hört –

selbst mit seiner neuen Computerstimme – ist, daß dieses unwahrscheinliche Wesen überhaupt etwas Zusammenhängendes sagt. Und der zweite Schock ist das überlegene, mit Understatement gewürzte Selbstvertrauen, mit dem er Dinge auszusprechen wagt, die zu äußern andere nicht den Mut haben.

In der Vorlesung, die Lightman besuchte, sprach Hawking über Anfangsbedingungen – auf den ersten Blick nicht gerade ein fesselndes Thema. Bei einem Experiment versteht man unter »Anfangsbedingungen« die Lage der Dinge zu Beginn des Experiments. Doch, so Lightman, »allmählich begriff ich, was ich da hörte: Hawking war die ganze Strecke zurückgegangen. Zum ersten Mal nahm ein herausragender Wissenschaftler die Anfangsbedingungen des *Universums* in Angriff – nicht den Sekundenbruchteil nach dem Urknall, worüber ich schon manches gehört hatte, sondern den wirklichen Anfang, den Augenblick der Schöpfung, das ursprüngliche Muster von Materie und Energie, aus dem sich später Atome, Galaxien und Planeten bilden sollten.«[11]

In *Eine kurze Geschichte der Zeit* berichtet Hawking von einer Konferenz im Vatikan, an der er 1981 teilnahm. In seinem Grußwort äußerte sich der Papst über die Suche nach einer Erklärung für den Beginn des Universums folgendermaßen: »Die Naturwissenschaft kann eine solche Frage nicht aus sich selbst heraus lösen: diese menschliche Erkenntnis muß sich über die Naturwissenschaft und Astrophysik und über das, was wir Metaphysik nennen, erheben; das Wissen muß vor allem aus der Offenbarung Gottes kommen.«[12] Hawking war damit natürlich nicht einverstanden – daß er jedoch in seiner *Kurzen Geschichte der Zeit* diese päpstliche Äußerung als »Verbot« der Suche nach dem Ursprung des Universums auffaßt, dürfte wohl eine übertriebene Reaktion sein.

Auf der Vatikan-Konferenz präsentierte Hawking die Hypothese, daß es keinen Ursprung der Art gegeben habe, von dem der Papst gesprochen hatte – das heißt, daß das Universum keine Grenzen habe. Hawking war zu dem Schluß gekommen, daß dieses Allerheiligste, die Singularität, unser Wissen nicht blockieren dürfe. Um diese Möglichkeit denkbar zu machen, benutzten er und Hartle den Kunstgriff der imaginären Zeit. Im Gegensatz zu einer weitverbreiteten Legende sind imaginäre Zahlen keine Erfindung von Hawking; es gibt sie schon seit etwa Mitte des 16. Jahrhunderts. Es wäre angebracht, sie ein wenig zu entmystifizieren. Sie sind ein mathematischer und kein metaphysischer Begriff, trotz der immer wiederkehrenden Behauptungen des Gegenteils. Gottfried Wilhelm Leibniz, einer der wichtigsten Mathematiker des 17. Jahrhunderts, der nur knapp und vielleicht zu Unrecht das Rennen um die Erfindung der Infinitesimalrechnung gegen Newton verlor, hielt die imaginären Zahlen für eine »Art Amphibien, halb zwischen Sein und Nicht-Sein angesiedelt«[13]. Er meinte, sie seien so etwas wie »der Heilige Geist in der christlichen Theologie«. Imaginäre Zahlen haben jedoch überhaupt nichts Mystisches an sich.

Imaginäre Zahlen sind nicht einmal ein besonders kompliziertes mathematisches Konzept, obgleich die Art und Weise, wie Hawking und Hartle sie bezüglich des Universums angewandt haben, nicht leicht zu verstehen ist. Es sind Zahlen, die, zum Quadrat genommen, eine negative Zahl ergeben. Wer in der Schule über die elementare Mathematik nicht hinausgekommen ist, wird ihnen wohl nie begegnet sein. Zum Standardwissen gehört: Das Quadrat von −4 ergibt 16, ebenso wie das Quadrat von +4. Das Quadrat jeder Zahl, gleich ob positiv oder negativ, ist eine positive Zahl. Wenn dies zutrifft, dann kann es keine Quadratwurzel aus −16 geben. Anders verhält es sich mit imaginären Zahlen. Das Quadrat von imaginär 4 ist −16. Imaginär 3 zum Quadrat ergibt −9. Die Quadratwurzel aus −16 ist imaginär 4; die Quadratwurzel aus −9 ist imaginär 3.

Was ist nun imaginäre Zeit?

Nach der Urknall-Theorie war in der allerersten Phase des Universums das All extrem stark zusammengepreßt. Hier könnte, so Hawking, der Verschmierungseffekt des Unschärfeprinzips eine Grundunterscheidung verschwinden lassen, die in der Relativitätstheorie nach wie vor gilt, nämlich die zwischen Raum- und Zeitdimensionen. Wenn man die Zeitkoordinate als imaginäre Zahl auffaßt, erhält man eine neue Sichtweise dieser Situation, wonach es korrekter wäre, nicht von drei Dimensionen des Raums und einer Dimension der Zeit zu sprechen, sondern von vier Dimensionen des Raums. Aus diesem Blickwinkel ist die Zeit nicht mehr von einer Raumdimension zu unterscheiden. Hawking schreibt hierzu: »Die Berechnungen ergeben, daß diese Lage der Dinge unvermeidlich ist, wenn man die Geometrie des Universums während des ersten Sekundenbruchteils betrachtet.«[14]

Die Vorstellung von Zeit als einer Raumdimension ist in der Physik nicht neu. Physiker benutzen diesen Kunstgriff, um bestimmte Probleme der Quantenmechanik zu lösen. Der Ansatz von Hawking und Hartle ist deshalb so radikal, weil sie nach Anwendung dieses Kunstgriffs nicht wieder zum konventionellen Zeitbegriff zurückkehren. Sie behaupten, daß die Zeit wirklich raumartig war. Noch einmal Hawking selbst: »Ich glaube, diese Vorstellungen werden der folgenden Generation ebenso selbstverständlich vorkommen wie uns heute die Vorstellung, daß die Welt rund ist. Imaginäre Zeit ist in der Science-fiction-Literatur schon heute ein Gemeinplatz. Doch sie ist mehr als Science-fiction oder ein mathematischer Trick. Sie ist etwas, das das Universum formt, in dem wir leben.«[15] Wir können diese Aussage Hawkings nicht einfach als gegeben hinnehmen oder sagen »Die Zeit war wirklich raumartig«, ohne uns zu vergegenwärtigen, daß wir damit einen Großteil der Diskussion über die Realität von mathematischen Modellen und über die Wirklichkeit selbst einfach überspringen; dieses Thema werden wir später noch einmal aufgreifen.

Wenn die Vorstellung von Hartle und Hawking richtig ist, müssen wir uns keine Gedanken mehr darüber machen, daß Zeit und Raum in einer Singularität begonnen haben, weil es hier, einen winzigen Schritt von dem entfernt, was wir als Anfang vermuten, sinnlos wird, überhaupt von »Vergangenheit« zu

sprechen, und ohne Zeit ist die Vorstellung eines Anfangs ebenfalls sinnlos.
Die Frage, die dann noch zu stellen bleibt, betrifft die Geometrie dieses vierdimensionalen Raums. Mit der Ausdehnung des Universums und dem Abklingen des quantenmechanischen Verschmierungseffekts müßte dieser Raum sanft in die uns gewohnte Raumzeit übergehen. Eine Möglichkeit von vielen – von unendlichen vielen Möglichkeiten, sagt der Physiker und Wissenschaftsautor Paul Davies in Anlehnung an Poincaré – ist, daß sich der vierdimensionale Raum krümmt und dadurch eine geschlossene Oberfläche bildet, ohne einen Rand oder eine Grenze – eine Situation, die unserer Erde gleicht oder dem Ballon mit unserer imaginären Ameise, aber mit mehr Dimensionen. Die Ameise fand, wie Sie sich erinnern, keine Grenze und keinen Rand. Im Universum von Hartle und Hawking gibt es keine Grenzen, weder räumlich noch – was viel bedeutsamer ist – zeitlich. Keinen Anfang. Die Vorstellung von »Vergangenheit« endet in der Frühphase des Universums, so, wie die Vorstellung von »Norden« am Nordpol endet, ohne Grenze oder Rand, von dem man herunterfallen könnte – ohne Anfang. Was läßt sich dann über die »Anfangsbedingungen« sagen? Hawking meint hierzu: »Randbedingung des Universums ist, daß es keine Ränder gibt.«[16]
»Keine Ränder« scheint »unendlich« zu implizieren, aber das stimmt nicht. Bei der Erdoberfläche zum Beispiel gibt es keine räumlichen Grenzen, doch ihrer Größe nach ist die Erdoberfläche nicht unendlich. Ebenso verhält es sich auch mit dem grenzenlosen Universum von Hartle und Hawking. Der Raum ist nicht unendlich, ebensowenig die Zeit.
Hartle und Hawking ziehen diese Geometrie aus Gründen der mathematischen Eleganz vor. Doch welche möglichen Gründe könnten Sie und ich haben, uns der Auffassung der beiden anzuschließen, daß dieser Vorschlag die physikalische Realität repräsentieren könnte? Daß die Zeit also tatsächlich raumartig gewesen sein könnte und daß dieses Szenarium nicht bloß eine mathematische Fiktion ist oder ein Glaubensartikel, der aus

der Sehnsucht nach mathematischer Schönheit und nach einer Erklärung für das Universum erwächst, die keinen deus ex machina benötigt? Die Frage lautet nicht bloß: »Könnte es tatsächlich auf diese Weise geschehen sein?«, sondern auch: »Wenn es so geschehen sein könnte, warum sollten wir glauben, daß es so war?«

Hawking selbst hat als erster darauf hingewiesen, daß sein Konzept nur ein Vorschlag ist. Er bezeichnet es nicht einmal als eine Theorie. Es ist ein spektakuläres, wildes Phantasiegebilde. Hawking hat diese Randbedingungen nicht aus irgendwelchen anderen Prinzipien abgeleitet. Es versteht sich fast von selbst, daß es hierzu auch keine Beobachtungsdaten gibt. Doch indem sie diesen Sprung wagten, haben Hawking und andere die Forschung vorangetrieben. Sie haben die Frage gestellt, welche Art von Universum aus dieser besonderen »Keine-Grenzen«-Situation resultieren würde. Die Berechnungen sind äußerst kompliziert, und bislang wurden sie nur an einfachen Modellen durchgeführt, doch sie scheinen zu zeigen, daß der Vorschlag auf mathematisch konsistente Weise mit dem realen Universum, wie wir es beobachten und erfahren, verknüpft werden kann. Das heißt, das Universum, das aus dem Keine-Grenzen-Vorschlag hervorgehen würde, wäre tatsächlich ein Universum wie das unsere. In der realen Zeit, in der wir leben, würde es immer noch so scheinen, als gäbe es in Schwarzen Löchern und zu Beginn des Universums Singularitäten. Doch in der imaginären Zeit würde es nirgendwo irgendwelche Singularitäten geben.

Wir sind also nicht einfach im Märchenland angekommen. So weit, so gut. Doch trotz seiner mathematischen und logischen Konsistenz muß dieses Modell des Universums nicht zwangsläufig zutreffen. Nichts hat bisher bewiesen, daß es das einzige konsistente Modell ist oder daß ihm gegenüber anderen ein besonderer Vorrang eingeräumt werden müßte.

Könnte es so abgelaufen sein, wie es im Keine-Grenzen-Vorschlag beschrieben wird? Es ist noch viel zu früh, um diese Frage zu beantworten. Ist es auf diese Weise geschehen? Nur aus ästhetischen und philosophischen Gründen und weil diese Hypothese eine der Grundannahmen der Naturwissenschaft aufrechterhält, ist es gegenwärtig möglich, ihr anderen Theorien gegenüber den Vorzug zu geben. Hawking sagt, der Vorschlag gefalle ihm, weil »er wirklich der Naturwissenschaft zugrunde liegt ... in ihm steckt wirklich die Behauptung, daß die Gesetze der Naturwissenschaft überall gelten«.[17] Das ist es – eine Behauptung und kein Nachweis, daß diese Gesetze tatsächlich überall gelten oder daß Hartle und Hawking korrekt die Art und Weise wiedergegeben haben, wie sie gelten.

Die imaginäre Zeit spielt auch in den Theorien von Hawking und anderen über Wurmlöcher und Baby-Universen eine große Rolle. Dabei handelt es sich wohl um noch spektakulärere Phantasiegebilde, auch wenn in diesem Fall das Konzept auf früheren Ideen, insbesondere denjenigen von Wheeler, aufbaut. Stellen Sie sich noch einmal einen Ballon vor – einen von gigantischer Größe –, der blitzschnell aufgeblasen wird. Das ist der kosmische Ballon, unser Universum. Auf der Oberfläche des Ballons sind Flecken, die die Sterne und Galaxien darstellen sollen. Nun stellen Sie sich vor, diese Flecken würden auf der Oberfläche winzige Dellen und Falten bilden. Das ist die Krümmung der Raumzeit, die durch massereiche Objekte verursacht wird, wie Einstein vorausgesagt hat. Stellen Sie sich des weiteren vor, daß trotz dieser kleinen Falten die Oberfläche relativ glatt ist, auch dann noch, wenn wir sie durch ein nicht sehr starkes Mikroskop betrachten. Wenn wir sie jedoch durch ein viel leistungsfähigeres Instrument betrachten, stellen wir fest, daß sie überhaupt nicht glatt ist. Die Oberfläche scheint wie wild zu vibrieren, zu flirren und einen Schleier zu bilden. Wir sind einem solchen Flirren schon früher einmal begegnet. Das Unschärfeprinzip sorgt dafür, daß im Quantenbereich das Universum recht verschwommen wirkt. Die Oberfläche unseres Ballons ist in ähnlicher Weise unscharf. Bei genügend starker Vergrößerung wird die Quantenfluktuation so enorm, daß, wie Hawking meint, eine gewisse Wahrscheinlichkeit für *alle* Möglichkeiten gegeben ist. Auf unser Beispiel vom Ballon

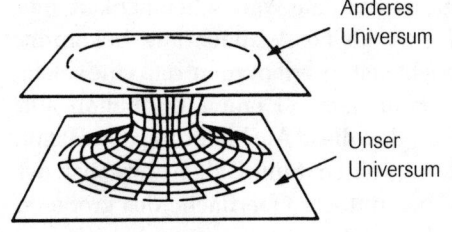

Ein Wurmloch, das von unserem Universum zu einem anderen führt

Ein Wurmloch, das einen Teil unseres Universums mit einem anderen verbindet

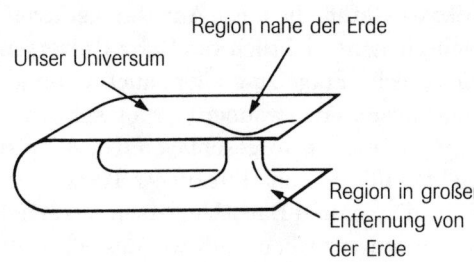

Teil eines Labyrinths von miteinander verbundenen Universen

Wurmlöcher und Baby-Universen

übertragen bedeutet das, es gibt eine Wahrscheinlichkeit, daß der kosmische Ballon eine kleine Ausbuchtung bekommt. Manchmal, wenn auch recht selten, erlebt man, daß eine solche Ausbuchtung entsteht, wenn jemand einen Luftballon aufbläst. Noch seltener ist es, daß diese Ausbuchtung den Ballon nicht platzen läßt, sondern zu einem Mini-Ballon anwächst, der durch einen schmalen Hals mit der Oberfläche des größeren Ballons verbunden ist. Wenn das mit unserem kosmischen Ballon passieren würde, wäre das die Geburt eines Baby-Universums. Der schmale Hals wäre ein »Wurmloch«.

Gibt es Daten, die diese Annahme stützen? Es ist keineswegs lächerlich, hinsichtlich von Baby-Universen und Wurmlöchern eine solche Frage zu stellen, auch wenn keine direkten Beobachtungsdaten gewonnen werden können. Verschiedene Experimente wurden vorgeschlagen. Hawking selbst glaubt jedoch nicht, daß man mit Hilfe dieser Tests herausfinden könnte, ob Wurmlöcher und Baby-Universen tatsächlich existieren. Wenn wir davon sprechen, daß wir das alles durch ein Mikroskop hindurch erkennen, so ist das bloße Phantasie. Wenn überhaupt etwas klein anfängt, dann ist es ein Universum. Die wahrscheinlichste Größe für eine Wurmlochverbindung zwischen unserem Universum und dem neuen Baby beträgt nur etwa 10^{-33} Zentimeter im Durchmesser. Wenn Sie diese Zahl als Bruch schreiben wollen, brauchen Sie als Zähler eine Eins und als Nenner eine Eins mit 33 Nullen. Ein Wurmloch ist wie ein winziges Schwarzes Loch, das plötzlich entsteht und nach einem unvorstellbar kurzen Augenblick wieder verschwindet. Ein weiterer Grund, warum wir die Geburt eines neuen Universums nicht beobachten können, ist, daß das alles in der imaginären Zeit geschieht.

Das Baby-Universum, das mit dieser Wurmloch-Nabelschnur verbunden ist, muß jedoch nicht so kurzlebig sein. Auch muß es nicht notwendigerweise dauerhaft nur in der imaginären Zeit existieren. Dieses neue Universum kann sich ausdehnen und schließlich unserem gegenwärtigen Universum ähnlich werden und eine Ausdehnung von Milliarden Lichtjahren bekommen.

Vielleicht wird es nicht nur dem unseren ähnlich, sondern genau so wie das unsere sein, mit Galaxien, Sternen, Planeten und mit Leben. Tatsächlich hält es Hawking für gut möglich, daß unser Universum genau auf diese Weise entstanden ist, als Baby-Universum, das sich aus einem anderen Universum herausgebildet hat. Nach dieser Theorie gibt es möglicherweise viele Universen, ein nie endenwollendes Labyrinth von Universen, die an verschiedenen Stellen durch Wurmlöcher miteinander verbunden sind. Es könnte sogar Wurmlöcher geben, die einen Teil unseres Universums mit einem anderen Teil verbinden, wodurch sehr schnelle Reisen zwischen sehr weit entfernten Zielen möglich wären – Reisen im Raum und sogar in der Zeit –, wenn wir nur klein genug wären und in imaginärer Zeit reisen könnten. Es sieht wirklich so aus, als ob es nicht unsinnig wäre, hinsichtlich der Elementarteilchen e. e. cummings zu zitieren:

> *»hör zu: es gibt ein verdammt*
> *gutes universum gleich nebenan;*
> *gehen wir«*[18]

Die Wurmloch-Theorie befreit uns nicht nur von dem Problem der Singularitäten und erklärt, auf welche andere Weise das Universum begonnen haben könnte, sie versucht auch, ein Rätsel zu lösen, das wir das Problem der kosmologischen Konstante nennen. Doch das heben wir uns für Kapitel 5 auf. Zuvor beschäftigen wir uns noch mit anderen Vorschlägen, wie man den gordischen Knoten der Singularität lösen könnte.

Das pulsierende Universum und die Geheimnisse der dunklen Materie

Wird irgendwann der Zeitpunkt kommen, an dem das Universum sich nicht weiter ausdehnt und anfängt, wieder zu schrumpfen? Friedmanns Lösungen der Einsteinschen Gleichungen ergaben die Möglichkeit von drei Typen von Universen. Das erste Modell geht davon aus, daß sich das Universum bis zur maximalen Größe ausdehnt und dann wieder kollabiert. Im zweiten Modell dehnt sich das Universum rasch aus und hört niemals auf, sich auszudehnen. Im dritten Modell schließlich dehnt sich das Universum genau bis zu dem kritischen Punkt aus, wo ein erneuter Kollaps vermieden wird.

Wie können wir herausfinden, welches Modell auf unser Universum zutrifft? Dazu müssen wir den gegenwärtigen Grad der Ausdehnung mit der gegenwärtigen Durchschnittsdichte der Masse im Universum vergleichen. Die durchschnittliche Dichte der Masse zu messen, ist jedoch problematisch.

Die Stärke der gravitativen Anziehungskraft zwischen Objekten hängt von der Größe ihrer Masse und von der Entfernung zwischen ihnen ab. Wir sollten eigentlich in der Lage sein, die Stimmkraft (wie Wheeler das nennt) der gesamten Materie im Universum zu addieren und zumindest ungefähr zu berechnen, ob diese genügend gravitative Anziehungskraft erzeugen kann, um die Ausdehnung zu stoppen und das Universum zu schließen. Wenn wir diese Berechung durchführen, sehen wir aber, daß die Masse der direkt beobachtbaren Materie im Universum nicht annähernd ausreicht, um die Ausdehnung zu stoppen. Wenn Sie jedoch glauben, daß die Diskussion hier schon zu Ende ist, irren Sie sich.

Aus gutem Grund dürfen wir vermuten, daß es im Universum Masse gibt, die wir nicht beobachten können, weil sie in keinem Teil des Spektrums Strahlung abgibt – daher die Bezeichnung »dunkle Materie«. Erstens haben wir indirekte Beweise dafür, daß viele Galaxien von einem Kranz dunkler Materie umgeben sind. Wir stellen das nicht durch Beobachtung der dunklen Materie selbst fest, sondern indem wir die Bewegungen sichtbarer Materie – wie etwa der Sterne und Gase innerhalb der Galaxie – beobachten. Zum Beispiel reichen Masse und Verteilung der sichtbaren Materie in unserer eigenen Galaxis nicht aus, um die Art zu erklären, wie unsere Galaxis rotiert. Die Rotation läßt darauf schließen, daß die Masse des Kranzes viel größer sein muß als die sichtbare Masse der Galaxis.

Im Juni 1993 verkündete Douglas Lin von der Universität von Kalifornien, die Untersuchung der Umlaufbahn der Großen Magellanschen Wolke (einer Satellitengalaxis der Milchstraße) habe zusätzliche Nachweise dafür erbracht, daß unsere Galaxis ringförmig von dunkler Materie umgeben ist. Lins Berechnungen zufolge muß die Milchstraßengalaxis 600 Milliarden Solarmassen wiegen (600milliardenmal die Masse unserer Sonne). Das ist fünf- bis zehnmal die Masse sämtlichen sichtbaren Materials in unserer Galaxis. Der sichtbare Teil der Milchstraße hat einen Durchmesser von ungefähr 120 000 Lichtjahren. Der Gesamtdurchmesser der sichtbaren Galaxis und des Rings dunkler Materie, der sie umgibt, könnte 800 000 Lichtjahre oder mehr betragen.

Es gibt noch weitere empirische Hinweise. Bei der Beobachtung von entfernten Sternen und Galaxien treten Effekte auf, die man am besten als Linseneffekte erklären kann: das Licht aus diesen weit entfernten Quellen wird durch massereiche Objekte oder Zusammenballungen von Masse in unserer Nähe abgelenkt – auf die gleiche Weise, wie die Sonne den Weg des Lichts von weit entfernten Sternen ablenkt.

Durch die Untersuchung dieser Effekte können die Astronomen berechnen, wieviel Masse dort vorhanden sein muß, auch wenn diese selbst nicht sichtbar ist. Diese Untersuchungen dauern an und werden wohl noch einige Zeit beanspruchen. Es gibt dort draußen eine ganze Menge Universum. Solange wir nicht genauer feststellen können, wieviel dunkle Materie es gibt, können wir nicht herausfinden, welches Friedmann-Modell des Universums korrekt ist. Der Fall ist noch nicht abgeschlossen, und auch das Universum ist es nicht notwendigerweise.

Nehmen wir einmal an, das Friedmann–Modell, nach dem das Universum eines Tages schrumpfen wird, würde unser Universum korrekt darstellen. Was sollte das Universum davon abhalten, sich nach der Kontraktion wieder auszudehnen? Aus der Quantenphysik und der Theorie der supersymmetrischen Strings kann man schließen, daß das Universum nicht notwen-

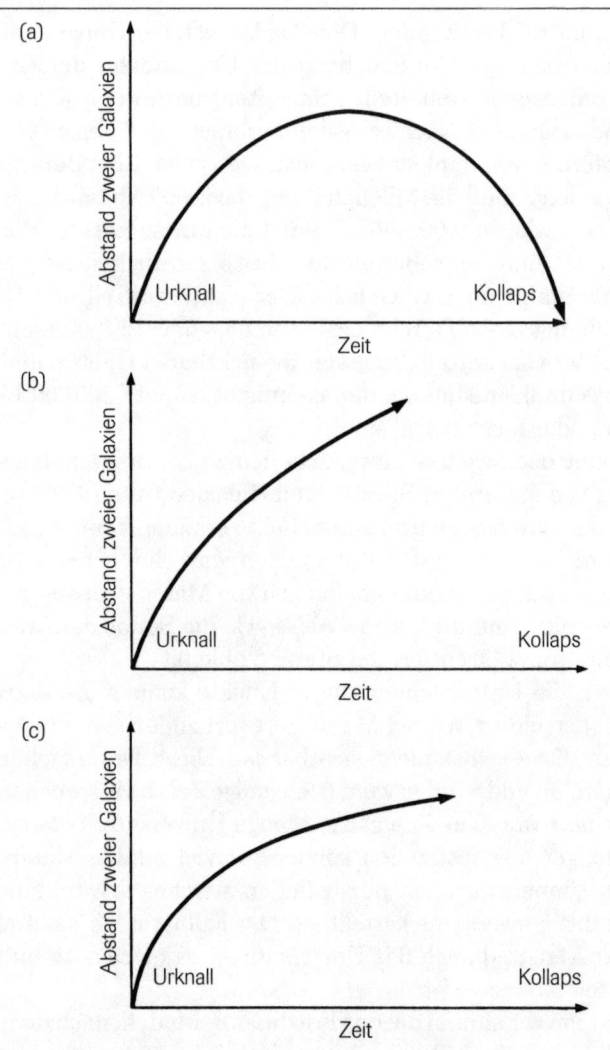

Drei Modelle des Universums: (a) Das Universum dehnt sich bis zu einer maximalen Größe aus und kollabiert dann. (b) Das Universum dehnt sich rasch und ohne Ende aus. (c) Das Universum dehnt sich nur bis zu einer kritischen Größe aus; es kollabiert nicht.

digerweise bis zu einer Singularität schrumpfen muß. Statt dessen könnte es sich kurz vor diesem Punkt »wieder fangen« und den Zyklus von neuem beginnen. Wie können wir herausfinden, ob dieses Modell eines »pulsierenden« Universums korrekt ist?

Zuerst einmal kann sich das Universum natürlich nicht fangen oder pulsieren, wenn es nicht dem Friedmann-Modell des schrumpfenden Universums entspricht. Die zweite Überlegung hierzu betrifft die Entropie.

Das Maß an Entropie in einem System zu messen, bedeutet, das Maß an Unordnung zu messen. Gemäß des Zweiten Hauptsatzes der Thermodynamik kann in einem geschlossenen System die Entropie (Unordnung) nicht geringer werden, sie kann nur zunehmen. In bestimmten seltenen Fällen gilt dieses Gesetz nicht, und in Kapitel 6 werden wir sehen, daß es Theorien gibt, die die Allgemeingültigkeit dieses Prozesses hin zur Unordnung in Frage stellen. Doch es ist allgemein anerkannt, daß die Entropie im Universum als Ganzem unweigerlich zunimmt. Das mag unserem gesunden Menschenverstand zuwiderlaufen: Wenn wir Murmeln von zwei Farben in eine Schachtel legen – die grünen auf die eine und die roten auf die andere Seite – und die Schachtel schütteln, besteht nur eine winzige Chance, daß sich irgendwann die Murmeln von selbst wieder so nach Farben trennen werden, wie sie anfangs sortiert waren. Andererseits bräuchten wir ja nur in die Schachtel zu greifen und es selbst zu machen. Haben wir damit nicht den Zweiten Hauptsatz der Thermodynamik widerlegt? Nein! Wenn wir in die Schachtel greifen, bedeutet das, daß sie kein geschlossenes System ist. Wir können sehr wohl einen kleinen Teil des Universums in Ordnung bringen, zum Beispiel das Geschirr spülen und es ordentlich stapeln, den Müll nach wiederverwertbaren Stoffen sortieren usw. Doch die Schattenseite daran ist, daß wir durch die körperliche und geistige Anstrengung bei unserem Tun Energie in eine weniger nützliche Form umwandeln, und dies vergrößert die allgemeine Entropie des Universums. Man könnte die Entropie dadurch auszutricksen versuchen, daß man die Hände in den Schoß legt und überhaupt nichts tut, doch allein schon das Leben an sich wandelt Energie um. Um diese Situation besser zu verstehen, muß man sich vor Augen führen, daß in jedem System die Startbedingungen, welche die Dinge von der Unordnung zur Ordnung übergehen lassen, viel seltener sind als jene Startbedingungen, aufgrund derer eine Entwicklung von der Ordnung zur Unordnung stattfindet. Zum Beispiel müßten sämtliche Murmeln in der Schachtel mit genau der richtigen Geschwindigkeit und in genau der richtigen Richtung rollen, um wieder in ihre geordneten Ausgangspositionen zurückzugelangen. Es ist nicht völlig unmöglich, daß das geschieht, doch angesichts der Vielzahl an möglichen Geschwindigkeiten und Richtungen, die ein völlig anderes Ergebnis zur Folge hätten, ist es sehr wenig wahrscheinlich.

Dieser Zweite Hauptsatz der Thermodynamik ist eines der großen Organisationsprinzipien (obgleich es angemessener erscheinen könnte, ihn als Desorganisationsprinzip zu bezeichnen) des Universums, und er scheint eine Menge mit unserer Unterscheidung von Vergangenheit und Zukunft zu tun zu haben. Erinnern Sie sich noch an die Übung im Kindergarten, als Sie vier Bilder in die richtige Reihenfolge bringen sollten? Schon mit drei oder vier Jahren wußten Sie, daß das Bild mit dem Elefanten vor der Tür des Porzellanladens, in dem alle Stücke unberührt in Schaukästen ausgestellt sind, höchstwahrscheinlich Bild Nummer eins und nicht Bild Nummer zwei ist.

Warum stellt die Entropie ein Problem beim Modell des pulsierenden Universums dar? Das Problem liegt darin, daß am Ende eines Zyklus von Ausdehnung und Kollaps das Universum sicherlich in einem Zustand viel größerer Entropie bzw. Unordnung sein müßte, als es zu Beginn dieses Zyklus war. Penrose, dessen gemeinsame Arbeit mit Hawking – wie bereits erwähnt – zur theoretischen Bestätigung der Urknall-Singularität führte, betont, daß der Unterschied zwischen der Entropie zu Beginn des Universums und der Entropie an dessen Ende

*Der sprichwörtliche Elefant (hier: eine Kuh) im Porzellanladen.
Wir erleben niemals, daß B vor A eintritt, die Zeit also rückwärts läuft.*

»maßlos groß«[19] wäre. Das Universum zum Zeitpunkt des Urknalls ist so hoch organisiert, daß es so gut wie keine Struktur zeigen würde, wenn es in der Mitte auseinandergeschnitten würde. Das Universum zum Zeitpunkt des großen Kollapses hingegen wäre ein gewaltiges Durcheinander. Das Fazit lautet: Solange es keine bislang unerklärte Möglichkeit gibt, vor der nächsten Ausdehnung die Dinge sehr schnell wieder in Ordnung zu bringen, würde die nächste Expansion bei einem viel höheren Stand der Entropie beginnen und eine ganz andere Art von Universum erzeugen. Vielleicht leben wir in der einzigen Zyklusphase, in der wir überhaupt leben könnten.

Es gibt noch eine weitere Möglichkeit. Wenn sich das Universum umkehrt und zusammenzieht, kehrt sich vielleicht auch die Richtung der Entropie um. Vielleicht vermindert sich in einem kontrahierenden Universum die Entropie, vielleicht fügen sich dann zerbrochene Tassen von selbst wieder zusammen, vielleicht laufen dann Elefanten mit dem Hinterteil voran durch Porzellanläden und lassen zuvor zerbrochene Tassen und Teller heil auf den Regalen zurück. Eine weitere Möglichkeit wäre, daß das Universum sich nicht nur räumlich, sondern auch in der Zeitdimension umkehrt. Wir können uns ein Science-fiction-Szenarium ausmalen, in dem alles, was in der Ausdehnungsphase geschehen ist, in der Schrumpfungsphase noch einmal, aber rückwärts abläuft. Die Zyklen wären endlose Wiederholungen. Wenn das so sein sollte, bin ich mir nicht sicher, ob ich es wissen möchte – doch laut dem Astronomen Thomas Gold, der diese Idee als erster vorschlug, könnte ich es wohl auch gar nicht wissen. Er meint, in der Kontraktionsphase würden sich möglicherweise bei intelligenten Wesen die Denkprozesse umkehren, so daß sie den Unterschied nicht bemerken würden: Sie würden nach wie vor glauben, in der Phase der Ausdehnung zu leben.

Hawking und Penrose denken, daß sich in der Kontraktionsphase die Richtung der Entropie nicht umkehren würde; sie würde weiterhin zunehmen. Falls das zutrifft, könnte man aus bestimmten Berechnungen schließen, daß die Zyklen der Aus-

dehnung eines pulsierenden Universums immer größer werden und immer länger dauern würden, und daß dieser Prozeß kein Ende fände. Andere Berechnungen ergeben allerdings ein anderes Bild: Ein pulsierendes Universum würde demzufolge ebensowenig ewig dauern wie die aufeinanderfolgenden Hopser eines Gummiballs, der nach und nach immer weniger hoch springt. Auch wenn wir mit dem Modell eines pulsierenden Universums möglicherweise unserer eigenen besonderen Singularität ausgewichen sind, haben wir damit nicht das Problem aus der Welt geräumt, daß es irgendwo, vielleicht vor ein paar Pulsschlägen des Universums, einen Anfang gegeben haben mag, der immer noch darauf wartet, erklärt zu werden.
Es ist allerdings möglich, daß auch ein Universum, das sich nicht wieder zusammenzieht, ein zyklisches Universum ist.

Das rätselhafte Schwanken des Nichts

Alan Guth vom Massachusetts Institute of Technology steht wie Wheeler im Ruf, ein sicheres Gespür für einprägsame Formulierungen zu haben. Und so äußerte er einmal: »Ich habe oft sagen gehört, daß es im Leben nichts umsonst gibt, nicht wirklich. Heute sieht es ganz so aus, als ob das Universum selbst umsonst zu haben ist.«[20]
Das, was hinter diesem Gedanken des »Gratisuniversums« steht, ist jedoch älter als die Bezeichnung von Guth. Der amerikanische Physiker Edward Tryon meinte 1973, daß die Quantenmechanik und die Relativitätstheorie, zusammengeführt zu einer Quantentheorie der Gravitation, uns einen Mechanismus zeigen könnten, wie das Universum aus dem Nichts – *ex nihilo* – entstanden sein könnte. Von 1978 an legten Kosmologen an der Freien Universität von Brüssel eine Reihe von Arbeiten vor, die von diesem Gedanken ausgehen. Die Idee stammte ursprünglich aus einem Erklärungsversuch für die Entstehung von Materie und führte erst später auf die fundamentalere Frage, nämlich die Erklärung für die Entstehung der Raumzeit

selbst. Sehen wir uns zuerst einmal an, wie die Entstehung von Materie nach dieser Theorie vor sich gegangen sein könnte. Angenommen, es begann alles mit einem Vakuum, in dem die Raumzeit leer und flach war. Das Unschärfeprinzip läßt jedoch keine absolute Leere Null zu. Wir wissen ja, daß es die Möglichkeit ausschließt, gleichzeitig den genauen Impuls und die genaue Position eines Elementarteilchens zu messen. Es schließt auch andere gleichzeitige Messungen aus. Diejenige, die uns hier interessiert, hat mit Feldern zu tun, zum Beispiel Gravitations- und elektromagnetischen Feldern. Wenn wir die Stärke eines Feldes messen, können wir nicht zur gleichen Zeit präzise den Grad messen, in welchem sich das Feld im Lauf der Zeit verändert, und umgekehrt. Je präziser wir das eine zu messen versuchen, um so verschwommener wird die Messung des anderen.

Bei vollkommener Leere würden beide Messungen gleichzeitig exakt Null ergeben – Stärke Null und Veränderungsrate Null – beides sehr präzise Angaben. Das Unschärfeprinzip erlaubt jedoch nicht, daß beide Messungen zur gleichen Zeit so genau sind, und deshalb – so interpretieren es die meisten Physiker gegenwärtig – steht der gleichzeitige Wert Null für beide Messungen nicht zur Debatte. Das Nichts ist gezwungen, irgendwelche Werte zu liefern.

Wenn am Beginn des Universums nicht das Nichts gestanden haben kann, was dann? Vielleicht eine kontinuierliche Fluktuation in den Werten aller Felder, ein leichtes Flattern hin zur positiven und zur negativen Seite von Null, so daß sie nicht *genau* Null waren. Doch das sind Energieschwankungen. Wie entsteht aus diesem Prozeß Materie?

Nach Einsteins berühmter Gleichung $E=Mc^2$ kann es auf der linken Seite des Gleichheitszeichens keine Zunahme von E (das heißt Energie) geben, solange nicht auf der rechten Seite auch eine Zunahme von M (das heißt Masse) stattfindet. (Das c steht für die Lichtgeschwindigkeit, und diese kann sich nicht ändern.) Aufgrund dieser Äquivalenz von Masse und Energie würde eine Fluktuation der Quantenenergie die äquivalente

Masse von Elementarteilchen produzieren. Diese Teilchen würden aufgrund ihrer Gravitation einander anziehen, was dazu führte, daß sich die flache Raumzeit krümmt.

Es sieht zunächst so aus, als ob in diesem Szenarium die Bildung von Materie gegen die allgemein anerkannte Regel verstößt, daß Energie oder Materie dem Universum nicht hinzugefügt oder von ihm abgezogen werden kann. Manche Leute meinen, daß dieser Regelverstoß ganz nach einem göttlichen Eingreifen aussieht. Doch in Wirklichkeit handelt es sich in diesem Fall gar nicht um eine Verletzung der Regel. Die gravitative Anziehung ist negative Energie, die die positive Energie der Teilchenmassen ausgleicht – womit ein Nettogewinn von Null bleibt. Auf diese Weise führt die Instabilität und Unvorhersagbarkeit des Quantenvakuums in der flachen Raumzeit zur Geburt des Universums.

Hiermit wäre die Möglichkeit einer weiteren Art von zyklischem Universum gegeben. Angenommen, das Universum, das aus diesem Prozeß hervorgegangen ist, gehörte zu jenem Typus, der sich immer weiter ausdehnt. In einem solchen Universum würde die Materie allmählich immer dünner bis hin zum äußersten Extrempunkt – eine Situation, die sehr an die flache, »leere« Raumzeit erinnert, mit der die ganze Sache begann. Vielleicht würde sich das ganze Schauspiel dann aus sich heraus wiederholen, und zwar in einem weit größeren Maßstab.

Entweder hat dieser Prozeß in der Vergangenheit bereits unendlich oft stattgefunden, oder wir müssen immer noch eine Erklärung dafür finden, wie er beim ersten Mal begann. In einer noch grundlegenderen Version dieser Gratisschöpfung wird beschrieben, wie die Raumzeit selbst entstanden sein könnte. Wir haben gesehen, daß die Ereignisse, die wir auf Quantenebene beobachten, »unverursachte Ereignisse« sein können – Ereignisse ohne eine bestimmte Geschichte. Die Physiker arbeiten noch daran, die Gravitation auf quantenmechanische Art zu erklären, doch manche meinen, daß ein solcher Erklärungsversuch uns eine noch fundamentalere Unschärfe zeigen würde. Und diese würde vielleicht die Möglichkeit eröffnen, die

Entstehung von Raum und Zeit als spontanes, unverursachtes Ereignis zu erklären. Vielleicht gibt es eine mathematisch bestimmbare Wahrscheinlichkeit, daß ein Schnipsel Raumzeit einfach aus dem Nichts heraus entstehen könnte.

Bisher konnte man solche unverursachten Ereignisse nur auf supermikroskopischer Ebene beobachten, und deshalb nimmt man an, daß das die einzige Ebene sei, auf der sie überhaupt stattfinden. Doch wir müssen nicht glauben, daß wir uns durch die Übertragung dieses Prozesses auf die Entstehung des Universums in eine Größenordnung begeben, die höher ist als diejenige, die von der Quantenphysik erforscht wird. Das Samenkorn des Raums wäre wahrscheinlich so groß wie Hawkings Wurmloch, nämlich 10^{-33} Zentimeter. Daß ein solch winziges Fleckchen zur Größe eines ganzen Universums heranwachsen kann, haben wir ja bereits gesehen.

Ein geläufiges Wort lautet: »Das Nichts ist instabil und neigt dazu, in etwas zu zerfallen.« Bei der Berechnung der Wahrscheinlichkeit, ob eher etwas vorhanden ist als nicht, scheint es wahrscheinlicher zu sein, daß etwas da ist. Aus diesem Grund versuchen die Physiker, die Behauptung von Thomas von Aquin auf den heutigen Stand zu bringen, der im 13. Jahrhundert sagte: »Wir müssen also ein Sein annehmen, das durch sich notwendig ist und das den Grund seiner Notwendigkeit nicht in einem anderen Sein hat, das vielmehr selbst der Grund für die Notwendigkeit aller anderen notwendigen Wesen ist. Dieses notwendige Sein aber wird von allen Gott genannt.«[21] Das »Gratis-Universum«-Argument lautet, daß es nicht unbedingt Gott sein muß, was »in sich selbst seine eigene Notwendigkeit« trägt, sondern daß dies mit hoher Wahrscheinlichkeit auch ein einfaches Schnitzelchen Raumzeit sein könnte – was auch Hawkings Frage beantworten dürfte, die da lautet: »Warum muß sich das Universum all dem Ungemach der Existenz unterziehen?«[22] Weil es ihm erheblich mehr Ungemach bereiten würde, nicht zu existieren!

Falls eine der Hypothesen, die wir hier diskutiert haben, richtig ist, liegt der Ursprung des Universums nicht mehr außerhalb der Gesetze der Physik und ist somit für uns nicht mehr unerkennbar. Es gibt keine ins Schloß gefallene Tür – zumindest nicht *hier*. Doch allen, die es nicht gewohnt sind, die Mathematik als einen solch kompetenten Führer zur Wirklichkeit zu betrachten, erscheinen diese Theorien auf den ersten Blick wohl eher wie Science-fiction-Spinnereien als wie wissenschaftliche Fakten. Wenn wir so etwas lesen, passiert es leicht, daß wir mitgerissen werden und ins Träumen geraten. Wir stellen uns die Wurmlöcher vor und malen uns aus, wie die Zeit hereinschwappt, um sich den Raumdimensionen anzuschließen, oder wir phantasieren über das Wabbeln des Nichts und das winzige Stückchen Etwas, das sich ausdehnen und zum gesamten Universum werden soll. Doch dann schauen wir vom Buch hoch, blicken auf die Wände in unserem Zimmer und auf die Bäume draußen vor dem Fenster und vielleicht auf einen Stuhl, der so aussieht wie mein texanisches Exemplar – solide und unbeweglich dort drüben an der Wand –, und denken, jetzt sind wir wieder in die Wirklichkeit zurückgekehrt. Welchen Anspruch kann all diese Naturwissenschaft, die an Science-fiction grenzt, erheben, für »wirklich« in dem gewöhnlichen Sinne genommen zu werden, wie die Gegenstände um uns herum »wirklich« zu sein scheinen? Hat das alles tatsächlich eine Bedeutung für die Frage, ob wir an einen wirklichen Gott glauben oder nicht?

»Wirklichkeit (was immer das bedeuten mag)«

Es gibt das Argument, daß der Urknall die biblische Sicht der Schöpfung bestätigt und für den Atheismus eine Bedrohung darstellt. Es gibt das Argument, daß Hawkings Keine-Grenzen-Hypothese die Notwendigkeit eines Gottes aufhebt. Wenn eine Theorie etwas bestätigen oder eine Bedrohung für etwas sein soll, muß sie für sich beanspruchen können, das korrekte Modell der Wirklichkeit zu sein.
Wir beginnen die Diskussion mit der Urknall-Theorie und

fragen: Wie gültig ist die Behauptung, daß diese Theorie die Geschichte des Universums korrekt wiedergibt?

Die Urknall-Hypothese war nie eine rein mathematische Theorie. Sie entstand aus der Kombination von Beobachtung und Theorie. Auch wenn sie im Vergleich zur Relativitätstheorie und zur Quantenmechanik nicht so stark durch Beobachtungsdaten untermauert werden kann und sicherlich für die praktische Technologie nicht so fruchtbar ist, stellt die Urknall-Theorie keine spekulative Theorie dar wie der Keine-Grenzen-Vorschlag. In Übereinstimmung mit den Kriterien, die wir in Kapitel 3 erörtert haben, erklärt die Urknall-Theorie – weit mehr als ihre ursprüngliche Konkurrentin, die Steady-State-Theorie – eine Vielzahl von verfügbaren Forschungsergebnissen auf relativ einfache, überzeugende und ungekünstelte Weise; und sie verknüpft diese mit anderen stichhaltigen Theorien auf sehr sinnvolle Art, so daß es der weiteren Forschung und dem weiteren Denken dienlich ist.

Doch auch die Urknall-Theorie läßt Rätsel ungelöst und hat lose Enden. Dennoch können wir sagen, daß sie gegenwärtig als eine anerkannte Theorie gilt, als »Standardmodell«, das für die meisten Physiker akzeptabel ist, und daß die Fragen, die sie unbeantwortet läßt, sie nicht ernstlich in Zweifel stellen. Diese Fragen drehen sich eher darum, welche spezielle Version der Theorie korrekt ist – sagen wir zum Beispiel die Inflationstheorie (mit der wir uns in Kapitel 5 noch beschäftigen werden) –, und welche Details ausgearbeitet, verbessert und weiterentwickelt werden sollen. Mit welchem Recht behauptet die Urknall-Theorie, die wahre Geschichte des Universums zu schildern? Mit gutem Recht. Welche tatsächliche Bedeutung hat diese Theorie für die Frage, ob es einen Gott gibt oder nicht? Wenn man Atheist oder Agnostiker ist und seine Überzeugung auf die Hoffnung gründet, daß die Urknall-Theorie nicht die korrekte Version der Geschichte ist und irgendwann von einem gänzlich anderen Modell ersetzt werden wird, sollte man sich besser nach anderer Unterstützung umsehen. Doch trotz manch anfänglicher Panik darf man bezweifeln, ob sich heute noch – in den neunziger Jahren – jemand durch diese Theorie in seinem Atheismus oder Agnostizismus bedroht fühlen muß.

»Am Anfang schuf Gott Himmel und Erde.«[23] In Übereinstimmung mit der Urknall-Theorie (mit Singularität) sollte es besser so heißen: »Am Anfang schuf Gott alles, woraus später das entstehen sollte, was wir heute Himmel und Erde nennen; ebenso schuf er die Regeln, nach denen sich dieser Prozeß vollzog, und Gott war die Ursache, die dies alles in Bewegung setzte.« Für alle, die das Buch Genesis für eine metaphorische oder symbolische Schilderung halten oder in ihm eine schöne und poetische, aber inadäquate Beschreibung von Ereignissen einer Größenordnung sehen, die alle menschliche Darstellungsfähigkeit – einschließlich wissenschaftlicher Erklärungsmuster – übersteigt, ist diese Verbindung von Genesis und Urknall-Theorie bedeutsam. Die Urknall-Singularität schlägt uns die Tür vor der Nase zu und versetzt uns damit in die unangenehme Lage, nicht erklären zu können, wie das Universum begann. Daraus folgt nicht zwingend, daß die unergründbare Erklärung Gott heißen muß, doch zumindest scheint Gott eine ebenso gute Erklärung wie jede andere. Dennoch folgt aus der Urknall-Theorie natürlich nicht, daß man das Buch Genesis wörtlich nehmen sollte.

Es gibt Gläubige, die in der Urknall-Theorie keinen philosophischen Vorteil gegenüber der Steady-State-Theorie sehen. Sie sagen, der jüdisch-christliche Gott erschaffe und erhalte das Universum kontinuierlich und vielleicht auch in Ewigkeit (falls das Universum ewig ist); daher habe das Problem, ob es einen Anfang gegeben hat oder nicht, keine Bedeutung hinsichtlich der Frage, ob Gott der Schöpfer war oder nicht.

Als nächstes müssen wir diejenigen Hypothesen prüfen, die die Singularität zu unterminieren versuchen, nämlich den Keine-Grenzen-Vorschlag, die Theorie der Wurmlöcher und Baby-Universen, die Theorien des pulsierenden Universums und die Theorie des Gratis-Universums: Mit welchem Recht behaupten diese Konzepte, Beschreibungen von etwas zu sein, das vor

zehn oder zwanzig Milliarden Jahren tatsächlich so stattgefunden hat, und welche Bedeutung haben sie dafür, ob wir an einen Gott glauben oder nicht?
Diese Konzepte entstanden nicht in unmittelbarer Reaktion auf Beobachtungsdaten – ja, es gibt bis heute keine direkten experimentellen Daten oder Beobachtungsergebnisse, auf die sie sich stützen könnten. Es ist korrekt, wenn man sagt, daß manche Dinge, die wir beobachten konnten, *vermuten lassen* . . ., doch direkte Beweise, die sie belegen würden, liegen nicht vor. Durch Beobachtung auf der Quantenebene haben wir etwas entdeckt, was wie unverursachte Ereignisse aussieht, doch es ist noch nicht klar, ob wir das, was wir über die Quantenmechanik wissen, auf das gesamte Universum anwenden können. Jedenfalls besteht ein Unterschied zwischen der uns möglichen Beobachtung der Quantenebene und der Betrachtung des Universums, als es 10^{-35} Sekunden alt war oder vielleicht sogar noch jünger. Die Temperaturen und die Dichte, die in dieser Phase geherrscht haben, übersteigen alles, was wir physikalisch unter Laborbedingungen testen können.
Diese Konzepte entstanden als Phantasiegebilde, und manche von ihnen haben sich inzwischen weiterentwickelt. Ihr Anspruch, korrekt zu sein, erwächst hauptsächlich aus Argumenten der mathematischen und logischen Konsistenz und der Eleganz dieser Konsistenz. Daß der von Hartle und Hawking vorgelegte Keine-Grenzen-Vorschlag tatsächlich in sich konsistent ist, konnte noch nicht zu jedermanns Zufriedenheit bewiesen werden. Ob diese Hypothese in Einklang steht mit anerkannten und wohlbegründeten Erkenntnissen über das Universum, ob die Berechnungen und Simulationen, die darauf basieren, zu einem Universum wie dem unseren führen und ob sie mit anderen spekulativen, aber hochgeachteten Theorien in Einklang steht, wie zum Beispiel mit der Superstring- und der Inflations-Theorie – das alles sind Fragen, die bislang nur auf sehr vorläufige Weise beantwortet wurden. Die Superstring-Theorien sind zur Zeit die am höchsten gehandelten Kandidaten für die Vereinheitlichung der Naturkräfte – auch wenn die

String-Theorien mittels Experiment und Beobachtung vermutlich ebenso schwer zu verifizieren sein dürften wie die Hypothesen über den Ursprung des Universums. Es gibt nach wie vor zahlreiche Versionen der String-Theorie, und es ist schwierig zu entscheiden, mit welcher Version eine Kompatibilität erreicht werden könnte.

Wenn wir behaupten, wir würden uns einer letzten Theorie des Universums nähern, müssen wir uns bewußtmachen, daß je näher wir einer solchen Theorie kommen, die Frage um so bedeutsamer wird: Ist das die EINZIGE Theorie, die mathematisch und logisch selbst-konsistent ist, sämtliche Daten und Annäherungstheorien umfaßt, die Konstanten der Natur erklärt und zu einem Universum wie dem unseren führt, während alle anderen Theorien das nicht leisten können?

Heute sind wir noch weit von einer derartig umfassenden und einheitlichen Theorie entfernt. Die Hypothesen, die wir erörtert haben, konzentrieren sich auf die Anfangsbedingungen. Nur in Kombination mit anderen Theorien (eventuell der Superstring-Theorie) könnten sie vielleicht den Rang einer vereinheitlichten Theorie erlangen. Doch selbst im Hinblick auf die Beschreibung der Anfangsbedingungen konnte bisher noch bei keinem dieser Vorschläge gezeigt werden, daß aufgrund der mathematischen Konsistenz ein bestimmtes Modell vorzuziehen sei oder wir uns auf ein Modell beschränken müßten.

Davies hat darauf hingewiesen, daß es unendlich viele Möglichkeiten für die Geometrie des vierdimensionalen Raums in der Frühphase des Universums gibt. Hartle und Hawking haben eine bestimmte Geometrie herausgepickt, weil sie ihnen mathematisch elegant erschien. Doch sie haben nicht gezeigt, daß ihr Modell das einzige ist, das mathematische und logische Konsistenz aufweist; das heißt, andere Möglichkeiten sind nicht ausgeschlossen.

Wenn der Erfolg einer Theorie sosehr vom Scheitern der konkurrierenden Theorien abhängt, dann muß die Möglichkeit bestehen, daß konkurrierende Theorien scheitern – was uns zur Frage der Falsifizierbarkeit führt. Keiner der genannten Vorschläge ist zur Zeit durch direkte Experimente oder direkte Beobachtungen falsifizierbar. Ihre Falsifizierbarkeit hängt primär davon ab, ob es möglich ist, in ihrer inneren mathematischen Logik Fehler aufzuspüren, eine eventuelle Unvereinbarkeit des Modells mit einer allgemein anerkannten Theorie nachzuweisen oder zu zeigen, daß das Modell unvereinbar ist mit dem Universum, wie es sich tatsächlich entwikkelt hat. Mit anderen Worten: Ob sich zeigen läßt, daß ein Universum, das so beginnt wie in der Theorie vorgeschlagen, sich nicht zu dem Universum hätte entwickeln können, das wir heute haben.

Da die Bewertung dieser Theorien so sehr von mathematischer Konsistenz abhängt, ist es angebracht zu fragen, ob wir uns wirklich der Mathematik als unfehlbarem Führer anvertrauen wollen. In Kapitel 3 haben wir Barrows Einwand gehört, daß die Mathematik nicht in jedem Fall in sich widerspruchsfrei ist, sondern durchaus einander widersprechende Lösungen produzieren kann. Barrow behauptet außerdem, daß es nicht möglich scheint, diese Inkonsistenzen zu entdecken, es sei denn durch Zufall. Wir können nicht systematisch vorgehen, um herauszufinden, wo sie lauern und wie man sie vermeiden kann. Die Fehler könnten sehr wohl unbemerkt in den Berechnungen verborgen sein, die vielen der modernen physikalischen Theorien zugrunde liegen. Man muß kein unverbesserlicher Skeptiker sein, um sich zu fragen, ob wir allein mit Hilfe der Mathematik zu verläßlichen Schlüssen über das wirkliche Universum gelangen können.

Eine Wirklichkeit, in der es keine Äpfel gibt

Als Hawking schrieb, eine mathematische Theorie »existiert nur in unserer Vorstellung und besitzt keine andere Wirklichkeit (was immer das bedeuten mag)«[24], war er nicht einfach nur zu faul, einen Begriff zu definieren. Schon in der Alltagssprache ist der Begriff der »Wirklichkeit« nicht eindeutig, doch in der

Sprache der naturwissenschaftlichen Theorie wird die Definition von »Wirklichkeit« noch komplizierter. Es gibt eine mathematische Realität im Sinne der mathematischen Logik und Konsistenz – doch führt diese Realität zwangsläufig zu der Realität, wie wir sie im alltagssprachlichen Sinn kennen, oder zur Realität des absoluten Stuhls an sich? Laut Mathematik ergibt 2 + 2 die Summe 4, und wir können das nachprüfen, indem wir zwei Äpfel nehmen, zwei weitere dazulegen und feststellen, daß es dann tatsächlich vier Äpfel sind – das ist »wirklich« im Sinne unseres Alltagsverständnisses. Doch welche Realität können wir der Gleichung 2 + 2 = 4 zuordnen, wenn wir keine Äpfel oder anderen Objekte haben, die sich zählen lassen?

Auch wenn die meisten sich nicht für Anhänger einer bestimmten Philosophie der Mathematik halten, so sind sie es in gewissem Sinne doch – ich meine hier nicht die bewußt und streng ausgearbeiteten philosophischen Systeme oder solche Lebensanschauungen, wie man sie auf Autoaufklebern findet. In erstaunlichem Maße bestimmt unsere Philosophie der Mathematik, welche Haltung wir gegenüber einer mathematischen Theorie zur Erklärung der Geschichte des Universums beziehen; selbst die Art, wie sich diese Haltung auf unsere religiösen Überzeugungen auswirkt, wird davon beeinflußt. Ein kurzer Überblick über die philosophischen Möglichkeiten, die zur Auswahl stehen, ist hier sicherlich angebracht.

Als wir in der Schule das erste Mal mit der Mathematik in Berührung kamen, glaubten die meisten von uns wahrscheinlich, sie sei eine menschliche Erfindung, eine von Menschen geschaffene Methode, um den Dingen Sinn zu geben, sie zu ordnen und mit ihnen Schritt zu halten – ein brillantes System, das um so besser wird, je länger die Mathematiker daran arbeiten. Doch ohne Menschen, so glaubten wir, gäbe es überhaupt keine Mathematik.

Ich erinnere mich noch deutlich, wie mir zum ersten Mal dämmerte, daß die Menschen die Mathematik nicht erfunden, sondern *ge*funden haben könnten; daß die Mathematik gewissermaßen in der Natur auf ihre Entdeckung warten und die mathematische Wahrheit ein Teil der unabhängigen Realität sein könnte. Dies geschah nicht in der Mathematikstunde, sondern als ich mich im Musikunterricht mit den Obertonreihen beschäftigte. Ich hatte den Eindruck, daß dieses Muster kein vom Menschen erfundenes Ordnungssystem sein konnte. Es hätte es auch gegeben, wenn nie ein Mensch auf der Erde gelebt hätte. Wenn ich recht hatte, daß die Mathematik der Natur innewohnt, dann konnte die von Menschen betriebene Mathematik nur insoweit erfolgreich sein, als sie präzise die Situation widerspiegelt, die in der Natur bereits gegeben ist. Das bedeutete für mich aber nicht, daß die Mathematik, wie wir sie kennen, tatsächlich die Realität adäquat wiedergibt. Doch wenn die Mathematik der Natur innewohnt, dann schien das zu heißen, daß zumindest eine *gewisse* grundlegende Form der Mathematik, wie wir sie kennen oder erst noch entdecken müssen, die Realität adäquat abbildet.

Der Gedanke, daß die mathematische Wahrheit transzendente objektive Wahrheit ist, kommt auch in Penroses Buch *Computerdenken* zum Ausdruck: »Wie ›real‹ sind die Gegenstände der mathematischen Welt? . . . Können sie mehr sein als rein beliebige, vom menschlichen Geist geschaffene Konstruktionen? Andererseits scheinen diese mathematischen Begriffe oft etwas zutiefst Wirkliches an sich zu haben, das weit über die Gedanken jedes einzelnen Mathematikers hinausgeht. Es ist, als würde das menschliche Denken vielmehr an eine ewige, nicht in ihm selbst liegende Wahrheit herangeführt und als besäße diese Wahrheit, die sich jedem einzelnen von uns nur teilweise enthüllt, eine eigene Wirklichkeit.«[25]

Eine Philosophie, nach der die Mathematik der Natur inhärent ist und keine Erfindung des Menschen darstellt, ist mit der Auffassung kompatibel, daß Gott die Erste Ursache des Universums ist, in dem Sinne, wie Thomas von Aquin es formulierte: ». . . das durch sich notwendig ist und das den Grund seiner Notwendigkeit nicht in einem anderen Sein hat, das vielmehr selbst der Grund für die Notwendigkeit aller anderen

notwendigen Wesen ist.« Danach wäre Gott der himmlische Erfinder der mathematischen Wahrheit.
Diese Philosophie, die davon ausgeht, daß die Mathematik von Menschen entdeckt, aber nicht erfunden wurde, erlaubt uns jedoch auch, die mathematische und logische Konsistenz für ein stärkeres Konzept zu halten, demgegenüber Gott keine andere Wahl hatte, als ihm in seiner Schöpfung zu folgen. Sie erlaubt uns sogar, in der mathematischen und logischen Konsistenz eine starke Kandidatin für die Erste Ursache zu sehen, die nicht nur das Universum zu dem gemacht hat, was es ist, sondern seine Existenz sogar unvermeidlich macht. Wäre es vielleicht mathematisch und logisch inkonsistent, wenn das Universum *nicht* exakt so wäre wie es ist? Die Antwort auf Hawkings Frage: »Wer bläst den Gleichungen Odem ein und erschafft ihnen ein Universum, das sie beschreiben können?«[26] könnte lauten, daß die Gleichungen der Odem sind.
Die Philosophie, nach der die Mathematik die letzte, objektive Wahrheit darstellt, erfährt eine noch extremere Ausprägung in der Auffassung, daß die Existenz als mathematisches Modell die Realität IST. Vielleicht sind die Gleichungen nicht nur der Odem, vielleicht sind sie das Universum selbst. Barrow erklärt diesen Standpunkt folgendermaßen: »Aus der Tatsache, daß es ein mathematisches Modell für Leben gibt, folgt, daß Leben – in welcher Form auch immer – existieren muß.«[27]
Wir vervollständigen unsere Liste von Philosophien der Mathematik noch um zwei weitere Varianten: Manche meinen, die Mathematik sei nicht mehr und auch nicht weniger als ein System logischer Ableitungen und Verknüpfungen, ein großes Netzwerk der Selbst-Konsistenz – was sie zu einer Art Spiel macht und die Frage nach ihrem Sinn oder nach ihrer Realität elegant umgeht. Das Gödelsche Theorem der Unvollständigkeit (es besagt, wie schon erwähnt, daß es in jedem mathematischen System, das zumindest die Addition und Multiplikation ganzer Zahlen ermöglicht, mathematische Aussagen geben muß, deren Richtigkeit oder Falschheit nicht aus dem System selbst abgeleitet werden kann) zeigt jedoch, daß die Mathematik

niemals zu einem solch sauberen, in sich geschlossenen Paket zusammengeschnürt werden kann.

Ein vierter philosophischer Ansatz beschränkt die Mathematik auf Abfolgen von aufeinander aufbauenden logischen Konstruktionen – ähnlich der Funktionsweise eines Computerprogramms. Es gab einmal eine Zeit, da dachte man, der Computer werde sämtliche mathematischen Operationen ausführen können, doch heute weiß man, daß es in der Mathematik Funktionen gibt, die sich nicht berechnen lassen. Diese vierte Sichtweise der Mathematik sagt nichts darüber aus, ob mathematische Funktionen, die ein Computer nicht nachvollziehen kann, noch irgendeine praktische Verbindung mit der Realität haben. Wir wissen, daß es mathematische Operationen gibt, die mit einem Computerprogramm nicht simuliert werden können, und manche diese Operationen benötigen wir, um das physikalische Universum zu verstehen.

Angesichts dieser vier unterschiedlichen Auffassungen ist es interessant zu sehen, wie sich Hawking in der folgenden Aussage um das Thema Realität herumdrückt: »Wenn man wie ich einen positivistischen Standpunkt bezieht, haben Fragen bezüglich der Realität überhaupt keine Bedeutung. Das einzige, was man tun kann, ist zu fragen, ob die imaginäre Zeit *nützlich* ist bei der Formulierung mathematischer Modelle, die das beschreiben, was wir beobachten. Und das ist bestimmt der Fall. Man könnte sogar die Extremposition beziehen und sagen, die imaginäre Zeit sei wirklich das grundlegende Konzept, nach welchem das mathematische Modell formuliert werden sollte. Die gewöhnliche Zeit wäre dann ein daraus abgeleitetes Konzept, das wir als Teil des mathematischen Modells einführen, um unseren subjektiven Eindruck des Universums zu beschreiben.«[28] Mit anderen Worten: Die gewöhnliche Zeit ist eine teilweise oder annähernde Beschreibung, die bei der Verarbeitung der Alltagserfahrung nützlich ist, während die imaginäre Zeit eine grundlegendere Beschreibung darstellt, die dazu dient, das Universum zu erklären. Hawking weicht gerne der Frage aus, was wirklich ist. In seiner Art des Denkens sind

Diskussionen über Dinge, die wir niemals in Erfahrung bringen können – wie etwa die Frage, welche Art von Zeit »realer« ist oder ob es einen Gott gibt –, nicht »nützlich« und können auf keinen Fall für eine Entscheidung über die Realität relevant sein. Vielleicht hat er ja recht.
Wenn wir jedoch diese Art des Denkens übernehmen, riskieren wir, die Realität neu zu definieren, anstatt sie zur Diskussion zu stellen. Wir erklären dann nämlich das, »was nützlich ist« und »was wir wissen können« zu unserer neuen »Realität«. Genau dieses Risiko meinte Jane Hawking, die Frau des Physikers, als sie 1988 in einem Interview sagte: »Es gibt einen Aspekt in seinem Denken, der mich zunehmend beunruhigt und mit dem ich nur schwer zurechtkomme. Es ist die Einstellung: weil alles auf eine rationale mathematische Formel reduziert ist, muß das die Wahrheit sein.«[29] Wenn wir unerschütterlich an dem Glauben festhalten, daß die Wahrheit an sich mathematisch ist, könnten wir bei einem völlig verzerrten Bild der Realität enden. Diese Befürchtung hegten auch einige der größten Physiker und Mathematiker, so zum Beispiel Ludwig Boltzmann und James Clerk Maxwell.
Dennoch gelten in der Naturwissenschaft mathematische Konsistenz und Schönheit als außerordentlich wirksame Richtschnur. Diese Erkenntnis geht nicht aus philosophischen Abhandlungen hervor, es handelt sich dabei auch nicht um einen Glaubensartikel, vielmehr lehrt dies lange Erfahrung. Davies schreibt in *The Mind of God*: »... ein Großteil der Mathematik, die in der physikalischen Theorie so außerordentlich effektiv ist, wurde von reinen Mathematikern bloß der abstrakten Übung halber ausgearbeitet, lange bevor sie auf die wirkliche Welt angewendet wurde ... und doch entdecken wir – oft erst nach Jahren –, daß die Natur nach genau den gleichen mathematischen Regeln spielt, die diese reinen Mathematiker bereits formuliert haben.«[30] Natürlich wissen wir nicht, ob daraus zwingend folgt, daß die Natur in allen Zusammenhängen, also auch in dem Sekundenbruchteil, als sie entstand, nach diesen Regeln spielte und weiterhin spielen wird. Wenn die mathema-

tische Wahrheit entdeckt und nicht erfunden wird, haben wir zwar durchaus Grund, darauf zu vertrauen; doch auch dann können wir nicht davon ausgehen, daß wir die mathematischen Regeln der Natur richtig entschlüsseln und nicht bloß in blindem Selbstvertrauen bekannte Regeln in Bereiche hineinprojizieren, in denen sie nicht mehr anwendbar sind – ohne dabei die tiefere mathematische Realität der Natur erklären zu können. Die Vertreter der theoretischen Physik, so stark ihr Glaube an die Mathematik auch sein mag, fühlen sich verpflichtet, die Verbindung zwischen ihren mathematischen Theorien und der Welt, die die meisten von uns als »real« ansehen würden, aufzuzeigen. Solange diese Verbindungen nicht klar sind, würde niemand – auch nicht die Theoretiker selbst – behaupten, daß irgendeine der soeben erörterten Thesen »naturwissenschaftliche Erkenntnisse« im gleichen Sinn wie etwa die Relativitätstheorie oder die Quantenmechanik darstellen.

Attraktiv sind diese Thesen zum Ursprung des Universums nicht nur wegen ihrer mathematischen Schönheit und Konsistenz, sondern vor allem deshalb, weil sie die Singularität umgehen – doch das ist ein sehr zweifelhaftes Kriterium. Vielleicht erhält Hawkings Keine-Grenzen-Hypothese deshalb so viel Zustimmung, weil er die naturwissenschaftliche Grundannahme aufrechterhält, daß es physikalische Gesetze gibt, die überall gelten und die zu erkennen das menschliche Begriffsvermögen nicht übersteigt. So lieb und teuer uns diese Grundannahme auch sein mag und so nützlich sie uns in der Vergangenheit war – bei der Diskussion um die Gültigkeit einer Theorie, wie das Universum entstanden sein könnte, ist sie ein Argument, das sich in den eigenen Schwanz beißt. Vielleicht ein gutes Argument für die Hoffnung, daß diese Theorie korrekt sein möge, doch kein Argument für die Entscheidung, ob sie es auch wirklich ist. Eine Entscheidung auf dieser Grundlage wäre ein Glaubensakt.

Wo wäre dann noch Raum für einen Schöpfer?

Der in Cambridge arbeitende theoretische Physiker und Theologe John Polkinghorne schrieb in einem Artikel für die *Cambridge Review*: ». . . diejenigen, die sich an einer Quanten-Kosmologie versuchen, tanzen zwangsläufig auf dünnem intellektuellem Eis, so hübsch die Pirouetten, die sie dabei drehen, auch sein mögen. Überflüssig zu sagen, daß Stephen Hawking sich dieses Problems sehr wohl bewußt ist. Er meint, es könnten genügend Grundzüge einer möglichen Theorie der Quantengravitation aufgestellt werden, um dem kosmologischen Programm zumindest Sinn zu geben. Zweifellos verdienen es Hawkings Spekulationen, ernster genommen zu werden als die vieler anderer Praktiker, doch es bleiben immer noch Spekulationen.«[31]

Zu behaupten, Hawking oder ein anderer Theoretiker hätten uns gezeigt, daß es keinen Gott gibt, wäre zumindest verfrüht. Dennoch ist damit die Diskussion über die Bedeutung dieser Theorien für den religiösen Glauben noch nicht abgeschlossen, denn sie haben großen Einfluß darauf, wie wir über Gott und das Universum denken. Aber warum, wo sie doch unbewiesen sind und selbst auf Glaubensakten beruhen? Weil sie einen der Gründe für den Glauben an Gott entkräften – daß man das Universum nur dann erklären kann, wenn man einen Gott hat. Indem diese Theorien eine plausible konkurrierende Erklärung anbieten, machen sie den Unglauben zu einer vernünftigen Alternative. Um das zu erreichen, muß eine Theorie nicht nachweisen, daß sie stimmt, sondern nur, daß sie auch nicht unstimmiger ist als die »Theorie«, derzufolge Gott das Universum erschaffen hat. Wenn sämtliche Erklärungen für den Ursprung des Universums gleichermaßen unfalsifizierbar sind, reine Glaubensakte, dann ist die eine so gut wie die andere. Physikalische Erklärungen aber bieten immerhin das Versprechen, daß sie durch zukünftige naturwissenschaftliche Forschungen und Entdeckungen bestätigt werden könnten – was einem Menschen am Ausgang des 20. Jahrhunderts wohl ver-

nünftiger erscheint als das Versprechen, Christus werde wiederkehren und sämtliche Konkurrenztheorien widerlegen.
Die Hypothesen, die wir diskutiert haben, suggerieren, daß wir trotz allem das Universum schließlich ganz aus uns selbst heraus erklären und verstehen könnten, ohne auf die Vorstellung zurückgreifen zu müssen, es gebe einen Schöpfer. Wenn wir die Frage nach der Existenz Gottes einschränken auf die Frage »Ist Gott notwendig?«, dann geben diese Theorien dem Agnostizismus Auftrieb. Wo wir bisher vielleicht erwartet haben zu hören »die Hand, die das geschaffen hat, ist Gottes Hand« – den Ursprung des Universums –, hören wir statt dessen »es muß nicht notwendigerweise eine göttliche Hand im Spiel gewesen sein«. Kein allzu vielversprechender Text für eine Hymne.
Die zentrale Frage unserer Diskussion lautet, ob eine dieser Hypothesen tatsächlich eine ernsthafte Konkurrenz zu der »Theorie« darstellt, derzufolge es einen Gott gibt. Ist eines dieser Denkmodelle, falls es sich als richtig erweisen sollte, eine vollständige Erklärung für den Anfang des Universums? Und was das betrifft: Ist Gott eine vollständige Erklärung?
Wenn eine Theorie präexistente Gesetze, eine präexistente Situation oder einen präexistenten Zusammenhang als gegeben voraussetzt und insbesondere wenn wir wissen, was diese Situation oder dieser Zusammenhang sein müßte, haben wir nicht wirklich eine vollständige Erklärung oder einen Kandidaten für die Erste Ursache, die nicht selbst verursacht wurde. Ein pulsierendes Universum benötigt ein vorausgehendes Pulsieren. Und es muß ein Universum sein, das bestimmten Gesetzen folgt, die dafür sorgen, daß ein Pulsieren stattfinden kann. Warum sollte es zwangsläufig diese Art von Universum sein? Woher kommen diese Gesetze? Wenn »etwas« wahrscheinlicher sein soll als »nichts«, benötigt man einen Kontext, innerhalb dessen dies statistisch nachgewiesen ist. Die Voraussetzung für ein »Gratis-Universum« ist, daß das Unschärfeprinzip wirksam ist. Deshalb fragt Polkinghorne: »Wer schuf die Quantentheorie? Die bekommen Sie nicht umsonst.«[32]

Also ist es überhaupt nicht »gratis«. In all diesen Fällen sind vorangegangene Gesetze oder Ereignisse oder Randbedingungen vonnöten – Dinge, die man nicht »umsonst« bekommt. Wir haben keine Erste Ursache gefunden, und es bleibt immer noch die Frage, wie es dazu kam, daß die Dinge so sind, wie sie sind. Es mag uns vielleicht gelingen, den Schöpfer einige Schritte weit zurückzudrängen, doch die Notwendigkeit eines Schöpfers – oder zumindest einer Ursache – beseitigen wir damit nicht.

Könnten die zugrundeliegenden Gesetze, Situationen oder Zusammenhänge *selbst* die Erste Ursache sein? Vielleicht haben die Gesetze, Situationen oder Zusammenhänge etwas so Zwingendes an sich, daß sie sich selbst ins Leben gerufen haben und die Anerkennung ihrer Autorität unvermeidlich ist. Wenn dem so ist, nach welchem Maßstab bemißt sich dieses »Zwingende«? Die Antwort hierauf könnte lauten: Nach dem Maßstab der mathematischen und logischen Konsistenz wären nur diese Bedingungen, Gesetze oder Richtlinien zufriedenstellend, und diese Bedingungen, Gesetze und Richtlinien machen das Universum unvermeidlich. Wir sind weit davon entfernt, nachweisen zu können, daß das bei irgendeiner der Alternativen, die wir diskutiert haben, der Fall ist, doch gehen wir einmal davon aus, es wäre so. *Dann* könnten wir vielleicht sagen, wir haben die Erste Ursache gefunden: Die mathematische und logische Konsistenz diktieren, daß das Universum auf diese und keine andere Weise seinen Ursprung hatte und sich entwickelte. Jede andere Möglichkeit, nach der es hätte geschehen können – oder überhaupt nicht hätte geschehen können –, ist unlogisch und inkonsistent; es gibt keine andere Wahl.

Die Hoffnung mancher Leute, die nach einer Vollständigen einheitlichen Theorie suchen, liegt genau darin – daß diese Theorie mehr sein wird als die Vereinheitlichung der Kräfte, Elementarteilchen und Anfangsbedingungen; mehr auch als eine Vereinheitlichung, aus der ersichtlich wird, wie die Kräfte, Elementarteilchen und Anfangsbedingungen miteinander verknüpft sind. Diese Leute hoffen, am Ende nur eine einzige

Annahme zu benötigen, nämlich die, daß es eine fundamentale mathematische Logik gibt, die nicht anders sein kann, als sie ist, und aufgrund derer alles, was real ist, zugleich unvermeidlich ist.

Könnten wir dann immer noch auf der Frage beharren, wer die mathematische und logische Konsistenz erfunden hat? Bekommen wir diese umsonst? Diese Frage könnten wir stellen, doch wir dürfen nicht vergessen, daß wir auch fragen können, wer Gott erfunden hat. An diesem Punkt, so scheint es, geraten wir tatsächlich in eine Pattsituation. Wenn unser Glaube fordert, daß die Erste Ursache »naturwissenschaftlich« sein muß und nicht »religiös«, dann müßte die mathematische und logische Konsistenz der Kandidat unserer Wahl für die Erste Ursache sein.

Könnten wir dann immer noch glauben, daß Gott das Universum erschaffen hat? Ja, aber wenn Gott keine andere Wahl hatte, als seine Schöpfung entsprechend einer Logik auszuführen, die fundamentaler ist als er selbst, ist dann Gott wirklich die Erste Ursache von allem, was existiert? Das könnten wir vielleicht behaupten, vorausgesetzt, Gott hatte zumindest die Wahl, *ob* er erschaffen will. Vielleicht könnten wir auch beide Erste Ursachen gleichzeitig haben: Gott, seinem Wesen nach »mathematisch und logisch konsistent«, der zugleich diese Konsistenz definiert. Auf der anderen Seite – falls Gott stärker ist als jedes System der Logik, falls Gott die ganze logische und mathematische Konsistenz erfunden hat, dann ist Gott die Erste Ursache.

Die Diskussion ist hier noch nicht zu Ende, doch wenn wir uns auf das beschränken, was bisher in diesem Buch zutage gefördert wurde, haben wir tatsächlich eine Pattsituation zwischen zwei Kandidaten für die Erste Ursache: zwischen Gott und der mathematischen und logischen Konsistenz. Man könnte weiterhin darüber spekulieren, doch es würde wohl nichts anderes dabei herauskommen, als daß wir gegenwärtig über keine naturwissenschaftliche Methode verfügen, die beiden Ansätze zu beweisen beziehungsweise zu widerlegen, und daß es wahrscheinlich auch niemals möglich sein wird, diese Frage mit Hilfe der Naturwissenschaft zu entscheiden. Seine Stimme für einen der beiden Kandidaten abzugeben, ist reine Glaubenssache.

Der dritte Kandidat

Hawking und Hartle haben nun die Tollkühnheit besessen, einen dritten Kandidaten zu nominieren . . . das Universum. In ihrem Keine-Grenzen-Modell IST das Universum einfach, ohne daß jemand es erschaffen oder verursacht haben muß. Wir wollen uns deshalb mit dem Universum als Kandidaten für die Erste Ursache beschäftigen, um herauszufinden, ob es mit den beiden bisherigen Bewerbern in der Kunst, dem anderen immer um eine Nasenlänge voraus zu sein, mithalten kann.
»Wenn das Universum keine Grenzen hat, aber in sich geschlossen ist . . . dann hätte Gott keinerlei freie Wahl gehabt, wie er das Universum beginnen lassen möchte«[33], schreibt Hawking. Doch wenn Gott keine Wahl hatte, warum hatten dann Hartle und Hawking eine? Hawking hat gesagt, daß »die Randbedingungen des Universums darin bestehen, daß es keine Ränder gibt«. Es stimmt, daß das von ihm vorgeschlagene Universum keine Grenzen in Raum und Zeit hat, doch in gewissem Sinne hat es immer noch Randbedingungen. Eine gängige Definition von Randbedingungen (in diesem Fall Anfangsbedingungen) lautet, daß es die Bedingungen sind, die zu Beginn eines Experiments herrschen – der Ausgangszustand von allem, was an dem Experiment beteiligt sein wird. Doch wir haben auch schon andere Bedeutungen dieses Begriffs kennengelernt. Randbedingungen können die zugrundeliegende Logik und die Gesetzmäßigkeiten sein, die Versuchsanordnung, die benötigt wird, damit die angezielte Situation überhaupt eintreten kann, ohne Bezug auf die Zeit oder einen Anfang. Ein Universum wie das Keine-Grenzen-Universum, das zwar keine Grenzen von Zeit und Raum kennt, in dem aber weder Zeit noch Raum unendlich sind, könnte es tatsächlich nur dann

geben, wenn Hartle und Hawking einige ziemlich spezifische Randbedingungen dieser zweiten Art voraussetzten.
Hartle und Hawking legten ihre Randbedingungen fest, indem sie eine spezifische mathematische Formulierung wählten, die den Quantenstatus des Universums stark begrenzt – eine mathematische Formulierung, die sie aus ästhetischen und anderen Gründen gewählt haben: sie ist mathematisch elegant, sie wirkt eher plausibel als gekünstelt, und mit ihrer Hilfe kann man die Notwendigkeit einer Singularität ausschalten. Hawking hat betont, daß diese mathematische Formulierung nicht aus irgendwelchen anderen physikalischen Prinzipien abgeleitet wurde. Niemand konnte bislang nachweisen, daß sie die einzige mathematische Formulierung darstellt, die selbst-konsistent ist und das Universum, das wir beobachten, erklären könnte. Hartle und Hawking haben Randbedingungen festgesetzt, die zu ihrem Keine-Grenzen-Universum passen, die diesem Universum die Existenz überhaupt erst ermöglichen. Auf welche Weise ist denn nun der Keine-Grenzen-Vorschlag anders oder fundamentaler als die übrigen bisher erörterten Hypothesen über den Ursprung des Universums? Sicherlich setzt auch dieses Keine-Grenzen-Universum einen Zusammenhang, eine Situation, eine mathematische Formulierung voraus, ohne die es dieses Universum nicht geben könnte. Wir können also weiterhin fragen: Warum gerade dieser Zusammenhang, warum gerade diese mathematische Formulierung?
Der Unterschied ist sehr subtil. Hartles und Hawkings Abschaffung eines »Anfangs« spielt dabei eine Schlüsselrolle: Ihr Universum muß nicht als Teil eines Kontinuums von Raum oder Zeit betrachtet werden, das alles beinhaltet außer sich selbst. Falls sich herausstellen sollte, daß allein die mathematische Formulierung, die Hartle und Hawking verwenden, dieses Universum so hervorgebracht haben könnte, wie wir es vorfinden, und falls dieses Universum vollständig in sich selbst begrenzt und sowohl im Raum als auch in der Zeit selbst-konsistent ist, dann ist der Zusammenhang, den dieses Universum

voraussetzt – es selbst. Die Antwort auf das »Warum?« lautet dann logischerweise: »Weil das offenbar das ist, was IST.« Das Universum diktiert die Randbedingungen, die für seine Existenz nötig sind – weil es existiert. Was IST, das heißt die physikalische Realität, wird dadurch zu einem stärkeren Konzept als Gott.

Um diesen komplizierten Gedankengang zusammenzufassen: Hartle und Hawking meinen nachweisen zu können, daß die einzige Art und Weise, wie das Universum zu dem geworden sein kann, was es ist, darin besteht, daß es ein Universum gewesen sein muß, in dem zu einem bestimmten Zeitpunkt in der imaginären Zeit die Zeitdimension identisch wurde mit den Raumdimensionen, und zwar auf genau die Weise, wie sie es beschreiben. Wenn das nur bei Verwendung der speziellen mathematischen Formulierung möglich war, die sie benutzt haben, dann hatte Gott keine Wahl bei der Gestaltung DIESES Universums, und auch Hartle und Hawking hatten keine andere Wahl. Und falls es außerdem keine Zeit gab, als das Universum nicht existierte, dann konnte Gott auch nicht darüber entscheiden, wann er es erschaffen wollte oder ob er es erschaffen wollte. Dann gibt es überhaupt keine Wahl mehr.

Bevor wir weitergehen, sollten wir fragen, ob ein Wurmloch-Universum ebenfalls ein Keine-Grenzen-Universum ist. Man kann es so verstehen, weil es zwar ein Eltern-Universum geben muß, aber die »Zeit«, in der sich das Wurmloch bildet und das Baby-Universum geboren wird, imaginäre Zeit ist. Für manche ihrer Befürworter ist die Wurmloch-Theorie ein dreifacher Kandidat für eine Vollständige einheitliche Theorie, weil sie die Gesetze der Physik und die Anfangsbedingungen vereint und sogar die Konstanten zu einem guten Teil erklärt. Wir werden hierzu in Kapitel 5 mehr erfahren.

Die erste aller Geschichten von der Henne und dem Ei

Zuerst einmal wollen wir allen, die Gott als Kandidaten für die Erste Ursache favorisieren, die Möglichkeit geben, den dritten Bewerber – das Universum – aus dem Rennen zu schlagen. Don Page, ein enger Freund Hawkings, der mit ihm zusammen mehrere wissenschaftliche Aufsätze verfaßt hat und Ende der siebziger Jahre als Postgraduierten-Student in Cambridge bei den Hawkings wohnte, forscht und lehrt heute als Professor an der Universität von Alberta, Kanada. Als gläubiger Christ hat er Hawkings Frage nach der Notwendigkeit eines Schöpfers zu beantworten versucht. Page meint, Hawking habe die Notwendigkeit Gottes nicht widerlegt. Nach jüdisch-christlicher Sicht »schuf Gott das gesamte Universum und erhält es; er ist nicht nur dessen Ursprung. Ob das Universum einen Ursprung hat oder nicht, ist bedeutungslos für die Frage seiner Erschaffung, ähnlich der Frage, ob der Pinselstrich eines Künstlers einen Anfang und ein Ende hat oder etwa einen endlosen Kreis bildet, keine Bedeutung hat für die Frage, ob er gemalt worden ist.«[34]
Die Behauptung, daß Gott das Universum nicht nur erschaffen hat, sondern auch kontinuierlich erhält, wird im Neuen Testament im Brief des Paulus an die Kolosser formuliert: »Denn in ihm [gemeint ist hier Christus] ist alles geschaffen. Und er ist vor allem, und es besteht alles in ihm.«[35]
Ein Kreis *hat* einen Anfang – den Augenblick, wenn der Künstler ihn zeichnet oder stempelt oder nach welcher Methode auch immer er vorgeht. Es ist ein Anfang in der Dimension, die wir »Zeit« nennen, einer Dimension, die in dem Kreis selbst nicht enthalten ist. Aus diesem Grund ist ein Kreis wahrscheinlich keine gute Analogie für das Keine-Grenzen-Universum – ein Universum, das außerhalb seiner selbst keine Zeitdimension hat, anders als der Kreis von Page, bei dem das »Zeichnen«, »Stempeln« oder »Anfangen« sich ereignen kann. Davies unterstützt indirekt die Ansicht von Page, indem er sagt: »Obgleich Hawking ein Universum vorschlägt, das keinen festgelegten zeitlichen Ursprung hat, kann man in dieser Theorie mit

Recht sagen, daß das Universum nicht schon immer existiert hat.«[36] Davies hat insofern recht, als im Keine-Grenzen-Universum die Zeit nicht unendlich ist. »Schon immer« ist allerdings eine irreführende Formulierung, denn »schon immer« hat – wie viele unserer Wörter – nur dort eine Bedeutung, wo es eine Zeitdimension gibt. Hawking betont hingegen, es sei sinnlos, von einer anderen Zeit zu sprechen als der, in der das Universum existierte. Und der heilige Augustinus meinte im Hinblick auf die Diskussionen über die Zeit vor Beginn der Zeit: »So mögen sie denn begreifen, daß ohne Schöpfung keine Zeit sein kann, und sollen aufhören, solche Torheiten zu reden.«[37] Es gab keine solche »Zeit«. Wir könnten Augustinus folgen und sagen, Gott existiere außerhalb von Raum und Zeit und *könne* ein Universum wie das Keine-Grenzen-Universum schaffen und erhalten, in dem die Zeit existiert, ohne daß sie einen Anfang hat. Doch das Keine-Grenzen-Universum scheint auch ohne einen solchen Gott existieren zu *können*.

Eine weitere Frage: Selbst wenn sich herausstellen sollte, daß das Modell von Hartle und Hawking die einzige Möglichkeit ist, genau DIESES Universum zu erhalten – wer hat dann festgelegt, daß genau dieses Universum das Ziel sein soll? Die beste Erwiderung darauf wäre, daß wir eben dieses und kein anderes Universum haben, wodurch die Idee einer Wahlmöglichkeit sinnlos wird. Diese Antwort würde aber nicht wirklich die Behauptung widerlegen, daß Gott diese Wahl getroffen hat, um ein Universum zu bekommen, das für Menschen geeignet ist. In Kapitel 5 werden wir das anthropische Prinzip diskutieren, demzufolge sogar die Tatsache, daß das Universum dem Menschen in bemerkenswerter Weise entspricht, kein zwingender Grund für die Annahme ist, daß es einen Gott gibt.

Ein weiterer Vorschlag zugunsten von Gott als Erster Ursache stammt von dem Physiker Karel Kuchar[38], der zwar selbst kein gläubiger Christ ist, aber offenbar Kontroversen zu lieben scheint: Sich selbst keine Wahl zu lassen – vielleicht war DAS Gottes Wahl. Warum sollte Gott beschließen, sich selbst keine Wahl zu lassen, und dadurch die Tatsache verbergen, daß er es doch tat? Vielleicht zog Gott es vor, ein Universum zu haben, in dem er überflüssig erscheint, weil ein solches Universum uns keine Lücken zeigt und keine Rätsel aufgibt, wo wir göttliches Handeln vermuten müßten. Vielleicht wollte uns Gott die Freiheit geben, selbst darüber zu entscheiden, ob wir an ihn glauben wollen oder nicht; vielleicht wollte Gott einfach nicht im physikalischen Universum entdeckt werden, weil uns das einschüchtern und uns die Willensfreiheit rauben würde. Das Keine-Grenzen-Universum wäre eine geniale Methode, falls Gott gewollt hat, daß wir die göttliche Hand in der Schöpfung nicht erkennen sollen. Doch das Keine-Grenzen-Universum scheint auch ohne einen solchen Gott existieren zu *können.*

Als nächstes nun ein Einwand gegen das Universum als Erste Ursache, vorgetragen von denjenigen, die die mathematische und logische Konsistenz als Erste Ursache favorisieren: Der Keine-Grenzen-Vorschlag setzt etwas Grundsätzlicheres voraus als eine bestimmte mathematische Formulierung. Er setzt voraus, daß das Universum der mathematischen und logischen Konsistenz folgt. Oder vielleicht nicht?

Es gibt einen Denkansatz, demzufolge das Universum, das einfach IST, über die mathematische und logische Konsistenz bestimmt, das heißt, daß es sie darauf beschränkt, so zu sein, wie sie sind. Das ist eine ziemlich obskure Vorstellung, die man sich am besten mit Hilfe einer Analogie verdeutlicht: Früher dachte man einmal, Raum und Zeit seien absolut. Doch dann wies Einstein nach, daß die Zeit für unterschiedliche Beobachter unterschiedlich schnell vergeht und daß Materie und Energie im Universum eine Verwerfung in der Raumzeit verursachen. Hawking meinte hierzu: »Unsere Wahrnehmung vom Wesen der Zeit veränderte sich; zuerst glaubten wir, sie sei unabhängig vom Universum, dann sahen wir, daß sie von ihm bestimmt war.«[39] In dieser Aussage kommt nicht genügend deutlich zum Ausdruck, daß eine Beeinflussung in zwei Richtungen stattfindet. John Wheeler hat dies in Versform zusammengefaßt: »Die Raumzeit beherrscht die Masse / Sie sagt ihr, wie sie sich bewegen soll / Und die Masse beherrscht die

Raumzeit / Sie sagt ihr, wie sie sich krümmen soll.«[40] Klar ist, daß Raum und Zeit und die Anordnung und Bewegung der Objekte im Universum heute nur noch als miteinander verknüpft gedacht werden können. Deshalb ist es wohl auch legitim, zu spekulieren, daß wir zwar heute die mathematische Logik für etwas Absolutes halten, aber eines Tages eventuell herausfinden könnten, daß sie das keineswegs ist, sondern nur eben nicht anders als verknüpft mit diesem besonderen physikalischen Universum gedacht werden kann. Es könnte sein, daß die mathematische und logische Konsistenz selbst irgendwie geformt werden von der Art, wie das Universum eben IST. Gott IST einfach. Mathematische und logische Konsistenz SIND einfach. Das Universum IST einfach. Wir könnten annehmen, daß drei Erste Ursachen in Wirklichkeit eine sind – Gott, die mathematische und logische Konsistenz und das Universum –, in vollkommener Eintracht existieren und sich gegenseitig definieren. Doch ganz abgesehen von einer solchen unorthodoxen Dreieinigkeit scheint es, daß eine der drei die unverursachte Erste Ursache sein muß, ohne Antwort auf die Frage warum oder wie. Hier, am Ende von Kapitel 4, können wir nur sagen, daß keine der drei in der Lage scheint, die beiden anderen aus dem Rennen zu schlagen. Aber haben wir tatsächlich bereits die ganze Kandidatenliste begutachtet?
In Kapitel 5 werden wir unsere Vorgehensweise ändern und versuchen, Naturwissenschaft und Religion so gegenüberzustellen, daß keine Pattsituation mehr entstehen kann.

5

Der schwer faßbare Geist Gottes

*In jedem wahrhaften Naturforscher steckt eine Art
religiöser Ehrfurcht; denn er hält es für nicht möglich,
daß er es ist, der die außerordentlich feinen Fäden
ersonnen hat, durch die seine Wahrnehmungen
miteinander verbunden sind. Jenes Wissen, das noch
nicht offenbar geworden ist, gibt dem Forschenden ein
Gefühl, das dem eines Kindes gleicht, das sich bemüht,
der souveränen Handhabung der Dinge durch die
Erwachsenen nachzueifern.*
Albert Einstein

Fünf Alternativen für den Ursprung des Universums hat die theoretische Physik vor uns ausgebreitet. Gott kommt in keiner von ihnen vor. Statt dessen haben wir jedoch zwei Kandidaten gefunden, die Gott den Platz als Erste Ursache streitig machen wollen – und keinerlei Möglichkeit, sie objektiv zu beurteilen. Es gibt wahrscheinlich keinen Menschen auf der Welt, der in der Lage wäre, eine vollkommen objektive Entscheidung zwischen den drei anderen zu treffen – selbst wenn er weit mehr Wissen aufbieten könnte, als wir gegenwärtig besitzen; immer würde eine mehr oder weniger offen zutage tretende persönliche Präferenz den Ausschlag geben. Deshalb wollen wir einen Außerirdischen, der unser Universum noch niemals gesehen hat, einladen, die Kandidaten zu inspizieren. Wenn sich der Außerirdische mit der Art und Weise, wie wir Wissenschaft betreiben, und mit unseren menschlichen Maßstäben und unserer Logik vertraut gemacht hat und wenn er alle wissenschaftlichen Entdeckungen, Theorien und Argumente kennen würde, die uns bisher in diesem Buch begegnet sind: könnte dieser Außerirdische dann zu dem Ergebnis kommen, daß Gott die Erste Ursache unseres Universums ist? Gewiß nicht. Nirgendwo in all dieser Wissenschaft haben wir vernünftigerweise den Satz gehört: »Die Hand, die das geschaffen hat, ist Gottes Hand.« Könnte der Außerirdische zu dem Ergebnis gelangen, daß das Prinzip der mathematischen und logischen Konsistenz des Universums dessen Erste Ursache ist? Wieder müssen wir mit Nein antworten. Die Aussagen aller drei Kandidaten sind also weder zu verifizieren noch zu falsifizieren.

Der Außerirdische könnte weiterzukommen versuchen, indem er sagt: »Die wissenschaftlichen Erklärungen, auch wenn sie weder beweisbar noch falsifizierbar sind, legen den Schluß nahe, daß das Universum einfach IST oder daß die mathematische und logische Konsistenz einfach SIND. Gilt das in ähnlicher Weise auch für Gott? Gibt es mehr als die Beweisführung ex negativo, daß Gott nicht widerlegt werden kann?«

Dies ist eine berechtigte Frage. Über die Unfähigkeit der Naturwissenschaft, uns ein klares und vollständig objektives Urteil der endgültigen Realität zu liefern – den Stuhl an sich –, ein Urteil, das von keinem Standpunkt oder Kontext eingeschränkt ist, könnten wir bis in alle Ewigkeit diskutieren. Wir könnten darauf hinweisen, daß Theorien wie der Keine-Grenzen-Vorschlag allzu spekulativ sind, um als endgültige Antwort gelten zu können, und daß selbst, wenn dies kein Problem wäre, man immer noch fragen müßte, ob dies die einzige mathematisch und logisch konsistente Theorie über den Ursprung des Universums ist. Wir könnten auch betonen, daß wir nicht alles wissen, was man im Bereich der Mathematik wissen kann, und fragen, ob die Mathematik in sich selbst vollkommen logisch und konsistent ist. Wir könnten damit argumentieren, daß es offenbar auch in der Mathematik logische Widersprüche gibt. Wir könnten Gödel und andere zitieren, die gezeigt haben, daß die Wahrheit über die Überprüfbarkeit hinausgeht. Wir könnten sogar fragen: »Wer hat entschieden, daß für uns DIESE mathematische Konsistenz und diese Logik gilt und keine andere?« All dies sind Gründe, weshalb wir die wissenschaftlichen Erklärungen nicht so ohne weiteres schlucken und uns nicht einfach damit zufriedengeben können. Doch andererseits sind sie keine positiven Gründe, die für einen Glauben an Gott sprechen.

Haben wir bisher einen Beweis gefunden, der auf die Existenz Gottes hindeutet? Wir haben gesehen, daß trotz des Einwands, naturwissenschaftliche Erkenntnisse hätten keinen ethischen Gehalt, dem Menschen (und nicht zuletzt auch dem Naturwissenschaftler) ein innerer Kompaß eingebaut zu sein scheint, der ihn auf die Wahrheit zu- und vom Irrtum weg-, auf das Wissen zu- und von der Unwissenheit weg-, auf die Rationalität zu- und von der Verwirrung wegführt; und diese Ausrichtung ist auch mit bestimmten Werten belegt. Wer oder was hat diesen Kompaß eingestellt? Wer oder was hat entschieden, daß es überhaupt eine solche Orientierung geben müsse? Wir haben weiterhin gesehen, daß das Universum auf allen Ebenen planvoll und rational scheint. Andere Erklärungen wirken ein wenig gekünstelt im Vergleich zu der Schlußfolgerung, es müsse ein planender Geist dahinter stecken. Dies sind Argumente dafür, daß es einen Gott gibt, doch es sind keinesfalls schlüssige Argumente. Es bedarf schon größerer Anstrengungen, um die anderen Kandidaten aus dem Rennen zu schlagen.

Unter Beschränkung auf das, was wir bisher in diesem Buch behandelt haben, können wir folgendes sagen: Wir haben mit der Naturwissenschaft zwar nicht Gott gefunden, aber die Möglichkeit, daß es ihn gibt, verschwindet auch nicht einfach durch irgendeinen Zaubertrick, den uns die Wissenschaft bislang vorführen konnte. Nur durch einen Akt des Glaubens an Gott oder an die Naturwissenschaft kann jemand an diesem Punkt einen der Mitbewerber um die Erste Ursache zum Sieger erklären.

Nun meinen Sie vielleicht, wir seien auf unserer Suche nach der endgültigen Wahrheit kaum weiter, als wir schon in Kapitel 1 waren. Ist es nicht schon ein Fortschritt, daß wir die weitverbreitete Vorstellung, die Wissenschaft könne uns auf dieser Ebene die Antwort auf die Frage nach der Existenz Gottes liefern, aus dem Weg geräumt haben? Am Anfang seines Buches *The God Particle* schreibt der Physiker und Nobelpreisträger Leon Lederman: »Immer wenn Sie etwas über die Geburt des Universums lesen oder hören, ist ein Hirngespinst mit im Spiel.«[1] Wenn Genesis 1 ein Phantasieprodukt ist, so gilt das gleiche für weite Teile von Kapitel 8 in *Eine kurze Geschichte der Zeit*.

Zum Glück für unseren Wissensdrang muß die Diskussion hier nicht zwangsläufig abbrechen. Der Augenblick ist gekommen, an dem wir aufhören müssen, die Religion als einen monolithischen Block zu betrachten, als etwas, das uns lediglich glauben machen will, es gebe einen Gott, und Gott sei die Erste Ursache des Universums. Auf den folgenden Seiten werden wir andere Gottesvorstellungen mit der Naturwissenschaft des ausgehenden 20. Jahrhunderts konfrontieren. Können wir aus tiefster Überzeugung und ohne Wenn und Aber an die Naturwissenschaft des ausgehenden 20. Jahrhunderts *und* an Gott glauben – oder wäre dies zweigleisiges Denken oder eine andere intellektuelle Unredlichkeit? *Gibt* es hier einen Konflikt, und wenn ja, worin genau *liegt* dieser Konflikt?

Gott als Verkörperung der physikalischen Gesetze

Als Hawking einmal im Fernsehen gefragt wurde, ob er an Gott glaube, antwortete er, er »benutze den Begriff Gott lieber als Verkörperung der physikalischen Gesetze«.[2] Der amerikanische Physiker Bryce DeWitt sagte mir, er »glaube, viele [Physiker] denken genauso«.

Wenn man Gott als »Verkörperung der physikalischen Gesetze« sieht – meint man damit, daß »Gott« nur Physikern zugänglich ist? Ich habe diesen Gedanken einmal beiläufig Physikern aus Cambridge unterbreitet; sie antworteten einmütig, dies wäre dann doch ein »recht armseliger Gott«. Vielleicht war diese Bescheidenheit nur gespielt. Doch ich habe nicht den Eindruck, daß die meisten Physiker sich als Hohepriester der Erkenntnis betrachten, wie sehr wir sie auch in diese Rolle hineindrängen wollen.

Da Hawking seine Worte nicht unbedacht wählt, darf man wohl ruhig nachfragen, was der Begriff »Verkörperung« hier alles impliziert. Hawking denkt sicher nicht an eine Inkarnation der physikalischen Gesetze in einem personalen Wesen. Vielleicht wollte er sagen, daß die meisten Menschen, wenn sie über Gott sprechen, nur die Gesetze der Physik anthropomorphisieren. Oder er meinte, diesen Gesetzen wohne ein eigenständiges Leben oder eine kreative Kraft inne – darüber haben wir schon in Kapitel 4 spekuliert, als wir sagten, die Gleichungen könnten der zündende Funke sein. »Gott als Verkörperung der physikalischen Gesetze« – diese Aussage hat für verschiedene Menschen zweifellos ganz unterschiedliche Bedeutungen. Meist ist damit wohl die folgende Vorstellung verbunden: Alles, was ich über die Macht wissen kann, die das Universum in Gang hält, ist in den Gesetzen der Physik ausgedrückt, also muß ich es dabei belassen; von sinnlosen Spekulationen einmal abgesehen, kann ich diese Gesetze und ihre Struktur denn auch gleich Gott nennen.

Offensichtlich gibt es keinen Widerspruch zwischen dieser Vorstellung von »Gott als Verkörperung der physikalischen Gesetze« und einem Glauben an die Naturwissenschaft. Allerdings . . .

Ein Drahtzieher im Hintergrund

Angenommen, jemand hält Gott nicht für die Verkörperung der physikalischen Gesetze, sondern für deren *Quelle*; er glaubt an einen Gott hinter den und jenseits der Gesetze – oder, noch grundlegender – an Gott als den Schöpfer eines Umfelds, in dem solche Gesetze zwangsläufig entstehen und ein Universum hervorbringen mußten. Ein solcher Gott muß kein personales Wesen sein. Ein planender Geist vielleicht? Doch wir dürfen nicht erwarten, dafür einen passenden Begriff oder eine geeignete Vorstellung zu haben. Einstein schrieb von seiner tiefen Ehrfurcht gegenüber der »Rationalität, die in der Existenz zum Vorschein kommt« und davon, daß er nach »jener demütigen Geisteshaltung gegenüber der Größe der Vernunft« strebe, »die der Existenz innewohne und die in seinen tiefsten Tiefen dem Menschen unzugänglich ist«. Und weiter: »Diese Haltung erscheint mir als eine religiöse Haltung im besten Sinn des Wortes.«[3]

Mit dieser Äußerung wird Hawkings Satz umgekehrt: Gott ist demnach nicht mehr die Verkörperung der physikalischen Gesetze. Die physikalischen Gesetze sind vielmehr die Verkörperung einer grundlegenderen »Rationalität«, der wir durchaus den Namen »Gott« geben könnten. Die »Vernunft« in diesen »tiefsten Tiefen« liegt jenseits unserer Möglichkeiten, unvorstellbar und unerreichbar in einer Weise, wie es die physikalischen Gesetze nicht sind. Wir können uns vorstellen, daß ein solcher Gott auch dann existierte, wenn es das Universum und die physikalischen Gesetze überhaupt nicht gäbe. Für Hawkings Gott wäre das nicht möglich. Aber Hawking scheint wiederum auch Einsteins Philosophie nahe zu kommen, wenn er fragt: »Wer bläst den Gleichungen den Odem ein und erschafft ihnen ein Universum, das sie beschreiben können?«[4]; wenn er weiter behauptet, daß wir dann, wenn wir erst einmal die Vollständige einheitliche Theorie verstanden haben, zum »endgültigen Triumph des menschlichen Geistes« gelangen werden, zur Erkenntnis des Geistes Gottes. Dieser letzte Triumph ist das, was Einstein für unerreichbar hielt.

Der Glaube an einen solchen Gott beinhaltet nicht notwendigerweise, daß Gott irgendeine besondere Absicht mit der Schöpfung verfolgt oder weiterhin etwas mit ihr zu tun hat. Er beinhaltet lediglich den Glauben, daß es eine »Rationalität« – wie Einstein formuliert – oder einen »Geist Gottes« – wie

Hawking sagt – gibt (oder gab) und daß ihre Existenz auf irgendeine Weise das Universum entstehen ließ. Punktum.
Widerspricht die Naturwissenschaft dem Glauben an einen solchen Gott? Nein. Jede Theorie, ganz gleich, wie grundlegend ihre Reichweite ist, die Fragen aufwirft wie: »Weshalb sollte das Nichts instabil sein? ... Weshalb sollten unverursachte Ereignisse eher möglich als unmöglich sein? ... Warum diese mathematische Konsistenz und nicht eine andere? ... Warum diese Gesetze und nicht andere? ... Sieht es nicht immer noch so aus, als ob ein planender Geist eine Entscheidung treffen mußte?« ist ein potentielles Instrument zur Beschwörung dieses Gottes. Das gleiche gilt für die Ehrfurcht vor der Rationalität des Universums. Das ist der Gott, der im letzten Teil von Kapitel 4 mit der mathematischen und logischen Konsistenz und dem Universum konkurriert: durch die Wissenschaft zwar nicht bewiesen, aber auch nicht widerlegt.

Der Glaube an diesen Gott beantwortet zwar die Frage nach dem Verursacher, aber nicht die nach dem Grund. Doch was wäre, wenn Gott einen bestimmten Beweggrund gehabt hätte?

Die Suche nach dem Zweck:
Der Gott, der gerne Tee trinken möchte

Von John Polkinghorne[5] stammt folgende Analogie: Angenommen, Sie sehen zufällig einen Wasserkessel, der auf dem Herd kocht. Als Sie fragen, warum das Wasser kocht, erhalten Sie die Antwort: »Dieses Wasser kocht, weil die Verbrennung von Hydrokarbonen Wärme erzeugt hat, die das Wasser erhitzt hat, bis der Dampfdruck gleich dem atmosphärischen Druck ist und der Kessel kocht.« Diese Antwort wäre völlig korrekt. Ihre nächste Frage würde dann wahrscheinlich lauten: »Und wer hat diese Gesetze gemacht?« Wenn Sie diese Frage stellen, beschwören Sie den Gott, von dem wir oben gesprochen haben: das, was hinter dem Prozeß steht. Doch eigentlich haben Sie

wohl eine weit einfachere Antwort gesucht, so etwas wie: »Dieser Wasserkessel kocht, weil die Oma Tee trinken möchte« – eine Antwort, die nicht nur das »Wie« und das »Wer«, sondern auch das »Warum« beinhaltet.
Warum kocht der Kessel des Universums? Weil jemand Tee trinken will? Gibt es einen Beweggrund?
Es ist faszinierend, über diese Frage zu spekulieren, und viele Leute haben derartige Spekulationen angestellt – nicht immer ganz ernsthaft: Vielleicht ist das Universum jemandes wissenschaftliches Experiment. Vielleicht *war* es ein interessantes Experiment, und der Kessel ist sich nun selbst überlassen und kocht weiter, bis das gesamte Wasser verdampft ist. Vielleicht ist es eine liebevolle Bastelarbeit ... oder nur eine Laune des Augenblicks. Vielleicht entstand es aus dem Bedürfnis eines Künstlers, etwas zu erschaffen. Vielleicht ist es das Werk eines genialen Ingenieurs oder eines Erfinders, dessen Leidenschaft es ist, raffinierte Mechanismen zu bauen. Vielleicht ist es aus Einsamkeit heraus entstanden. Oder jemand hatte einfach Langeweile und die gesamte Ewigkeit zur Verfügung. Wahrscheinlich haben Sie auch schon einmal den Satz gehört: »Gott ist nicht tot, er arbeitet nur gerade an einem weniger ambitionierten Projekt.«
Widerspricht es der Naturwissenschaft, wenn wir Gott einen Beweggrund zuschreiben?
Mit der Analogie des Teekochens sind wir wieder an einem Punkt angelangt, über den wir bereits in Kapitel 3 gesprochen haben. Die Wissenschaft erklärt vielleicht den physikalischen Prozeß, der mit der Schaffung des Universums zu tun hat (wie die physikalische Beschreibung des Wasserkochens). Aber das Universum kann nicht *nur* als Summe aller an seiner Entstehung beteiligten physikalischen Prozesse vorgestellt werden, gleichgültig, wie gut diese Prozesse die physikalischen Phänomene erklären. Selbst bei den physikalischen Erklärungen können wir nie wissen, ob wir die einfachsten, grundlegendsten oder bedeutsamsten Erklärungsmuster gefunden haben. Wir können lediglich erkennen, daß wir sie *nicht* gefunden haben –

wenn und falls wir eine einfachere, grundlegendere oder bedeutsamere Erklärung entdeckt haben. Es bedarf keiner gedanklichen Verrenkung, um beide Erklärungen für einen Wasserkessel – die physikalische und die des praktischen Zwecks – gleichzeitig akzeptieren zu können. Wir sind nicht gezwungen, uns zwischen beiden zu entscheiden. Es bedarf auch keiner gedanklichen Verrenkung, um zu glauben, daß es eine vollständige physikalische Erklärung des Universums gibt, die in sich selbst konsistent und aus sich selbst heraus verständlich ist – und gleichzeitig starke Zweifel zu hegen, daß diese Erklärung nicht die bedeutsamste ist. Die Naturwissenschaft schließt eine solche Möglichkeit nicht aus. Die Tatsache, daß wir keine weitere Erklärung benötigen, bedeutet noch nicht, daß es keine geben könnte.
Wenn wir über den »Beweggrund« Genaueres sagen wollen – und wenn wir insbesondere uns selbst als Teil des Zwecks einbringen wollen –, so geraten wir in tiefere Gewässer.

Der Uhrmacher

Das verbreitete Bild eines Streitgesprächs zwischen einem Evolutionisten und jemandem, der an einen Schöpfergott glaubt – ein Streitgespräch, das sich auf die Frage konzentriert, ob das Buch Genesis als Bericht über die Erschaffung der Welt wörtlich zu nehmen ist –, läßt ein grundlegenderes Thema in den Hintergrund treten. Selbst liberale und intellektuelle Glaubensüberzeugungen – seien es nun christliche, jüdische oder die anderer Weltreligionen – geraten oft mit der Naturwissenschaft in Konflikt, wenn es um die Frage geht, ob Wesen wie wir, die offenbar auf Gott reagieren können, Teil von Gottes Absicht sind. Räumt die Evolution ein für allemal mit dem Glauben auf, daß Gott die Absicht gehabt haben könnte, *uns* zu erschaffen?
Es ist nicht möglich, auf wenigen Seiten einem Thema gerecht zu werden, das mehr als eineinhalb Jahrhunderte lang im Zen-

trum ausführlicher Diskussion und harter Kontroversen stand. Viele Bücher sind über die Evolution und ihre Bedeutung geschrieben worden. Das erfolgreiche und populär geschriebene Werk des Oxforder Biologen Richard Dawkins mit dem Titel *Der blinde Uhrmacher* benötigt 318 Seiten und ein ganzes Computerprogramm, um seine Argumente an den Mann zu bringen. Dawkins betont ausdrücklich, er betrachte sein Buch als eine Herausforderung für den Glauben an einen Schöpfergott; er sagt sogar, es sei eine Herausforderung für den Glauben an Gott überhaupt. Es ist ein brillant geschriebenes Buch und eine glänzend vorgetragene Herausforderung. Unserer Vorgehensweise entsprechend werden wir nicht fragen, ob Dawkins' wissenschaftliche Sichtweise richtig ist (es ist die der orthodoxen Naturwissenschaft). Und wir werden auch nicht fragen, ob der Glaube, daß Gott eine Absicht verfolge oder verfolgt habe, richtig ist. Unsere Frage lautet, ob es möglich ist, beide Erklärungen zu akzeptieren, ohne gedankliche Verrenkungen vollführen oder in Heuchelei verfallen zu müssen; und falls dies nicht möglich ist, weshalb nicht. Dawkins liefert uns eine ausgezeichnete These, mit der wir den religiösen Glauben »erproben« können. Wenn seine Interpretation der Evolution den Glauben nicht zerstört, dann ist es schwer vorstellbar, daß eine andere Interpretation dazu in der Lage wäre.

Das konkrete Argument für die Existenz Gottes, das Dawkins unter die Lupe nimmt, ist der »teleologische Gottesbeweis«. William Paley, ein Theologe, Naturforscher und Mathematiker, trug diesen Standpunkt Anfang des 19. Jahrhunderts höchst beredt vor. Dawkins sagt, er teile Paleys Ehrfurcht vor »der Komplexität der Welt des Lebendigen ... [Paley] begriff, daß sie auf eine besondere Weise erklärt werden muß«[6]. Paley schrieb, daß wir, wenn wir über eine Heide gehen und dabei mit dem Fuß gegen eine Uhr stoßen würden, und wenn wir nicht wüßten, wie sie entstanden ist, allein aufgrund ihrer Präzision und Feinheit zu der Schlußfolgerung kommen würden, daß »die Uhr einen Schöpfer gehabt haben muß: daß zu irgendeiner Zeit, an irgendeinem Ort ein Feinmechaniker existiert haben muß, oder mehrere, der sie zu diesem Zweck hergestellt hat, dem sie, wie wir feststellen, gegenwärtig dient und der ihre Konstruktion verstand und ihre Verwendung plante. Jede Andeutung einer Planung, jede Offenbarung eines *Entwurfs*, die bei der Uhr zu finden war«, so Paley weiter, »existiert auch in den Werken der Natur; mit dem Unterschied, daß sie in der Natur größer oder zahlreicher sind, und zwar in einem Ausmaß, das alle Schätzungen übersteigt«.[7]

Bis zu diesem Punkt sind sich Dawkins und Paley einig. Doch Paley beharrt darauf, daß dies ein eindeutiger Beweis für die Existenz eines Schöpfergottes sei. Gemäß dem teleologischen Gottesbeweis ist nicht nur die erstaunliche Komplexität der Natur, sondern auch die Tatsache, daß unsere Umwelt für alle Geschöpfe, einschließlich der Menschen, auf wunderbare Weise sorgt, der Beweis für einen allmächtigen und sorgenden Gott. »Wir haben seit Paleys Uhr einen weiten Weg zurückgelegt«[8], so Davies herablassend in seinem Buch *The Mind of God*. Stimmt das tatsächlich? Dawkins betont, daß wir angesichts der nachweislich komplizierten Ordnung, die wir in der Natur um uns herum beobachten, unsere Fähigkeit zu staunen nicht verlieren sollten. Doch Dawkins betont auch, daß Paleys Deutung dieser Beobachtungen falsch war: Die Erklärung, die Darwin geliefert habe, sei stärker und überzeugender.

Dawkins führt uns ein wenig in die Irre, wenn er den »teleologischen Gottesbeweis« als das »einflußreichste Argument für die Existenz eines Gottes«[9] bezeichnet. In der heutigen Zeit halten nur wenige gläubige Menschen den teleologischen Gottesbeweis für ein wichtiges Glaubensargument. Vermutlich haben das noch nie sehr viele Gläubige getan. Es wäre statt dessen korrekter zu sagen, die Zweckhaftigkeit der Schöpfung *war* im 18. und 19. Jahrhundert zeitweilig ein beliebtes Argument, das *intellektuelle* Gläubige in Debatten und Diskussionen mit *intellektuellen* Ungläubigen vorbrachten. Denn es bot eine scheinbar unabhängige und wissenschaftlich akzeptable Untermauerung des Glaubens. Doch bereits in der Zeit vor Darwin gab es religiöse Schriftsteller wie etwa John Henry Newman, die darauf aufmerksam machten, daß der teleologische Gottesbeweis nur diejenigen überzeugte, die sowieso schon an Gott glaubten, und daß man diesen Beweis genauso gut als stichhaltigen Beweis für den Atheismus verwenden könne. Newman meinte, auch wenn man ihn nur behelfsmäßig als Beweis heranziehe, messe man ihm zu viel Bedeutung bei und lenke damit von den *wahren* Grundlagen des Glaubens ab.

Es wäre jedoch unrichtig, daraus den Schluß zu ziehen, Dawkins führe nur ein Scheingefecht mit einem längst überholten Gegner. Er trägt vielmehr einen gut durchdachten und bedrohlichen Angriff gegen den religiösen Glauben vor. Mit der Evolutionstheorie auf der einen und dem teleologischen Gottesbeweis auf der anderen Seite besitzen wir zwei Erklärungen für die Komplexität der Natur und des Menschen. Wir wissen, daß keine Erklärung zu Recht behaupten kann, sie sei die einzig mögliche. Wir haben gesehen, daß manchmal die einzig vernünftige Lösung darin besteht, den konkurrierenden Erklärungen die Möglichkeit zu einer Gefechtspause zu geben, da man ja annehmen kann, daß nicht alle denkbaren Erklärungen bereits vorgetragen worden sind. Wir haben auch gesehen, daß es häufig möglich ist, zwei Erklärungen gleichzeitig zuzustimmen. So war es z. B. keineswegs eine intellektuelle Unredlichkeit, beiden Erklärungen für das Kochen des Teekessels zuzustimmen. Man könnte einwenden: »Was macht es schon aus, ob Gott die Menschen so geschaffen hat, wie es im Buch Genesis beschrieben wird, oder so, wie Darwin es darstellt? Das Wichtigste ist doch, daß Gott uns überhaupt geschaffen hat.« Worin bestünde also das Problem, wenn man glauben würde, Gott habe die Evolution erfunden, sie benutzt und benutze sie weiterhin, um seine Absichten zu verwirklichen?

Obwohl es oft möglich ist, zwei einander widersprechende Erklärungen zu akzeptieren und sogar miteinander zu kombinieren, sind dennoch nicht alle Erklärungsmodelle nebeneinander möglich. Es gibt Fälle, in denen eine der Erklärungen aufgrund der zahlreichen Beweise, die sie stützen (wie etwa die physikalische Erklärung des Teekessels), die andere Erklärung ausschließt. Was, wenn die physikalische Erklärung für das Kochen des Wassers es der Oma unmöglich machen würde, den Kessel auf den Herd zu stellen? Genau das ist die provokante These Dawkins. Er behauptet nämlich, daß die Evolution die religiöse Erklärung *ausschließt*. Denn welchen Sinn hat irgendein Argument für den Glauben an einen Gott, der angeblich »den Menschen erschaffen hat«, wenn die Evolution nicht nur eine alternative Erklärung darstellt, sondern vielmehr zeigt, daß Gott den Menschen gar nicht geschaffen haben *kann*? Dawkins These lautet, die Evolutionstheorie, die ja stichhaltig nachgewiesen ist, zeige, daß das Universum unmöglich einen Schöpfer haben kann. Der Prozeß der natürlichen Auslese schließe die Möglichkeit eines Zwecks oder eines vorher festgelegten Endprodukts aus – etwa des menschlichen Auges oder von Geschöpfen wie uns, die Fragen nach der Existenz Gottes stellen können.

Dennoch, der Prozeß der Evolution ist nicht völlig zufällig. Wenn dem so wäre, würde die Komplexität von Organen wie etwa dem menschlichen Auge (oder sogar weitaus weniger komplexer Dinge) und die Perfektion, mit der die Umwelt für ihre Bewohner sorgt, geradezu nach einem Konstrukteur verlangen. Wie Dawkins meint: »Lebende Organismen sind gut dafür gerüstet, in ihren Umwelten zu überleben und sich zu reproduzieren, und zwar auf zu zahlreiche und statistisch gesehen zu unwahrscheinliche Weisen, als daß sie mit einem einzigen zufälligen Schlag entstanden sein können.«[10] Manchmal hört man Äußerungen wie: Man müßte nur eine genügend große Anzahl Affen vor eine Schreibmaschine setzen und ihnen genug Zeit lassen, dann würde einer von ihnen irgendwann zufällig die Werke Shakespeares tippen. »Genügend viele Affen« und »genug Zeit«; aber in Wirklichkeit wären weitaus mehr Affen nötig, als jemals im Universum existiert haben – und weitaus mehr als die zehn oder zwanzig Milliarden Jahre seit der Entstehung des Universums –, um einen solchen Zufallstreffer zu erzielen. Alle kleinlichen Debatten darüber, ob Shakespeare wirklich die ihm zugeschriebenen Werke verfaßt hat, einmal beiseite gelassen, ist es zumindest so gut wie sicher, daß es kein Affe war.

Es gibt viele Lebewesen und Bestandteile von Lebewesen, die komplizierter sind als das Gesamtwerk Shakespeares; und der Gedanke, daß dies alles durch puren Zufall ins Leben gerufen wurde, ist nicht akzeptabel. Doch die Wahrscheinlichkeit kann beträchtlich erhöht werden, ohne Gott ins Spiel zu bringen.

Dawkins schreibt: »Natürlich bezieht die Darwinsche Erklärung auch den Zufall mit ein, in der Form von Mutationen. Aber der Zufall wird Schritt auf Schritt über Generationen hinweg von der Auslese gefiltert.«[11] Um zu erläutern, was er meint und warum dieses »Schritt für Schritt« wichtig ist, nimmt sich Dawkins zwar nicht das gesamte Werk Shakespeares vor, aber er betrachtet einen Satz aus *Hamlet*, der lautet: »Methinks it is like a weasel.« *(»Mich dünkt, es sieht aus wie ein Wiesel«)* Allein diesen Satz von den aufs Geratewohl in die Schreibmaschine hämmernden Affen zu erwarten, ist zu viel verlangt, obwohl die Chancen dafür weitaus besser stehen als für das Shakespearesche Gesamtwerk. Dawkins hat keinen Affen zur Verfügung, und er glaubt auch nicht, daß seine Leser einen besitzen; deshalb programmiert er seinen Computer, Zufallssätze mit jeweils 28 Anschlägen zu generieren, was der Anzahl der Anschläge im Zielsatz – »Methinks it is like a weasel« – entspricht.[12] Wenn er die »Affen-Situation« weiter simulieren wollte, würde er es dem Computer gestatten, nach dem Zufallsprinzip ununterbrochen Sätze mit 28 Anschlägen zu generieren, in der Hoffnung, daß entgegen aller Wahrscheinlichkeit einer dieser Sätze schließlich »Methinks it is like a weasel« lautet. Doch Dawkins schließt den Zufall kurz. Es interessiert Sie vielleicht zu erfahren, daß Computerprogramme, die nach ähnlichen Prinzipien funktionieren, wie wir sie gleich beschreiben werden, heute bereits experimentell genutzt werden, um Geschäftsentscheidungen zu treffen und Lagervorräte zu organisieren.

Ein Computerprogramm und einen vergleichsweise simplen Zielsatz als Beispiel zu nehmen, kann leicht in die Irre führen, denn es suggeriert, daß jemand tatsächlich ein extrem leistungsfähiges und komplexes Computerprogramm erstellt hat, um unser heutiges Universum und uns selbst zu generieren. Wir müssen Gott spielen, um herauszufinden, wie das funktioniert; doch wie wir gleich sehen werden, bedeutet dies nicht notwendigerweise, daß ein Gott nötig wäre, um den Prozeß in Gang zu setzen oder er in ihn eingreifen könnte. Dawkins möchte zeigen, daß niemand das menschliche Auge oder die Samen der Blumen oder den Menschen planen oder vorhersagen mußte. Er will sogar zeigen, daß dies niemand getan haben *könnte*.

Achtundzwanzig zufällig generierte Zeichen auf Dawkins Computer brachten das Ergebnis WDLMNLT DTJBKWIRZREZLMQCO P.

Dawkins programmierte den Computer so, daß er diese »Eltern«-Sequenz von achtundzwanzig Zeichen immer weiter wiederholte, und bei der Reproduktion sehr gelegentlich einen (zufälligen) Fehler machte. Das Ergebnis war eine Liste mit vielen »Sätzen«, die reine Wiederholungen der Stammsequenz waren; dabei tauchte hier und da eine fehlerhafte Buchstabenfolge auf – womit sich dieser »Nachkomme« von seinen Brüdern und Schwestern geringfügig unterschied. Diese Fehler betrachtet Dawkins als Mutationen in der wirklichen Welt vergleichbar. Ein »Fehler« sei nicht immer etwas Minderwertiges.

Dawkins' Computer untersuchte die Buchstabenfolgen, einschließlich der fehlerhaften, und beurteilte, welche davon dem Zielsatz am nächsten kamen. Das Ergebnis gibt nicht zu übergroßem Optimismus Anlaß. Keine davon ähnelte auch nur entfernt dem Zielsatz – eine Tatsache, die für unser Verständnis des Evolutionsprozesses extrem wichtig ist. Wir müssen schon sehr genau hinsehen, um überhaupt eine Abweichung vom Stammsatz festzustellen. Doch eine der fehlerhaften Kopien ist zufällig um eine Haaresbreite näher am Zielsatz als ihre Brüder und Schwestern. Der Sieger dieser Runde hieß:

WDLTMNLT DTJBSWIRZREZLMQCO P

Dawkins wiederholte diese Prozedur immer wieder. Sie läßt sich so zusammenfassen: Der Computer verhält sich wie ein Kopiergerät und produziert zahlreiche Kopien des Stammsatzes, macht jedoch bei einigen der Kopien Zufallsfehler. Der Computer untersucht alle Buchstabenfolgen dieser neuen Generation und wählt aus ihnen jene Sequenz, die, wenn auch nur geringfügig, dem Zielsatz am ehesten ähnelt. Diese Sequenz benutzt er als neuen Stammsatz und beginnt den Prozeß von vorn, indem er zahlreiche Kopien anfertigt. Nach zehn »Generationen« lautete die Sequenz, die dem Zielsatz am nächsten kam:

MDLDMNLS ITJISWHRZREZ MECS P

Nach zwanzig Generationen lautete sie:

MELDINLS IT ISWPRKE Z WECSEL

– was schon etwas Vielversprechender aussieht! Nach dreißig Generationen lautete sie:

METHINGS IT ISWLIKE B WECSEL

Und nach vierzig Generationen sind wir beinahe am Ziel:

METHINKS IT IS LIKE I WEASEL

Generation 43 dann:

METHINKS IT IS LIKE A WEASEL

Dawkins schreibt, für diesen Prozeß habe der Computer (der mit einem relativ langsamen und altmodischen Betriebssystem arbeitete) nicht mehr als eine Stunde gebraucht – eine ungeheure Verbesserung gegenüber den Affen oder gegenüber einem Computer, der einfach immer neue Zufallssequenzen mit 28 Anschlägen generieren müßte. Die Chancen, Komplexität zu erreichen und zu etwas zu gelangen, das so aussieht, als stehe dahinter ein planvoller Entwurf, haben sich beträchtlich verbessert.

Doch in diesem Experiment *hatten* wir in der Tat einen Konstrukteur, der einen Entwurf (»Methinks it is like a weasel«) im Kopf hatte. Der Computer wurde darauf programmiert, den jeweiligen Sieger auf der Grundlage der Ähnlichkeit mit diesem Zielsatz auszuwählen. Unsere Frage lautet: Hat jemand ein derartiges Programm in der realen Welt aufgestellt, um anhand der Ähnlichkeit mit einem Blumensamen oder mit Ihnen oder mir den Sieger zu ermitteln? Könnte irgend jemand ein Programm wie dieses in der wirklichen Welt erstellt haben? Gott etwa?
Wir haben im Biologieunterricht gelernt, daß in der realen Welt der »Sieger« jeder Generation derjenige Nachkomme ist, dem es aufgrund eines geringen Unterschieds in seiner genetischen Ausstattung (wir sprechen hier von SEHR geringen Unterschieden) ein wenig besser als den anderen gelingt, in seiner jeweiligen Umwelt zu überleben und Nachkommen zu zeugen. Er muß nicht *viel* besser zurechtkommen, jener mikroskopisch feine Unterschied genügt.
Um die Dinge im realen Universum so zu ordnen, daß ein vorher festgesetztes Ziel erreicht wird (in der Art, wie Dawkins seinen Computer benutzte), müßte man die Umwelt im voraus festlegen, in der die Konkurrenten zu überleben und sich zu reproduzieren versuchen. Die exakten Bedingungen der Umwelt sind überaus wichtig, damit sich entscheiden kann, welcher Konkurrent überlegen ist und am Ende »Sieger« sein wird – der Stammvater der nächsten Generation. Wer aus einer bestimmten Umwelt als »Sieger« hervorgeht, muß nicht automatisch Sieger auch unter anderen Umweltbedingungen sein. Könnte jemand (vielleicht Gott) die Umwelt in dieser Weise manipulieren? Das wäre ein wenig, als würde bei einem Schönheitswettbewerb das Ergebnis vorherbestimmt, indem man im voraus ein Porträt anfertigt, auf dessen Grundlage die Preisrichter dann ihre Entscheidung treffen müssen. Doch was die Umwelt betrifft, wäre eine solche »Schiebung« weitaus schwieriger. Sie wäre auch viel schwieriger, als ein Computerprogramm zu erstellen, das herausfindet, welche Art von Konkurrent gewinnen würde.

Wodurch entsteht die Umwelt? Die Umwelt ist nicht etwas, das dasitzt und wartet, daß Mutationen getestet werden. Sie ist das Ergebnis von Myriaden anderer Pfade der Evolution, die alle genau den gleichen Prozeß vollzogen haben: immer wurden ihre Mutationen gegeneinander in einem äußerst komplexen und sich ständig verändernden Netzwerk ins Feld geschickt. Das Problem, die Umwelt so festlegen zu wollen, daß eine ganz bestimmte Mutation begünstigt wird, ist so gigantisch, daß es unser Vorstellungsvermögen übersteigt. Zur Geschichte jeder Umwelt gehören auch jene zufälligen Fehler bei der Reproduktion, über deren Auftreten die Umwelt selbst keine Kontrolle ausgeübt hat. Mutationen werden weder durch die Umwelt und ihre Bedürfnisse hervorgerufen noch durch die Bedürfnisse eines Organismus. Ein Auge kann dringend nötig sein und einem Organismus einen ungeheuren Vorteil verschaffen, doch wenn der bestimmte »Fehler«, der zu einem Auge führt, niemals auftritt, dann wird es auch kein Auge geben. In der statischen, künstlichen Computer-»Umwelt«, die eigens dafür geschaffen war, ihre Wahl anhand eines bestimmten Zielsatzes zu treffen, war es möglich, mit der Vorgabe »Methinks it is like a weasel« zu beginnen und schließlich dort auch anzukommen. Ohne eine derartige künstliche Umwelt könnte niemand ein vorher festgesetztes Ziel erreichen.

Doch die Evolution erzeugt wiedererkennbare Entwürfe, weil sie mittels Elimination Lebewesen hervorbringt, die erfolgreich überleben und in ihrer jeweiligen Umwelt Nachkommen erzeugen können. Weshalb scheint ein Organ wie das Auge so perfekt geeignet, unseren menschlichen Bedürfnissen in unserer Umwelt zu entsprechen? Doch deshalb, weil eben diese Bedürfnisse, die sich im Laufe der Zeit zusammen mit den Vorgängern des Auges veränderten und verlagerten, den entscheidenden Ausschlag gaben, wer der jeweilige »Sieger« sein würde. Es sieht ganz so aus, als sei entweder das Auge als ein meisterhaftes Instrument für diese spezielle Umwelt konzipiert worden, oder als sei diese Umwelt exakt so konzipiert worden, daß das menschliche Auge gut funktionieren und höchst nützlich sein kann. Da es häufig vielerlei Konkurrenz im Kampf ums Überleben gibt – und da extrem viel Zeit zur Verfügung steht, bis diese Prozesse abgeschlossen sind –, entdecken wir bei Myriaden von Arten tatsächlich hochentwickelte Strukturen und höchste Komplexität. Der direkte Sprung von der Ursuppe zum menschlichen Körper ist nicht vorstellbar, es sei denn als ein Wunder. Schritt für Schritt betrachtet, ist es ein einleuchtender natürlicher Prozeß, und keineswegs weniger wunderbar, wenn man an sein Ergebnis denkt.

Hierzu stellen sich einige Fragen: Ist zum Beispiel das wirkliche Universum eine kontrollierte, von den Gesetzen der Physik bestimmte Welt – ähnlich dem Computer?

Die Bedingungen der Schwerkraft und das Vorhandensein des Lichts unterliegen keiner Entwicklung, jedenfalls nicht auf der Erde seit ihrer Entstehung. Wenn die Gesetze der Physik sich, wie wir ja wissen, auf anderen Planeten auf andere Weise manifestieren, dann wird die Evolution auf jenen Planeten auch einen anderen Verlauf genommen haben, der sich von ihrem Verlauf auf der Erde möglicherweise eklatant unterscheidet. Offenbar üben die Gesetze der Physik auf den Verlauf der Evolution einen gewaltigen, auch restriktiven Einfluß aus. Doch eine Umwelt besteht aus weit mehr als nur den Gesetzen der Physik in ihren offensichtlicheren Erscheinungsweisen. Außerdem kann ein Organismus auf höchst unterschiedliche Weisen auf den Zwang der physikalischen Gesetze reagieren. Wir sollten den Einfluß dieser Gesetze auf die Evolution einer Spezies auch nicht überbewerten. Wie wir im nächsten Kapitel sehen werden, lassen sie immer noch einen gewaltigen Spielraum zu.

Eine zweite Frage: War ausreichend Zeit, damit sich im Laufe dieses Prozesses ein so komplexes Gebilde wie das menschliche Auge entwickeln konnte? Da es wahrscheinlich schon lange vor dem Beginn der Menschheitsgeschichte, soweit sie sich zurückverfolgen läßt, keine signifikante Veränderung des Auges mehr gegeben hat, scheint dies eine legitime Frage. Doch dazu bestand weitaus mehr Zeit, als wir Menschen es uns unserem intuitiven Zeitgefühl entsprechend vorstellen können. Die Biologen können beweisen, daß genug Zeit vorhanden war, selbst angesichts der extremen Langsamkeit dieses allmählichen Entwicklungsprozesses.

In Anbetracht all der minutiösen Veränderungen, die nötig waren, bis ein so komplexes Gebilde wie das Auge entstehen konnte, kann man sich nur schwer vorstellen, wie einige jener Veränderungen einen Überlebensvorteil geboten haben können. Aber die Biologen meinen, wir unterschätzten den Vorteil, den bereits ein mikroskopisch kleiner Unterschied bietet, bei weitem.

Die Theorie der Evolution ist allgemein anerkannt; sie ist weder spekulativ noch liegt sie im Grenzbereich der Naturwissenschaft. Sie wird durch Fossilienfunde gestützt. Es stimmt, daß Fossilienfunde, ähnlich wie astronomische Beobachtungen, nicht in der Weise überprüfbar sind wie Laborexperimente. Wir müssen mit dem vorliebnehmen, was vorhanden ist, und daraus das beste machen. Doch auch Lücken in den Fossilienfunden liefern interessante und aussagekräftige Belege für die Art und Weise, in der der Evolutionsprozeß abläuft. Leichter zu überprüfen sind Untersuchungen noch lebender, vielfach mikroskopisch kleiner Spezies, bei denen sich der Generationenwechsel viel rascher vollzieht als beim Menschen. Die verbleibenden Probleme bestehen hauptsächlich darin, die Einzelheiten auszuarbeiten und in gewissen Bereichen zu entscheiden, welche Interpretation des Beweismaterials wahrscheinlich korrekt ist. Heute besteht in der Wissenschaft ein Konsens darüber, daß die Evolutionstheorie in der Tat eine leistungsfähige Theorie ist, die durch Belege außergewöhnlich gut gestützt wird.

Bleibt die Frage: Wie kam es zu diesem Evolutionsprozeß? Bedurfte es für ihn nicht eines Erfinders? Darwin versuchte nicht, diese Frage zu beantworten, und er versuchte auch nicht, die frühesten Formen des Lebens zu erklären. Mit gutem Recht können wir betonen, daß der Prozeß der Evolution und das Wunder der DNS mindestens ebenso klug und eindrucksvoll sind wie

das Komplexe und Planmäßige, das sie hervorgebracht haben. Wenn etwas in der Natur uns zwingt, ehrfurchtsvoll zu fragen, WER hat sich DAS nur ausgedacht?, dann dieser Prozeß.
Bei dem Computerbeispiel haben wir nicht gefragt, wer es programmiert hat oder weshalb das Programm all diese Duplikatkopien anfertigte, weshalb es ein paar zufällige Fehler machte oder warum es überhaupt eines Programms bedurfte. In der wirklichen Welt aber stellen wir derartige Fragen zu Recht. Dawkins baute in das Computerprogramm die grundlegenden Voraussetzungen für diesen Prozeß ein. Die Eigenschaften der DNS erweisen sich als die grundlegenden Voraussetzungen, die nötig sind, damit dieser Prozeß in der realen Welt funktioniert. Diese grundlegenden Elemente, ursprünglich wahrscheinlich in einer rudimentäreren Form als in der DNS, mußten von irgendwoher stammen, denn sonst hätten das Leben und der Selektionsprozeß nicht beginnen können.
Es gibt drei Grundvoraussetzungen: Die wichtigste ist die Fähigkeit eines Etwas, sich selbst reproduzieren zu können. Ein »Etwas« mit dieser Fähigkeit nennen wir Replikator. Die zweite Voraussetzung ist, daß diese Replikatoren gelegentliche Fehler bei der Reproduktion machen müssen. Unter normalen Bedingungen würden wir das als einen Nachteil betrachten, etwa wenn wir einen Brief fotokopieren; doch wir haben bereits gesehen, daß diese zufälligen Fehler für den Verlauf der Evolution essentiell sind. Ob diese Voraussetzung sich normalerweise aus der ersten entwickelt, ist ungewiß. Die dritte Voraussetzung ist, daß es bei den Replikatoren etwas geben muß, das die Wahrscheinlichkeit ihrer Reproduktion beeinflußt.
Wie sind diese drei Elemente überhaupt entstanden? Es gibt mehrere Theorien, die das erklären wollen. In einigen dieser Theorien ist es statistisch gesehen wahrscheinlicher, daß sie auftauchen als in anderen, und die Experten sind sich uneins, welche Statistiken als Grundlage dienen sollen. Dawkins behauptet, daß auch im schlechtesten Fall die statistische Wahrscheinlichkeit für ein spontanes Entstehen der Voraussetzungen und des Prozesses selbst im Universum immer noch groß

genug ist, um ihr Auftreten zu erklären, ohne auf einen Erfinder oder Initiator zurückgreifen zu müssen.

Falls Dawkins recht hat, besteht die absolute Minimalbedingung für die Entstehung von Leben im Universum darin, daß es erstens ein Universum gibt, in dem Leben existieren *könnte*; daß zweitens in diesem Universum die statistischen Rahmenbedingungen ähnlich günstig ausfallen wie bei uns; und daß drittens in diesem Universum die gleichen statistischen Gesetzmäßigkeiten gelten, die wir kennen.

Woher stammen diese Minimalbedingungen? Etwas später in diesem Kapitel werden wir uns damit beschäftigen, wie wahrscheinlich ein Universum ist, in dem Leben existieren könnte und in dem die Statistiken so günstig ausfallen wie bei uns. Mit der Frage nach der Herkunft der statistischen Gesetzmäßigkeiten gelangen wir zurück zu einem unserer Bewerber um die Erste Ursache – der mathematischen und logischen Konsistenz. Und damit sind wir wieder bei dem bereits ausführlich geschilderten Patt angekommen.

Dawkins schreibt dazu: »Die Entstehung der DNS-Eiweiß-Maschine zu erklären, indem wir einen übernatürlichen Baumeister heraufbeschwören, bedeutet, daß wir absolut gar nichts erklären, denn es läßt den Ursprung des Baumeisters unerklärt. Man muß so etwas sagen wie ›Gott war immer da‹, und wenn wir uns so einen faulen Ausweg erlauben, dann könnten wir genausogut sagen: ›Die DNS war immer da‹, oder: ›Das Leben war immer da‹, und damit wäre die Angelegenheit erledigt.«[13] Das kommt uns doch sehr bekannt vor! Im Prinzip können wir Dawkins ja nicht widersprechen. Die mathematische und logische Konsistenz waren immer schon vorhanden... das Universum war immer schon vorhanden (in dem Sinn, daß es vor dem Universum keine Zeit gab)... Gott war immer schon vorhanden. Auch wenn es wie ein bequemer Ausweg erscheinen mag zu sagen, wir wüßten nicht, wie es in bezug auf die Erste Ursache auf der Ebene der DNS und des Lebens aussieht: es gibt keine andere Möglichkeit, objektiv zu bleiben.

Dawkins bringt jedoch eine weitere interessante Begründung

Stephen Hawking, Anfang der 90er Jahre. Hat er die letzten Antworten gefunden, warum das Universum »sich der Mühe der Existenz unterziehen muß«, oder sind seine spekulativen Theorien nur eine weitere Annäherung an die »wahre« Realität?
Foto: Francis Giacobetti

Was wir sehen, ist nicht zuletzt eine Frage des Standpunkts und des Blickwinkels – im übertragenen wie im wörtlichen Sinn. Albrecht Dürers Holzschnitt von 1525 demonstriert ein quasi experimentelles Verfahren zur Konstruktion perspektivischer Zeichnungen.
Foto: Archiv für Kunst und Geschichte, Berlin

Wie leer ist der leere Raum? Theoretische Überlegungen und astronomische Beobachtungen zeigen, daß die Galaxien – im Bild der rund 1,5 Millionen Lichtjahre entfernte Andromeda-Nebel, einer der nächsten kosmischen Nachbarn unserer Milchstraße – von einer rätselhaften »dunklen Materie« umgeben sein müssen, deren Masse die der sichtbaren Sterne um ein Vielfaches übersteigt.
Foto: Archiv der Autorin

◁ *Die »Erschaffung Adams«, wie Michelangelo sie in den Fresken der Sixtinischen Kapelle darstellte. Doch brauchte es wirklich einen »Plan Gottes«, um die Menschheit entstehen zu lassen, oder reichten schon bloßer Zufall und die Mechanismen der Evolution?*
Foto: Archiv für Kunst und Geschichte, Berlin

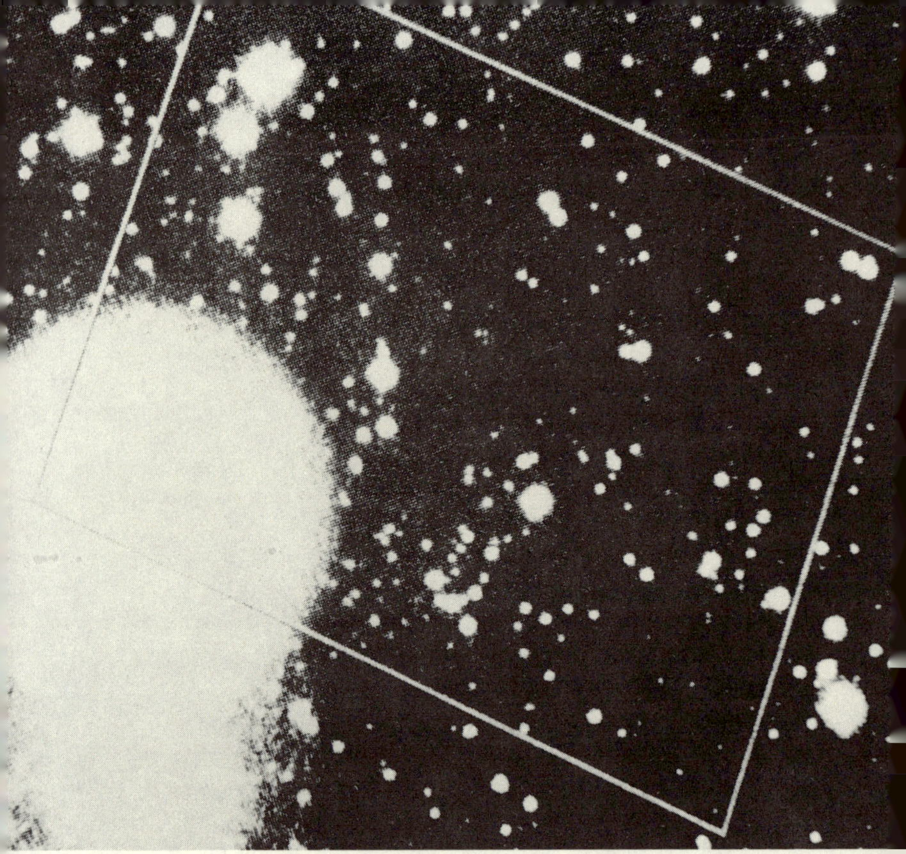

Cygnus X-1 ist der unsichtbare Begleiter des großen Sterns, der links auf diesem Bild zu sehen ist – und möglicherweise ein Schwarzes Loch. Der Kasten umrahmt den Bereich, in dem es verborgen sein könnte. Dieser Doppelstern befindet sich in unserer eigenen Galaxis, etwa 7000 Lichtjahre von der Erde entfernt.
Foto: Harvard-Smithsonian Center for Astrophysics

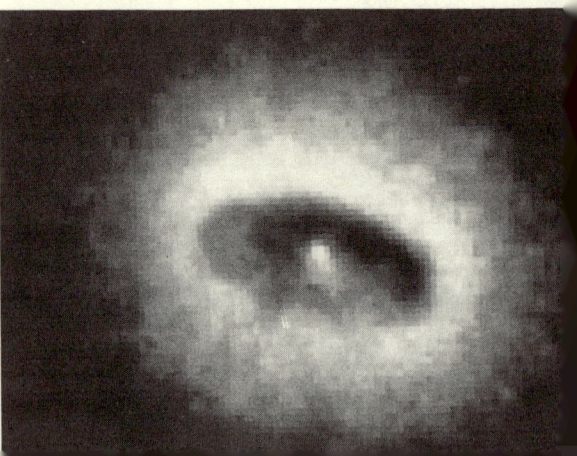

Der Kern der Galaxis NGC 4261 im Virgo-Cluster, 45 Millionen Lichtjahre von der Erde entfernt. Die riesige Scheibe, die im November 1992 mit dem Hubble-Weltraum-Teleskop aufgenommen wurde, ist möglicherweise Materie, die ein Schwarzes Loch umgibt und von ihm angezogen wird.
Foto: NASA

Albert Einstein, der Vater der Relativitätstheorie, weigerte sich sein Leben lang, an die Unbestimmtheiten der Quantenmechanik zu glauben: »Gott würfelt nicht.« Sein Kollege Niels Bohr war freilich anderer Ansicht: »Hör auf, Gott zu sagen, was er tun darf.« Das Problem, die beiden widersprüchlichen Theorien miteinander zu vereinen, ist bis heute weitgehend ungelöst.
Foto: Archiv für Kunst und Geschichte

Je tiefer wir in den Mikrokosmos vorzudringen versuchen, desto gigantischer werden die benötigten Versuchsanordnungen. Hier der rund 2000 Tonnen schwere UA1-Detektor des europäischen Kernforschungs-Zentrum CERN. Seine Aufgabe: Die Spuren der Spuren festzuhalten, welche die Kollision unvorstellbar winziger Elementarteilchen zurückläßt.
Foto: CERN

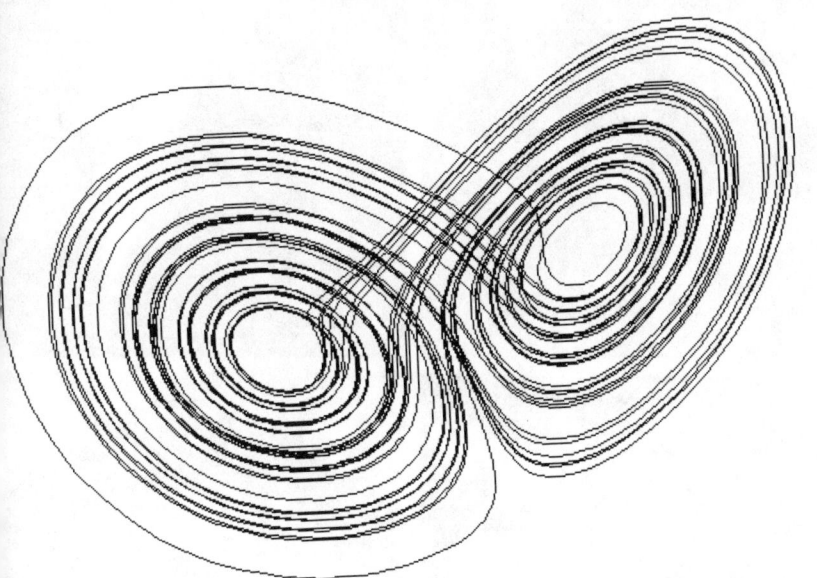

Kleine Ereignisse haben große Folgen; der Flügelschlag eines Schmetterlings kann die globale Wetterlage verändern. Daß der nach dem Meterologen Edward Lorenz, der dieses Prinzip entdeckte, benannte »Lorenz-Attraktor« tatsächlich die ungefähre Form eines Falters hat, ist allerdings nur ein skurriler Zufall.
Computergrafik: FRACTINT 17.2 / Klumbach

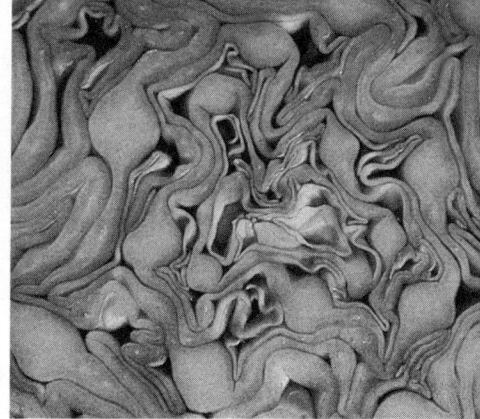

Die Fraktal-Forschung ist ein relativ neues Wissensgebiet, doch viele der Muster, mit denen sie sich beschäftigt, sind uns ein Leben lang vertraut. Eine große Zahl natürlicher Phänomene – etwa die Art, wie die Äste von Bäumen sich verzweigen oder sich die innere Struktur eines Kohlkopfs ausbildet – folgt fraktalen Regeln.
Fotos: The Image Bank

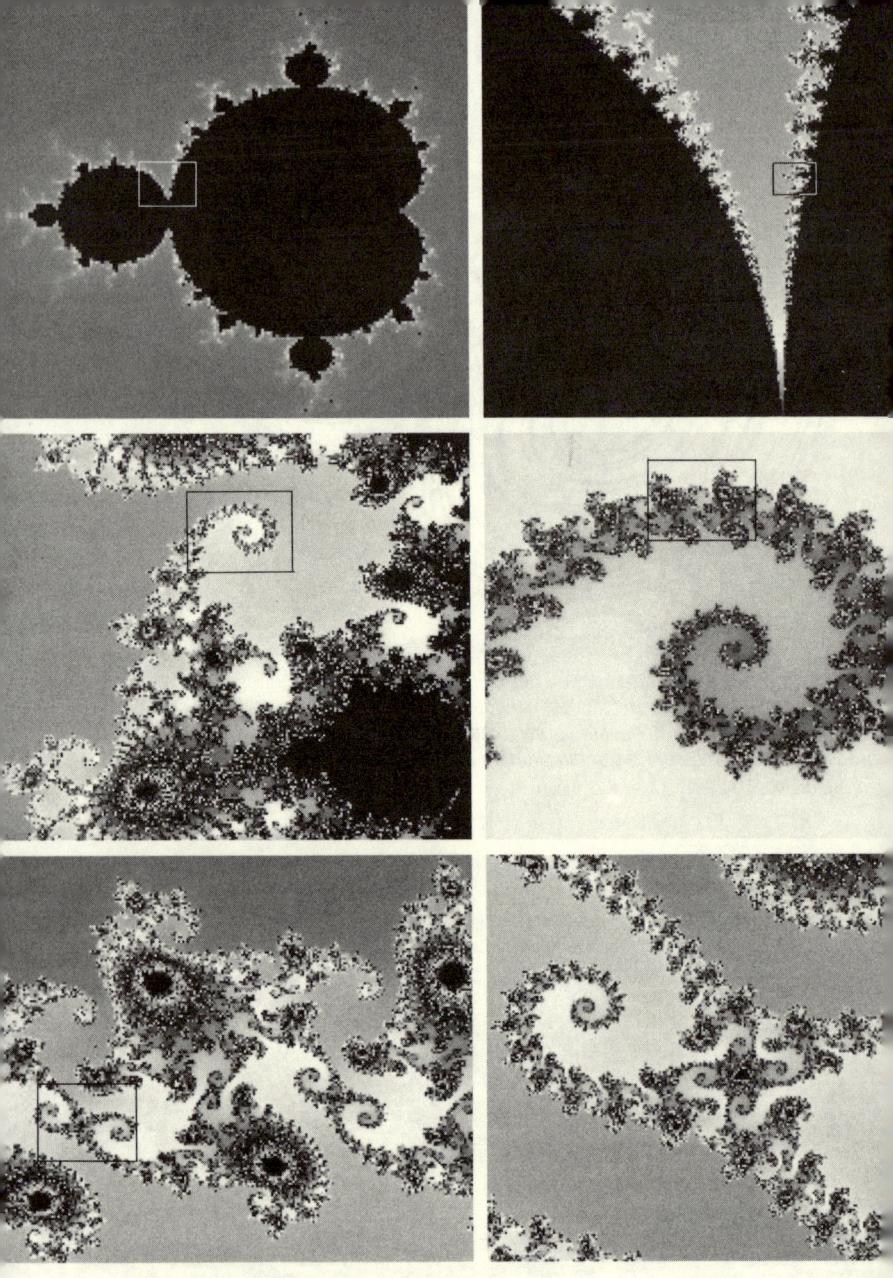

Die Erforschung der »Mandelbrot-Menge«: Je stärker die Vergrößerung eines beliebigen Ausschnitts, desto höher die Komplexität und »Selbstähnlichkeit« der erscheinenden Muster. Grenzen setzen allein die Rechenkapazität und das Auflösungsvermögen des Computers; im mathematischen Sinn ist die Menge unendlich und damit auch unendlich detailreich.
Computergrafiken: FRACTINT 17.2 / Klumbach

für seine Behauptung vor, daß die Antwort nicht »Gott« lauten kann. Diese Begründung basiert auf einer Annahme, die uns bereits in Kapitel 3 begegnet ist: daß nämlich der Kern aller Dinge das Prinzip der Einfachheit ist. Wenn wir einen relativ komplizierten Kandidaten für die Bewerbung um die Erste Ursache haben, dann muß er entsprechend dem Kriterium der Einfachheit einem einfacheren Kandidaten weichen. Dawkins schreibt: »Jeder Gott, der etwas so Kompliziertes wie die DNS-Eiweiß-Replikationsmaschine entwerfen kann, [muß] selbst ebenso komplex und organisiert sein wie diese Maschine selbst. Noch bei weitem komplexer, wenn wir davon ausgehen, daß er zusätzlich auch noch derart fortgeschrittene Funktionen ausfüllen kann wie Gebete anhören und Sünden vergeben.«[14] Bernsteins Erklärung, Gott sei »das Einfachste von allem«, scheint hier nicht mehr zu gelten. Wir müssen zugeben, daß Gott, falls er all dies entworfen hat, ganz und gar kein Einfaltspinsel ist. Wenn Einfachheit das Schlüsselwort für die Suche nach der Ersten Ursache ist, dann scheint die mathematische und logische Konsistenz ein weitaus aussichtsreicherer Kandidat als Hawkings Universum, das einfach IST, oder ein Gott, der ebenfalls einfach IST. Jedoch müssen wir auch bedenken, daß die Vorstellung, Gott müsse »komplex« sein, um alle diese Funktionen zu erfüllen, eine anthropomorphe Vorstellung ist; ebenso wie die Vorstellung von einem Gott, der in seiner Größe etwas so Kleines und Unbedeutendes wie menschliche Wesen nicht wahrnehmen kann.

Wir müssen zum Schluß dieses Abschnittes die Frage untersuchen, ob es angesichts der Art, wie die Evolution funktioniert, vernünftig ist zu glauben, daß Gott uns geschaffen hat. Selbst wenn wir an Gott als die Erste Ursache des Universums glauben – falls Gott und nicht die mathematische und logische Konsistenz die Situation initiiert hat, in der der Prozeß der Evolution auftreten konnte –, können wir dann noch an einen Gott glauben, der uns in einem Prozeß geschaffen hat, der so genial konstruiert scheint, daß er von sich aus ein Universum hervorbringen kann?

Selbst auf die Gefahr hin, ein Sakrileg zu begehen, wollen wir einmal annehmen, Sie wären an Gottes Stelle und würden gefragt: »Wie wirst du, Gott, deine wunderbare Erfindung – die Evolution – nutzen, um ein Wesen wie mich hervorzubringen?« Wir nehmen an, daß Sie das Universum schon in Gang gesetzt haben, mit all den statistischen Chancen zugunsten der Entstehung von Leben. Auch die DNS-Reproduktionsmaschine läuft. Das mögen eine Menge Voraussetzungen sein; doch wir dürfen das wohl voraussetzen, ungeachtet dessen, was wir als Erste Ursache nehmen. Jetzt zumindest wollen wir einmal annehmen, diese Erste Ursache sei Gott. In der Ursuppe regt sich das erste Fünkchen. Was werden Sie – Gott – damit anfangen, damit am Ende diese Frau und all die anderen Menschen daraus werden, die so verflixt gern wissen möchten, ob Sie existieren?

Vielleicht werden Sie als Gott die Dinge eine Zeitlang einfach laufen lassen und abwarten, was für interessante Geschöpfe dieser Evolutionsprozeß hervorbringen mag. Die Wege, die dieser Prozeß einschlagen könnte, sind unendlich vielfältig. Wird jedes nur mögliche Geschöpf dabei herauskommen? Wenn ja, dann können Sie sich in der Gewißheit zurücklehnen, daß auch wir Menschen irgendwann einmal dabei sind. Doch die Lebewesen, die es auf der Welt gibt, sind nicht alle möglichen Arten von Lebewesen, die es in Anbetracht der Naturgesetze geben könnte. Es ist gewiß zulässig anzunehmen, daß es viele Lebewesen gibt, die die Evolution theoretisch *hätte* hervorbringen können und die in dieser Welt ganz erfolgreich leben und konkurrieren könnten – sie sind aber nicht entstanden. Weshalb die einen schon und die anderen nicht?

Kehren wir zu den Buchstabenfolgen in der Computersimulation zurück. In jeder Generation produzierte der Computer wahllos einige Fehler, nicht aber jeden Fehler, der möglich gewesen wäre. In der realen Welt tauchen Mutationen zufällig auf, nicht aber jede mögliche Mutation. Ganz im Gegenteil. Erinnern Sie sich, daß die Mutationen *tatsächlich* zufällig sind und keine Reaktion auf die Bedürfnisse der Umwelt oder das

Überlebensbedürfnis des Lebewesens darstellen. Viele Mutationen wären gar nicht von Vorteil.
Die Umwelt muß entscheiden, wer der Sieger ist, dessen Überlebensvorteil an die nächste Generation weitergegeben wird. Die Zahl der Kandidaten ist begrenzt auf die Mutationen, die durch reinen Zufall entstehen, und es gibt keine Garantie dafür, daß überhaupt einer der Kandidaten überleben wird. »Die Jury behält sich das Recht vor, den Preis nicht zu verleihen, falls kein Kandidat sich als geeignet erweist.« Es gibt gewiß keine Garantie dafür, daß die beste aller möglichen Mutationen (für diese Umwelt) als Kandidat in Erscheinung tritt. Wenn drei Augen besser als zwei wären, aber »der Fehler in der Duplikation«, der zu dem zusätzlichen Auge führen würde, in keiner Mutation auftaucht, dann bleibt nichts anderes übrig, als sich mit zwei Augen zu begnügen.
Kehren wir zu unserem Rollenspiel zurück: Werden Sie, Gott, eingreifen, indem Sie insgeheim bestimmte Mutationen hervorbringen? Sie wären in der Lage dazu, ohne daß es jemand merken würde. Für den Biologen würden diese Mutationen weiterhin als Zufallsphänomene erscheinen. Es ist zwar unverständlich, weshalb Sie in diesen wunderbaren Prozeß, den Sie ja selbst erfunden haben, eingreifen sollten, aber Sie sind schließlich Gott, und vielleicht gibt es einen guten Grund dafür, den wir Menschen uns nicht vorstellen können. Wir haben bereits gesehen, daß es sehr kompliziert wäre, die Umwelt zu manipulieren, die den Sieger der ersten Generation ermittelt. Doch wie gesagt, Sie sind Gott und dürften gewiß in der Lage sein, sich dafür etwas einfallen zu lassen. Vielleicht haben Sie sogar eine Welt voll falscher Spuren der Evolution geschaffen. Doch auch dann haben wir eine Menge beunruhigender Fragen über Sie und Ihre verschlungenen Motive. Müßten Sie irgend etwas von all dem tun, damit Lebewesen entstehen, die Fragen stellen wie »Gibt es einen Gott?« und die auf Gott reagieren? Nein. Jedenfalls nicht, wenn Richard Dawkins und die orthodoxe Naturwissenschaft recht haben.
Wir müssen um dieser Schlußfolgerung willen annehmen, daß

es für Gott unerheblich ist, ob ich und andere wie ich, die die Fähigkeit besitzen zu fragen, ob es einen Gott gibt, und die auf Gott reagieren können, zwei Augen oder drei haben; ob sie fliegen, schwimmen, gehen oder auf dem Bauch kriechen. Weshalb sollte das eine Rolle spielen? Lassen wir die dümmliche Haarspalterei, daß wir, wenn wir auf dem Bauche kriechen würden, nicht nach Gottes Ebenbild geschaffen wären. »Ebenbild« impliziert gewiß mehr als nur die physische Erscheinung und die Fortbewegungsmethode. Ich glaube, ich könnte weiterhin all das sein, was mich im tiefsten Innern ausmacht, und trotzdem auf allen vieren kriechen, insbesondere wenn alle anderen attraktiven Wesen um mich herum das gleiche täten. Die Fähigkeit, Fragen zu stellen wie »Gibt es einen Gott?« und auf Gott reagieren zu können, erfordert, wie ich meine, daß man sich seiner selbst bewußt ist und ein bestimmtes Intelligenzniveau besitzt. Sie erfordert gewiß nicht die Spezies, die wir als Homo sapiens bezeichnen. Sie erfordert ein gewisses Maß an evolutionärer Entwicklung, nicht aber einen bestimmten evolutionären Weg oder ein bestimmtes evolutionäres Ziel.

Dawkins und die meisten seiner Kollegen sind zu dem Schluß gekommen, das Entstehen bewußter und intelligenter Wesen im Verlauf des Evolutionsprozesses sei äußerst wahrscheinlich. Andere kritisieren dies als eine lange gehegte und liebgewonnene Vorstellung, die noch aus dem 19. Jahrhundert stammt und besagt, daß der evolutionäre »Fortschritt« unvermeidlich sei. Doch obwohl sich die Evolution nicht immer in Richtung auf eine größere Komplexität hin entwickelt, ist das die generelle Tendenz. Es scheint klar zu sein, daß in einem Universum wie dem unseren der Prozeß der Evolution, wie ihn Dawkins beschreibt, bei ausreichend langer Zeit zwangsläufig Geschöpfe hervorbringt, die Bewußtsein besitzen und intelligent genug sind, um Fragen wie die nach der Existenz Gottes zu stellen. Wir wissen, daß auf unserem Planeten eine solche Spezies entstanden ist: der Mensch.

Der Oxforder Physiker und Mathematiker Roger Penrose, dessen Arbeiten über Schwarze Löcher und Singularitäten wir bereits in Kapitel 4 vorgestellt haben, kommt in seinem Buch *Computerdenken* zu folgendem Schluß: »Ich halte es für ausgemacht, daß das Gegrübel und Gemurmel, in dem wir uns ergehen, wenn wir (vielleicht vorübergehend) zu Philosophen werden, *an sich* keinen Selektionsvorteil bringt, sondern daß es sich dabei vielmehr um das notwendige ›Gepäck‹ (vom Standpunkt der natürlichen Selektion) handelt, das tatsächlich *bewußte* Wesen zu tragen haben, wobei deren Bewußtsein aus einem ganz anderen und vermutlich sehr starken Grunde von der natürlichen Selektion favorisiert worden ist.«[15]

Nun also die Antwort auf die Frage, ob Gott (ohne insgeheim einzugreifen) der Evolution ihren Lauf lassen und sich dabei relativ sicher – vielleicht auch absolut sicher – sein konnte, daß am Ende dabei Geschöpfe herauskommen, die so weit entwickelt sind, daß sie fragen können, ob es einen Gott gibt, und die auf Gott reagieren können: Die orthodoxe Naturwissenschaft und die gängige Interpretation der Evolutionstheorie bejahen dies eindeutig. Ob Gott etwas Derartiges getan hat und ob wir einen Gott brauchen, um das Entstehen solcher Lebewesen zu erklären, sind keine Fragen, die in diesem Kapitel zur Debatte stehen. Wir können nur folgern: Wenn unsere Kenntnis des beobachtbaren Universums einigermaßen richtig ist, wenn es einen Gott gibt und wenn die Evolution in der Weise funktioniert, wie es die meisten Evolutionisten einschließlich Dawkins annehmen, dann wäre Gott nicht nur fähig gewesen, durch die Evolution »den Menschen zu erschaffen«, sondern Gott hätte auch eine Reihe geschickter Manipulationen hinter den Kulissen vornehmen müssen, um seine Meinung zu ändern und zu VERHINDERN, daß ein solches Geschöpf entsteht.

Experten in anderen Bereichen der Wissenschaft, insbesondere in den Bereichen der Chaostheorie und der Komplexitätsforschung, die wir im nächsten Kapitel genauer untersuchen werden, stimmen nicht völlig damit überein, daß das Entstehen von Leben so wahrscheinlich ist. Unser Wissen über die Entstehung von Organisationsformen wie der DNS im Universum steckt noch in den Kinderschuhen, und viele meinen, es sei noch viel zu früh, um sagen zu können, wie wahrscheinlich eine solche Entwicklung ist. Manchen Berechnungen zufolge ist das Leben, wie wir es kennen, doch nicht so wahrscheinlich, wie Dawkins annimmt. Nicht so unvermeidlich, sondern eher ein wenig geplant. Barrow vermutet, daß es zusätzlich zu den uns bekannten Gesetzen ein noch unentdecktes Organisationsprinzip geben könnte, das die Evolution komplexer Systeme steuert. Ob das der Fall ist und worin dieses Prinzip besteht, ist gegenwärtig ein großes Rätsel. Es ist verführerisch, darüber zu spekulieren, daß dieses Organisationsprinzip Gott sein könnte, doch es könnte auch etwas anderes sein, das die Wissenschaft noch entdecken und erklären wird.

Schließlich bleibt die Frage, wie wahrscheinlich oder unwahrscheinlich es ist, daß das Universum in der Art existieren soll, in der wir es beobachten – in einer Art, die die Entstehung empfindungsfähiger Wesen erlaubt und ihre Entstehung wahrscheinlich macht. Wenn es wahrscheinlich ist, könnten wir folgern, daß Gott dieses Wahrscheinlichkeitsprinzip an den Anfang gesetzt und dann der Entwicklung zugesehen hat, ohne selbst noch weiter einzugreifen. Wenn es *nicht* wahrscheinlich ist, dann ist es schwer, das Argument von der Hand zu weisen, daß wir Gott brauchen, um zu erklären, weshalb es ein solches Universum entgegen aller Wahrscheinlichkeit geben sollte. In beiden Fällen ist Gott zwar vielleicht nicht unbedingt notwendig, aber doch auch nicht gänzlich ausgeschlossen.

Paley wies nicht nur auf die Komplexität etwa des menschlichen Auges hin, um zu beweisen, daß es einen Gott gibt, der das Universum entworfen hat. Er war ebensosehr Mathematiker wie Naturforscher, und er betrachtete die Gesetze der Gravitation, ohne die Leben, wie wir es kennen, nicht existieren könnte, als weiteren starken Beweis. Diese zweite Variante des »teleologischen Gottesbeweises« ist nicht tot. Sie feiert in der Physik fröhliche Urständ.

Das Universum als »abgekartetes Spiel«

Vor der Mitte des 16. Jahrhunderts lehrten Religion und Wissenschaft, daß unsere Erde das Zentrum des Universums sei. Im Jahr 1543 veröffentlichte Nikolaus Kopernikus seine heliozentrische Astronomie und zeigte, daß die Erde als ein die Sonne umkreisender Planet eine weitaus einfachere und überzeugendere Erklärung der Bewegungsabläufe ist, die wir am Firmament beobachten. Wir wissen heute, daß die Sonne wiederum um das Zentrum einer Galaxie kreist. Wir glauben weiterhin, daß von jedem Beobachtungspunkt aus das Universum im großen und ganzen mehr oder weniger genauso aussieht wie von der Erde aus, und kein Beobachtungspunkt mit größeren oder kleinerem Recht als Zentrum betrachtet werden kann als irgendein anderer. Durch die Erforschung der Evolution wissen wir, daß die natürliche Umwelt auf der Erde nicht notwendigerweise im Hinblick auf uns Menschen geschaffen wurde. Was uns gewiß etwas vom hohen Roß herunterbringt! Trotzdem, je mehr wir sowohl über die kosmischen als auch die mikroskopisch kleinen Abläufe im Universum erfahren, desto mehr scheinen wir uns seltsamerweise in der alten Rolle als Krönung des Ganzen wiederzufinden. Gesetze und Konstanten mußten im Augenblick der Schöpfung mit unglaublicher Präzision festgelegt werden, sonst könnten wir gar nicht hier sein. Statistisch gesehen scheint das eher gegen uns zu sprechen. Es läßt sich der Eindruck nicht vermeiden, daß es eigens für uns einiges an sorgfältiger Planung und komplizierter Feinabstimmung gegeben haben muß. Ist das Universum, wie es der englische Astronom Fred Hoyle formulierte, ein »abgekartetes Spiel«?

Ein Beispiel: Wäre die elektrische Ladung des Elektrons nur geringfügig anders, würden Sterne nicht zu Supernovae explodieren und das Rohmaterial für neue Sterne, wie etwa unsere Sonne, oder Planeten wie die Erde, ins All zurückschleudern. Wäre die Gravitation nur etwas weniger stark, hätte die Materie nicht zu Sternen und Galaxien erstarren können. Wäre die

Gravitation nur ein wenig schwächer, als sie tatsächlich ist, hätte sich Materie nicht zu Sternen und Galaxien zusammenballen können; doch Galaxien und Sonnensysteme hätten auch dann nicht entstehen können, wenn die Gravitation nicht zugleich die *schwächste* der vier Elementarkräfte wäre. Hätte das Gleichgewicht zwischen der Expansionsenergie (freigesetzt durch den Urknall) und der Stärke der Gravitation um mehr als 1 zu 10^{60} differiert, und zwar weniger als 10^{-43} Sekunden nach dem Urknall (ungefähr der früheste Zeitpunkt, von dem an Raum und Zeit eine Bedeutung haben), wäre das Universum entweder schon längst wieder kollabiert oder es hätte sich derart rapide ausgedehnt, daß die Gravitation es nicht vermocht hätte, Materie zusammenzuziehen und Sterne zu bilden.

Die elektrische Ladung und die Masse des Elektrons, die Stärke der Gravitationskraft, ja aller vier Grundkräfte, sowie die Werte anderer Konstanten kann gegenwärtig keine Theorie vorhersagen. Sie können nur durch Beobachtung festgestellt werden. Und doch müssen diese Werte und ihre Relationen exakt stimmen – und das mit unglaublicher Genauigkeit –, damit unsere Existenz möglich ist. Auch wenn das Entstehen von Leben in diesem Universum einigen Schätzungen nach in hohem Maß wahrscheinlich ist, so ist doch höchst unwahrscheinlich, genau jenes Universum vorzufinden, in dem eine solche Wahrscheinlichkeit besteht.

Ist das Universum eine große Verschwörung, um intelligentes Leben zu ermöglichen? Nichts, was die Naturwissenschaft zu sagen hat, schließt diese Erklärung aus. Doch wieder einmal gibt es hierzu mögliche Alternativen.

Der zweite gordische Knoten: das anthropische Prinzip

Das »anthropische Prinzip« ist wahrscheinlich das stärkste Argument dafür, daß wir das Universum immer nur von einem einseitigen Standpunkt aus beobachten können und durch unseren Standpunkt vorher festgelegt ist, was wir finden.

Dieses Prinzip besagt, daß wir das Universum deshalb so vorfinden, wie es ist, weil wir existieren – was eigentlich nur eine umgekehrte Art ist, zu sagen, daß es uns nicht gäbe, wenn das Universum anders wäre, und wir es folglich auch nicht wahrnehmen könnten. Wir stellen jene Werte für die Ladung des Elektrons, die Stärke der Gravitationskraft, die kosmologische Konstante usw. fest, die wir nun einmal beobachten, weil wir überhaupt nicht da wären, um irgend etwas zu beobachten, wenn diese Werte anders wären. Die Möglichkeit, einen Satz von Werten zu beobachten, der sich von jenen unterscheidet, die wir vorfinden, scheint vollkommen ausgeschlossen. An diesem Punkt wird es schwer, einzusehen, daß das Argument überhaupt etwas besagt. Manche Wissenschaftler und Philosophen bestreiten das entschieden.

Das anthropische Prinzip hat verschiedene Erscheinungsweisen. In seiner »schwachen« Form kann es zur Erklärung dienen, weshalb die Bedingungen genau richtig dafür sind, daß wir auf dieser Erde zu dieser bestimmten Zeit in der Geschichte des Universums existieren. Die Antwort ist nicht schwer angesichts der Tatsache, daß wir hier sind (was wir als gegeben annehmen dürfen). Wären die Bedingungen hier und heute nicht genau richtig, dann gäbe es uns nicht hier und jetzt, sondern woanders und zu einem anderen angemessenen Zeitpunkt – wo wir uns dieselben Fragen stellen würden. Es würde intelligentes Leben nur zu der ganz bestimmten Zeit und an dem ganz bestimmten Ort geben, wo die Bedingungen dafür vorhanden wären. Das zu akzeptieren ist nicht schwer, solange wir nicht weiterfragen, weshalb es überhaupt zu *irgendeiner* Zeit oder an *irgendeinem* Ort solche für uns genau passenden Bedingungen geben sollte.

Das »starke« anthropische Prinzip versucht, auf diese Frage eine Antwort zu geben. Wir können uns eine Vielfalt verschiedener, voneinander getrennter möglicher Universen vorstellen. Die Bedingungen, die in den meisten dieser möglichen Universen herrschen, würden die Entwicklung intelligenter Lebewesen nicht gestatten. In sehr wenigen von ihnen – vielleicht nur in einem einzigen – sind die Bedingungen genau so, daß Sterne, Galaxien und Sonnensysteme entstehen können – und ebenso intelligente Lebewesen, die das Universum studieren und sich fragen können: Weshalb ist das Universum so beschaffen, wie wir es beobachten? Die einzige Antwort lautet: Weil wir, wenn es nicht so wäre, nicht da sein und diese Frage stellen würden. Doch wie groß die Anzahl der möglicherweise existierenden Universen auch immer ist, es muß *zumindest* eines geben, in dem zu irgendeinem Zeitpunkt seiner Geschichte Leben entstehen kann.

Treiben wir diesen Gedanken noch einen Schritt weiter, dann versetzen wir den Menschen in eine höchst beneidenswerte Position. Einigen Berechnungen aus neuerer Zeit zufolge ist schon die Wahrscheinlichkeit, daß *überhaupt* ein Universum entstehen konnte, so astronomisch gering, daß es sozusagen einen doppelten Glückstreffer darstellt, wenn dieses Universum obendrein auch noch aussieht wie »unseres«. Stellen wir die Frage noch etwas anders: Weshalb beobachten wir überhaupt ein Universum? Und die einzige Antwort könnte wiederum lauten: Weil wir, wenn wir es nicht täten, nicht da sein und diese Frage stellen könnten. Mit anderen Worten: Es gibt ein Universum, weil wir existieren. Das kommt dem sehr nahe, was Wheeler meinte, als er behauptete, es gebe nur deshalb physikalische Gesetze, weil es Beobachter gibt, die sie enträtseln können. Dies könnte uns ganz schön überheblich machen. Wir könnten sogar so weit gehen und annehmen, daß WIR die Erste Ursache sind. Es gibt ein Gegenargument: die Wahrscheinlichkeit, daß es überhaupt ein Universum gibt, ist *so* gering, daß man nicht einmal das anthropische Prinzip bemühen sollte, um das Universum zu erklären.

Obwohl das anthropische Prinzip zwar mit der Aussage konkurriert, es müsse einen Gott geben, der uns in sein Denken eingeplant hat, und die »Notwendigkeit« für einen solchen Gott in Frage zu stellen scheint, kommt der stärkste Widerstand gegen das anthropische Prinzip interessanterweise nicht aus religiösen Kreisen. Er kommt von den Physikern.

Attacken auf den zweiten gordischen Knoten

Bleibt uns nur das anthropische Prinzip als einzige Erklärungsmöglichkeit für das Universum und die offenbar ungeheuer präzise Feinabstimmung in seinem Anfangsstadium? Ist das die einzig mögliche Antwort neben dem Satz: »Gott hat es gemacht?«

Versuchen wir doch einmal herauszufinden, weshalb so viele Naturwissenschaftler das anthropische Prinzip als Antwort ablehnen. Erstens liegt es daran, daß wir uns mit dieser Art von Denken im Kreis bewegen und niemals an ein Ziel gelangen. »Wir existieren, weil das Universum so beschaffen ist, wie es ist; und das Universum ist so beschaffen, wie es ist, weil wir nicht existierten, wenn es nicht so beschaffen wäre; und anscheinend existieren wir ja.« Dieser Satz besagt nicht viel mehr als »Tja, hier sind wir also« und beläßt es dabei. Wenn *das* die endgültige Antwort sein sollte, dann lohnt sich die ganze Suche nicht.

Zweitens ist das anthropische Prinzip sozusagen eine weitere Tür, die uns vor der Nase zugeschlagen wurde. Hawking formuliert es so: »War alles nur ein glücklicher Zufall? Das käme einem Offenbarungseid gleich, einem Abschied von unserer Hoffnung, wir könnten die dem Universum zugrunde liegende Ordnung verstehen.«[16] Wenn wir ein wissenschaftliches Experiment machen und zu einem Resultat kommen würden, das derart jeder Wahrscheinlichkeit widerspricht, würden wir es gewiß nicht als Zufall oder schieres Glück abtun. Wir wären gezwungen, nach einer Ursache dafür zu suchen.

Für diese Ursache gibt es verschiedene Theorien:

Alan Guth und das inflatorische Universum

Als mein Bruder, meine Schwester und ich noch klein waren, versetzte uns mein Vater mit einem Spiel in Erstaunen, das er »Zauberzahl« nannte. Wir drei sollten uns auf eine Zahl einigen, ihm aber nicht sagen, welche es war. Dann folgten einige Rechenaufgaben. Zum Beispiel sagte er: »Fügt zwei hinzu«; dann: »Zieht eins ab«, dann: »Multipliziert mit vier« und so fort. Wir rechneten die Aufgaben im Kopf durch, ohne ihm jeweils unsere Zwischenergebnisse zu verraten. Wir merkten, daß er keine besondere Reihenfolge einhielt, seine Anweisungen kamen rein zufällig. Das ging eine Zeitlang so weiter, und am Ende sagte er uns das Ergebnis, zu dem wir gekommen waren. Welch ein Staunen! Wie konnte er die Antwort am Ende unserer Rechenaufgaben kennen, wenn er nicht wußte, mit welcher Zahl wir begonnen hatten? Keiner von uns dachte daran, ihn zu fragen, ob er denn wußte, mit welcher Zahl wir begonnen hatten. Wir nahmen es als selbstverständlich an, daß er es wußte.

Eines Tages machte er den Fehler – vielleicht war es auch kein Fehler, sondern gehörte zu seiner Strategie, uns etwas beizubringen –, nicht zu sagen, daß wir uns auf eine Zahl einigen sollten, sondern er ließ uns jeweils verschiedene Geheimzahlen ausdenken. Zunächst schien es noch rätselhafter, daß er die Antwort am Ende der Rechenoperationen wußte, da doch jeder von uns mit einer anderen Zahl begonnen hatte. Doch er erklärte uns, dahinter stecke ein Trick. In unseren kleinen Gehirnen dämmerte es. Im Verlauf dieser Rechenvorgänge passierte etwas, das dazu führte, daß wir alle – einschließlich meines Vaters – am Ende zum selben Ergebnis gelangten, egal, mit welcher Zahl wir begonnen hatten. Einer der Zwischenschritte verwischte also die Unterschiede zwischen den Zahlenfolgen, die wir im Kopf hatten. Als wir uns dessen erst bewußt waren, dauerte es nicht mehr lange, bis wir herausfanden, wie der Trick funktionierte.

Das Rechenkunststück meines Vaters ist eine vage Analogie für die Art und Weise, in der die »Inflations«-Theorie einige Rätsel der Feinabstimmung des Universums zu lösen hilft. Wenn wir das Universum auf die gleiche Weise betrachten wie meine Geschwister und ich das Rechenspiel, bevor wir die Lösung kannten, dann scheint die einzige Möglichkeit für die

Entstehung eines Universums, wie wir es heute haben, in einer ungeheuer exakten Feinabstimmung zu liegen, und zwar zu einem Zeitpunkt, als das Universum nicht mehr als einen unvorstellbar kleinen Sekundenbruchteil alt war. In der Inflationstheorie benötigen wir keinen so spezifischen Anfang mehr, um zu dem spezifischen Ergebnis zu gelangen, das wir heute sehen. In dem Rechenspiel hätte man mit jeder x-beliebigen Zahl beginnen können, auf die sich meine Geschwister und ich geeinigt hatten, und mein Vater hätte das Spiel mit jeder x-beliebigen Zahl enden lassen können. Es wäre allzu optimistisch zu meinen, daß die Inflationstheorie uns dieses Maß an Freiheit gestattet, wenn es um die Beschreibung des Anfangszustands des Universums geht; doch etwas Freiheit gestattet sie schon. Worin besteht der Trick im Spiel des Universums, der die Unterschiede zwischen seinen verschiedenen Anfangsmöglichkeiten beiseite wischt und uns zu dem gelangen läßt, was wir heute vorfinden?

Es gibt gegenwärtig verschiedene Versionen der Inflationstheorie, doch gebührt Alan Guth vom Massachusetts Institute of Technology das Verdienst, den Gedanken in den späten siebziger Jahren entwickelt zu haben. Guth entdeckte, daß ein bestimmter Prozeß, der vor weniger als 10^{-30} Sekunden nach dem Urknall stattfand, aus der Gravitation eine gigantische, abstoßende Kraft gemacht haben könnte. Natürlich zieht die Gravitation normalerweise Materie an und verlangsamt die Ausdehnung des Universums. Doch im Verlauf eines unvorstellbar winzigen Sekundenbruchteils, so Guth, habe sie (die Gravitation) die Ausdehnung beschleunigt und dadurch eine heftige und rasante Vergrößerung des Universums verursacht, die es von weniger als der Größe eines Protons bis zum Durchmesser eines Golfballs anschwellen ließ. Inflationstheoretiker meinen, daß jedes Ungleichgewicht zwischen der Ausdehnungsenergie und der Gravitationskraft durch diese Phase der rasanten Ausdehnung aufgehoben worden wäre. Die Theorie ist auch in anderen Fällen jener »Feinabstimmung« nutzbringend anwendbar.

Um jene Version der Inflationstheorie zu veranschaulichen, die in dieser Hinsicht am meisten zu bieten hat, müssen wir uns zunächst vorstellen, daß sich das Universum bereits vor Beginn der Inflationsperiode ein wenig ausgedehnt hat. Um uns das leichter begreiflich zu machen, reduzieren wir die Anzahl der Dimensionen in diesem Bild, indem wir noch einmal die Ballonanalogie bemühen. Wir blasen den Ballon ein bißchen auf – um die Ausdehnung des Universums vor der Periode der Inflation zu simulieren – und zeichnen dann einen winzigen roten Punkt auf die Oberfläche. Dann schließen wir den Ballon an eine Preßluftflasche an und drehen diese maximal auf. Der Ballon (wir müssen uns vorstellen, daß er fest genug ist, um nicht zu platzen) wird unglaublich weit aufgeblasen. Der winzige rote Punkt wächst zu einer riesenhaften Fläche an. Einer Version der Inflationstheorie zufolge versinnbildlicht nicht der gesamte Ballon, sondern nur diese rote Fläche das gesamte heute beobachtbare Universum. In anderen Worten: was wir beobachten können, ist nur ein winziger Bruchteil des Ganzen. Wenn wir aber den ganzen Ballon mit Punkten bemalen, sagen wir, mit unendlich vielen Punkten, und ihn wiederum aufblasen, dann wird jeder »Punkt« für etwas von der Größe des Universums stehen, das wir heute beobachten. Oder vielleicht auch nicht – und hier erhalten wir ein wenig Hilfe, die uns beim Problem des »Universums als abgekartetes Spiel« zugute kommt. Möglicherweise befand sich das Universum vor der Inflationsphase in einem Zustand des Chaos, vergleichbar etwa der Meeresoberfläche. Es wäre lächerlich, wollten wir über *den* Anfangszustand schlechthin sprechen. Es gibt viele mögliche Anfangszustände auf dieser Oberfläche, je nachdem, welche Stelle wir untersuchen. Weil die örtlichen Bedingungen für jeden Punkt auf der Ballonoberfläche anders sind, würde jeder Punkt auf die gravitative Abstoßung anders reagieren. Einige hätten gar nicht die richtigen Eigenschaften, um überhaupt zu reagieren. Doch dieser Theorie zufolge sähen wir am Ende der Inflationsphase, daß in jedem Punkt, der sich mit ausgedehnt hat, die Gravitationskraft (die jetzt in der uns vertrauten Art und Weise funktioniert) und die Repulsionskraft aus der Urknall-Explosion in der Weise ausgeglichen sind, die wir heute in unserem Universum beobachten können. Nur in wenigen Punkten würden sich die anderen Konstanten auf so wunderbare Weise zusammenfügen, daß Leben entstehen kann. Vielleicht nur in einem einzigen. In diesem Fall ist dieser eine Punkt unser sichtbares Universum.

Der russische Physiker Andrej Linde hat eine Erweiterung dieser Theorie vorgeschlagen. In Lindes Vorstellung besteht jede mikroskopisch kleine Region (jeder »Punkt«), die sich ausdehnt, aus einer Reihe mikroskopisch kleiner Subregionen, die sich ihrerseits ausdehnen und selbst wieder aus mikroskopisch kleinen Subregionen zusammengesetzt sind ... Und so weiter bis ins Unendliche – ein bis in alle Ewigkeit inflatorisches Universum.

Die Inflationstheorie kann die gedrückte Stimmung etwas aufhellen, in die Hawking uns versetzt, wenn er sagt, das anthropische Prinzip sei »eine Negation all unserer Hoffnungen, jemals die dem Universum zugrundeliegende Ordnung zu verstehen«. Zumindest können wir uns auf das »schwache« anthropische Prinzip berufen, statt daß wir die »starke« Version bemühen müßten (das »schwache« anthropische Prinzip besagt, wie Sie sich erinnern werden, daß irgendwo im Universum zu irgendeinem Zeitpunkt Platz für uns ist). Es ist nicht einfach ein blinder »Zufall«, daß es dieses Universum gibt. Es scheint beinahe unvermeidlich (die Inflationstheoretiker können uns noch nicht sagen, in wie hohem Maß unvermeidlich), daß ein winziger Punkt auf der Landkarte des vorinflatorischen Universums genau jene Feinabstimmung hatte, die zu Bedingungen führte, die uns angemessen sind.

Die Inflationstheorie bietet auch eine Lösung für das an, was in der Urknall-Theorie als das »Horizontproblem« bekannt ist. Es handelt sich um das Problem, weshalb das Universum auf seiner höchsten Ebene so gleichförmig gestaltet ist, in Bereichen, die voneinander so weit entfernt sind, daß selbst in den allerersten Augenblicken des Universums keine Strahlung von einem Bereich in den anderen gelangt sein könnte. Doch die Intensität der Strahlung ist in diesen weit auseinanderliegenden Bereichen so ähnlich, daß man meinen könnte, es habe zwischen ihnen ein Energieaustausch stattgefunden, durch den sie zum Gleichgewicht gelangten. Es ist denkbar, daß vor der Periode der Inflation diese weit auseinanderliegenden Bereiche einmal viel näher beieinander lagen.

Paradoxerweise schmälert dies alles erneut die Hoffnung, jemals eine Vollständige einheitliche Theorie zu finden. Man stelle sich nur einmal vor, welch kleinen Teil des *gesamten* Universums jenes Universum darstellen könnte, das wir wahrnehmen. Gewiß gewinnt hier das bereits angesprochene Problem des Standpunkts höchste Bedeutung. Selbst wenn alle anderen Punkte außer unserem schon seit langem verglüht sind – können wir jemals behaupten, wir hätten *alles* verstanden? Barrow schreibt in seinem Buch *Theorien über alles*: »Nach dieser Hypothese ist die Welt der Sterne und Galaxien nur die Widerspiegelung eines winzigen, vielleicht sogar unendlich kleinen Bereichs des ursprünglichen frühen Universums, dessen Ausdehnung und Struktur uns letztlich immer verborgen bleiben muß.«[17] Zu glauben, wir könnten eine Vollständige einheitliche Theorie finden, wäre weitaus anmaßender und alberner als zu erwarten, wir könnten die gesamte Erde von einem stecknadelgroßen Punkt fünf Kilometer östlich von Colchester aus vermessen. Wie klug unsere Theorien auch immer sein mögen, wir dürften Gefangene eines äußerst begrenzten Standpunkts bleiben – erdverhaftet im negativen Sinn des Wortes.

Die Inflationstheorie geht von einer Situation aus, in der die physikalischen Gesetzmäßigkeiten die Inflation verursachen, doch sie bietet keine Erklärung dafür, wie es zu diesen Gesetzen in ihrer heutigen Form gekommen ist. Erneut müssen wir uns zu grundlegenderen Erklärungen vorantasten.

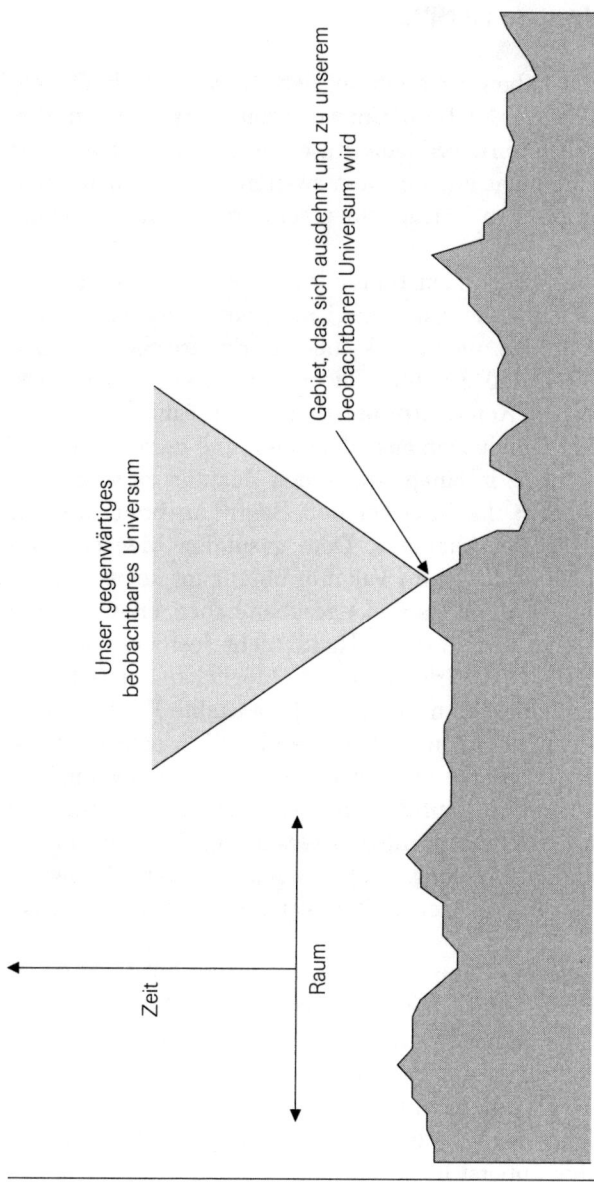

Das Universum, das wir beobachten können, entstand möglicherweise nur aus einem winzigen Teil der Anfangsbedingungen des gesamten Universums. Wenn dies der Fall ist, können wir niemals vollständig das Ausmaß und die Struktur des Universums erkennen.

Baby-Universen zu Hilfe!

In Kapitel 4 haben wir erfahren, daß die Wurmloch-Theorie und die Theorie der Baby-Universen einen Weg bieten, den gordischen Knoten der Singularitäten zu lösen. Jetzt wollen wir sehen, ob sie nicht auch diesem zweiten gordischen Knoten, dem anthropischen Prinzip, einen schweren Schlag versetzen können.

Die »kosmologische Konstante« ist einer der Werte, die vermutlich zur Entstehungszeit des Universums eine Feinabstimmung erforderlich machten. Vielleicht erinnern Sie sich noch aus Kapitel 4, daß Einstein Theorien über eine sogenannte »kosmologische Konstante« aufstellte, die möglicherweise die Wirkung der Gravitation ausbalancieren und dem Universum erlauben könnte, in einem statischen Zustand zu verharren. Heute benutzen die Physiker den Begriff in bezug auf die Energiedichte des Vakuums. Dem gesunden Menschenverstand zufolge dürfte es im Vakuum überhaupt keine Energie geben, aber wie wir in Kapitel 4 gesehen haben, erlaubt es die Unschärferelation dem leeren Raum nicht, leer zu sein.

Genau wie die Unschärferelation die Möglichkeit ausschließt, gleichzeitig den exakten Impuls und die exakte Position eines Teilchens zu bestimmen, schließt sie auch die Möglichkeit aus, gleichzeitig die Stärke eines Felds und die Geschwindigkeit, mit der es sich im Lauf der Zeit verändert, festzustellen. Je genauer wir das eine zu messen versuchen, desto ungenauer wird die andere Messung. Null ist ein sehr exakter Meßwert, und die Messung von gleichzeitig zweimal Null ist daher ausgeschlossen.

Statt eines leeren Raums gibt es eine kontinuierliche Fluktuation der Werte sämtlicher Felder, ein leichtes Schwanken im positiven und im negativen Bereich um den Wert Null herum. Der Wert beträgt also nicht *exakt* Null. Das bedeutet letztlich, daß der leere Raum nicht leer, sondern energiegeladen ist. Die Energiedichte des Vakuums – die kosmologische Konstante – müßte daher äußerst hoch sein.

Inzwischen wissen wir aus der Relativitätstheorie, daß die Anwesenheit von Materie oder Energie die Raumzeit krümmt oder verbiegt. Dies wurde experimentell und durch Beobachtungen bestätigt. Der Weg, den das Licht von weit entfernten Sternen zurücklegt, ist in der Nähe der Sonne tatsächlich gekrümmt, genau wie es die Theorie vorhersagt. Die Photonen (Botenteilchen der elektromagnetischen Kraft) werden leicht aus der Bahn gebracht, wenn sie an einem Körper mit großer Masse vorbeikommen – etwa auf die gleiche Weise, in der man beim Skateboard-Fahren durch Dellen im Asphalt »aus der Bahn geworfen« wird, wenn man nicht gegensteuert.

Daraus können wir schlußfolgern: Wir wissen, daß die Anwesenheit von Materie/Energie die Raumzeit krümmt; je mehr Materie/Energie, desto stärker die Krümmung. Wir wissen, daß das Vakuum energiegeladen ist. Der Krümmungseffekt dieser Energie (wenn die kosmologische Konstante negativ ist) reicht aus, um das Universum auf die Größe eines kleinen Balls zusammenzupressen oder (wenn die kosmologische Konstante positiv ist) das Universum derart expandieren zu lassen, daß keine Galaxien hätten entstehen können. Doch nichts von alledem ist passiert. Zwar waren uns sowohl die Quantenmechanik als auch die Relativitätstheorie in vielerlei theoretischer und praktischer Hinsicht von hohem Nutzen; wir haben auch sehr guten Grund zu der Annahme, daß beide äußerst verläßliche Theorien sind. Dennoch tischen sie uns, miteinander verknüpft, einen solchen Unsinn auf. Entschieden kein Punkt, auf den die Physik stolz sein könnte.

Zum Glück für uns liegt die kosmologische Konstante laut Beobachtung bei einem Wert nahe Null. Wie kann das möglich sein, wenn eine sonst so verläßliche Theorie besagt, dieser Wert müsse äußerst groß sein? Heben all die Positiva und Negativa im Vakuum sich wirklich gegenseitig so vollkommen auf? Das ist höchst unwahrscheinlich. Der Physiker Sidney Coleman von der Harvard University meint dazu: »Null ist eine verdächtige Zahl. Stellen Sie sich einmal vor, Sie geben über einen Zeitraum von zehn Jahren Millionen Dollar aus, ohne auf Ihr

Einkommen zu achten; und wenn Sie schließlich vergleichen, was Sie ausgegeben und was Sie eingenommen haben, sehen Sie, daß es auf den Pfennig genau aufgeht.«[18] Im Fall der kosmologischen Konstante ist es sogar noch unwahrscheinlicher, daß sie sich auf einen Wert so nahe Null einpendelt. Dieser Wert hätte bereits in der allerersten Frühzeit des Universums »gesetzt« werden müssen, und zwar mit einer Präzision, die unser Vorstellungsvermögen übersteigt.

Wie können die Wurmlöcher dieses Rätsel lösen helfen? Coleman schlägt folgendes vor: Stellen Sie sich die Geburt eines Universums vor, wie wir es in Kapitel 4 getan haben: ein »Baby«, das sich aus einem bereits bestehenden Universum abzweigt. Dieser Theorie zufolge – Sie erinnern sich – könnte es eine Vielzahl von Universen um uns herum geben; einige davon weitaus größer als unser heutiges Universum, andere wiederum unvorstellbar viel kleiner als ein Atom, und dazwischen alle möglichen Größenordnungen. Das neugeborene Universum muß den Wert seiner kosmologischen Konstante durch eine Wurmloch-Verbindung von einem dieser anderen Universen übernehmen, man könnte auch sagen, »erben«. Es ist für ein Baby von geringer Bedeutung, ob es ein Talent für Mathematik erbt; das wird erst wichtig, wenn das Kind größer wird. Ähnlich ist es für ein Baby-Universum nicht wichtig, ob es einen Wert der kosmologischen Konstante nahe Null »erbt« oder einen, der es zu einem kleinen Ball zusammenpressen würde. Der Wert seiner kosmologischen Konstante wäre nicht einmal meßbar, bevor es nicht ein gutes Stück erwachsener geworden ist. Doch bei den Myriaden Universen unterschiedlicher Größe um sich herum besitzt das Baby-Universum eine weitaus höhere statistische Chance, seine kosmologische Konstante durch Wurmloch-Verbindungen mit großen, kälteren Universen der Art zu erben, die nur möglich sind, wenn sich all die Positiva und Negativa im Vakuum einander tatsächlich zu einem Wert nahe Null aufheben. Coleman berechnete die Wahrscheinlichkeit eines Universums (in der Wurmloch-Theorie) mit einer kosmologischen Konstante nahe Null: unserer

Art von Universum. Dabei fand er heraus, daß jede *andere* Form von Universum höchst unwahrscheinlich wäre. Wurmlöcher und Baby-Universen können dieses Zauberkunststück mit anderen Konstanten, etwa mit Teilchenmassen, nicht vollbringen. Coleman und Hawking meinen, wenn wir die Karte des gesamten Labyrinths von Wurmlöchern und Universen kennen würden, wären auch diese Werte vielleicht erklärbar; doch natürlich haben wir keine Möglichkeit, diese Karte zu studieren. Wir müssen uns auf folgende Einsicht beschränken: Falls diese Theorien richtig sind, lassen sich diese Konstanten der Natur deshalb nur durch Beobachtung erschließen, weil sie aus einer Situation erwachsen, in der der Zufall eine gewisse Rolle spielt – weshalb wir bestenfalls Wahrscheinlichkeitsrechnungen anstellen, aber keine genauen Vorhersagen treffen können.

Nicht schon wieder der Äther!

Fast das ganze 20. Jahrhundert hindurch haben Physikstudenten gelernt, daß es den »Äther« – ein unsichtbares Medium, das man sich einst als den gesamten Raum durchdringend vorstellte – nicht gibt. In der Mitte des 19. Jahrhunderts schien die Annahme eines solchen Mediums notwendig, um erklären zu können, wie die Lichtwellen den Raum durchqueren können, und zur Zeit Newtons (obgleich Newton selbst diesen Gedanken ablehnte), um erklären zu können, wie Körper, die räumlich voneinander getrennt sind, dennoch eine Gravitationskraft aufeinander ausüben können. Einstein, so steht es in unserem Physikbuch, widerlegte die Hypothese vom Äther endgültig. Es herrscht dort draußen nichts als Leere – ein Zustand des Vakuums.

Sie werden sicher schon bemerkt haben, daß dies nicht das Bild ist, das die physikalische Theorie heute vermittelt. Der leere Raum brodelt höchstwahrscheinlich vor Energie. Zur Zeit sind die Physiker dabei, ihr Verständnis einer Art von Energie zu vertiefen, die den gesamten Raum durchdringen könnte. Sie bezeichnen sie als das Higgs-Feld.

Das Higgs-Feld muß man sich als einen Ozean von Energie vorstellen, in dem wir und alles andere im Universum schwimmen. Die einzige direkte Auswirkung des Higgs-Feldes ist jedoch das Vorhandensein jenes Merkmals, das wir »Masse« nennen. Savas Dimopoulos, der an der Stanford University und bei CERN (der europäischen Organisation für Kernforschung in Genf) arbeitet, Lawrence Hall von der University of California und Stuart Raby von der Ohio State University hoffen, daß durch ein besseres Verständnis der Interaktion des Higgs-Feldes mit bestimmten Teilchen die Werte einiger Teilchenmassen theoretisch abgeleitet werden können, die bis heute zu dem unerklärten Phänomen der Feinabstimmung der Natur gehören.

Dimopoulos schlägt vor, sich das Higgs-Feld als ein zähflüssiges Medium vorzustellen – sagen wir, wie Honig –, das das gesamte All durchdringt. Ein Frisbee, das durch den Honig hindurchgeht, überzieht sich mit klebriger Masse und wird schwerer. Eine Münze dagegen würde sich mit weniger Honig beladen und daher auch weniger an Gewicht zunehmen. Ein Stecknadelkopf noch weniger. In der allerersten Frühzeit des Universums bewegten sich Teilchen durch das Higgs-Feld, diesen Ozean von Energie, und zwar in einer Weise, die der Bewegung der Frisbeescheiben, Münzen und Stecknadelköpfe durch den Honig analog ist. Jene Teilchen, die heute als die dritte Familie der Leptonen und Quarks bekannt sind, die schwerste Familie also, entsprachen den Frisbees. Diese Teilchen wurden erheblich schwerer. Die zweite Familie entsprach den Münzen. Sie nahmen nicht so viel an Gewicht zu wie die dritte Familie. Die erste Familie (die heutigen Elektronen und die beiden Quarks, aus denen Protonen und Neutronen bestehen) entsprach den Stecknadelköpfen. Sie gewannen noch weniger an Gewicht. In gewisser Weise machte sich die jeweils leichtere Familie mit einem Teil des Gewichts der nächstschwereren davon – ein leichter Fall von Kannibalismus gewissermaßen.

Diese Gewichtszunahmen führten schließlich zu sechs Arten von Quarks und sechs Arten von Leptonen, aufgeteilt auf die drei Familien. Die Angehörigen der dritten und leichtesten Familie, die das Elektron und die »Up«- und »Down«-Quarks (aus dem Protonen und Neutronen bestehen) enthält, sind auf der Teilchenebene noch immer vertraute Bewohner des Universums. Nicht so die beiden anderen Familien, zu denen vier Leptonen und die »Charm«-, »Strange«-, »Top«- und »Bottom«-Quarks gehören. Sie existierten im ersten Sekundenbruchteil nach dem Urknall, aber wir haben sie nur in Teilchenbeschleunigern reproduzieren können. Für das »Top«-Quark haben wir bisher überhaupt keinen direkten Nachweis.

Aus ihren Untersuchungen dieser Gewichtsregulierungen und der mathematischen Symmetrien, die der Theorie zufolge zwischen den drei Familien herrschen sollten, haben Dimopoulos, Hall und Raby sieben Teilchenmassen abgeleitet, die zuvor nur aus Beobachtungsergebnissen zu ermitteln waren. Wenn ihre Arbeit zu weiteren solchen Ergebnissen führt und wenn diese auch experimentell bestätigt werden können, dann hat der Angriff auf die Naturkonstanten, die in allen bisherigen Theorien nur arbiträre Elemente gewesen waren, ernsthaft begonnen.

Es besteht die Hoffnung, daß in den späten neunziger Jahren und Anfang des neuen Jahrtausends der Superconducting Super Collider (SSC) in Waxahachie, Texas, und der Large Hadron Collider (LHC) im CERN in der Lage sein werden, das Higgs-Teilchen zu produzieren. Die Experimentatoren werden versuchen, eine Störung des Mediums (des Higgs-Energiefelds) hervorzurufen, wie eine Welle im Ozean. »Ein bißchen dagegenstoßen«, wie es Dimopoulos formuliert. Diese Welle wäre dann das Higgs-Teilchen. Es wird auf einer fotografischen Platte zwar nicht zu sehen sein, doch nach einer extrem kurzen Lebensdauer wird es in andere Teilchen zerfallen, die dann Spuren hinterlassen. Die Forscher hoffen, einen Trümmerregen zu beobachten, der solche Teilchen wie Quarks nachweist, vielleicht sogar W- und Z-Teilchen – ein Feuerwerk, das sie als charakteristisch für den Zerfall eines Higgs-Teilchens ansehen.

Jede Familie besteht aus zwei Leptonen und zwei Quarks

	LEPTONEN	QUARKS
Leichteste Familie Teilchen, die man in normaler Materie findet	Elektron Neutrino	up
	Elektron	down
Schwerere (massivere) Teilchen	Muon Neutrino	charm
	Muon	strange
Schwerste Familie	Tau Neutrino	top (noch nicht beobachtet)
	Tau	bottom

Drei Teilchenfamilien, aus denen möglicherweise die gesamte Materie besteht.

Diese Entdeckung würde nicht nur die Theorie von Dimopoulos, Hall und Raby stützen, sondern auch zu einem besseren Verständnis des Symmetriebruchs in der Elektroschwach-Theorie beitragen.
Selbstverständlich sind das Higgs-Teilchen und das Higgs-Feld für die von Dimopoulos, Hall und Raby vorgetragene Theorie notwendig, doch die Entdeckung des Higgs-Teilchens wäre nicht an sich schon die Bestätigung ihrer Theorie – die vorhersagt, wie das Higgs-Teilchen mit Quarks und Leptonen interagiert. Von weitaus größerer Bedeutung in dieser Hinsicht wäre die Entdeckung des »Top«-Quarks mit einer Masse, die der von der Theorie vorhergesagten nahekommt. Die Suche nach dem »Top«-Quark dauert schon fünfzehn Jahre, und es gibt Grund anzunehmen, daß es schon bald gefunden werden wird.
Die Arbeit von Dimopoulos, Hall und Raby könnte dazu beitragen, einige der Naturkonstanten vorherzusagen und uns vielleicht erklären, wie und warum die Materie diese und nicht eine andere Masse hat. Aber wird sie auch das Geheimnis lüften, wieso einige dieser Werte so wirken, als seien sie eigens darauf abgestimmt, unsere Existenz zu ermöglichen? Nach Dimopoulos besteht die erste – praktische – Aufgabe darin herauszufinden, welche Symmetrie tatsächlich am Werk ist, welches die richtige Symmetrie ist. Darüber hinaus könnten wir dann fragen, ob es tieferliegende Gründe gibt, weshalb gerade diese Symmetrie und nicht eine andere in unserem Universum gilt. Doch die Antwort auf diese Frage würde vielleicht immer noch nicht erklären können, weshalb jene Werte, die für das Vorhandensein von Leben, wie wir es kennen, so enorm wichtig sind – die Massen des Elektrons und der leichtesten Familie der Quarks –, zufällig genau die richtigen Werte sein sollten, um dieses Leben zu ermöglichen.
Halten wir einen Augenblick inne und überlegen, wohin uns diese Diskussion über Zweck und Plan bisher geführt hat. Wir haben den Glauben an einen Gott betrachtet, der nicht nur das Universum geschaffen hat, sondern mit seiner Schöpfung auch

einen bestimmten Zweck verfolgte. Dieser Zweck beinhaltete auch die Erschaffung von Lebewesen, die fähig sind, Gott zu suchen und auf ihn zu reagieren. Wir haben gefragt, ob dieser Glaube mit der modernen Naturwissenschaft in Konflikt steht. Zunächst haben wir gesehen, daß durch den Evolutionsprozeß die Welt, die wir heute beobachten und die so prächtig und wunderbar entworfen scheint, sich auch ohne einen Konstrukteur entwickelt haben könnte. Der »teleologische Beweis« ist kein zwingendes Argument für die Existenz eines Gottes, der das Universum geplant hat. Doch haben wir auch erfahren, daß die Evolution den Glauben an einen Gestalter-Gott nicht vollkommen ausschließt. Wenn Gott die Evolution und die Grundregeln geschaffen hat, nach denen dieser Prozeß abläuft, dann hat er auf dieser Erde ein System eingerichtet, in dem nach Ansicht der meisten Evolutionisten irgendwann in der Zukunft Geschöpfe zwangsläufig entstehen mußten, die intelligent genug und in einem so hohen Maß ihrer selbst bewußt waren, daß sie auf Gott reagieren konnten. Gott hätte nicht in den normalen Verlauf des Prozesses eingreifen müssen, damit schließlich solche Geschöpfe entstanden. Deshalb steht es jedem frei zu glauben, daß Gott den Evolutionsprozeß erfunden hat, um etwas zu erschaffen, und daß er – in bewußter Absicht – in seiner Schöpfung Wesen wie uns haben wollte.

Doch die Evolutionisten meinen, für die Evolution, die DNS und deren Funktionsweise sei ebenfalls kein Schöpfer oder Konstrukteur nötig. Die statistische Wahrscheinlichkeit dafür, daß diese spontan auftauchen und sich bis zu ihrer heutigen Form weiterentwickeln, reicht vollkommen aus, um sie zu erklären. Wieder einmal fällt das Argument auf jene zurück, die es benutzen wollten, um Gott aus dem Feld zu schlagen. Eben jene Argumente, die uns die Schlußfolgerung erlauben, daß das Wahrscheinlichkeitsprinzip ausreicht, zeigen auch, daß ein Konstrukteur, der nicht eingreift oder die Daten manipuliert, es den Dingen gestattet haben könnte, einfach ihren Lauf zu nehmen, und am Ende dennoch das erhalten haben könnte, was er von Anfang an wollte: Geschöpfe, die auf ihn reagieren würden. Zu einem anderen Schluß können wir auf der Grundlage der Statistiken, die Dawkins anführt, nicht kommen – auch wenn Dawkins selbst über die Vorstellung, Gott bei all dem irgendeine Rolle zuzubilligen, nur verächtlich die Nase rümpfen würde. Es ist in der Tat schwer, sich eine klügere Art vorzustellen, jene Geschöpfe zu erzeugen und gleichzeitig die Prinzipien der Freiheit und Kontingenz zuzulassen, die ein so wichtiger Bestandteil dieses Universums zu sein scheinen. Nach der striktesten Version des modernen Darwinismus hatte Gott letztlich nicht mehr zu tun als die Gesetze der Statistik zu erfinden. Andererseits könnten die Gesetze der Statistik auch durch die mathematische Konsistenz diktiert sein. Und die mathematische Konsistenz – und nicht Gott – könnte die Erste Ursache sein – das, was einfach IST. Womit wir wieder bei unserem Patt angelangt wären.

Bisher entdecken wir keine tiefgehenden Unvereinbarkeiten zwischen dem Glauben an einen absichtsvoll handelnden Gott und dem, was uns die Naturwissenschaft lehrt. Unterschiedliche Interpretationen und Spekulationen sind möglich, doch welcher Interpretation auch immer wir uns anschließen, müssen wir zugeben, daß wir die Unrichtigkeit der jeweils anderen nicht beweisen können. Dawkins behauptet nicht, er habe bewiesen, daß es keinen Gott gibt. Er beansprucht lediglich, aufgezeigt zu haben, daß das teleologische Argument kein brauchbares Instrument für den Nachweis ist, *daß* es ihn gibt. Ebensowenig beweisen jene Argumente, die zeigen wollen, daß die Evolution für Gott ein cleverer und nahezu narrensicherer Weg gewesen sein könnte, die Dinge in Gang zu setzen, daß es auch tatsächlich einen Gott gibt, der das getan hat. Sie zeigen lediglich, daß wir den Evolutionsprozeß nicht als Beweis dafür nehmen können, daß es *keinen* solchen Gott gibt.

Der teleologische Beweis erhält ein wenig Aufwind durch die Tatsache, daß nur durch unglaublich präzise Feinabstimmung im Augenblick der Schöpfung ein Universum möglich geworden ist, in dem Lebewesen auftauchen. Das anthropische Prinzip ist eine alternative Erklärung, doch dieses Prinzip bleibt sowohl für viele Naturwissenschaftler als auch für jene unbefriedigend, die Gott gern eine Rolle in diesem Prozeß zuschreiben möchten. Die Physik hat einige Theorien aufgestellt, die neue Vorschläge für die Erklärung des Universums enthalten, das wie ein »abgekartetes Spiel« aussieht, ohne wirklich eines zu sein; und die Bemühungen um ein besseres Verständnis der Naturkonstanten sind noch lange nicht abgeschlossen. Bis heute ist jedoch keine Theorie in der Lage, die *gesamte* Feinabstimmung zu erklären, und keine schließt die Möglichkeit eines Schöpfergottes als Erste Ursache aus, der den Kontext, in dem diese Theorien funktionieren können, festgesetzt hat. Wie wir in den vorangegangenen Kapiteln gesehen haben, hängt viel von der Frage ab, ob das Prinzip der mathematischen und logischen Konsistenz uns auf eine einzige Theorie beschränkt und ob die mathematische und logische Konsistenz einen Erfinder notwendig haben – ob also diese Konsistenz auch anders sein könnte, als sie ist.

Die Sehnsucht des Johannes Kepler

Ein Gott, der die mathematische Konsistenz erfunden hat (die natürlich auch für die Inflationstheorie, für Wurmlöcher und Baby-Universen und für das Higgs-Feld notwendig ist) und sich dann erwartungsvoll zurücklehnt und wartet, bis die richtige Art von Universum auftaucht, bis Leben entsteht und empfindungsfähige Wesen sich entwickeln, die auf ihn reagieren können – an einen solchen Gott können Sie getrost glauben, ohne mit der Naturwissenschaft in Konflikt zu kommen. Ich habe das so leichthin gesagt, auf eine Art, die nichts mit der Schwere der Entscheidung und dem tiefen Ernst zu tun hat, mit der viele Menschen um ihren Glauben ringen, und auch ungeachtet der unterschiedlichen menschlichen Charaktere. Es gibt viele mögliche Bedeutungen des Satzes »auf Gott reagieren«, und es gibt viele Schattierungen des Glaubens daran, wie Gott auf uns reagiert.

Vielleicht kennt Gott jeden einzelnen von uns. Vielleicht ist Gott betroffen von dem, was mit uns geschieht. Vielleicht bietet uns Gott die Hoffnung auf ein Leben nach dem Tode (in dem es möglicherweise Belohnung oder Strafe gibt). Es ist möglich, daß Gott all dies tut und dennoch eine strenge Politik der Nichteinmischung ins Universum verfolgt.

Als meine Tochter Caitlin fünf Jahre alt war, nahmen mein Mann und ich sie nach London mit, um an den Feierlichkeiten der Parlamentseröffnung durch die Königin teilzunehmen. Als die Kutsche der Königin an uns vorbeifuhr, winkte die Königin und nickte Caitlin zu. Später, als wir fragten, ob sie die Königin gesehen habe, antwortete Caitlin: »Die Königin hat *mich* gesehen.« Auf ähnliche Weise ist der Satz »Gott kennt mich« weitaus bedeutsamer als der Satz »ich kenne Gott«.

Dies scheint so unwahrscheinlich – weitaus weniger wahrscheinlich jedenfalls, als daß die Königin von England an Caitlin persönlich interessiert ist. Hawking sagte einmal: »Wir sind unbedeutende Geschöpfe auf einem kleinen Planeten eines sehr durchschnittlichen Sterns in den Randbezirken einer von hunderttausend Millionen Galaxien. Deshalb ist es schwer, an einen Gott zu glauben, der sich um uns kümmert oder auch nur auf unser Dasein aufmerksam geworden ist.«[19] Psalm 8 beschreibt die gleiche Reaktion vom Standpunkt des Glaubens aus: »Seh' ich den Himmel, das Werk deiner Hände, Mond und Sterne, die du befestigst: Was ist der Mensch, daß du an ihn denkst, des Menschen Kind, daß du dich seiner annimmst?«[20] In der Tat!

Die Frage lautet nicht, ob wir nicht allzu bescheidene Wesen sind, wenn wir eine solche Haltung einnehmen, sondern ob das nicht eine sehr beschränkte, menschliche Vorstellung von Gott ist. Würde ein Gott, der wirklich etwas taugt, Größenordnungen oder den Beschränkungen des Raums unterworfen sein? Wir können auf dieser Grundlage die Bedenken Hawkings oder des Psalmisten nicht als wissenschaftlichen Beweis für das Nichtvorhandensein eines Gottes akzeptieren, der sich des Menschen bewußt ist.

Diese Vorstellung von Gott – einem liebenden Gott, der jedoch eine strikte Nichteinmischungspolitik betreibt – vermag bis zu einem gewissen Grad die erschütternde Grausamkeit, die eklatante Ungerechtigkeit und die schiere Absurdität zu erklären, die in diesem Universum herrschen. Dies ist ein Gott, der sich aus Prinzip weigert, sich in seine Schöpfung einzumischen, nachdem er ihre elementarsten Grundlagen festgelegt hat; ein Gott, der den normalen Verlauf von Gesundheit und Krankheit, von Glück und Unglück zuläßt. Manche Menschen glauben, diese »Nichteinmischung« bedeute nicht Loslösung und Gottes Kummer gehe über das menschliche Begreifen hinaus: sein Kummer über ein geistig oder körperlich behindert geborenes Kind, über ein mißhandeltes oder verhungerndes Kind, über einen jungen Mann, der von einer verirrten Granate seiner eigenen Kameraden getötet wird, über ein Genie, das in einem gelähmten Körper gefangen ist – alles Situationen, die unvorstellbar schienen, wenn Gott ins Universum eingreifen würde. Diese Vorstellung von Gott entspricht sehr gut dem Leben auf dieser Erde, wie es uns normalerweise begegnet. Auch widerspricht dieser Glaube nicht der Naturwissenschaft, obwohl sich doch die unabweisbare Frage aufdrängt: »Können Sie mir einen guten Grund nennen, weshalb ich glauben *sollte*, daß ein solcher Gott existiert?« Vom Standpunkt der Naturwissenschaft aus liegt die größte Schwäche dieses Glaubens in der Unmöglichkeit, ihn zu falsifizieren. Nach welchem direkten Beweis könnten wir in dieser Welt suchen, um zu zeigen, ob er richtig oder falsch ist?

Schlagen wir noch einmal die Bibel auf und lesen wir Psalm 46: »Gott ist uns Zuflucht und Stärke, ein bewährter Helfer in allen Nöten. Darum fürchten wir uns nicht, wenn die Erde auch wankt, wenn Berge stürzen in die Tiefe des Meeres, wenn seine Wasserwogen tosen und schäumen und vor seinem Ungestüm die Berge erzittern«.[21] »Hilfe in allen Nöten« bedeutet mehr als das (vielleicht) tröstliche Wissen, daß Gott aus der Entfernung mit uns mitfühlt und uns möglicherweise in einer späteren Existenz belohnt. Wenn Gott in einem aktiven Sinn Zuflucht und Stärke ist, dann ist das nicht länger ein Gott, der eine strikte Nichteinmischungspolitik verfolgt.

Johannes Kepler war ein Naturwissenschaftler, der an Gott glaubte. Einer der bedeutendsten Beiträge für unser Verständnis des Universums war seine Behauptung, die er kurz nach der heliozentrischen Astronomie des Kopernikus aufstellte: daß sich nämlich die Planeten in elliptischen und nicht in kreisförmigen Bahnen bewegen. Das war ein radikaler Gedanke, nicht zuletzt, weil er religiöse und philosophische Auswirkungen hatte. Wie es Kepler selbst ausdrückte, hatte er mit der Behauptung, die Umlaufbahnen seien elliptisch, »ein monströses Ei gelegt«.[22] Jahrhundertelang hatten Philosophen, Naturwissenschaftler und Theologen den Kreis als Ausdruck absoluter Perfektion betrachtet. Ellipsen bedeuteten nun scheinbar den Abschied von der Vorstellung von Perfektion und Schönheit. Doch Kepler zeigte, daß Ellipsen die Bewegungen am Himmel auf eine weit einfachere und elegantere Weise erklärten als Kreise.

Kepler war ein gläubiger Christ, der auch Texte für das protestantische Gebetbuch schrieb; doch es fiel ihm nicht schwer, den Glauben aufzugeben, daß Gott, der doch perfekt ist, Kreise bevorzugen müsse. Bei seiner Beschreibung der elliptischen Bahnen rief er aus: »O Gott, ich denke deine Gedanken dir nach.«[23] Auch schrieb er: »Bei all meinem Forschen und Streben interessiert mich nichts brennender als dies: Kann ich Gott, den ich bei der Betrachtung des Universums beinahe mit Händen greifen kann, auch in mir selbst finden?«[24]

Unbestreitbar ist es ein enormer Sprung vom Glauben an einen sich nicht einmischenden Gott zum Glauben an einen Gott, der sich selbst zum aktiven Bestandteil unseres Universums macht – nicht nur zu einem Teil unseres Universums im allgemeinen und mittels der unumstößlichen und ehernen Gesetze der Physik, sondern zu einem »Teil meiner selbst«. Die Botschaft des Alten und Neuen Testaments liegt darin, daß der Geist Gottes zu den Menschen in Beziehung tritt und sogar unter ihnen lebt. Durch Menschen, die dies zulassen, nimmt

Gott entscheidenden Einfluß auf den Verlauf der Ereignisse. Daraus ergibt sich andererseits, daß wir, wenn wir anderen Menschen schaden oder sie vernachlässigen, Gott schaden oder ihn vernachlässigen könnten. Für alle, die an einen Gott jenseits von uns und jenseits des Universums glauben, der uns jedoch zugleich auch nahe ist und in Kontakt mit uns tritt, sind Gebete der folgenden Art nicht undenkbar: »Gib mir Kraft, diese Krise durchzustehen«; »führe meine Hand als Chirurg«; »zeige mir, was ich tun soll«; »hilf mir, diese Sucht zu überwinden«; »gib mir die Fähigkeit, diesen unliebsamen Menschen zu lieben«. Solche Gebete müssen sich nicht nur um einen selbst drehen. Die Reaktion Gottes könnte vielschichtiger sein: ein vager Einfluß, eine deutliche innere Stimme oder eine beinahe unwiderstehliche steuernde Kraft – vielleicht manchmal eine Antwort, die einem nicht paßt, aber dennoch eindeutig ist. Die an Gott glauben, glauben auch, daß sie geistig mit ihm ringen und dabei einen wirklichen Diskussionspartner oder auch Opponenten erwarten können. Wenn die Menschen nicht einfach Wesen sind, die auf Gott reagieren, sondern Kanäle für Gottes Macht und Einfluß, dann besäße Gott mit ihnen ein möglicherweise bedeutsames Werkzeug in dieser Welt. Dann wäre alles möglich, was durch kooperationswillige menschliche Medien herbeigeführt werden kann. Der Glaube an einen solchen Gott ist dann mit der Annahme eines freien Willens vereinbar, wenn Gott nur auf Einladung eingreift und es dem Menschen weiterhin freisteht, ob er den Anweisungen gehorcht. Je nachdem, wie sehr unser Geist unseren Körper beeinflußt (ein noch völlig im Dunkel liegender Bereich der Wissenschaft), wäre es möglich, auch die Idee einer physischen Heilung als Antwort auf ein Gebet in Betracht zu ziehen, ohne mit den uns bekannten physikalischen oder biologischen Gesetzen in Konflikt zu geraten.

Die Annahme ist weit verbreitet, daß der Glaube an einen Gott, der ins Universum mittels des Menschen als seines Mediums eingreift, sich schwer, ja unmöglich aufrechterhalten ließe, wenn die Wissenschaft erst einmal in der Lage wäre, Bewußtsein, Selbsterkenntnis, Verstand, Persönlichkeit, Gefühl, Intuition, Ästhetik, Inspiration und Glauben als physikalische und biologische Prozesse zu erklären; etwa indem sie zeigt, daß unser Gehirn und unser Nervensystem superkomplexe Computer und ihre Hardware und ihre Programmierung das Produkt der Evolution sind. Der Wissenschaft ist es bekanntermaßen bisher noch nicht gelungen, eine derartige Erklärung für unser Denken zu finden, und es scheint höchst unsicher und umstritten, ob wir sie jemals erwarten können.

Jene, die daran glauben, daß es der Wissenschaft gelingen wird, das Denken in physikalischen Begriffen zu erklären, verweisen auf vielversprechende Fortschritte in Psychologie, Neurologie, auf Theorien über die Entwicklung des Gehirns und auf den sich rasch entwickelnden Bereich der künstlichen Intelligenz und des künstlichen Lebens. In diesem Buch haben wir zahlreiche Versuche kennengelernt, mittels der Evolution die Rätsel unseres Denkens zu erklären: die Art und Weise, wie unsere Mathematik den Naturgesetzen entspricht; unsere Fähigkeit und Neigung zu philosophieren und Fragen nach Gott zu stellen; unsere Begriffe von »gut« und »schön«; die Tatsache, daß wir das Universum als »rational« empfinden; ja selbst unsere Definition der Rationalität. Wir wissen, daß unsere Gefühle, unser Geschmack und unsere Vorlieben, unsere Reaktionen aufeinander und auf die Umstände unseres Lebens zumindest teilweise durch Genetik und chemische Abläufe erklärbar sind. Experten für künstliche Intelligenz und künstliches Leben hoffen, das menschliche Bewußtsein letztlich so weit simulieren zu können, daß die Simulation tatsächlich ein eigenes Bewußtsein erlangt, das sich von dem unseren nicht mehr unterscheiden läßt.

Jene hingegen, die meinen, die Wissenschaft werde *nicht* zu einer vollständigen Erklärung des menschlichen Geistes gelangen, verweisen auf andere Forschungsergebnisse aus jüngster Zeit, die darauf hindeuten, daß das Denken niemals vollständig als hochkomplexer Computer erklärt werden kann. Sogar unsere Mathematik geht über das rein Rechnerische hinaus. Penrose schrieb in der Zusammenfassung von *Computerdenken*: »In diesem Buch habe ich mit vielen Argumenten versucht, die Unhaltbarkeit der heutzutage offenbar eher vorherrschenden Ansicht zu zeigen, daß unser Denken im Grunde dasselbe sei wie die Tätigkeit eines sehr komplizierten Computers ... Mit meinen Argumenten habe ich diese Ansicht – daß tatsächlich in jedem rein rechnerischen Bild etwas Wesentliches fehlen muß – zu unterstützen versucht. Doch zugleich halte ich an der Hoffnung fest, daß gerade durch Wissenschaft und Mathematik schließlich einige tiefgreifende Fortschritte im Verständnis des Geistes zutage treten müssen.«[25] Und Pippard meint: »Zu viele Physiker (und auch andere Wissenschaftler) nehmen es als selbstverständlich an, daß irgendwann einmal eine Erklärung des Bewußtseins als materielle Operation des Gehirns gefunden wird. Damit zäumt man das Pferd beim Schwanz auf: denn wir kennen das Gehirn durch unseren Geist, und wir werden den Zusammenhang zwischen beiden eher herausfinden, wenn wir uns auf das Wesentliche (das bewußte Wissen) konzentrieren, als dadurch, daß wir uns auf seine Derivate (das materielle Gehirn) konzentrieren.«[26]

Wer noch immer den Optimismus hegt, daß die Wissenschaft eine lückenlose Erklärung finden wird, tut es nicht, weil wir einer solchen Erklärung bereits nahe wären, sondern aufgrund persönlicher Lieblingsvorstellungen und der Annahme, daß Naturwissenschaft und Mathematik unüberwindliche Kräfte sind, denen auf Dauer keine Barriere standhalten kann. Unter den Skeptikern finden sich sowohl Agnostiker (wie Penrose und Pippard) und Atheisten als auch gläubige Menschen; und deshalb können wir nicht davon ausgehen, daß ein solcher Skeptizismus notwendigerweise einen einseitig religiösen Standpunkt widerspiegelt.

Ganz offensichtlich ist das letzte Urteil noch nicht gesprochen. Allerdings kann man leicht in die Falle tappen, wenn man den religiösen Glauben retten will, indem man aufzählt, was die Naturwissenschaft alles noch nicht erklärt hat oder möglicherweise niemals wird erklären können. Ist das wirklich nötig, um den Glauben an einen Gott zu retten, der auf die Welt durch menschliche Mittler Einfluß nimmt? Wohl nicht. Wenn unser Geist als Supercomputer erklärt wird, welche Bedeutung hat es dann, ob ein Computer mit anderen Computern in Verbindung tritt, ob ein Mensch mit einem anderen in Beziehung tritt oder ob ein Mensch mit Gott in Beziehung tritt? Weiterhin: Kann ein Computer jemals den Ursprung seiner gesamten Hardware, seines Programms und seines Inputs erkennen? Kann ein Computer jemals sicher sein, den Ursprung des Inputs aller seiner Mit-Computer zu kennen? Die »weitreichenden Fortschritte im Verständnis des Geistes«, die Penrose sich von Naturwissenschaft und Mathematik erhofft, versprechen keine umfassende Erklärung, und wir sind weit davon entfernt, auch nur zu wissen, nach welcher Art von Fortschritten wir überhaupt suchen sollen.

Mit dem Versuch, den Glauben an Gott retten zu wollen, indem man aufzählt, was die Wissenschaft alles noch nicht erklärt hat oder wahrscheinlich nicht erklären können wird, begibt man sich auf sehr dünnes Eis. Eine solche Haltung wird unter modernen Theologen abschätzig als Lückenbüßergott-Theologie bezeichnet. Andererseits ist es heute intellektuell nicht mehr vertretbar, den *Unglauben* lediglich auf die Annahme und die Hoffnung zu gründen, daß die Wissenschaft schließlich doch noch zu umfassenden Erklärungen gelangen wird. Wir gestehen uns eine Art Pattsituation zu – im Sinne von »es bleibt ein Rätsel« –, ob nun Gott, die mathematische und logische Konsistenz oder das Universum die Erste Ursache ist, weil *niemand* beweisen kann, daß die Wissenschaft in ihrer heutigen Form dieses Rätsel von der Henne und dem Ei jemals endgültig lösen wird. Gegenwärtig haben wir in bezug auf eine Erklärung des menschlichen Geistes auch gar keine andere Wahl, als eine solche Pattsituation zuzulassen.

Der Fiedler auf dem Dach

Angenommen, Gott hätte außer dem menschlichen Geist und den menschlichen Mittlern noch andere Wege, auf denen er in dieses Universum eingreifen könnte. Angenommen, Gott setzt als Antwort auf Gebete oder aus ganz anderen Gründen, die nur er kennt, die normale Kette von Ursache und Wirkung außer Kraft. Angenommen, Gott hebt gelegentlich oder auch öfters die uns bekannten physikalischen und biologischen Gesetze des Universums auf. Es gibt unter religiösen Menschen viele Nuancen und Grade des Glaubens bezüglich der Frage, wie sehr und in welcher Weise Gott eingreift. Angenommen, wir schenken sogar der alttestamentarischen Geschichte von Josua Glauben, in der Gott den Lauf der Sonne anhält, damit Josua und seine Truppen genügend Tageslicht haben, um die Schlacht zu gewinnen?

Die Entscheidung für den Glauben an einen Gott, der aktiv in die Welt eingreift, ist höchst riskant, denn ein solcher Glaube macht spezifische Voraussagen über Ereignisse, die zu beobachten wir in der Lage sein müßten, wenn sie denn geschehen. Dies ist von allen Formen des Glauben die angreifbarste und potentiell am ehesten widerlegbare.

Dieses Buch ist nicht darauf angelegt, auf konventionelle Weise die Naturwissenschaft gegen die Religion antreten zu lassen und einen Sieger zu ermitteln. Doch im Verlauf dieses Kapitels sind wir immer provokativer jener Frage nachgegangen, die an seinem Anfang stand: Ist es möglich, mit ganzem Herzen und ohne faule Kompromisse sowohl an die konventionelle Naturwissenschaft am Ende des 20. Jahrhunderts als auch an Gott zu glauben – oder wäre ein solcher gleichzeitiger Glaube Gedankenakrobatik oder eine andere Form intellektueller Unredlichkeit? Und falls ein solcher Glaube unmöglich ist, welche Vorstellung von Gott oder welche wissenschaftlichen Erkenntnisse machen ihn dann unmöglich?

Wir haben Naturwissenschaft und Religion immer wieder miteinander konfrontiert; unversöhnlich und ohne den einen Denkansatz zugunsten eines anderen beiseite zu schieben oder zu kompromittieren. Wir haben Naturwissenschaft und Religion eingeladen, in voller Rüstung und all ihrem Prunk zu diesem Wettstreit anzutreten, sozusagen mit fliegenden Fahnen – und dazu haben wir für den Moment jeden Verdacht beiseite geschoben, daß einer von ihnen oder beide auf imaginären Pferden reiten könnten. Dennoch hat das Turnier in Wirklichkeit zu keiner ernsthaften Konfrontation geführt. Die Teilnehmer sind aneinander vorbeigaloppiert und haben sich bestenfalls ein paar flüchtige Lanzenstöße versetzt. Sind wir nicht schon weit genug gegangen, einen Gott ins Rennen zu führen, der aktiv in den menschlichen Geist eingreifen könnte? Müssen wir nun einen blutigen Kampf riskieren, indem wir einen Gott in Betracht ziehen, der aktiv ins Universum eingreift?

6
Der Gott der Bibel

»*Warum muß sich das Universum all dem Ungemach der Existenz unterziehen? Natürlich kann man Gott als Antwort auf diese Frage definieren, aber das bringt einen nicht viel weiter, es sei denn, man akzeptiert die anderen Konnotationen, die gewöhnlich mit dem Begriff ›Gott‹ verbunden werden.*«
Stephen Hawking

Es gibt nichts Neues unter der Sonne«, heißt es im Buch der Sprichwörter[1].
Vor einigen Jahren lauschte ich einem Gespräch zwischen meinem Bruder, einem mathematischen Physiker und Agnostiker, und einer unserer Freundinnen, einer gebildeten Musikerin, die an Gott glaubt. Sie beschrieb ihm ein Erlebnis, das sie sich nur als Wunder erklären konnte. Mein Bruder lachte – eine unhöfliche Reaktion, die für ihn ganz untypisch war. Eigentlich hätte es ihm ähnlicher gesehen, irgend etwas Unverbindliches zu murmeln oder sich höflich dafür zu entschuldigen, daß er da nicht mit ihr übereinstimmen könne. Doch er bestand darauf, daß er angemessen reagiert habe, »nämlich aus zwei Gründen. Erstens – es klingt in meinen Ohren vollkommen blödsinnig. Zweitens – wenn es nicht vollkommen blödsinnig ist, dann ist es erst recht ein Grund zum Lachen.«
Steven Spielbergs Science-fiction-Film *Unheimliche Begegnung der Dritten Art*, der von auf der Erde landenden Außerirdischen handelt, brachte auf ausgefallene Art und Weise die Mischung aus Angst, Zweifel, Ehrfurcht, Hoffnung, Freiheit

und spontaner Belustigung über uns selbst und unsere irdischen Erwartungen zum Ausdruck, die wir spüren, wenn wir der Beteuerung Glauben schenken: »Und nun kommt etwas vollkommen anderes!«[2] Dieses Versprechen wird selten, wenn überhaupt jemals, erfüllt. »Es gibt nichts Neues unter der Sonne« entspricht viel mehr unseren alltäglichen Erfahrungen. Die Weihnachtsgeschichte ist nicht zuletzt wegen ihrer Botschaft so faszinierend, daß es – ganz anders als im Buch der Sprichwörter – eine neue Beziehung zwischen Gott und den Menschen geben werde, einen neuen Anfang, der möglicherweise im Leben des einzelnen seinen Widerhall findet. Wie viele Menschen sehnen sich nach einem Neubeginn, nach dem Gefühl des »alles ist möglich«!

Sicherlich ist dieses Bedürfnis häufig auch eine Sehnsucht nach der Zeit der Kindheit, als noch alle Möglichkeiten offen schienen. Könnte es nicht sein, daß wir, die müde gewordenen Erwachsenen, doch noch die verborgene Tür in den geheimen Garten oder den unwahrscheinlichen Weg durch den Schrank ins Zauberland Narnia[3] finden? Gibt es einen Fluchtweg aus dem Alltäglichen und der Langeweile des Vorhersehbaren?

Doch Flucht wohin? Und wäre es am Ziel tatsächlich so wunderbar? Diejenigen, die sich in Bereiche jenseits des Rationalen und Vorhersehbaren vorwagen, kehren nicht immer begeistert über ihre Entdeckungen zurück. Nicht alles, was man dort vorfindet, ist reizvoll, und es handelt sich auch nicht um Platos Welt der Formen. Es handelt sich um˙den »Tod in Venedig«, das »Herz der Finsternis«, den »Exorzisten«, »Fanny und Alexander«, »Equus«, das Buch Hiob oder die alten, unzensierten Märchenversionen, die man heutzutage seinen Kindern nicht mehr ohne weiteres vorliest.

Die Naturwissenschaft versichert uns, daß es für alles eine Erklärung gebe. Wenn es denn tatsächlich ein Land jenseits der Gartentür oder des Wandschranks gibt, wie in den Büchern von C. S. Lewis, brauchen wir uns nur weiter vorzuwagen und die Grenzen unseres Verständnisses weiter nach außen zu verschieben – was durchaus möglich ist, vorausgesetzt wir besitzen genügend Zeit und Einfallsreichtum. Kunst, Literatur, Musik und – wie einige von uns hinzufügen würden – Erfahrung legen jedoch die Vermutung nahe, daß wir diese Grenzen niemals weit genug ausdehnen können und daß es eine Realität gibt, die mit den Mitteln des menschlichen Verstandes zu erklären und verstehen wir niemals hoffen dürfen.

Der Glaube an den Gott des Alten und Neuen Testaments ist noch weit radikaler als dieser Glaube, daß es jenseits der Grenzen unserer gegenwärtigen Rationalität noch etwas gibt, der Glaube, daß dieses Etwas gelegentlich die Grenzen überschreitet und in unsere Alltagswelt eindringt oder daß einige wenige von uns – Heilige? Verrückte? – sich gelegentlich jenseits dessen vorwagen (beziehungsweise dorthin verirren), was wir allgemein für normal und rational halten. Es ist der Glaube, daß Gott der Gott von allem ist, daß beide Seiten der Grenze real und rational sind und daß sie kontinuierlich im Austausch miteinander stehen. Wenn irgend etwas daran imaginär ist, dann die Grenze.

Wie verträgt sich *das* mit der Naturwissenschaft?

Wenn man sich die Frage stellt: »Kann ich wirklich an die naturwissenschaftliche Sicht des Universums und gleichzeitig an einen Gott glauben, der kontinuierlich an den Geschehnissen in diesem Universum beteiligt ist?«, kommt man zu einer Reihe verschiedener Antworten:

① »Am besten, man ignoriert all diesen religiösen Hokuspokus. Für all das gibt es keinerlei naturwissenschaftlichen Beweis. Reiner Aberglaube. Halte dich an das, was die Naturwissenschaft lehrt.«

Wenn man diesen Ratschlag erteilt, setzt man voraus, daß wir eine Antwort auf jene Frage haben, die wir unseren hypothetischen Außerirdischen in Kapitel 5 haben stellen lassen. Verzweifelt angesichts dessen, daß es keinen Beweis für die Nichtexistenz Gottes gibt, hatte er gefragt: »Können Sie mir einen Beweis dafür liefern, daß es einen Gott *gibt*? Etwas anderes als die Tatsache, daß niemand beweisen kann, daß es *keinen gibt*?« Diese Forderung nach einem Beweis tritt um so deutlicher vor Augen, wenn wir von einem Gott sprechen, der nicht nur das Universum geschaffen hat, sondern auch aktiv in dieses Universum eingreift. Wenn ein solcher Gott existiert, müßten wir gewiß auch deutliche Zeichen seines Wirkens erkennen.

② »Du kannst ja an Gott glauben, doch zu glauben, daß dieser Gott auf die Art und Weise in das Universum eingreift, wie die Bibel es behauptet – das ist für den Naturwissenschaftler und jeden, der die grundlegende rationale Struktur des Universums begriffen hat und schätzt, unbefriedigend. Wenn es einen Gott gibt, dann ist Gott rational und zuverlässig. Wie aber kann ein solcher Gott regelmäßig seine eigenen Gesetze brechen? Schließlich ist für jene, die an Gott glauben, die rationale Struktur des Universums einer der besten Hinweise auf das Wesen von Gottes Geist. Wie könnte Gott seiner eigenen Natur zuwiderhandeln?«

Dieses Argument kann man sowohl von Gläubigen als auch von Atheisten und Agnostikern hören – von jedem, der davon ausgeht, daß das Universum rational strukturiert ist und nach Gesetzen funktioniert, deren Schönheit und Eleganz Grund zur Bewunderung bieten. Nachdem Sie diesem Buch bis hierher gefolgt sind, müßten Sie für diesen Standpunkt eigentlich ein wenig Sympathie und Verständnis aufbringen, insbesondere dann, wenn es aus dem Munde eines Naturwissenschaftlers kommt.

Ohne den Glauben daran, daß dem Universum eine zuverlässige Struktur und eine Ordnung zugrunde liegt, wäre Naturwissenschaft überhaupt nicht möglich. Die Art und Weise, wie das, was verwirrend oder unbekannt ist, uns schließlich durch Gebrauch des Verstandes klar wird, die Art und Weise, wie wir mittels unseres Denkens die Realität des Universums voraussagen können – die Mathematik stimmt mit der Natur überein, Theorien werden durch Beobachtung bestätigt –, all das spricht überzeugend dafür, daß das Universum rational strukturiert ist und daß diese

Rationalität mit unserer eigenen irgendwie im Gleichklang steht. Die Behauptung, daß sich ein höheres Wesen einmischen und die Gesetze durcheinanderbringen könnte, die wir entdeckt haben, erschüttert unseren tiefen Glauben an die Naturwissenschaft, stellt die Grundprinzipien in Frage, auf die sich dieser Glaube stützt, und macht die Wahrheiten, die die Naturwissenschaft enthüllt hat, zu einer Farce.

③ »Wenn Gott auf eine Art und Weise ins Universum eingreift, die scheinbar dessen Vorhersagbarkeit unterminiert, spricht man von einem ›Brechen der Gesetze‹. Müßte man dann nicht auch von einem Brechen der Gesetze sprechen, wenn die Verkehrsregeln vorübergehend außer Kraft gesetzt werden, um Nothilfewagen passieren oder eine Parade stattfinden zu lassen? Die grundlegenden Gesetze des Landes werden dadurch doch nicht verletzt. Das ist übertriebener Legalismus, und man sollte statt dessen Raum für eine vernünftige Flexibilität lassen.« Bei diesem Argument wird darauf beharrt, daß »rational« nicht »legalistisch« oder »deterministisch« heißen muß und wir diese Begriffe nicht verwechseln sollten.

④ »Gesetze der Naturwissenschaft? Welche Gesetze der Naturwissenschaft? Diejenigen, die ich in den sechziger Jahren in der Schule gelernt habe? Die Gesetze der Naturwissenschaft auf dem Stand von letztem Oktober? Die Gesetze der Naturwissenschaft im Jahre 3000? Der wissenschaftliche Erkenntnisstand verändert sich ständig. Jene monolithischen, unverrückbaren ›Gesetze der Naturwissenschaft‹, die Gott je nachdem entweder brechen oder nicht brechen soll – welche sind das? Wo können wir einen Strich ziehen und sagen ›das ist es‹«? Jedesmal, wenn wir den religiösen Glauben den naturwissenschaftlichen Erkenntnissen gegenüberstellen, sehen wir uns mit einem ernsten Problem des Standpunkts konfrontiert – eines Standpunkts, der festgelegt wird durch das, was hochkarätige Wissenschaftler gerade für richtig erklärt haben oder – was wahrscheinlicher ist – durch das, was Sie und ich beim letzten Blick in eine wissenschaftliche Zeitschrift gelesen haben.

⑤ »Wenn Sie an einen Gott glauben wollen, der in das Universum eingreift, werden Sie mit einem viel tiefergehenden Problem als nur mit ein paar gebrochenen physikalischen Gesetzen konfrontiert werden. Nichts ist schwerer zu akzeptieren als die augenscheinliche Irrationalität und Willkür eines Gottes, der im Universum herumpfuscht, dies aber nur hin und wieder tut und anscheinend seine Vorlieben hat. Das ist ein Gott, der einer alten Dame in Kensington dabei hilft, ihren verschwundenen Pudel wiederzufinden, aber gleichzeitig zuläßt, daß in Somalia Tausende von Kindern verhungern. Jeder vernünftige Mensch könnte es an einem freien Tag besser machen.«

Hier haben wir es sicherlich mit dem schlagkräftigsten Argument gegen den Glauben an einen Gott zu tun, der in die Welt eingreift. Obwohl dies im engeren Sinne kein Streitpunkt zwischen Naturwissenschaft und Glauben ist, können wir nicht von einem rational strukturierten Universum und einem rationalen Gott sprechen, ohne uns mit diesem Widerspruch zu befassen.

⑥ »Wenn Gott eingreift, bricht er überhaupt keine Gesetze; sein Wirken in dieser Welt ist auch nicht unvernünftig und widersprüchlich. Die Naturwissenschaft mag das Juwel in der Krone unseres intellektuellen Bemühens sein, und unsere Vorstellungen von Güte und Gerechtigkeit mögen im großen und ganzen von Gott gesetzten Maßstäben entspringen; aber wir sollten uns nicht selbst in die Irre führen und annehmen, daß das, was wir den naturwissenschaftlichen Standpunkt nennen, DAS letzte Wort in rationaler, objektiver Hinsicht ist.« Diese Antwort führt uns zurück zu der Metapher aus Kapitel 3: Die Naturwissenschaft ist in der Lage, ein Bild des Zimmers zu zeichnen, das uns ermöglicht, uns darin angemessen, bisweilen sogar hervorragend, zurechtzufinden. Sie kann uns jedoch niemals alles im Raum zeigen oder garantieren, daß wir uns unter allen

Umständen darin zurechtfinden. Weiter oben haben wir gesagt, daß die Naturwissenschaft unter einer unendlichen Anzahl von Möglichkeiten, die Realität zu ordnen und zu erklären, einige wenige auswählen muß; doch wir sind auch davon ausgegangen, daß die Naturwissenschaft potentiell die gesamte Skala der Möglichkeiten zur Verfügung hat. Nun aber unterstellen wir, daß es Sichtweisen geben könnte, die zu entdecken die Naturwissenschaft niemals in der Lage sein wird – und daß diese Sichtweisen möglicherweise die weitaus bedeutsamsten Arten überhaupt sein könnten, das Zimmer zu betrachten.

(7) »Wir haben nur das Universum, das wir haben; und wir haben den Gott, den wir haben. Wir sollten also aufhören darüber zu diskutieren, was möglich sein *könnte*, was zulässig sein *sollte* und was welcher Sache widerspricht. Statt dessen sollten wir uns auf das konzentrieren, was tatsächlich geschieht – und davon ausgehen. Das ist eine viel wissenschaftlichere Vorgehensweise.« Mit diesem Argument kehren wir zur Frage des Beweises zurück. Gibt es gesicherte Indizien für die Existenz und das aktive Eingreifen Gottes? Und wenn es solche Indizien gibt, stehen sie im Widerspruch zu naturwissenschaftlichen Fakten? Wenn ja, dann sollten Auseinandersetzungen darüber, was sein könnte oder sein sollte, zweitrangig sein, und man in erster Linie Möglichkeiten finden, *reale* – nicht bloß hypothetische –, Widersprüche zu lösen oder mit ihnen zu leben.

In diesem und dem folgenden Kapitel werden wir diese sieben Argumente einander gegenüberstellen und sehen, wohin sie uns führen.

Der Gesetzesbrecher

Wenn unsere gegenwärtigen naturwissenschaftlichen Erkenntnisse als »Gesetze« bezeichnet werden können, dann ist, im

Lichte dieser Gesetze betrachtet, der Gott des Alten und Neuen Testaments ein Gesetzloser. Wenn Gott die Gesetze gemacht hat, so mag er auch das gute Recht haben, sie zu brechen und »sein eigenes Gesetz« zu sein. Doch dies gibt zu ein paar Fragen Anlaß: Warum hat ein allwissender und allmächtiger Gott die Gesetze nicht von Anfang an so vollkommen gemacht, daß er später nicht daran herumbasteln muß? Vielleicht, damit wir Menschen zwar einen freien Willen haben können, aber Gott immer noch die Möglichkeit besitzt, uns vor den schlimmstmöglichen Folgen unserer Entscheidungen zu bewahren? Vielleicht, damit das natürliche Universum zwar kontingent ist, aber Gott es wiederum vor den schlimmstmöglichen Entwicklungen bewahren kann? Warum sollte Gott, der vermutlich ein vollkommenes Universum hätte erschaffen können, sich entschieden haben, ein Universum zu erschaffen, in dem diese schlimmstmöglichen Entwicklungen überhaupt möglich sind? Ändert Gott seine Meinung? Was für eine klägliche Schöpfung ist das, an der ständig herumgebastelt werden muß?

Es gibt, wie wir gesagt haben, gläubige Menschen, die betonen, daß dieses Herumbasteln und Brechen natürlicher Gesetze nicht nur im Widerspruch zu den Erkenntnissen der Naturwissenschaft steht, sondern auch zu der Vorstellung von einem rationalen Gott, der zuverlässig und intelligent mit seinem Universum umgeht. Der Physiker und Nobelpreisträger Sir Neville Mott schreibt: »Ich glaube, daß die Gesetze der Physik und Chemie nicht gebrochen werden; Wasser wird nicht in Wein verwandelt, und ein Toter steht nicht durch ein Wunder aus dem Grabe auf. Ich muß glauben, daß Gott, wenn er allmächtig ist, all das tun könnte, wenn er wollte, aber ich kann einen Gott, der dies wollte, nicht anbeten oder ihm Respekt entgegenbringen. Ein derartiger Gott ist für mich ein Stammesgott, der sich vor seinen Anhängern damit brüstet, daß er solche Macht besitzt ... Meine Überzeugung ist, daß Gott mit Männern und Frauen in Verbindung steht, die ihn suchen, und daß er innerhalb der Naturgesetze handelt.«[4]

Auf der anderen Seite gibt es unter jenen Menschen, die bei der Vorstellung eines die Gesetze brechenden Gottes in Glaubensschwierigkeiten geraten, einige, die dennoch daran festhalten, daß Gott tatsächlich in dieses Universum eingreift. Und einige von ihnen behaupten sogar, daß sie dieses Eingreifen persönlich erfahren hätten. Für sie ist das Problem nicht etwas Abstraktes, sondern sie müssen diesen für sie besorgniserregenden Widerspruch persönlich lösen. Da vielleicht nicht unmittelbar klar ist, mit welcher Art von Widerspruch wir es genau zu tun haben, sind ein paar nähere Erläuterungen wohl angebracht.

Am äußersten Rand des Legalismus

Viele, wenn auch nicht alle Ereignisse die in der Bibel als göttliches Eingreifen behandelt werden, widersprechen gar nicht der Naturwissenschaft oder stellen einen Bruch naturwissenschaftlicher Gesetze dar. In der Tat ist schon die Definition eines Wunders als etwas, das naturwissenschaftlich nicht erklärt werden kann oder naturwissenschaftliche Erkenntnissen widerspricht, nicht besonders glücklich. Wenn Sie dies überprüfen wollen, beschreiben Sie einmal einem Wissenschaftler, der nicht an Wunder glaubt, ein Wunder. Die Reaktion darauf ist vielleicht Gelächter – wie bei meinem Bruder –, doch viel wahrscheinlicher ist, daß Sie erklärt bekommen, dieses »Wunder« könne auch im Rahmen der naturwissenschaftlichen Sicht funktionieren. Es handle sich nämlich um eine Halluzination oder eine Koinzidenz, um einen Augenblick, in dem etwas sehr Unwahrscheinliches, aber dennoch Mögliches passiert ist, oder um ein Beispiel dafür, auf welche verblüffende Art und Weise unser Geist die physischen Prozesse unseres Körpers beeinflußt. Wenn Sie daran festhalten wollen, daß es sich bei dem betreffenden Ereignis um ein Wunder handelt, dann ist das Ihre Sache, aber Sie müssen zugeben, daß auch eine andere Erklärung dafür möglich ist. Das »Wunderbare« ist dann nicht die Tatsache, daß das Ereignis stattgefunden hat, sondern daß es deshalb stattfand, weil Gott es verursacht hat, und die natürliche Erklärung nicht die vollständige Erklärung darstellt.

In solchen Fällen müssen wir, um den gesuchten Widerspruch genau auszumachen, eine andere Frage stellen: Statt zu fragen, ob das Ereignis an und für sich den naturwissenschaftlichen Erkenntnissen widerspricht oder die Naturgesetze bricht, müssen wir fragen, ob die *Erklärung*, es handle sich um ein Eingreifen Gottes, den naturwissenschaftlichen Erkenntnissen widerspricht oder diese Gesetze bricht. Statt zum Beispiel zu sagen, die Teilung des Roten Meeres habe gar nicht stattgefunden, da solch ein Ereignis den Naturgesetzen widerspricht oder mit Hilfe der Naturwissenschaft nicht erklärt werden kann, haben manche Leute versucht, sie als natürliche Folge derselben Vulkanexplosion zu erklären, aufgrund derer auch die Insel Santorin entstand. Ob diese Erklärung überhaupt Gültigkeit besitzt, steht hier nicht zur Debatte. Es geht vielmehr darum: Selbst wenn wir sie akzeptieren, bleibt noch die Frage, ob es wissenschaftlicher Erkenntnis widerspricht zu glauben, Gott sei der Initiator *irgendeiner* Ereigniskette, die dazu führte, daß das Rote Meer sich im entscheidenden Augenblick teilte, so daß die Israeliten hindurchgehen konnten, und sich wieder schloß, als die Ägypter ihnen folgten. Eine naturwissenschaftliche Erklärung für ein Wunder gefunden zu haben, heißt nicht, daß wir Naturwissenschaft und Glauben miteinander versöhnt haben. Trotzdem gibt es Menschen, die es zwar durchaus akzeptabel finden, an ein Wunder zu glauben, das von der Naturwissenschaft erklärt werden kann, aber nicht an eines, bei dem dies nicht möglich ist. Ihr Argument lautet, daß Gott nichts tun kann oder tun darf, was nicht ausschließlich als Ergebnis natürlicher Prozesse geschehen könnte. Welchen Wert diese Position auch immer haben mag, die Grenze läßt sich nicht so leicht ziehen. So sträuben sich viele, die die meisten Heilungswunder akzeptieren, zu glauben, daß Gott für Josua den Lauf der Sonne anhielt. Im Licht der modernen naturwissenschaftlichen Erkenntnisse ist dieser biblische Bericht für sie ganz einfach nicht haltbar. Ist er das wirklich nicht?

Zur Auffrischung sei an dieser Stelle die biblische Geschichte aus dem Buch Josua[5] wiedergegeben: »Damals, als der Herr die Amoriter den Israeliten preisgab, redete Josua mit dem Herrn; dann sagte er in Gegenwart der Israeliten: Sonne, bleib stehen über Gibeon und du, Mond, über dem Tal von Ajalon! Und die Sonne blieb stehen, und der Mond stand still, bis das Volk an seinen Feinden Rache genommen hatte. Das steht im ›Buch der Aufrechten‹. Die Sonne blieb also mitten am Himmel stehen, und ihr Untergang verzögerte sich, ungefähr einen ganzen Tag lang. Weder vorher noch nachher hat es je einen solchen Tag gegeben, an dem der Herr auf die Stimme eines Menschen gehört hätte; der Herr kämpfte nämlich für Israel.« Für den Verfasser dieser Passage war das wichtigste Ereignis nicht die Tatsache, daß die Sonne stehenblieb, sondern daß Gott »die Stimme eines Menschen gehört« hatte. Um so mehr Zweifel haben wir daran, daß die Sonne wirklich stehenblieb. Selbst derjenige, der die Bibel wortwörtlich nimmt, dürfte wahrscheinlich die Möglichkeit akzeptieren, daß Gott, um »die Sonne aufzuhalten«, in Wirklichkeit die Erdrotation angehalten haben könnte. Interessanterweise kann man feststellen, daß diese Erklärung der Haltung Galileis gegenüber dem Josua-Wunder ähnelt, obwohl in seiner Erklärung die *Sonne* aufhörte zu rotieren, nicht die Erde. Nach Galileis Auffassung war die Formulierung »die Sonne blieb stehen« tatsächlich korrekt, jedoch nicht in dem Sinne, wie wir es gewöhnlich verstehen. Galilei behauptete nicht, das im Buch Josua beschriebene Ereignis sei kein Wunder gewesen. Er versuchte jedoch zu zeigen, daß in dem biblischen Bericht zwar der Ablauf und die Wirkung des Phänomens beschrieben werden, er aber keine vollständigen astronomischen Informationen darüber enthält, was dieses Phänomen verursachte. Er benutzte die biblische Geschichte als Argument für seine Schlußfolgerung, daß die Erde sich um die Sonne bewege und nicht umgekehrt. Seine Beweisführung lautete in etwa folgendermaßen: Wenn wir diese Geschichte unter der Voraussetzung betrachten, daß die Erde um die Sonne kreist, dann sehen wir, daß die Sonne zwar tatsächlich stehenblieb, jedoch nicht in dem Sinne, daß sie aufhörte, am Himmel entlangzuwandern. Das war lediglich ein Nebeneffekt. Die Sonne hörte auf, um ihre eigene Achse zu rotieren. Galilei hatte daraus den Schluß gezogen, daß die Rotation der Sonne die Bewegung der Planeten bewirkt. Wenn die Rotation der Sonne zum Stillstand käme, würde das ganze Sonnensystem zum Stillstand kommen, bis die Sonne sich wieder weiterdrehte. Dies war natürlich keine ausschließlich natürliche Erklärung für das Josua-Wunder. Gott hätte immer noch die Rotation der Sonne anhalten müssen, und Galilei war bereit, das zu akzeptieren. Doch seine Erklärung schien ihm ein weitaus einfacherer Weg für Gott zu sein, das gewünschte Resultat zu erzielen, als die komplizierten Manipulationen am Sonnensystem, die notwendig gewesen wären, um denselben Effekt im ptolemäischen System zu erzielen, bei dem die Erde im Mittelpunkt stand.

Der Versuch, das im Buch Josua beschriebene Phänomen durch rein natürliche Ursachen und ohne einen wie auch immer gearteten Eingriff Gottes zu erklären, dürfte für jeden Naturwissenschaftler eine Herausforderung darstellen. Wir sind nahezu unausweichlich gezwungen, uns auf die Position zurückzuziehen, daß das Modell, welches unsere Beobachtungen über die Funktionsweise des Sonnensystems erklärt, an einer umfassenderen mathematischen und physikalischen Beschreibung vorbeigeht, derer wir uns im Moment nicht bewußt sind. Vielleicht wäre in solch einer Beschreibung sofort erkennbar, warum die Erde im Laufe von vielen tausend Jahren einmal für ein paar Stunden anscheinend aufhören sollte, zu rotieren (obwohl »rotieren« in dieser umfassenderen Beschreibung vielleicht nicht der exakte Begriff wäre); oder warum die Sonne und der Mond offensichtlich zum Stillstand kommen würden. Könnte man das Wunder auf diese Art und Weise »natürlich« erklären? Das läßt sich schwer sagen. Auf jeden Fall ist ein Ende unserer Schwierigkeiten nicht in Sicht. Es geht um mehr, als nur darum, das Wunder ganz einfach irgendwie geschehen zu lassen.

Vielleicht kennen Sie die Sherlock-Holmes-Geschichte, in der es um »den merkwürdigen Vorfall mit dem Hund in der Nacht« geht.[6] Der Hund bellte nicht; das war der merkwürdige Vorfall. Ähnlich liegt das Wunder der Josua-Geschichte weniger darin, was passierte, als darin, was nicht passierte. Warum gab es keine katastrophalen klimatischen Störungen, keine riesigen Flutwellen, die alles zerstörten, keine Verschiebung der tektonischen Schichten, keine anderen von der Gravitation verursachten Folgen für die Erde, den Mond oder den Rest des Sonnensystems? Wenn die Planeten in ihren Umlaufbahnen stehengeblieben wären (wie Galileis Hypothese lautete), wären sie in die Sonne gestürzt. Heute wissen wir, wie kompliziert das Gleichgewicht und das Zusammenspiel des Planetensystems ist – und wie anfällig gegenüber den geringsten Veränderungen. Könnte eine umfassendere Beschreibung auch dem gerecht werden?

Vielleicht wäre es aussichtsreicher, alle Versuche einer physikalischen Erklärung aufzugeben und statt dessen anzunehmen, daß die psychologische Zeitwahrnehmung bei all jenen, die an der Schlacht beteiligt waren, eine vorübergehende Veränderung erfuhr. Vielleicht handelte es sich um eine Massenhalluzination.

Wenn die Sonne vor ein paar Jahren im Golfkrieg zum Stillstand gekommen wäre, anstatt im alten Israel, würden die Naturwissenschaftler sicher darum wetteifern, die umfassende mathematische und theoretische Beschreibung dafür zu finden oder die Gültigkeit der psychologischen Erklärung nachzuweisen. So aber fällt es uns leichter, zu der Behauptung Zuflucht zu nehmen, das Josua-Ereignis habe schlicht und einfach nicht stattgefunden.

Das heißt nun nicht, daß wir uns lustig machen sollten über die Vorstellung, Gott habe zum Segen Israels in die Natur eingegriffen. Wenn man überhaupt an Gott glaubt, warum sollte man dann nicht auch glauben, daß Gott dies tun könnte, ohne mehr

als einen flüchtigen Gedanken daran zu verschwenden? Wie Mott in dem oben angeführten Zitat sagte, geht es nicht darum, daß Gott dies nicht getan haben *könnte*. Der entscheidende Punkt ist ein anderer: Sofern es sich nicht einfach um einen psychologischen Effekt gehandelt hat, läuft dieses Handeln Gottes auf einen massiven Eingriff in den normalen, den naturwissenschaftlichen Gesetzen gehorchenden Ablauf der Ereignisse – zumindest in unserem Winkel des Universums – hinaus. Wenn wir fest an ein gesetzmäßiges Universum oder an einen zuverlässigen Gott glauben, der seine eigenen Gesetze niemals bricht, dann werden wir Schwierigkeiten haben zu glauben, daß dieses Wunder wirklich geschah. Wenn wir selbst dabei gewesen wären, könnten wir nicht mehr ohne weiteres unseren Sinnen oder unserer Zurechnungsfähigkeit trauen. Und wenn viele von uns Zeugen dieses Ereignisses gewesen wären und wir nachweisen könnten, daß es kein rein psychologischer Effekt war, müßten wir so viel von unserer Naturwissenschaft neu überdenken, daß wir kaum wüßten, wo wir anfangen sollten. Der einfachere Weg wäre wohl, zuzugestehen, daß Gott es getan hat, und es dabei zu belassen.
Im Falle der Auferstehung Christi stoßen wir auf einen noch signifikanteren Widerspruch zwischen der Naturwissenschaft und der Bibel. Entweder ist Christus von den Toten auferstanden oder nicht. Das Neue Testament besteht darauf, daß er auferstanden ist, und wenn dies wirklich der Fall ist, stehen wir einem Ereignis gegenüber, das, im Lichte der modernen Naturwissenschaft, die Gesetze bricht.
Und was ist mit dem Schöpfungsbericht im Buch Genesis? Hier haben wir es mit mehr als nur der Frage eines möglichen Wunders zu tun. Wir haben zwei einander widersprechende Berichte über die Entstehung des Universums und des Menschen – das Buch Genesis und die Naturwissenschaft. Und gewiß können nicht beide buchstäblich der Wahrheit entsprechen.
Bevor wir nun weiter fortfahren, müssen wir uns folgendes in Erinnerung rufen: Man darf die Überzeugung, Gott handle in

der in den biblischen Berichten geschilderten Art und Weise im Universum und greife ein (ein Glaube, der quer durch die Reihen der Juden und Christen, von konservativ bis liberal, und auch in anderen Religionen zu finden ist), nicht gleichsetzen mit der Überzeugung, daß jedes in der Bibel festgehaltene Ereignis tatsächlich so geschah, wie es dort beschrieben wird. Eine derart wörtliche Auffassung von der Bibel ist fast ausschließlich am konservativen Ende des christlichen Spektrums zu finden; in der jüdischen Religion und Überlieferung etwa wird das Buch Genesis nicht wörtlich verstanden. Viele Menschen, die sich einer wörtlichen Auffassung der Bibel widersetzen, widersetzen sich nicht auch zugleich dem Gedanken an Wunder und ein göttliches Eingreifen im Universum. In diesem Kapitel geht es im wesentlichen nicht darum, naturwissenschaftliche Erkenntnis und wörtliches Verständnis der Bibel einander gegenüberzustellen – obwohl unsere Debatte diesen Konflikt immer wieder berühren wird und wir ihn nicht gänzlich außer acht lassen wollen.

Die Achillesferse des Legalismus

Es gibt Versuche, den Glauben an ein göttliches Eingreifen mit einem strengen naturwissenschaftlichen Legalismus zu versöhnen; und zwar, indem man nach Möglichkeiten Ausschau hält, wie Gott auf weniger offensichtliche Weise und innerhalb der Gesetze eingreifen könnte. Hierbei handelt es sich um einen ausgesprochen legalistischen Denkansatz. Seine Vertreter sind Anwälten vergleichbar, die dem Gericht klarzumachen versuchen, daß ihr Klient – Gott – zwar scheinbar das Gesetz verletzt hat, technisch gesehen aber nicht. Bevor wir aber Vorgehensweisen untersuchen, wollen wir uns trotzdem in die Gesetzbücher des Universums vertiefen, um herauszufinden, ob wir Gott nicht tatsächlich im Rahmen des Gesetzes verteidigen können. Zumindest werden wir auf diese Weise mit einigen hochinteressanten Bereichen der Naturwissenschaft in

Berührung kommen. Wir werden uns dabei auf die gängigsten Theorien beschränken und die exotischen Randgebiete beiseite lassen.

Zunächst müssen wir uns Klarheit darüber verschaffen, was wir unter Naturgesetzen verstehen und wie es sein kann, daß die Naturwissenschaft ein sich ständig veränderndes Wissen ist, während sich unsere Wahrnehmung jener fundamentalen Gesetze nur selten verändert. Wenn wir von Naturgesetzen sprechen, meinen wir nicht Gesetze wie »Die Sonne kann nicht stillstehen« oder »Ein Toter kann nicht ins Leben zurückkehren«. Wir meinen damit viel fundamentalere Gesetze, also Gesetze, die solchen Aussagen zugrunde liegen. Insbesondere meinen wir Gesetze, die bestimmen, wie Dinge sich verändern und – implizit – wie und warum Dinge sich nicht verändern können. Vielleicht zeigt sich die Symmetrie und Harmonie des Universums am eindrucksvollsten darin, daß die Dinge sich zwar offensichtlich im Laufe der Zeit und je nach Ort oder Situation drastisch ändern, die zugrunde liegenden Gesetze, nach denen sich diese Veränderungen vollziehen, aber offenbar nicht. Bestätigt dies überzeugend, daß unsere Annahme der Einheit des Universums zutreffend ist, oder führt uns die Annahme der Einheit zu dem falschen Eindruck, daß eine derartige Symmetrie existiert? Dies ist eine Frage, die zu stellen uns die Ehrlichkeit zwingt. Wir können sie jedoch nicht beantworten, wenn wir nicht auf die Erfahrungen der Vergangenheit bei der Suche nach diesen grundlegenden Gesetzen zurückgreifen. Die Suche nach einem grundlegenderen Gesetz beginnt häufig mit der Entdeckung, daß etwas, das wir für fundamental und unveränderlich angesehen haben, unter bestimmten Umständen nicht mehr haltbar ist. Wenn dies geschieht, bricht unsere Annahme der Einheit und Symmetrie zusammen, und wir können daraus schließen, daß das, was wir für ein grundlegendes Gesetz gehalten haben, lediglich ein Annäherungswert war und wir nun nach einem tieferliegenden Prinzip Ausschau halten müssen, das keiner Veränderung unterliegt. Wir sind noch nicht bis zum letzten Grund vorgestoßen.

In der Geschichte der Naturwissenschaft gibt es zahlreiche Beispiele für diesen Prozeß. So sind die von Newton entdeckten Gesetze nur so lange tragfähig, wie die Bewegung sich nicht der Lichtgeschwindigkeit nähert oder die Schwerkraft nicht über die Maßen stark wird. Einsteins tiefergehende Beschreibung bricht nicht – wie Newtons Gesetze – unter diesen extremen Bedingungen zusammen, doch sie wiederum sagt Singularitäten voraus und bricht angesichts einer Singularität zusammen. Wir gehen davon aus, daß es absolut grundlegende Gesetze gibt, die nicht zusammenbrechen – unter welchen Bedingungen auch immer. Niemand behauptet, daß wir diesen letzten Grund auf irgendeinem Gebiet der Naturwissenschaft bereits erreicht haben. Doch das heißt nicht, daß die Gesetze, die wir entdeckt haben, unter normalen Bedingungen nicht ausgesprochen zuverlässig sind.

Die grundlegenden unveränderlichen Gesetze – welche auch immer dies sein mögen – und die größte bisher gefundene Annäherung an diese erlauben offensichtlich ein großes Maß an Veränderungen und Ereignissen – eine breite Skala von Verhalten und Erfahrung. In einer ungefähren Analogie könnten wir sie mit der Verfassung eines Landes vergleichen. Eine Verfassung schränkt im großen und ganzen Verhaltensweisen und Entscheidungen des einzelnen nicht ernstlich oder determinierend ein.

Kehren wir zu unserer Suche nach einer den Gesetzen entsprechenden Möglichkeit für ein Eingreifen Gottes in das Universum zurück. Ein aussichtsreicher Weg wäre vielleicht, sich die vielen Beispiele anzusehen, bei denen die grundlegenden Naturgesetze das Geschehen nicht absolut bestimmen, sondern ein Element des Zufalls oder der freien Entscheidung möglich ist. Diese Vorgehensweise ist nicht neu. Die Vorstellung, daß göttliches Eingreifen dort geschehen könnte, wo es ein Element des Zufalls gibt, erlaubte es den Menschen in der Bibel, Gottes Willen durch das Werfen eines Würfels herauszubekommen. Die Vorstellung, daß dies *den Gesetzen* – selbst unabänderlichen physikalischen Gesetzen entsprechend – geschehen könnte, ist mindestens seit dem 17. Jahrhundert verbreitet. Ein modernes Beispiel für diese Argumentation haben wir schon bei unserer Erörterung der Evolution kennengelernt. Die grundlegenden Gesetze der Evolution legen nicht fest, welche Mutationen auftreten werden. Wahrscheinlich wäre dies ein Ort, wo Gott eingreifen könnte, ohne irgendwelche Gesetze zu brechen, ganz unabhängig davon, wie sehr ein derartiges Eingreifen jemandes Empfindlichkeiten in anderer Hinsicht treffen würde.

Nicht nur Gott hat vielleicht bei einigen Lücken des Zufalls und der freien Entscheidung seine Hand im Spiel. Ich könnte sagen, ich »mische mich ins Universum ein«, wenn ich beschließe, Zinnien in meinem Garten zu pflanzen anstatt Begonien. Kein Naturwissenschaftler, dem ich das Zinnienbeet zeige, das ich selbst angelegt habe, würde behaupten, dies sei in Wahrheit auf natürliche Einflüsse zurückzuführen und nicht darauf, daß ich in das Universum eingegriffen habe (obwohl sie es vielleicht doch sagen würden, wenn sie wüßten, wie erfolglos ich in der Regel als Gärtnerin bin). Dennoch, es hätte auch ein leichter Windstoß die Zinniensamen meines Nachbarn über den Zaun herüberwehen können. Beide Erklärungen sind plausibel. Doch selbst wenn dieses Anpflanzen der Zinnien einzig und allein auf mein Tun zurückzuführen ist, wirft mir niemand vor, daß ich ein Naturgesetz verletzt habe. Die Naturgesetze haben mir meine freie Wahl gelassen.

Ich mische mich ins Universum ein, wenn ich Botaniker bin und eine neue Zinnienart züchte. Die Natur hat ebenfalls Möglichkeiten, neue Zinnienarten zu entwickeln, aber vielleicht finde ich eine Art und Weise, die meines Wissens in der Natur niemals auftritt. Doch auch dann sind keine Gesetze gebrochen worden.

Allerdings würde sicherlich jemand Einspruch erheben, wenn ich bewirken würde, daß mein Zinnienbeet sich von selbst in die Luft erhebt und über den Zaun hinweg in den Garten meines Nachbarn schwebt. Hier handelt es sich um eine andere Kategorie der Einmischung in das Universum. Soweit wir wissen,

könnte ich dies nicht, ohne zumindest das Gesetz der Schwerkraft zu brechen – eines der Gesetze, die bestimmen, wie die Dinge sich verändern können.
Auch wenn unmöglich scheint, solch ein Wunder zu vollbringen, gibt es doch allem Anschein nach innerhalb der Grenzen der Naturgesetze selbst für Menschen wie mich immensen Spielraum für den freien Willen, den wir für uns beanspruchen. Obwohl wir nicht wissen, warum der menschliche Geist in der Lage ist, solche Entscheidungen zu treffen, tut er es dem Augenschein nach und übt innerhalb unseren kleinen Segments des Universums einen ziemlich starken Einfluß aus. Das Argument lautet, daß Gott innerhalb der von ihm geschaffenen Gesetze einen großen Handlungsspielraum gelassen hat – nicht nur für uns, sondern auch für sich selbst –, und dies vielleicht sogar in weitaus größerem Maßstab und mit unendlich besserem Verständnis der Naturgesetze, als Sie oder ich es besitzen.
Bei der nun folgenden Erörterung bestimmter Bereiche der Wissenschaft, in denen freie Entscheidung und Zufall einen Platz haben, und bei der Frage, ob diese von einem Wesen mit unendlichem Wissen ausgenutzt werden könnten, sollte man sich nicht zu der Annahme verleiten lassen, Gott sei ein physisches Wesen wie wir oder eine Energie oder Kraft im naturwissenschaftlichen Sinne. Mit keiner der nun folgenden Argumentationen wird der Versuch unternommen, Gott mit etwas (oder einem Prozeß), das wir in der Natur entdeckt haben, gleichzusetzen, noch geben sie vor, wir würden die Mittel – physikalische oder andere –, mit denen Gott eingreifen könnte, auch nur annähernd kennen. Es handelt sich lediglich um Versuche herauszufinden, ob ein solches Eingreifen, falls es denn geschehen sollte, einen Bruch dessen darstellen würde, was einige für Gottes eigene Gesetze halten. Der legalistische Aspekt mag vielleicht weniger aufregend erscheinen, die wissenschaftliche Seite des Problems ist es sicherlich nicht.
Die erste Annahme werden wir schnell abhandeln, denn sie greift die Erörterung aus Kapitel 5 wieder auf, daß Gott viel-

leicht insofern ins Universum eingreift, als er das Bewußtsein und das Unterbewußtsein der Menschen beeinflußt. Wenn Gott auf diese Weise wirkt, so wird aus jeder Wahl, die mir gestattet ist, letztlich eine Gelegenheit für Gott, sich einzuschalten. Hierdurch würden keine uns bekannten naturwissenschaftlichen Gesetze durchbrochen, und Gott hätte einen immensen Handlungsspielraum. Mit der Annahme, daß Gott auf diese Art und Weise viele der biblischen Wunder vollbrachte – jene nämlich, die keine Manipulation des physikalischen Universums ohne den Menschen als Zwischenglied erforderten –, stehen wir nicht im Widerspruch zu den uns bekannten physikalischen Gesetzen. Dies ist nicht dasselbe wie die Behauptung, diese Wunder seien Halluzinationen gewesen. Über den Zusammenhang zwischen physischer Heilung und geistiger Verfassung ist noch zu wenig bekannt, als daß wir dabei ein Einwirken Gottes auf unseren Geist völlig ausschließen könnten. Auch gibt es in der Naturwissenschaft nichts, das eindeutig besagt, daß Gott in unzulässiger Weise in die physikalische Realität eingreifen würde, wenn er seine Gegenwart und seinen Einfluß in Visionen und Träumen zu erkennen gibt, oder wenn Gott mit uns spricht und Gebete erhört, indem er uns seine Hilfe in Form von Gedanken und Eingebungen gewährt.

Aber wir werden im Alten und Neuen Testament auch mit einem Gott konfrontiert, der ohne menschliche Mittler handelt. Gott verursacht Flutkatastrophen und Erdbeben und schickt Feuer vom Himmel. Gott erweckt Tote zum Leben. Der Einfluß dieses Gottes auf das Universum ist nicht auf seinen Einfluß auf und durch Menschen beschränkt.

Ein naheliegender Ort für eine Lücke, die im Universum Zufall und freie Wahl ermöglicht, scheint die Ebene der Quanten zu sein. Der britische Neurophysiologe und Nobelpreisträger John Eccles meint, aus der Quantenebene entspringe sowohl die menschliche als auch die göttliche Wahlmöglichkeit. Der Physiker und Theologe der Cambridge University John Polkinghorne glaubt, daß Gott in der Tat Entscheidungen im Universum trifft. Polkinghorne zieht dabei auch Wunder in

Betracht. Doch er teilt nicht Eccles Deutung, derzufolge die Quantenebene einen Freiraum für Gottes Wirken darstellt. Er betont, daß »die Anhäufung einzelner Zufallsereignisse auf einer Ebene sich aller Wahrscheinlichkeit nach zu einem vorhersehbaren Muster auf einer höheren Ebene formiert ... Ich sage nicht, daß es niemals Umstände gibt, unter denen Quantenwirkungen so weit verstärkt werden, daß sie mit bloßem Auge sichtbare Folgen haben, sondern nur, daß sie aus sich heraus wahrscheinlich keine ausreichende Grundlage für menschliche oder göttliche Freiheit bieten.« Polkinghorne hält diese Art von Aktivität außerdem für ein wenig zu »versteckt«, für scheinbare Zuverlässigkeit, die in Wirklichkeit nichts als Zufall ist.[2]

An dieser Stelle scheint eine genauere Betrachtung der Quantenebene angebracht. Obwohl sie als Inbegriff der Ungewißheit und Unvorhersehbarkeit gilt, sind die Gleichungen, die sie bestimmen, deterministisch. Dies scheint auf den ersten Blick nicht möglich, da sie doch einem Teilchen erlauben, an vielen Orten gleichzeitig zu sein. Solche Ergebnisse widersprechen unserer normalen Erfahrung. Wir müssen unser Vorstellungsvermögen schon arg strapazieren, wenn wir verschiedene Positionen nebeneinander denken wollen. Dies ist in unserer Alltagswelt, in der eine Billardkugel oder ein Planet sich niemals an verschiedenen Plätzen zugleich befinden, nicht möglich. Um dies in Worte zu fassen, sprechen wir zum Beispiel davon, daß Elektronen sich in einem »Nebel« oder einer »Wolke« um den Kern bewegen und ihn nicht wie Planeten umkreisen. »Deterministisch« scheint also für eine derartige Situation nicht das richtige Wort zu sein.

Dennoch hat die Quantentheorie einen technischen Weg gefunden, den physikalischen Zustand eines Teilchens – oder eines Systems, das viele Teilchen enthält – in Begriffen zu beschreiben, die präziser sind als das Wort »Wolke«. Man spricht von »Wellenfunktion« oder »Quantenzustand«. Wie dies mathematisch funktioniert, braucht uns hier nicht näher zu beschäftigen; jedenfalls läßt es uns mit großer Präzision die

Wahrscheinlichkeit erkennen, mit der (sofern wir eine Messung vornehmen) ein Teilchen *hier* oder *dort* sein oder *diesen* oder *jenen* Impuls haben wird – ohne daß wir voraussetzen, daß das Teilchen eine bestimmte Position oder einen bestimmten Impuls hat, wenn wir keine Messung vornehmen. Es gibt eine Gleichung, die »Schrödinger-Gleichung«, die beschreibt, wie die Quantenzustände (diese genauen Karten der »Wahrscheinlichkeitsdichte«) sich zeitabhängig verändern, und es handelt sich dabei um eine deterministische Gleichung. Wir können hier also kaum von »Zufall« oder zufälligem Geschehen sprechen.

Wenn wir eine Messung vornehmen und auf diese Weise die Quantenebene mit der uns vertrauteren Ebene des Universums verbinden, löst sich der »Nebel« auf die eine oder andere Weise auf. Dann bleibt nur eine der nebeneinander bestehenden Alternativen hinsichtlich Position oder Impuls übrig: Für uns ist das Teilchen an einem bestimmten Platz und nicht an mehreren Plätzen gleichzeitig, beziehungsweise es hat einen bestimmten Impuls und nicht mehrere. Sicherlich sind wir alle genügend mit der Funktionsweise von Statistiken vertraut, um zu erkennen, daß wir das Teilchen nicht *notwendigerweise* auch an dem Platz vorfinden, der am wahrscheinlichsten ist, oder daß es den Impuls aufweist, der am wahrscheinlichsten ist. Da Wahrscheinlichkeiten uns nicht mit Sicherheit zu sagen erlauben, an welcher Stelle wir ein Teilchen finden werden oder wie es sich bewegen wird, kann man sagen, daß an dieser kritischen Stelle (unsere Messung vorausgesetzt) Determinismus und Vorhersagbarkeit, Ursache und Wirkung, zusammenbrechen. Doch an dieser Stelle kommen auch Wahrscheinlichkeiten und Statistiken ins Spiel, und zwar in signifikanter Weise, und diese Wahrscheinlichkeiten und Statistiken entstehen aus den Quantenzuständen, deren zeitabhängige Veränderungen – wie wir bereits sagten – durch Gleichungen bestimmt werden, die das Verhalten der Quantenebene bestimmen.

Unter der Voraussetzung einer großen Anzahl von Wählern ermöglichen es statistische Wahrscheinlichkeiten den Umfrageexperten, mit erstaunlicher Genauigkeit vorauszusagen, wer eine Wahl mit welchen Prozentzahlen gewinnen wird, ohne daß diese Experten wissen, wie irgendein einzelner Wähler stimmen wird. Genauso bestimmen statistische Wahrscheinlichkeiten, die sich auf eine große Anzahl von Teilchen beziehen, die Gewißheiten und die vertrauten Ereignisse auf der Ebene des Alltäglichen, ohne daß wir wissen, wo wir ein bestimmtes einzelnes Teilchen finden werden oder wie es sich bewegen wird. Insgesamt kommt dabei jenes weitestgehend vorhersehbare Muster heraus, von dem Polkinghorne sprach. Eine Billardkugel oder ein Planet befinden sich nicht gleichzeitig an verschiedenen Orten. Ein Stuhl sieht aus wie ein Stuhl und fühlt sich auch so an. Es ist wirklich sehr unwahrscheinlich, daß etwas *vollkommen* anderes geschieht.

Wie sich an jenem kritischen Punkt, wo der Quantennebel von unzähligen Alternativen zu einer einzigen Alternative zusammenschrumpft, die Welt der Quanten in die uns vertraute Welt verwandelt, ist immer noch ein tiefes Geheimnis. Penrose ist der Ansicht, wir benötigten eine ganz neue Theorie, um dies zu begreifen, eine Theorie, die im Vergleich zu unserem gegenwärtigen Wissen etwa das wäre, was Einsteins Theorie im Vergleich zu der Newtons war. Viele andere Physiker sind der Meinung, daß wir wahrscheinlich niemals zu einem solchen Verständnis vordringen werden. Andere wiederum sagen, daß sich an eben diesem Knotenpunkt für Gott die Gelegenheit ergibt, eine Entscheidung zu treffen; vielleicht sogar das zu bewirken, was wir als ein Wunder bezeichnen würden, das den Naturgesetzen zuwiderläuft. Sehen wir uns diese Möglichkeit einmal genauer an.

Wie wir weiter unten in diesem Kapitel sehen werden, wenn Chaos- und Komplexitätsforschung zur Sprache kommen, können in den meisten Bereichen der Natur extrem kleine Veränderungen enorme Auswirkungen haben. Möglicherweise könnte dies auch auf der Quantenebene der Fall sein, doch bis jetzt konnte das noch niemand nachweisen. Solange es also noch keine anderen Erkenntnisse in der Chaostheorie gibt, müssen wir daraus schließen, daß es Gott wahrscheinlich nicht viel bringen würde, wenn er festlegt, daß sich ein Teilchen in einer bestimmten Position befindet und nicht in einer anderen – genauso wie es unwahrscheinlich ist, daß die Beeinflussung einer einzelnen Wählerstimme die von den Umfrageexperten vorhergesagten Ergebnisse über den Haufen wirft. Gott müßte im Hinblick auf das Verhalten einer sehr, sehr großen Zahl von Teilchen zugleich eine Entscheidung treffen. Nur dann könnte das Ergebnis von Bedeutung sein. Und wenn es mit der normalen Erfahrung und den Naturgesetzen übereinstimmen sollte, würden wir es wahrscheinlich nicht als Wunder bezeichnen und es vielleicht nicht einmal wahrnehmen. Ist es vorstellbar, daß derartige Manipulationen ständig stattfinden? Andererseits *könnte* das Ergebnis aber auch ausgesprochen ungewöhnlich sein, so ausgefallen, daß wir von einem Wunder sprechen würden. Hier wird es kritisch, und es ist eine Sache der Interpretation, ob dadurch *jegliche* Art göttlichen Eingreifens in Form von Manipulation auf der Quantenebene ausgeschlossen wird. Dawkins hat uns Statistiken an die Hand gegeben, die uns vielleicht weiterhelfen können. Das Wunder, auf das er sich bezieht, gehört zu jener Art von Wundern, wie sie in nachbiblischen, zum Teil zeitgenössischen Wundergeschichten oder in den Filmen Ingmar Bergmans geschehen, und hat nichts mit den in der Bibel beschriebenen Wundern zu tun.

Dawkins schreibt: »Wenn eine Marmorstatue ... uns plötzlich mit der Hand zuwinkte, würden wir dies als ein Wunder betrachten, denn unsere ganze Erfahrung und unser ganzes Wissen sagen uns, daß Marmor sich so nicht verhält ... In festem Marmor stoßen die Moleküle ständig in zufälligen Richtungen gegeneinander. Die Bewegungen der verschiedenen Moleküle kompensieren sich gegenseitig, so daß die Hand der Statue im Ganzen bewegungslos bleibt. Doch wenn sich durch bloße Koinzidenz« [das von uns zu überprüfende Argument macht es notwendig, diese »Koinzidenz« durch die Formulierung »durch das Handeln Gottes« zu ersetzen] »alle Moleküle zufällig im selben Augenblick in dieselbe Richtung bewegten, würde sich die Hand bewegen. Und wenn dann alle zur selben Zeit die Richtung wieder änderten, würde sich die Hand zurückbewegen. So ist es *möglich*, daß eine Marmorstatue uns zuwinkt. Es könnte passieren. Die Hindernisse, die einer solchen Koinzidenz im Wege stehen, sind unvorstellbar, aber nicht unberechenbar groß. Ein Physikerkollege hat sie freundlicherweise für mich berechnet. Die Zahl ist so groß, daß das ganze bisherige Alter des Universums als Zeit nicht ausreichen würde, alle Nullen auszuschreiben! Es ist etwa genauso unwahrscheinlich wie die theoretische Möglichkeit, daß eine Kuh über den Mond springt.«[8]

Wir könnten uns nun auf den Standpunkt stellen, daß es keine Verletzung physikalischer Gesetze bedeutet, wenn ein Ereignis eintritt, das an sich möglich ist – ganz gleichgültig, wie unwahrscheinlich es ist. Und hiervon ausgehend könnten wir Gott fast alles tun lassen, ohne das Risiko einzugehen, daß er ein Naturgesetz bricht. Dieses »alles« könnte so unwahrscheinlich sein, daß es die Unterscheidung zwischen »unwahrscheinlich« und »unmöglich« fast bedeutungslos macht, aber dennoch: diese Unterscheidung existiert. Das Handeln Gottes wäre zwar ein eklatanter Eingriff, aber strenggenommen keine Verletzung der Gesetze des Universums. Man kann jedoch durchaus auch die Meinung vertreten, daß eine so weitgehende Mißachtung der statistischen Wahrscheinlichkeiten – eigentlich deren völlige Mißachtung – tatsächlich einen Bruch der physikalischen Gesetze darstellt, zum Beispiel der Schrödinger-Gleichung, welche die »Wahrscheinlichkeitsdichten« auf der Ebene der Quanten beschreibt, die wiederum auf unserer Alltagsebene als vorhersehbare Ereignisse auftreten. Wenn dies nur eine Frage der Interpretation ist, dann müssen jene, die nach einer Lücke für ein Eingreifen Gottes suchen, entscheiden, wo genau die Grenze liegt, jenseits derer die göttliche Intervention oder das Wunder die Wahrscheinlichkeiten überdehnt – kein Unternehmen, das in diesem Buch erfolgreich durchgeführt werden könnte.

Wir wollen uns statt dessen lieber einigen anderen Situationen zuwenden, in denen die physikalischen Gesetze – zumindest soweit wir in der Lage sind, sie zu verstehen – die Ergebnisse nicht voll und ganz bestimmen. Wir haben bereits mehrere Beispiele gesehen. Einige dieser Situationen sind unmittelbar quantenmechanischen Ursprungs, andere nicht: Es gibt den spontanen Symmetriebruch, über den wir in Kapitel 3 in Zusammenhang mit der Theorie der elektroschwachen Wechselwirkung gesprochen haben; dort haben wir die Analogie mit dem Stock aufgestellt, der in jede Richtung fallen kann, und das Beispiel von dem heißen Metallstab erwähnt, der durch Abkühlen zum Magneten wird, wobei man aufgrund der grundlegenden Gesetze keinesfalls voraussagen kann, wo sich der positive und wo der negative Pol befinden wird. Oder nehmen wir die Planeten im Sonnensystem: Keines der Gesetze, die den Ursprung des Systems bestimmten, legte fest, daß es eine spezifische Zahl von Planeten geben mußte, nicht mehr und nicht weniger.

Bei zunehmender Komplexität – von den Elementarteilchen zu den Atomen, dann zu den Molekülen und schließlich zum Menschen – finden wir an vielen Schlüsselstellen die Möglichkeit, daß sich die Dinge in die eine oder andere Richtung entwickeln können, ohne daß das Ergebnis die grundlegenden Gesetze durchbricht oder mit den Ereignissen auf einer fundamentaleren Ebene nicht kompatibel ist. Selbst in Fällen, wo wir im Rückblick *erklären* können, wie etwas geschah, können wir nicht immer *voraussagen*, was geschah. Wir können also nicht sagen, genau *so* mußte das Ergebnis aussehen, die Gesetze hätten kein anderes Resultat zugelassen. An diesen Punkten hatte die Natur offenbar Entscheidungsfreiheit, und es steht nicht in unserer Macht zu sagen, warum diese Wahl getroffen wurde und nicht eine andere.

Wo die Naturwissenschaft uns nicht erklären kann, warum Dinge sich in einer bestimmten Weise entwickelt haben und nicht in einer anderen, bleibt uns die Möglichkeit zu sagen, wir besäßen einfach nicht genügend Informationen oder die Informationen würden niemals ausreichen, oder das Ereignis sei reiner Zufall oder das Ergebnis einer Entscheidung Gottes. Nehmen wir einmal an, Gott habe die anfänglichen Gesetze aufgestellt, später weitere Entscheidungen getroffen und eine Feinabstimmung des Universums derart vorgenommen, daß seine weitere Entwicklung unsere Existenz gewährleistete. Wir hegen den Verdacht – auch wenn wir ohne das vollständige Verständnis aller Gesetze nicht sicher sein können –, daß der Außerirdische, der unser Universum nie zuvor gesehen hat und eine Sammlung von Protonen, Neutronen, Elektronen und anderen Elementarteilchen betrachtet sowie die Gesetze der Quantenmechanik studiert, nicht voraussagen könnte, daß das periodische System der Elemente unausweichlich so aussehen muß, wie es aussieht, und auch nicht im geringsten davon abweichen könnte. Gleichzeitig wissen wir, daß uns der Außerirdische beim Anblick des periodischen Systems zustimmen würde, es stehe in Einklang mit den Gesetzen der Elementarteilchen und der Quanten. Müssen wir annehmen, daß Gott – ohne die grundlegenden Gesetze zu brechen oder Statistiken zu verdrehen – die Entscheidung getroffen hat, daß sich Elektronen, Protonen und Neutronen entsprechend dem uns bekannten Periodensystem anordnen sollten und nicht nach einem anderen möglichen? Wenn es an dieser Stelle tatsächlich Wahlmöglichkeiten gab, so war dies eine Entscheidung von enormer Bedeutung für die Zukunft des Universums. Sollen wir annehmen, daß Gott bei der Entwicklung des Menschen ein wenig mitgemischt und ihn mit Bewußtsein ausgestattet hat – eine weitere folgenschwere Entscheidung? Uns ist auf tieferliegenden Ebenen nichts bekannt, das absolut festlegt, daß diese Eigenschaft auftreten muß.

Diese Flexibilität erklärt möglicherweise, wie Gott die Gesamtentwicklung des Universums beeinflußt haben könnte, ohne die Gesetze zu brechen. Doch bei der Frage nach bestimmten Ereignissen, die diesen Gesetzen zuwiderzulaufen scheinen, ist das wenig hilfreich. Selbst wenn es nicht unausweichlich war, daß ganz bestimmte Eigenschaften – und nicht andere – an bestimmten Diskontinuitätspunkten auftraten, so wissen wir

doch, daß diese Eigenschaften aufgetreten *sind*. Sie erscheinen nicht nur zeitweise. Es sieht immer noch so aus, als ob Gesetze gebrochen werden müßten, damit die Sonne für Josua stillsteht oder Christus von den Toten aufersteht.
Diejenigen, die an Gott glauben, gehen möglicherweise mit einer derartigen Interpretation – die damit steht und fällt, daß wir auch weiterhin nicht erklären können, warum ganz bestimmte Eigenschaften auftreten statt vollkommen anderer – ein zusätzliches Risiko ein. Sind die Argumente, die wir untersucht haben, Beispiele für eine Theologie des »Lückenbüßergottes«?

Der Tod des Lückenbüßergottes

Ich habe das Argument gebraucht »wo die Naturwissenschaft uns nicht erklären kann, warum die Dinge sich in einer bestimmten Weise entwickelt haben und nicht in einer anderen«, als ob diese Punkte leicht auszumachen wären. In Wirklichkeit haben wir keine eindeutige Methode, solche Situationen zu erkennen. In vielen Bereichen – etwa in der Frage, wie Galaxien Cluster bilden – wissen wir nicht, wieviel wir den fundamentalen Gesetzen und wieviel den zufälligen Folgen jener Gesetze zuzuschreiben haben, wenn zugrundeliegende Symmetrien verletzt werden. Das schränkt unsere Fähigkeit ein, zu bestimmen, worin die fundamentalen Gesetze eigentlich bestehen. Naturwissenschaftliche Phänomene wie das Photon treten nicht mit einem Etikett versehen auf, das sie als »Symmetrieverletzung« ausweist. Die Tatsache, daß es verborgene Gesetze gibt, sorgt dafür, daß wir weiterhin vor einem Rätsel stehen. Wieviel von der Entwicklung des Universums und den darin sich abspielenden Vorgängen ist tatsächlich Zufall und wieviel nicht?
Unsere Unsicherheit in dieser Frage weist darauf hin, daß wir von einer vollständigen Erklärung weiter entfernt sind, als wir uns erhofft hatten. Sie bedeutet auch, daß wir nicht sicher sein

können, wo sich die Lücken befinden, durch die Gott möglicherweise eingreifen könnte.
Zu sagen: »Es gibt vieles, was wir nicht erklären können«, ist sicher eine löbliche und demütige Haltung. Zufällig entspricht dies auch der Wahrheit. Doch alle Feststellungen über unsere gegenwärtige Unkenntnis können nur mit der Einschränkung getroffen werden, daß wir nicht wissen können, was wir in der Zukunft entdecken werden. Die Unzulänglichkeit des menschlichen Wissens über das physikalische Universum hat sich in der Vergangenheit als gewagtes Argument für den religiösen Glauben erwiesen. All unsere Wissenslücken mit Gott zu stopfen, gilt gemeinhin als Theologie des »Lückenbüßergottes«. Wenn unsere Vorfahren sagten, es gebe keine andere Erklärung für die unübersehbare Ordnung der Natur als das planvolle Wirken eines Schöpfers, beschworen sie den Lückenbüßergott. Die Wissenschaft, die sich damit beschäftigt, die Lücken im menschlichen Wissen zu schließen, tendiert dazu, diesen Gott zu verdrängen. Darwin füllte jene Lücke, die bis dahin durch einen planenden Gott besetzt wurde. Wir wissen noch nicht, wer einmal die Lücken in der Erklärung anderer brennender Fragen schließen wird, nicht einmal die Lücke in unserem Verständnis des menschlichen Bewußtseins. Das Versagen des Lückenbüßergottes beweist noch nicht, daß es keinen Gott gibt, aber es bedeutet, daß man gut beraten ist, seinen Glauben auf etwas anderes als die Hoffnung zu gründen, die Naturwissenschaft werde sowieso vieles nicht erklären können, was uns gegenwärtig noch ein Rätsel ist. Sollten wir solche Gläubigen warnen, daß ihre »Lücken« sie jeden Augenblick im Stich lassen können?
Vielleicht nicht. Relativ neue Zweige der Naturwissenschaft, die Chaos- und Komplexitätsforschung, beschäftigen sich mit Bereichen, die die Naturwissenschaft in der Vergangenheit als Lücken, als unberechenbare Systeme, hat stehen lassen. Doch anstatt diese Lücken zu füllen, enthüllen diese Disziplinen nur, wie unmöglich manche von ihnen zu füllen sind. Wir lernen anscheinend nur, was der naive »gesunde Menschenverstand«

schon immer gesagt hat, die Wissenschaft jedoch erst allmählich als hochbedeutsam erkennt – daß die meisten Systeme sowohl Elemente von Berechenbarkeit als auch von Unberechenbarkeit enthalten.

Chaos und Kontrolle

Seit Isaac Newton neigen wir zu der Annahme, das Universum bestehe aus berechenbaren Systemen und die Wissenschaft sei dabei, alles auf solche Systeme zu reduzieren. Einige unserer Vorfahren im 18. und frühen 19. Jahrhundert glaubten, wir würden am Ende erkennen, daß alles Geschehen im Universum vorhersehbar ist, und Hawking und andere nähren immer noch derartige Hoffnungen, wenn auch mit Einschränkungen, die von der Quantenunschärfe und einigen anderen Problemen bedingt werden.

Doch zu unserer Überraschung stellen wir nun fest, daß berechenbare Systeme die Ausnahme darstellen und nicht die Regel, selbst in wissenschaftlichen Bereichen, die höchst zuverlässig und berechenbar erschienen wie zum Beispiel der Newtonschen Mechanik. Nachdem wir entdeckt haben, daß das chaotische, unberechenbare Verhalten überwiegt, gibt es nun eine zweite Überraschung: Inmitten des Chaos gibt es Strukturen. Dem amerikanischen Physiker Joseph Ford, einem führenden Wissenschaftler im Bereich der Chaostheorie, zufolge enthüllt die Chaosforschung, »daß die Würfel der Natur nur leicht, aber dennoch zielgerichtet präpariert sind. Unsere wissenschaftliche Aufgabe besteht daher darin, die Präparierung und das Ziel zu bestimmen.«[9]

Ford definiert Chaos schlicht und einfach als Zufall – ein Begriff der Umgangssprache, der genauer erklärt werden muß, wenn wir ihn hier verwenden wollen.

Ein Teil des naturwissenschaftlichen Prozesses besteht darin, Strukturen in dem aus der Beobachtung gefundenen Datenmaterial zu finden – eine Leistung, die der Mensch schon vor dem Aufkommen der Naturwissenschaft vollbrachte. Die Fähigkeit des Intellekts, Erfahrungen zu einer geistigen Chiffre zu komprimieren, die Ursache und Wirkung beschreibt, hat wahrscheinlich unseren Vorfahren das Überleben gesichert, lange bevor die Sprache oder die Mathematik auftauchten. Um ein moderneres Beispiel zu nennen: Anstatt in ausführlichen Erläuterungen oder durch ein überlanges Video verdeutlichen zu müssen, wie sich im Laufe der Zeit die Positionen der Planeten im Sonnensystem verändern, können wir uns auf die Newtonschen Gesetze berufen – eine Kurzformel, mit der diese Veränderungen beschrieben und vorausberechnet werden können.

Wer mit Computern vertraut ist, wird erkennen, daß Programmieren im wesentlichen eine solche Art der Kodifizierung ist. Um den Computer zu veranlassen, die Zahlenreihe 2, 4, 8, 16, 32, 64, 128 ... hervorzubringen, tippen wir nicht all diese Zahlen in den Computer. Wir können ein kurzes Programm schreiben, das diese Reihe generiert. Doch es gibt auch Zahlenreihen ohne eine Struktur, aus der wir solch ein Programm machen könnten. Nehmen wir einmal an, Sie werfen immer wieder eine Münze, wobei Kopf »eins« und Zahl »null« ist. Vorausgesetzt wir sind nicht Tom Stoppards Rosenkrantz und Güldenstern – bei denen beim Münzenwerfen immer Kopf oben lag, was darauf hindeutete, daß mit der Welt etwas nicht mehr stimmte –, werden wir eine zufällige Folge von Nullen und Einsen bekommen. Vielleicht lautet das Ergebnis »01101000110111100010«. Das kürzestes Programm, das wir in einen Computer tippen könnten, um genau diese Zahlenreihe zu erzeugen, wäre die vollständige Zahlenreihe selbst. Wenn es keine irgendwie geartete Möglichkeit gibt, die Zahlenreihe in verkürzter Form auszudrücken – also keine tieferliegende Struktur, die sich in ein Programm umsetzen ließe, das kürzer ist als die Reihe selbst – dann ist die Zahlenreihe wirklich »zufällig«. Je kürzer wir das Programm halten können, desto weniger zufällig ist die Zahlenreihe, für die es steht. Bei Ford heißt es: »Bei Sequenzen ist, wie in der Natur, die Ordnung die Ausnahme und das Chaos die Norm. Die Menge der bestimmbaren Strukturen ist zählbar.

Die Menge der Möglichkeiten nicht.«[10] Der gesunde Menschenverstand sagt uns, daß es in einer zufälligen Reihe vielleicht doch ein Muster gibt, wir aber dieses Muster nicht dazu benutzen können, die Information zu einem kürzeren Programm zu kodifizieren. Der gesunde Menschenverstand sagt uns auch, daß wir vielleicht den Computer so programmieren könnten, daß innerhalb eines geordneten Programms einige zufällige Schritte auftreten können. Ein derartiges Programm kam ja in Kapitel 5 bei der Erörterung der Evolutionstheorie zur Sprache.

Die Chaosforschung ist die Wissenschaft, die sich mit dem Zufall beschäftigt: Mit der Zufälligkeit des Wetters oder eines aufgewühlten Meeres, der Art und Weise, wie Rauch aufsteigt und Wirbel bildet, wie eine Flagge weht, wie Flüssigkeiten fließen und der Verkehr zum Stocken kommt, mit den Schwankungen des Herzschlages und der Gehirnströme und den Veränderungen in den Populationen der Wildtiere, selbst mit den unerwarteten Zufälligkeiten im Sonnensystem und der Art und Weise, wie Galaxien Cluster bilden. Wissenschaftler verschiedener Disziplinen, die zuvor nur in losem Kontakt miteinander standen (Herz und Gehirn fallen traditionellerweise nicht in dasselbe Gebiet wie das Studium der Clusterbildung von Galaxien), haben Verbindungen zwischen den verschiedenen Arten von Unregelmäßigkeit entdeckt und Fortschritte im Verständnis der Unberechenbarkeit erzielt. Sicher gibt es Kritiker, die behaupten, daß diese Systeme nur künstlich unter einen einzigen Hut gebracht werden könnten. Dennoch scheint die Entdeckung von Bedeutung zu sein, daß in so verschiedenen Systemen wie Sanddünen, der Wirtschaft, dem menschlichen Körper und der übergreifenden Struktur des Universums inmitten des Chaos eine Selbstorganisation unausweichlich zu sein scheint. Und diese Tendenz ist ebenso stark – wenn nicht sogar stärker –, wie die zur zunehmenden Unordnung (Entropie), die im zweiten Hauptsatz der Thermodynamik zum Ausdruck kommt. Die »Komplexitätsforschung« ist die natürliche Folge der Chaostheorie, die sich mit dem Grenzbereich zwi-

schen dem Berechenbaren und dem Unberechenbaren, dem empfindlichen Gleichgewicht zwischen Ordnung und Chaos beschäftigt.
Um die ganze Tragweite der Chaos- und Komplexitätsforschung und deren Bedeutung für unsere Diskussion zu verstehen, brauchen wir noch ein wenig mehr Hintergrundinformationen. Wie es heißt, hatten sowjetische Wissenschaftler schon lange die Untersuchung chaotischer Systeme als wichtigen Zweig der Naturwissenschaft betrachtet, als sie in den siebziger und achtziger Jahren erstaunt zur Kenntnis nahmen, daß Wissenschaftler im Westen daran etwas »Neues« fanden. Doch auch im Westen ging das Studium solcher Systeme jenem Bereich der Forschung, den wir heute als Chaostheorie bezeichnen, lange voraus.
Im Jahre 1961 war ein amerikanischer Meteorologe am MIT namens Edward Lorenz damit befaßt, das Wetter mit Hilfe von Computersimulationen zu untersuchen. Eines Tages, so heißt es, habe er den Computerausdruck der Simulation vom Vortag überprüft und sich dabei überlegt, daß er neue Erkenntnisse gewinnen könne, wenn er dieselbe Simulation noch einmal durchlaufen ließe. Das von ihm benutzte Computerprogramm war auf sechs Stellen nach dem Komma angelegt, aber er hatte sich die Ausgangszahlen für den Durchlauf vom Vortag nicht notiert. Er hatte nur den Ausdruck, und dieser gab lediglich die ersten drei Stellen hinter dem Komma wieder. Als er die Simulation noch einmal in den Computer eingab, um sie erneut ablaufen zu lassen, konnte er also die Zahlen vom Vortag nur bis zur dritten Dezimalstelle, nicht bis zur sechsten, wiederholen. Lorenz glaubte, dies sei nicht weiter tragisch. Er ging davon aus, daß Fehler, die so winzig waren, daß sie sich erst an der vierten Stelle nach dem Komma niederschlagen, sich gegenseitig neutralisieren würden. Doch als er das Programm erneut startete, produzierte der Computer ein »Wetter«, das sich von dem Wetter desselben Programms am Vortag unterschied. Anfänglich waren es nur kleine Veränderungen, doch mit dem Fortschreiten der Simulation wurden sie immer größer, bis das

Wetter vollständig anders war als jenes in der vorhergehenden Simulation. Die winzigen Zahlenänderungen, die durch das Abrunden auf die dritte Stelle nach dem Komma hervorgerufen worden waren, bewirkten beträchtliche Unterschiede. Lorenz hatte eins der Prinzipien der Chaosmathematik entdeckt: Kleine Ereignisse haben enorme Folgen.

Doch diese Entdeckung überraschte Lorenz nicht allzusehr, denn er war Meteorologe. Und die Meteorologen hatten schon lange den Verdacht gehegt, daß beim Wetter sehr kleine Ursachen sehr große und weitreichende Wirkungen haben. Wie jemand mit einem Hang zum Schrulligen sich einmal ausdrückte, beeinflußt der Flügelschlag eines Schmetterlings in Asien das Wetter in New York ein paar Tage oder Wochen später. Daher der Name »Schmetterlingseffekt«. Wie sich herausstellte, ist dies keineswegs bloß eine Schrulle.

Die wissenschaftliche Bezeichnung für den Schmetterlingseffekt lautet »hochgradige Abhängigkeit von den Anfangsbedingungen«. Man kann nicht damit rechnen, daß sich winzig kleine Unterschiede gegenseitig neutralisieren, wie Lorenz ursprünglich annahm. Das Fazit ist, daß in jedem System, das hochgradig von den Anfangsbedingungen abhängig ist – und solche Systeme sind, wie sich herausstellt, in der Natur eher die Regel als die Ausnahme –, vollständige Voraussagen nicht menschenmöglich sind. Zum Beispiel bei der Wettervorhersage: Selbst wenn wir noch so viele Wettersatelliten, Wetterballons, Barometer und Thermometer einsetzen und beobachten, können wir nicht alle Einzelheiten zu jedem gegebenen Augenblick – all die Anfangsbedingungen – für jedes System kennen. Und ohne diese Kenntnis, egal wie elegant und deterministisch die für die Vorhersagen verwendeten Gleichungen auch sein mögen, sind wir weit entfernt von einer präzisen Vorhersage. In Fords Worten ausgedrückt: »Die Quelle des Chaos ist der Mangel an Information.«[11] Es ist die alte Geschichte von »garbage in« und »garbage out«[12] – wobei »garbage in« als Daten definiert wird, die, wenn auch nur in den geringfügigsten Einzelheiten, unvollständig oder inkorrekt sind.

Fast ein Jahrhundert vor Lorenz kam bereits der britische Wissenschaftler James Clerk Maxwell in etwa zu derselben Schlußfolgerung: »Wenn eine Sache derart beschaffen ist, daß eine unendlich kleine Abweichung des gegenwärtigen Zustands den Zustand irgendwann in der Zukunft ebenfalls nur in einer unendlich kleinen Quantität verändert, so heißt es, der Zustand des Systems ... sei stabil; wenn aber eine unendlich kleine Abweichung im gegenwärtigen Zustand in einer bestimmten Zeit eine bestimmbare Veränderung im Zustand des Systems hervorruft, so gilt der Zustand des Systems als instabil. Es steht fest, daß das Vorhandensein instabiler Bedingungen die Vorhersage zukünftiger Ereignisse unmöglich macht, wenn unser Wissen über den gegenwärtigen Zustand nur ein ungefähres und kein genaues ist ... Es ist ein metaphysischer Lehrsatz, daß dieselben Prämissen dieselben Folgerungen nach sich ziehen. Niemand kann dies bestreiten. Aber in einer Welt wie dieser, in der niemals dieselben Prämissen nochmals auftauchen und nichts zweimal geschieht, hat dieser Lehrsatz keinen großen Nutzwert.«[18]

Der französische Mathematiker Pierre Simon de Laplace stellte im 18. Jahrhundert die Theorie auf, daß ein allwissendes Wesen mit unbegrenztem Gedächtnis und unbegrenzten mathematischen Fähigkeiten, das den genauen Zustand aller Dinge im Universum in irgendeinem beliebigen Augenblick sowie die Naturgesetze kennt, daraus den genauen Zustand aller Dinge zu jedem anderen gegebenen Augenblick ableiten könnte. Wie wir jedoch gesehen haben, stehen wir bei dem Versuch, bestimmte Ereignisse nach einer Vollständigen einheitlichen Theorie vorherzusagen (wie zum Beispiel den Derbygewinner), genau vor jenem Problem, auf das Maxwell hingewiesen hat: Im Gegensatz zu Laplaces allwissendem Wesen können wir niemals den genauen Zustand der Dinge kennen.

Ein anderes Problem im Zusammenhang mit der Vorhersagbarkeit hat mit der Kenntnis der Naturgesetze zu tun. Die Chaosforscher haben festgestellt, daß Systeme mit extremer

Abhängigkeit von den Anfangsbedingungen auch – verständlicherweise – eine extreme Empfindlichkeit gegenüber der Gleichung aufweisen, mittels derer der zukünftige Zustand berechnet wird. Wenn die Gleichung auch nur die kleinste Ungenauigkeit aufweist oder darin etwas fehlt, so zeigt ihre Vorhersage in eine Richtung, die von derjenigen, in die sich die wirkliche Welt bewegt, abweicht – und zwar in einem recht drastischen Ausmaß.

All das bedeutet jedoch nicht notwendigerweise, daß Laplace unrecht hatte. Er rief nach einem allwissenden Wesen, das den genauen Zustand aller Dinge kennt. Wie genau müßte dieses Wissen sein? Wie weit müßte es über die drei Stellen nach dem Komma bei Lorenz hinausgehen? Wäre einem Wesen, dem keine Information fehlt, eine Vorhersage möglich?

Wenn wir noch ein paar Informationen mehr haben, werden wir auf die Erörterung dieser Fragen vorbereitet sein:

Wenn bestimmte Gleichungen bei genügend häufiger Iteration immer wieder zu denselben Ergebnissen führen, so ist das sich wiederholende Ergebnis ein »Attraktor«. Eine Gleichung »iterieren« heißt, sie wiederholt hintereinander in der folgenden Art und Weise zu lösen:

Angenommen, wir simulieren auf einem Computer die Fluktuation einer Tierpopulation, und wir haben eine Zahl, die die Population im Jahr 1 darstellt. Wir setzen diese Zahl in unsere Gleichung ein, die uns nun sagt, welche Population im Jahre 2 auftreten wird. Diese Populationszahl für das Jahr 2 benutzen wir nun als Ausgangszahl, mit der wir die gleiche Rechnung nochmals anstellen und so die Population für das Jahr 3 erhalten usw.: Wir »iterieren« die Gleichung.

Im Jahre 1971 wendete Robert May diese Methode bei der Untersuchung von Tierpopulationen an. Eine der Variablen, mit der May in seiner Gleichung spielen konnte, war die »Wachstumsrate der Population«, und er nannte sie R. Als May diese Rate auf einen Wert größer als 1 festsetzte, zeichnete sich eine interessante Struktur ab. Als May die Gleichung iterierte, fluktuierte die Population für ein paar Jahre und kam dann zum Stillstand. Auch bei fortgesetzter Iteration änderte sich die Populationszahl nicht. Die Gleichung führte Jahr für Jahr zu demselben Ergebnis. Wenn eine iterierte Gleichung in dieser Weise auf eine bestimmte Zahl zuläuft und die Resultate gleich bleiben, sobald dieser Wert erreicht ist, so ist diese Zahl ein »Attraktor«.

Als May den Wert von R (Rate des Populationswachstums) auf über 3 erhöhte, geschah etwas noch Merkwürdigeres. Die Populationszahl spielte sich auf zwei Attraktoren ein (eine sogenannte »Bifurkation« oder Gabelung), das heißt es gab zwei Zahlen, die jährlich im Wechsel auftraten. Bei einem R-Wert über 3,4 ergaben sich vier Attraktoren. Und wenn R höher war als 3,57, gab es überhaupt keine Attraktoren – kein Muster – mehr: »Chaos«. Doch May stellte fest, daß inmitten des Chaos eine neue Ordnung auftauchte: Attraktoren und Bifurkationen, die bei einer graphischen Darstellung der Ergebnisse auf dem Computer aussahen wie eine Miniatur der ersten Attraktoren und Gabelungen; dann eine Miniatur dieser Miniatur und wiederum eine Miniatur von dieser – und so fort. Es handelte sich nicht um exakte Wiederholungen, aber das Muster war erkennbar. Mitchell Feigenbaum vom Los Alamos National Laboratory in New Mexico entdeckte später, daß die Entfernungen zwischen den Gabelungen in *allen* Bifurkationsdiagrammen (egal auf welche Gleichungen die Diagramme zurückgehen) in einem konstanten Verhältnis kleiner werden – ein weiteres rätselhaftes Element von Ordnung innerhalb des Chaos.

Die Mandelbrot-Menge (das berühmte »Apfelmännchen«) ist das bekannteste Beispiel für jene »fraktale« Qualität, das heißt die Selbstähnlichkeit auf allen Ebenen, die May in seinem Diagramm feststellte. In dem phantastischen Farb- und Musterwirbel, den Benoit Mandelbrots mathematisches Konstrukt auf dem Computer-Monitor entstehen läßt, finden wir bis ins Unendliche die immer gleichen Strukturen vor, egal, wie stark wir das Bild vergrößern, doch die Wiederholungen sind nicht exakt. Vertrautere Beispiele für Fraktale sind z. B. der innere Bau von Kohlköpfen, Eisblumen am Fenster, die Struk-

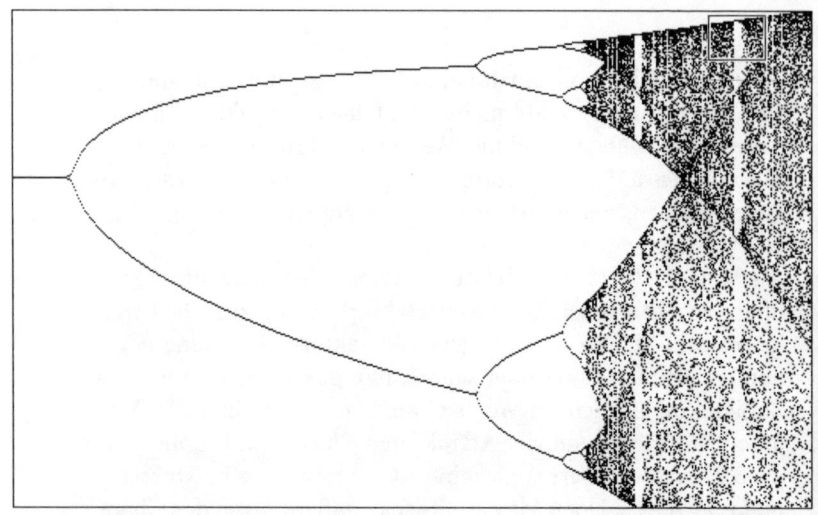

Diagramm 1: Computersimulation des Populationsmodells von Robert May. Bei geringer Wachstumsrate (linkes Ende der Kurve) kommt die Population bei einem festen Wert – einem Attraktor – zum Stillstand. Bei höherer Zuwachsrate schwankt die Population zwischen einer stetig zunehmenden Anzahl von unterschiedlichen Werten (Verzweigungen in der Mitte). Wird die Wachstumsrate sehr hoch, verhält sich die Populationskurve völlig unvorhersehbar (»chaotischer« Bereich rechts im Bild).

Diagramm 2: Mitten im Chaos finden sich weitere Gabelungen und Attraktoren, die der ursprünglichen Kurve ähneln. Die Grafik zeigt eine starke Vergrößerung des umrahmten Gebiets in der rechten oberen Ecke von Diagramm 1.

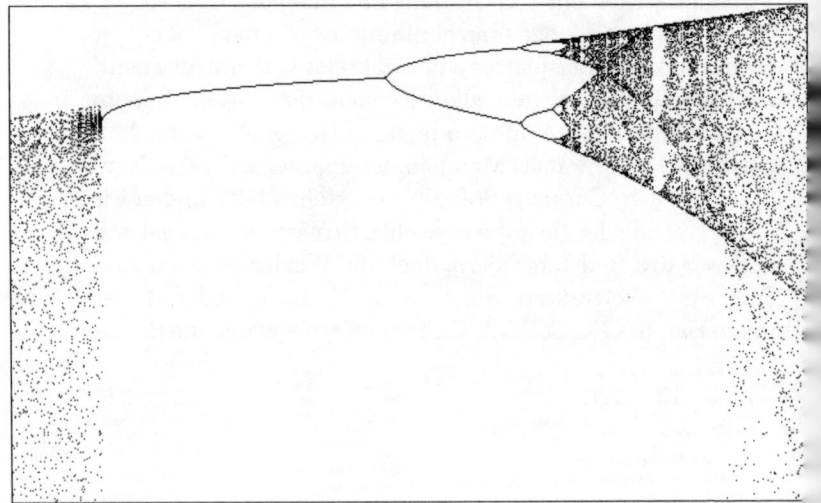

tur der Schneeflocken und die Art, wie sich Bäume und Farne verzweigen.

Außer den Attraktoren, die May bei seiner Untersuchung von Tierpopulationen fand, gibt es in chaotischen Systemen noch andere Attraktor-Arten. Lorenz hatte mit Hilfe von Computergrafiken die Konvektion (die Art und Weise, wie sich Wärme durch die Luft bewegt) untersucht. Obwohl die Konvektionsgleichungen nach wie vor jene Empfindlichkeit gegenüber Veränderungen der Anfangsbedingungen zeigten, die er schon früher entdeckt hatte, wies sein Diagramm eine erstaunliche Vorhersagbarkeit auf – einen »Attraktor«, der jedoch nicht ganz genau mit dem Attraktortyp übereinstimmte, über den wir weiter oben gesprochen haben. Die Diagrammkurve beschrieb so etwas wie eine verbogene »Acht«, und zwar immer wieder. Doch das Muster wiederholte sich nie ganz genau. Die Kurve überschnitt sich nicht einmal. Die Linie im »Lorenz-Attraktor« (siehe Seite 237 oben) scheint sich nur deshalb zu schneiden, weil wir sie in zwei Dimensionen sehen. Das Diagramm ist aber dreidimensional. Wo sich die Kurve zu schneiden scheint, läuft sie in Wirklichkeit vor sich her.

Was Lorenz da gefunden hatte, nennen wir einen »seltsamen Attraktor«, obwohl Lorenz selbst diese Bezeichnung nicht verwendete. Der von ihm veröffentlichte Artikel, in dem er über seine Entdeckung berichtete, wurde zunächst im großen und ganzen nicht zur Kenntnis genommen. Erst über ein Jahrzehnt später erkannte man die eigentliche Bedeutung seiner Entdeckung. (Um ganz genau zu sein, ist bis jetzt noch nicht bewiesen worden, daß sie der gegenwärtigen mathematischen Definition eines »seltsamen Attraktors« entspricht, obwohl sie alle zu erwartenden physikalischen Eigenschaften aufweist.) Seltsame Attraktoren sind in fast allen chaotischen Systemen zu finden. Da aber viele Wissenschaftler chaotische Systeme damit definieren, daß sie seltsame Attraktoren enthalten, ist das vielleicht nicht weiter überraschend.

Mit diesem rudimentären Überblick im Hinterkopf können wir zu der Frage zurückkehren, eine wie kleine Veränderung in den

Anfangsbedingungen eines Systems eine zukünftige Veränderung bewirkt und ob es möglich ist, daß ein menschliches oder göttliches Wesen zukünftige Ereignisse voraussagen oder kontrollieren kann.

Peter Coveney und Roger Highfield schrieben in ihrem Buch *Anti-Chaos. Der Pfeil der Zeit in der Selbstorganisation des Lebens*: »Wenn ein dynamisches System erst einmal in den Bereich eines seltsamen Attraktors eingetreten ist, kann man sein Langzeitverhalten überhaupt nicht mehr vorhersagen. Das liegt daran, ... daß Wege auf seltsamen Attraktoren eine ungeheure Empfindlichkeit gegenüber den Anfangsbedingungen zeigen: Sollten zwei Systeme nicht in Zuständen gestartet sein, die buchstäblich unendlich genau gleich waren, so werden sie sich beliebig auseinanderentwickeln, während sie beide auf dem seltsamen Attraktor wandern, und sind in ihrem Verhalten nach einiger Zeit nicht mehr vorherzusehen. Obwohl die Differentialgleichungen, die den Weg des Systems durch die Zeit regeln, deterministisch sind – das heißt, die genaue Kenntnis der Anfangssituation macht grundsätzlich alles zukünftige Verhalten vorhersehbar –, zerstört doch ihre ungeheure Empfindlichkeit den Traum eines Universums, das wie ein riesiges Uhrwerk arbeitet.[14]

Haben Coveney und Highfield recht mit ihrer Behauptung, daß unsere Unfähigkeit, die unendlichen Einzelheiten der Anfangsbedingungen eines Systems zu kennen, wirklich »den Traum eines Universums, das wie ein riesiges Uhrwerk arbeitet, zerstört«? Wenn Menschen etwas nicht voraussagen können, heißt das auch, daß es an sich unberechenbar ist? Wenn wir zustimmen, daß das Uhrwerk zerstört ist, dann kann man uns vielleicht der in Kapitel 3 erwähnten Haltung des »ich kann es nicht untersuchen, also kann es nicht existieren« bezichtigen; oder wir definieren »Realität« ausschließlich als das, »was wir wissen können« oder was uns nützlich ist. Zu denen, die der Meinung sind, daß das Uhrwerk zerstört ist, gehören auch Ilja Prigogine und Isabelle Stengers. In ihrem Buch *Order Out of Chaos* heißt es: »In Anbetracht dieser

instabilen Systeme ist Laplaces [allwissendes Wesen] genauso machtlos wie wir.«[15]
Nicht jeder wird zustimmen, daß das, was in der Chaosforschung entdeckt wurde, *an sich* unberechenbar ist. Wenn Coveney und Highfield sagen, »die genaue Kenntnis der Anfangssituation macht *grundsätzlich* alles zukünftige Verhalten vorhersehbar«, dann ist dieses »grundsätzlich« zwar keine Hilfe für den Menschen, läßt aber eine Tür für allwissende Wesen offen. Zu der Frage nach der für die Bestimmung von Umlaufbahnen mit Hilfe der Newtonschen Gleichungen erforderlichen Kenntnis des Anfangszustands schreibt Ford: »Liefern uns Newtons Gleichungen nicht eine relativ einfache Berechnungsregel für die Bestimmung jeder Umlaufbahn unter der Voraussetzung, daß der Anfangszustand S_0 gegeben ist? Dies ist in der Tat der Fall, doch wer liefert den Anfangszustand S_0? ... nur ein Gott kann den Anfangszustand S_0 bestimmen. So haben wir also nun unsere fehlende Information bis zum System der reellen Zahlen zurückverfolgt, dessen einzelne Glieder zu definieren, geschweige denn zu spezifizieren oder zu berechnen, die Möglichkeiten des Menschen überschreitet.«[16]
Hatte Laplace am Ende doch recht? *Könnte* Gott den Anfangszustand liefern? Könnte ein allwissendes Wesen alles voraussagen, wenn es unendliches Wissen über alle Dinge im Universum zu einem bestimmten Augenblick hätte und die korrekte Form der Gleichungen kennen würde? Natürlich würde ein Wesen, das all dies nicht kennen würde, nicht der Definition von »allwissend« entsprechen. Jede einzelne reelle Zahl, jeden Schmetterlingsflügel, jedes Molekül jedes Flügels mit unendlicher Genauigkeit zu kennen ist dem Menschen nicht möglich. Wenn wir einen Gott annehmen, der über all diese Informationen sowie über die Gleichungen verfügt, und glauben, daß die Chaostheorie auf dem richtigen Weg ist, wohin führt uns das im Hinblick auf die Berechtigung, an ein Eingreifen Gottes im Universum zu glauben?
Erstens haben wir von »unendlichem Wissen« und von »allen Informationen« gesprochen. Von welchem Grad von Genauig-

keit sprechen wir eigentlich? Nach der Chaostheorie existiert ein gewisser Grad an Genauigkeit des Wissens über die Anfangsbedingungen, der Voraussagen möglich macht, egal, wie weit in die Zukunft hinein man das Verhalten eines Systems voraussagen möchte. Andererseits behauptet die Komplexitätsforschung, daß weder die nahe noch die ferne Zukunft eines chaotischen Systems voraussagbar seien. Es handle sich vielmehr um einen Zufallsprozeß, und daher gebe es keinen schnelleren Weg, etwas über die Zukunft des Systems in Erfahrung zu bringen als dazusitzen und zu warten, bis diese eintritt. Wir müssen uns dabei vergegenwärtigen, daß in fast jedem System des wirklichen Lebens die Möglichkeit eines Einflusses von außen gegeben ist. May ging bei seiner Simulation der Tierpopulation davon aus, daß keine plötzliche Dürre oder ein neues räuberisches Lebewesen auftreten würde; im realen Leben dagegen dürfen wir ruhig das Gegenteil annehmen. Während wir fröhlich zukünftige Umlaufbahnen im Sonnensystem voraussagen, könnte ein Komet mit einem Planeten zusammenstoßen, was möglicherweise zu einer Veränderung in der Umlaufbahn des Planeten führen würde. Wir müßten bei unserer Frage nach der Voraussagbarkeit ein größeres System miteinbeziehen, das heißt, auch Angaben darüber, wo und wann der Ursprung des Kometen liegt. Gleichgültig wo wir beginnen, am Ende müssen wir wahrscheinlich immer das ganze Universum berücksichtigen, einschließlich unser selbst als Beobachter. Und reicht das überhaupt aus? Oder müssen wir auch Gott mit berücksichtigen?

Diejenigen, die an Gott glauben, begrüßen die Chaos- und Komplexitätstheorie noch aus anderen Gründen als dem, daß diese Theorien Lücken offenbaren, die das menschliche Wissen niemals füllen wird: Diese Theorien können als endgültige Widerlegung der Annahme eines deterministischen, mechanistischen Universums gesehen werden; und allem Anschein nach läßt die Chaostheorie zu, daß ein allwissendes Wesen durch unendlich kleine Veränderungen der Anfangsbedingungen die Ereignisse bestimmt. Das hört sich ein wenig nach

»wasch mir den Pelz, aber mach mich nicht naß« an. Der erste Grund veranlaßt zahlreiche unserer Zeitgenossen ohne Rücksicht auf ihre religiöse Orientierung zu Jubel. Der zweite Grund hingegen ist problematischer. Chaos- und Komplexitätstheorie lassen gegenwärtig noch zu viele Fragen unbeantwortet. Die Spekulationsversuche darüber, was Gott könnte oder nicht könnte, indem er sich die Empfindlichkeit gegenüber Veränderungen in den Anfangsbedingungen zunutze macht, setzen ein umfangreiches Wissen über Gott und das Universum voraus, das wir noch nicht besitzen und wahrscheinlich auch nie besitzen werden. Was ich damit meine, möchte ich im folgenden erläutern:
Ich werde mit der verstiegensten Spekulation beginnen, nämlich damit, daß wir durch die Entdeckung der Empfindlichkeit gegenüber Veränderungen in den Anfangsbedingungen eine Möglichkeit gefunden haben, wie Gott bei der Entstehung des Universums derartige Anfangsbedingungen aufgestellt haben könnte, daß während der gesamten Lebensdauer des Universums alles bis hin zum kleinsten Detail so geschieht, wie Gott es von der Stunde Null an geplant hat. Selbst die Wunder der Bibel wären demnach von Anfang an vorgezeichnet gewesen, und man könnte sich den Worten der Midrasch anschließen: »Der Allmächtige traf eine Übereinkunft mit allem, was in den sechs Schöpfungstagen erschaffen wurde ... daß das Wasser sich vor den Kindern Israels teilen ... Sonne und Mond vor Josua stillstehen ... der Fisch Jonas verschlingen ... das Feuer Hannania, Mishael und Azaria nichts anhaben würde ...«[17] Diese Ansicht wird weder im Alten noch im Neuen Testament ausdrücklich formuliert, doch wenn Gott die Anfangsbedingungen in der Weise ersonnen haben könnte, daß jedes Ereignis, ob Wunder oder nicht, in der gesamten Geschichte unausweichlich ist (und »natürliche Ursachen« hat), weil er eine genaue Feinabstimmung jener Anfangsbedingungen vorgenommen hat – dann haben wir gewiß eine glückliche Lösung für den Wettstreit zwischen Naturwissenschaft und Religion gefunden und können alle beruhigt dem Lebensabend entgegengehen,

wie Gott es von Beginn der Schöpfung an für uns geplant hat!
Vielleicht könnte die Empfindlichkeit gegenüber Veränderungen in den Anfangsbedingungen Gott die Mittel für ein derartiges Gestalten an die Hand geben. Doch aus dieser Überlegung ergeben sich schwerwiegende Probleme. Als erstes kann man einwerfen, daß diese deterministischen Anfangsbedingungen nicht notwendig von Gott gesetzt worden sein müssen – und schon stehen wir wieder vor dem alten Uhrwerksdeterminismus. Für ein *zielgerichtetes* Gestalten müßte Gott höchstwahrscheinlich ein Wissen haben, das größer ist als jene vollständige Kenntnis des genauen Zustands aller Dinge *zu einem bestimmten Augenblick*, das Laplace seinem »allwissenden« Wesen zugestand. Gottes unendliches Wissen müßte unendliches Vorherwissen einschließen. Das in der Chaos- und Komplexitätstheorie entdeckte Vorherrschen des Zufalls macht dies aber *weniger* wahrscheinlich, nicht mehr. Wenn der blinde Zufall (oder andere mögliche Joker wie etwa die menschliche Entscheidungsfreiheit) *jemals* eine Rolle spielt und Gott keine Möglichkeit hat, im voraus zu wissen, welche Richtung dieser Zufall und diese Entscheidungen einschlagen werden, steht er vor einem Problem. *Hat* Gott aber tatsächlich unendliches Vorwissen oder steht er außerhalb der Zeit, so daß für ihn alles Wissen gegenwärtiges Wissen ist? Es ist wohl überflüssig, darauf hinzuweisen, daß Chaos- und Komplexitätstheorie uns darüber nichts sagen können.
Eine weitere Hypothese lautet: Gottes Vorherwissen könnte aus der Kenntnis von etwas innerhalb der Anfangsbedingungen entspringen, das bestimmt, welche Richtung bei jeder »Zufalls«gabel in der Zukunft eingeschlagen wird – ein Plan, in dem das, was für uns wie ein Würfelspiel aussieht, in Wahrheit kein Zufall, sondern von Beginn an vorherbestimmt ist. Doch vieles in der Chaos- und Komplexitätsforschung weist darauf hin, daß es tatsächlich Kontingenz gibt, daß in der Geschichte des Universums die Weggabelungen, an denen Zufall oder freie Wahl eine Rolle spielen, zu zahlreich waren, daß man es sich

auch nur vorstellen könnte. Gibt es wirklichen Zufall? Oder sind die Würfel derart präpariert, daß es dem Zufall Hohn spottet? Unsere Versuche, diese Fragen zu beantworten, stehen noch ganz am Anfang.

Eine weitere Frage, bei der Chaos- und Komplexitätstheorie nicht weiterhelfen können, lautet, ob überhaupt *irgendeine* deterministische Festlegung der Anfangsbedingungen für das Universum – ohne weitere Eingriffe durch Gott – genügen würde, es später zu einem so stark von der Norm abweichenden Verhalten kommen zu lassen wie dem Stillstehen der Sonne für Josua oder der Auferstehung Christi von den Toten.

Wenden wir uns also der Annahme zu, Gott greife nicht nur durch die Anfangsbedingungen bei der Entstehung des Universums ein. Vielmehr könne Gott, ausgestattet mit unendlichem Wissen über Vergangenheit und Zukunft, zu jedem beliebigen Zeitpunkt im Universum handelnd eingreifen und durch unendlich kleine, unmerkliche Manipulationen Wunder bewirken und Gebete erhören. Durch den Flügelschlag eines Schmetterlings zu bewirken, daß sich Wind und Wellen im See Genezareth beruhigen, scheint keine so immense Manipulation der Natur zu sein. Wir müssen uns das Problem erneut vergegenwärtigen: Wenn Gott wirklich selbst Hand anlegen würde, müßte er dann vielleicht nicht nur gegenwärtige, sondern auch zukünftige Ereignisse kennen (oder bestimmen), die an den Knotenpunkten auftreten, die uns als Zufall erscheinen?

Ford stellt sich vor, daß Gott zwar nicht alle spezifischen Einzelheiten unter Kontrolle hat, jedoch in der Lage ist, mit Hilfe der Wahrscheinlichkeit ein Endresultat hervorzubringen.

»Meiner Meinung nach erlaubt die Zufälligkeit im Chaos die Vorstellung einer viel glaubwürdigeren, liebenswerteren Gottheit als die traditionelle Vorherbestimmung, die auf den Gesetzen der Newtonschen Mechanik beruht. In einem chaotischen Universum kommt Gott ganz natürlich die Rolle eines Glücksspielers oder eines Casinobesitzers in Las Vegas zu. Er hat die Wahrscheinlichkeitsregeln für das Spiel aufgestellt und benötigt kein Wissen darüber, wer genau im Spiel des Lebens gewinnen oder nicht gewinnen wird. Doch obwohl Gott jeden ›Spieler‹ strikt nach den Regeln gewinnen oder verlieren läßt, sorgt der leichte statistische Vorteil, den sich das Casino zu seinen Gunsten einräumt, dafür, daß das Endergebnis mit den Wünschen Gottes übereinstimmt. Wenn nur das Ergebnis feststeht, kann Gott sich zu der Menschheit auf die Zuschauertribüne begeben, ohne vorherzuwissen, wie das ›Lokalspiel‹ ausgehen wird; voller Spannung kann er mit uns gemeinsam zusehen, wie sich die Dinge entwickeln ... eine Gottheit hält eine chaotische Welt möglicherweise für beobachtenswert. Sie kennt den Anfang und das Ende, doch was dazwischen passiert, kann man nur erraten!«[18] Fords Bild von Gott stimmt mit unserer Schlußfolgerung in Kapitel 5 überein: Gott könnte die Wahrscheinlichkeiten so gesetzt haben, daß er von Anfang an wußte, daß Wesen entstehen würden, die in der Lage sind, mit ihm zu kommunizieren.

Fords Casino-Gott ist auf den ersten Blick faszinierend. Der passionierte Spieler – Risiken eingehend ... das Spiel genießend ... bis uns klar wird, daß *Sie* und *ich* es ja sind, die Gott da aufs Spiel setzt. »Die Menschheit auf der Zuschauertribüne«? *Sind* wir auf der Zuschauertribüne? Sicherlich nicht. Wir befinden uns unten auf dem matschigen Spielfeld! Dieser Gott könnte in Wirklichkeit niemand anderes sein als der »Gott, der sich aus allem heraushält«, über den wir in Kapitel 5 gesprochen haben – es sei denn, wir gehen davon aus, daß ein »Spieler«, der Hilfe von Gott erbittet, diese auch erhält. Dieser Gott würde vielleicht – auf die entsprechende Aufforderung hin oder auch aus freien Stücken – von der Zuschauertribüne in den Schlamm springen und mitspielen, für Spezialausrüstung und Training sorgen oder hochkarätige Gastspieler schicken. Könnte Gott – ohne seinen bequemen Platz als Zuschauer verlassen zu müssen – schon vor dem »Ende«, von dem Ford spricht, beim Fallen der Würfel Zwischenergebnisse vorherbestimmen? Vielleicht hat er spätere Gebete vorhergewußt und beim Prägen der Würfel von Anfang an berücksichtigt. Vielleicht haben einige dieser Gebete sogar die letzten Ziele bestimmt, die Gott erreichen will. Fords Gedanke macht es allem Anschein nach erforderlich – selbst ohne diese weiteren Verschwörungen –, daß Gott Vorauswissen oder umfangreiche Erfahrung mit anderen Universen hat, um beurteilen zu können, wie die Wahrscheinlichkeiten zu setzen sind. Wir müssen uns jedoch ins Gedächtnis rufen, daß, wenn die Würfel denn präpariert sind, dies nicht zwangsläufig Gott getan haben muß. Im Rahmen sämtlicher rivalisierender Theorien der Ersten Ursache, die wir in Kapitel 4 und 5 betrachtet haben, wäre ein solches Präparieren auch ohne göttliche Absicht vorstellbar.

Eine wichtige unbeantwortete Frage, die all diese Spekulationen überschattet, ist die nach der Bedeutung der freien Wahl des Menschen. Die Berichte im Alten und Neuen Testament sowie spätere historische und allgemeine Erfahrungen könnten uns zu der Ansicht führen, daß die Dinge eine interessante Wendung nehmen, wenn Abraham, Lot, Mose, David, Paulus, Sie und ich und der Rest der Menschheit auftreten. Die biblischen Figuren handeln und reden meist, als ob sie ein großes Maß an freiem Willen hätten und ständig von ihm Gebrauch machten, häufig mit grotesken oder verheerenden Folgen für sie selbst und die bestens durchdachten Pläne Gottes. Andererseits weiß Gott den Beschreibungen der Bibel zufolge gewöhnlich im voraus, wohin diese Ausübung des freien Willens führt, und ist darauf vorbereitet.

Nehmen wir zum Beispiel die Geschichte von Jona. Damit sie sich ereignen kann, brauchen wir ein Lebewesen, das im Meer lebt und groß und hungrig genug ist, einen Menschen in einem Stück zu verschlingen, ohne allzu schnell zu verdauen, und das sich entgegen aller Wahrscheinlichkeit in einem genau festgelegten Gebiet des östlichen Mittelmeeres befindet. Wir brauchen Jona, der auf einem Schiff in der Nähe dieses Lebewesens vorbeifährt. Wir benötigen einen besonders heftigen Sturm. Und wir brauchen jenen speziellen Würfel, der die anderen Männer an Bord zu dem Schluß veranlaßt, daß Jona über Bord geworfen werden müsse, wenn das Schiff nicht untergehen soll. Das Wetter, das Meer, die Wander- und Ernährungsgewohnheiten riesiger Meereslebewesen, die Würfel – dürfen wir davon ausgehen, daß ein allwissendes Wesen all das einrichten könnte, ohne gegen die Naturgesetze oder die deterministische Verknüpfung von Ursache und Wirkung verstoßen zu müssen? Doch ganz abgesehen von alledem – mit Jona selbst haben wir noch viel größere Schwierigkeiten.

Rufen wir uns noch einmal die Jona-Geschichte[19] ins Gedächtnis zurück: Gott befahl Jona, nach Ninive zu gehen und dort zu den Menschen zu predigen. Wenn Jona dies getan hätte und sich der Rest der Geschichte auf der Reise nach Ninive ereignet hätte, könnten wir sagen, daß all dies zum vollkommenen Plan Gottes gehört habe. Aber Jona, der augenscheinlich kein Roboter, sondern mit freiem Willen ausgestattet war, entschied sich, Gott nicht zu gehorchen. Jona war entsetzt bei dem Gedanken, zu den Ninivetern predigen zu müssen, und er beklagte sich heftig bei Gott darüber. Die Niniveter waren berüchtigt wegen ihrer Bösartigkeit, und er mußte damit rechnen, von ihnen getötet zu werden. Andererseits hätte sein Predigen sie zur Reue bewegen können, so daß Gott ihnen vergeben hätte – und damit wären sie der Verdammnis entkommen, die sie so reich verdient hatten! Doch keins von beiden war für Jona annehmbar, und er weigerte sich, in die Stadt zu gehen.

Wie es in der Geschichte weiter heißt, hörte sich Gott diese Einwände an, beharrte aber auf seiner Forderung, und an diesem Knotenpunkt übte Jona erneut seinen freien Willen aus – er brach in die Ninive entgegengesetzte Richtung auf. Allein aus diesem Grund hielt Gott es für notwendig, Schiff, Fisch (oder Wal), Sturm und Würfel auf den Plan zu bringen, um Jona schließlich doch noch nach Ninive zu führen, ihn zu den Ninivetern predigen zu lassen (sie bereuten tatsächlich, wie Jona schon befürchtet hatte), eine Metapher für Tod und Auferstehung Christi zu liefern (drei Tage im Bauch des Fisches, drei Tage im Grab), uns zwei- oder dreitausend Jahre später Material für ein mitreißendes Kirchenlied und mir Stoff für dieses Kapitel an die Hand zu geben. Nichts von alledem wäre geschehen, wenn Jona sich Gottes Befehl nicht widersetzt hätte.

Was sollen wir davon halten? Ganz unabhängig davon, wie wir mit dieser Geschichte umgehen (und außer der Tatsache, daß man nicht an Wunder glaubt, gibt es noch andere Gründe dafür, sie als Parabel und nicht als historische Darstellung zu verstehen), ganz unabhängig davon also lautet eine der grundlegendsten Fragen im Hinblick auf das Universum, ob wir tatsächlich solche Wahlmöglichkeiten haben, wie Jona, Sie und ich sie zu haben scheinen. Wenn wir sie haben, welche Rolle spielen sie in der langfristig angelegten Grundstruktur? Neben dieser Frage schwinden alle anderen – im Zusammenhang mit den neu auftretenden Eigenschaften, der Quantentheorie, den gebrochenen Symmetrien und anderen Momenten der Unberechenbarkeit – bis zur Bedeutungslosigkeit. Da wir nicht wissen, ob unsere Gedanken und Taten von Gott vorherbestimmt, wirklich unsere eigenen oder biologisch oder mechanisch festgelegt sind, können wir auch nicht beurteilen, ob unser Tun ein zusätzliches Element der Unvorhersagbarkeit ist. Unsere Alltagserfahrung sagt uns, daß dies der Fall sein muß und daß ein Gott, der sich bemüht, seinen Willen in der Welt durchzusetzen, mit diesem Problem zu kämpfen hätte. Interessanterweise ist das menschliche Verhalten sowohl von Unvorhersagbarkeit als auch von Vorhersagbarkeit geprägt. Vielleicht konnte man Jonas Entscheidungen nicht genau voraussagen, aber die menschlichen Wesenszüge, die sich bei ihm zeigten, sind uns so vertraut wie die unserer nächsten Mitmenschen im 20. Jahrhundert.

Lassen Sie uns zum Schluß noch einmal zu der Frage der »Lücken« zurückkehren, mit der wir diese ganze Diskussion um Chaos und Komplexität begonnen haben. Die meisten Naturwissenschaftler hören diese Antwort nicht gerne und nehmen nicht gerade erfreut zur Kenntnis, daß ein Großteil des Universums seinem Wesen nach für uns unerkennbar sein soll. Doch bis jetzt gibt es nichts in der Naturwissenschaft, was uns die Vorstellung verbietet, daß Gott an vielen Punkten bei der

Entstehung des Universums eingegriffen hat und auch heute noch regelmäßig eingreifen könnte. Wo und wann immer die Dinge den Eindruck erwecken, sie seien dem Zufall unterworfen, könnte Gott einschreiten und an dieser Stelle und zu diesem Zeitpunkt bestimmen, wie diese konkreten Würfel fallen sollen – wenn Symmetrien in einer bestimmten Weise brachen, wenn Galaxien in einer bestimmten Weise Cluster bildeten, wenn aufgrund von Mutationen Menschen auftraten, die mit Gott kommunizieren konnten, und an vielen anderen Knotenpunkten unseres Alltagslebens. Die Naturwissenschaft besteht darauf, daß eine solche stetige Einmischung nicht schön sei. Doch ein solches Urteil basiert auf der Ästhetik der Wissenschaft, die nicht zwangsläufig auch der religiösen Ästhetik entspricht – oder dem, was tatsächlich passiert. Chaos- und Komplexitätsforschung legen den Verdacht nahe, daß es weitaus mehr solcher Knotenpunkte gibt, als wir bisher angenommen haben. Tatsächlich weicht unser heutiges Bild vom Universum so drastisch von dem deterministischen Bild unserer Vorfahren ab, daß viele allein schon darin einen Beweis für die Existenz Gottes sehen, daß in der Welt wenigstens jener Grad von Organisation herrscht, den wir vorfinden. Jene, die Gott lieber aus dem Spiel lassen würden, glauben, daß ein bis jetzt unbekanntes Organisationsprinzip wirksam sein muß, und hoffen, daß die Wissenschaft eines Tages entdecken wird, was dies ist.

Fassen wir zusammen: Eröffnen uns Chaos- und Komplexitätstheorie die Möglichkeit, den Gedanken eines eingreifenden Gottes mit einem rational strukturierten Universum in Einklang zu bringen? In der Tat zeigen diese Theorien eine Situation auf, die vielleicht ein solch großes Maß an Freiheit und Flexibilität beinhaltet, daß der legalistische Ansatz geradezu lächerlich wirkt. Sicherlich ist bei der Frage nach der Möglichkeit göttlichen Eingreifens ein Ansatz, der ein deterministisches mechanisches Universum voraussetzt, viel zu eng. Die alte Dichotomie zwischen einem eingreifenden Gott (oder einem eingreifenden Wir, je nachdem) und einem Universum, das wie ein Uhrwerk funktioniert, hat sich in nichts aufgelöst. Das Bild, das jetzt auftaucht, ist so subtil und kompliziert, daß wir es bis jetzt nur ansatzweise verstehen können. In einem Universum, in dem – wie es diese Theorien nahelegen – Vorhersagbarkeit und Freiheit nebeneinander existieren, ist die Behauptung, die Teilung des Meeres zugunsten der Israeliten oder auch die Auferstehung Christi sei eine Verletzung der grundlegenden Gesetze des Universums, etwa das gleiche, als würde man behaupten, die Verfassung der Vereinigten Staaten werde verletzt, wenn der Verkehr auf einer Spur der Fifth Avenue umgeleitet wird, um einer Parade zum St. Patrick's Day den Weg frei zu machen.

Chaos- und Komplexitätstheorie eröffnen auch einen neuen Weg für das Verständnis eines alten Paradoxons. Wir können nämlich nun sehen, daß Zufall und freie Wahl einerseits und Notwendigkeit andererseits inhärente Eigenschaften des Universums sind, die nicht in Konflikt miteinander stehen, sondern zusammenwirken und das Universum rational und strukturiert und gleichzeitig kontingent sein lassen. Und schließlich beschreibt dies auch adäquat die Welt unserer Alltagserfahrung und Beobachtung sowie die Welt, von der sowohl die naturwissenschaftliche Methode als auch die Religion ausgehen. Doch verfolgen wir die antilegalistische Position noch ein wenig weiter: Warum sollte Gott, sofern es ihn gibt, überhaupt mit einer »Notwendigkeit« befrachtet sein? Besitzt Gott die Freiheit, nicht nur an dem Spiel teilzunehmen und nach den bestehenden Regeln zu handeln, sondern auch die Regeln nach Lust und Laune zu verändern – ja sogar ein völlig anderes Spiel zu beginnen? In Ingmar Bergmans Film *Das siebte Siegel* wirft der »Tod« das ganze Schachbrett um, als der Ritter zu gewinnen scheint; der Tod gewinnt immer, egal wie. Kann Gott der Schöpfer denn nicht tun, was ihm gefällt, wann immer er es wünscht? Wir werden zur gegebenen Zeit auf diese Fragen zurückkommen.

Umgekehrter Determinismus?

Unsere Thesen über das Chaos und neu auftretende Eigenschaften geben dem Verdacht Nahrung, daß der Reduktionismus (der Gedanke, daß jede Sache anhand ihrer grundlegendsten Komponenten erklärt werden kann) kein brauchbares naturwissenschaftliches Konzept ist; daß wir mehr Raum als angenommen für Spekulationen darüber haben, welche Beschreibungsebene bedeutsamer oder »realer« – vielleicht sogar fundamentaler – ist. Ist es die Ebene des Alltagsverständnisses, auf der ein Stuhl etwas ist, das mein Gewicht trägt, und auf der ich mir keine allzu großen Gedanken darüber mache, ob unter meinem linken Augenlid ein Baby-Universum entsteht? Oder ist es die ungewisse, phantasmagorische Welt der Quantenmechanik? Sind alle Beschreibungsebenen gleich real? Oder ist davon möglicherweise keine einzige real? Der nun folgende Exkurs wird den Leser auf eine revolutionärere Vorstellung von einem ins Universum eingreifenden Gott vorbereiten.

Da die Quantenphysik viele Annahmen des gesunden Menschenverstandes über die Realität in Frage stellt, könnten wir zu dem Schluß gelangen, daß Beschreibungen auf der Ebene des gesunden Menschenverstandes illusionär sind, während der Quantenphysiker das richtige Bild von der Wirklichkeit hat. Niels Bohr, einem der Väter der Quantenmechanik, wird in der Regel die Aussage zugeschrieben, daß es auf der Ebene der Quanten keine unabhängige Realität gibt (im Sinne etwa der inhärenten Bestimmtheit von Position und Impuls unabhängig von unserer Messung). Sein lang anhaltender Streit mit Einstein über diesen Punkt füllt ein umfangreiches Kapitel in der Geschichte der Wissenschaftstheorie. Doch wenn es um die Alltagsebene des Universums ging, gab er viel auf die Beschreibungen des gesunden Menschenverstands und betonte, daß wir den Standpunkt der Quantenmechanik gar nicht in Betracht ziehen oder einnehmen könnten, wenn wir nicht zuvor den Standpunkt des Alltagsverständnisses hätten. Alles was

wir wissen, sehen wir zunächst durch dieses Fenster. Dabei war dies keineswegs nur eine gönnerhafte Aussage. Bohr wollte uns überzeugen, daß mein Alltagsverständnis von dem Stuhl auf der anderen Seite des Zimmers keine »irrtümliche« oder naive Sicht ist, die vom Standpunkt der Quantenphysik verfeinert und korrigiert wird. Bohr glaubte nämlich, daß keine der beiden Sichtweisen dem Stuhl an sich entsprach. Eine andere Deutungsart der Realität auf der Ebene der Quanten ist die Theorie der »vielen Welten« von Hugh Everett, nach der alle Wahrscheinlichkeiten realisiert werden – alle möglichen Ergebnisse eintreten. Wo immer sich die Möglichkeit ergibt, daß etwas auf diese oder eine andere Weise geschieht, treten tatsächlich beide Möglichkeiten ein. Zum Beispiel finde *ich* das Elektron *hier*, während ein anderes Ich es *dort* findet. Wenn man das für eine unendliche Zahl solcher Möglichkeiten zu Ende denkt, stoßen wir auf andere Ichs und sogar auf parallel existierende Universen in schwindelerregendem Überfluß – das heißt, wir haben eine unglaubliche Menge von »Realitäten«! Doch es gibt auch die gegenteilige Ansicht, daß die Bedeutung der Messung und des Beobachters so groß ist, daß es gar keinen Sinn macht, wenn man auf der Ebene der Quanten von einer anderen Realität spricht als der vom Beobachter beeinflußten, ja vielleicht sogar geschaffenen. Wieder eine andere Interpretation hält an dem Glauben fest, daß die Ungewißheit auf der Ebene der Quanten ein Produkt unseres mangelhaften Wissens und der Unzulänglichkeit unserer Meßmöglichkeiten ist und nicht der inhärenten Unschärfe.
Bislang haben wir noch kein eindeutiges Wissen darüber, wie aus der Quantenwirklichkeit (was immer das sein mag) die Alltagswirklichkeit wird. Und wir haben erfahren, daß auf dem Weg zu größerer Komplexität an zahlreichen Punkten die Vorhersehbarkeit zusammenbricht. Deshalb erscheint es nicht unvernünftig, die Tyrannei der Quantenebene – als der Ebene, die alles andere bestimmt, oder als derjenigen, auf der wir die sicherste und grundlegendste Sicht der Realität haben – vollkommen zu verwerfen. Wir könnten vielleicht annehmen, daß

die *komplexeren* Ebenen die weniger komplexen bestimmen, und nicht umgekehrt. Dies ist eine interessante Möglichkeit, denn offensichtlich repräsentieren wir Menschen gegenwärtig die komplexeste Ebene, zumindest auf unserem eigenen Bröckchen abgekühlter Schlacke. Bestimmt unsere Existenz darüber, wie die anderen Ebenen aussehen und welche Eigenschaften dort jeweils auftreten müssen? Muß alles von der Teilchenebene an aufwärts so beschaffen sein, daß *wir* existieren können?

Dies ist nicht so weit hergeholt, wie es den Anschein hat. Tatsächlich sind wir schon einmal an diesem Punkt angelangt, und es müßte dem Leser daher vertraut klingen. Der Kreis hat sich geschlossen, und wir sind zum anthropischen Prinzip zurückgekehrt, wonach wir das Universum deshalb in der gegebenen Weise beobachten, weil wir sonst gar nicht hier wären, um dies festzustellen. Wir können in diesem Wettbewerb um die Herrschaft über das Universum ein Argument zu unseren Gunsten vorbringen: Der Gedanke, daß die elementarsten Teilchen das restliche Universum bestimmen oder »wirklicher« sind als die Dinge auf unserer Ebene, ist ein wenig lächerlich, da doch unter einer bestimmten Betrachtungsweise wir und unsere Meßgeräte bestimmen, was *sie* tun.

Es nimmt uns jedoch ein wenig den Wind aus den Segeln, wenn wir uns klarmachen, daß nicht nur wir das anthropische Prinzip für uns beanspruchen können, sondern auch viele andere das Recht dazu haben (oder hatten). »Wir sind Es«, sagte das Hyracotherium (das erste bekannte Mitglied der Pferdefamilie, das etwa die Größe eines kleinen Hundes hatte). »Wenn das Universum nicht genau richtig geschaffen worden wäre, wären wir nicht hier. Wir Hyracotheria beobachten das Universum, wie es ist, denn wenn es anders wäre, könnten wir Hyracotheria nicht hier sein, um es zu beobachten. Das Universum existiert, weil wir existieren.«

Nachdem wir uns so als das unvermeidliche letzte Ziel des Universums vom Podest gestoßen haben, können wir gleich wieder hinaufsteigen. Zwar haben viele Entwicklungsebenen das »Recht«, das anthropische Prinzip für sich zu beanspruchen, doch das heißt nicht, daß sie es auch tun oder getan haben. Es bedarf nämlich eines gewissen Komplexitätsgrades, um überhaupt in der Lage zu sein, über das anthropische Prinzip nachzudenken.

Trotzdem – wieder runter vom Podest! Wir haben keinen Grund zu der Annahme, daß wir der Gipfel der Komplexität sind. Im Gegenteil, es ist ziemlich sicher, daß wir es nicht sind. Wer weiß, welche neuen Eigenschaften noch auftreten, wenn der Prozeß der Evolution weitergeht?

Angenommen, alles läßt sich tatsächlich am besten vom Standpunkt der Komplexität aus erklären, und nicht vom Standpunkt der Einfachheit – was bedeutet das hinsichtlich der möglichen Existenz eines Schöpfers? Wir glauben, daß das Universum vom Einfachen zum Komplexen fortschreitet. So scheint es jedenfalls in der zeitlichen Abfolge gewesen zu sein. Es gab Elementarteilchen, bevor es Atome gab, Atome, bevor es Moleküle gab, und so weiter Schritt für Schritt nach oben. Wenn das zutrifft, dann ist auch die Annahme sinnvoll, daß zur Schaffung des Universums ein Schöpfer dagewesen sein muß, der am Beginn der Zeit etwas gemacht hat. Die »Erste Ursache« muß chronologisch gesehen *zuerst* dagewesen sein.

Die Tatsache, daß die chronologische Entwicklung generell vom Einfachen zum Komplexen verläuft, impliziert, daß Gott – vorausgesetzt, er war zuerst da – tatsächlich das Einfachste ist. Sie werden sich sicher daran erinnern, daß Dawkins Gott aus dem Grunde ausschloß, daß Gott nach der Vorstellung der meisten Menschen viel komplexer ist als viele Dinge, die er angeblich geschaffen hat – zum Beispiel die DNS.

Doch wir können noch eine neue Möglichkeit eröffnen und unterstellen, daß die Existenz der komplexeren Ebenen (wie der Menschen oder noch komplexerer Geschöpfe, die erst noch entstehen werden) darüber bestimmt, wie die niedrigeren Ebenen aussehen müssen und welche Eigenschaften dort auftreten müssen. Dann könnte Gott nicht das Einfachste von allem sein (tut mir leid, Bernstein!), sondern das Komplexeste und

alle anderen Ebenen aus der komplexesten Ebene »hervorgehen« ... eine Art Schöpfung von oben nach unten, bei der nicht die Erste Ursache, sondern die Letzte Ursache oder der Endzweck alles bestimmt, was vorausgeht. Da das »Komplexeste« nicht Größe impliziert (wir sind gewiß nicht das größte Ding im Universum), könnten wir nach dieser Vorstellung den Gedanken beiseite schieben, daß wir zu klein sind, um von Gott wahrgenommen zu werden.
Bei dieser Sicht implizieren wir mehr als nur das anthropische Prinzip. Wir sagen nicht mehr einfach nur, daß die Zukunft die Vergangenheit auf passive Weise bestimmt. Wir unterstellen, daß etwas in der Zukunft aktiv und bewußt die Vergangenheit schafft; und wir haben den Schöpfer und eingreifenden Gott in der falschen Richtung gesucht. Damit dies möglich ist, müßte unsere gewohnte Zeitvorstellung vermutlich einem umfassenderen Bild der Zeit – oder der Zeitlosigkeit – weichen.

»ICH BIN«

In Texas gibt es einen alten Spruch, der folgendermaßen lautet: »Die Zeit ist das, womit Gott verhindert, daß die Dinge alle auf einmal passieren«. Vielleicht geschehen für Gott die Dinge wirklich alle gleichzeitig, und die »Zeit«, wie wir sie kennen, ist nur eine annähernde Beschreibung.
Vor langer Zeit, im vierten beziehungsweise fünften Jahrhundert, widmete der christliche Philosoph Augustinus von Hippo – den meisten Lesern wohl besser als heiliger Augustinus bekannt – viele Gedanken und Gebete dem Thema Zeit. Wie Aristoteles und die islamischen Naturphilosophen kam Augustinus zu dem Schluß, daß die Zeit mit der Entstehung des Universums beginne. Er zog eine scharfe Trennungslinie zwischen den Dingen, die in Raum und Zeit existieren, und jenen, die außerhalb davon sind.
Augustinus begann mit der Frage: »Was tat Gott, bevor Er Himmel und Erde schuf?«[20] Und er kam zu dem Schluß, daß

die Frage keine Bedeutung hat, weil Begriffe wie »bevor« und »nachdem« und »dann« nicht angewendet werden können, wo es keine Zeit in unserem Sinne gibt. Nach Augustinus ist die Zeit, wie wir sie kennen, vollständig Teil dieser Schöpfung und nicht etwas, das sich auf Gott anwenden läßt.

Die zeitlose Gegenwart, in der Gott nach Meinung des Augustinus existiert, ist schwer vorzustellen oder zu beschreiben. Augustinus schrieb: »Wer läßt das Menschenherz innehalten, damit es stehe und sehe, wie die stehende, weder künftige noch vergangene Ewigkeit über die künftigen wie die vergangenen Zeiten waltet?«[21] Sie werden sicher gemerkt haben, daß Augustinus nicht sagt, die Ewigkeit dauere alle Zeit, obwohl die meisten Menschen sich genau das unter Ewigkeit vorstellen. Die Ewigkeit hat überhaupt keine zeitliche Dauer. Die Ewigkeit »ist immer stehend, sie vergeht nicht«, und »im Ewigen vergeht nichts, das Ganze [ist] Gegenwart«.

In diesem Modell der Realität kann man nicht von einer »Zeit« sprechen, die vor der Schaffung der Zeit existierte, genausowenig, wie man in Hawkings grenzenlosem Universum davon sprechen kann. Es gab niemals eine »Zeit«, als die Zeit nicht existierte. »So mögen sie denn begreifen, daß ohne Schöpfung keine Zeit sein kann, und sollen aufhören, solche Torheiten zu reden«[22], schrieb Augustinus. Statt »solcher Torheiten«, postulierte er, daß Gott, der in einer immerwährenden Gegenwart existiere, die chronologische Zeit zum Wohle des menschlichen Geistes und der menschlichen Existenz schaffe.

Wie wäre es wohl, wenn die Ereignisse nicht in chronologischer Abfolge geordnet wären? Wenn Gott alles, was im Universum jemals geschehen ist und jemals geschehen wird, in derselben Weise wüßte, wie ich weiß, was gerade jetzt in diesem Raum geschieht (wenn auch unendlich viel detaillierter); wie würde das Gottes Macht, in dieses Universum einzugreifen, beeinflussen? Welche Bedeutung könnten Ursache und Wirkung unter derartigen Bedingungen haben? Wie stünde es mit der »Vorhersagbarkeit«? Gibt es dort, wo die Dinge nicht chronologisch geordnet sind, ein anderes Ordnungssystem? Dies sind Fragen, die zu beantworten wir nicht hoffen können, aber wir können ein wenig spekulieren.

Unser chronologischer Zeitrahmen verbietet uns ein Wissen über die Zukunft. In einer zeitlosen Situation gäbe es diese Einschränkung nicht. Es wäre keineswegs überraschend, wenn Gott die Zukunft kennen würde – für Gott wäre alles JETZT. Das macht uns Probleme, denn es ist nur schwer vorstellbar, daß wir einen freien Willen haben, wenn jemand die Zukunft kennt und weiß, was wir beschließen werden. Doch ich weiß, was ich gestern getan habe. Ich beschloß, an diesem Kapitel weiterzuarbeiten, und nicht, längst überfällige Briefe zu schreiben. Ich würde niemals auf die Idee kommen, daß dieses Wissen, das ich am Mittwoch habe, mich in irgendeiner Weise dazu gezwungen hat, jene Entscheidung gestern, am Dienstag, zu treffen. Natürlich kann ich meine Meinung jetzt nicht mehr ändern. Ist es mein Wissen darüber, was ich gestern beschlossen habe, das es mir unmöglich macht, das heute zu ändern? Warum sollte ich notwendigerweise zu dem Schluß kommen, daß es so ist?

Wir können nicht davon ausgehen, daß es die Kenntnis der Vergangenheit ist, die uns der Fähigkeit beraubt, sie zu ändern. Warum sollten wir davon ausgehen, daß die Kenntnis der Zukunft uns unserer Fähigkeit berauben würde, die Zukunft zu ändern? Warum sollte überhaupt die Kenntnis eines Ergebnisses dieses Ergebnis bestimmen? In unserem chronologischen Zeitrahmen *würde* die Kenntnis der Zukunft die Zukunft festlegen. Und gewiß würden wir mit der Situation, dieses Wissen und zugleich einen freien Willen zu haben, psychologisch nicht zurechtkommen – ein gutes Argument dafür, warum es diese Möglichkeit in unserer raumzeitlichen Schöpfung nicht geben darf. Doch warum sollte dies notwendigerweise auch für Gott in einem Reich gelten, in dem Zeit in unserem Sinne überhaupt nicht existiert? Es ist nicht schwer, sich eine Situation vorzustellen, in der ich einen freien Willen habe und Gott vielleicht jedes kleinste Detail dessen kennt, was ich für den Rest meines Lebens tun werde. Ein afghani-

scher Schriftsteller des siebzehnten Jahrhunderts drückte es so aus: »All' die Seiten, die noch nicht beschrieben sind – Er hat sie gelesen« – und doch kann ich auf diese Seiten alles schreiben, was ich will.
Die biblischen Berichte über das Wirken Gottes in der Welt machen viel mehr Sinn, wenn das Zeitmodell des Augustinus zutrifft: die im Alten Testament beschriebene Fähigkeit Gottes, über einen Zeitraum von Tausenden von Jahren zu planen, wobei er all das berücksichtigt, womit sein auserwähltes Volk ihm ins Handwerk pfuscht; die Schuld, die auf Judas fällt, obwohl sein Verrat an Christus die Prophezeiung erfüllt; irritierende Vorkommnisse, bei denen Christus offenbar die Tatsache übersieht, daß seine Jünger durch ihre Gebundenheit an die Zeit in ihrer Erkenntnis eingeschränkt sind, und ihnen seine Botschaft erneut erklären muß, damit sie sie verstehen; die Aussage Christi »ehe Abraham geboren wurde, bin ich«[23] und schließlich all die großen und kleinen Prophezeiungen. All das erscheint nicht mehr so merkwürdig, wenn Gott die gesamte »Geschichte« gleichzeitig überblicken und in sie eingreifen kann, wobei er nicht unseren freien Willen einschränkt, sondern sich unsere Entscheidungsfreiheit zunutze macht, um die Folgen abzumildern. Aus unserer Perspektive erscheint uns dieses absolut vorstellbare Handeln Gottes nur deshalb so merkwürdig, weil es sich nicht mit unserer chronologischen Zeit verträgt, und wir keine Worte haben, mit denen wir es beschreiben könnten. Wir haben natürlich keine Ahnung, ob die Zeit so funktioniert – oder ob Gott auf diese Weise handelt. Allerdings wissen wir, daß wir die Zeit noch nicht begreifen. Sie bleibt eines der großen Geheimnisse. Wir hegen jedoch den Verdacht, daß die chronologische Richtung der Zeit, wie wir sie kennen, eine gebrochene Symmetrie ist, da die tieferen physikalischen Gesetze selbst im allgemeinen keine Zeitrichtung haben. Mit wenigen Ausnahmen sind sie zeitlich reversibel. Wenn ein Gesetz eine Ereignisfolge zuläßt, dann läßt dieses Gesetz auch eine zeitlich umgekehrte Abfolge derselben Ereignisse zu – der Film läuft sozusagen rückwärts.

Trotzdem verlaufen Ereignisse und Veränderungen in der Natur zum größten Teil zeitgerichtet, und der Film läuft niemals zurück. Wie im Falle der galaktischen Cluster ist es auch hier schwierig zu entscheiden, ob das, was wir beobachten, wirklich eine gebrochene Symmetrie oder nicht etwas noch Grundlegenderes ist. Das beste Urteil, das wir gegenwärtig hierzu abgeben können, lautet, daß die chronologische Zeit nur ein Teil einer tieferliegenden Realität ist.

Wenn Wahrheiten miteinander kollidieren

Eine tieferliegende Realität ... wirklicher ... weniger wirklich ... Müssen verschiedene »Wirklichkeiten« miteinander konkurrieren? Wenn wir von physischer Realität und spiritueller Realität sprechen, haben wir es – wie manche behaupten – mit gänzlich verschiedenen Dingen zu tun, die niemals auf einen Nenner zu bringen sind: Es gibt die materielle Realität, in der die Naturgesetze zuverlässig und unerschütterlich wirksam sind; und es gibt die spirituelle Realität, in der mutmaßlich Gott wirkt. Natürlich lautet der Gedanke, den wir in diesem Kapitel erörtern, vollkommen anders – nämlich, daß Gott sowohl in der materiellen als auch in der spirituellen Welt handelnd eingreift, und zwar so, daß es nicht vernünftig ist, von zwei verschiedenen Wirklichkeiten zu sprechen. Vielleicht wäre uns besser damit gedient, nicht von zwei verschiedenen Wirklichkeiten auszugehen, sondern von zwei verschiedenen Beschreibungen derselben Wirklichkeit.
»Komplementarität« bedeutet, zwei verschiedene, sich vielleicht gegenseitig ausschließende Beschreibungen zu verwenden, um ein besseres Verständnis zu gewinnen, als es mit einer Beschreibung allein möglich wäre. Bohr ging in dieser Weise an das physikalische Problem der sogenannten Welle-Teilchen-Dualität heran.
Wenn wir Experimente mit der Ausbreitung des Lichts (also der Art, wie es sich bewegt) machen, entdecken wir, daß es sich

verhält, als bestünde es aus Wellen. Wenn wir hingegen untersuchen, wie Licht mit Materie interagiert, stellen wir fest, daß es sich verhält, als bestünde es aus Teilchen. Das Modell, in dem das Licht als Wellen definiert wird, ist überholt. Im Jahre 1920 war den Physikern klar, daß Licht sowohl als Welle wie als Teilchen betrachtet werden konnte, aber keines der beiden Erklärungsmodelle allein den Versuchsergebnissen hinreichend gerecht wurde. Diese merkwürdige Situation konnte aber nicht dadurch aufgelöst werden, daß man sagte, das Licht bestehe manchmal aus Teilchen und manchmal aus Wellen. Mitte der zwanziger Jahre hatten die Physiker entdeckt, daß das gleiche Problem auch für die Materie und die Strahlung galt. Die Beschreibung des Elektrons als Materieteilchen stimmt nicht mit allen Daten überein. Es gibt Momente, in denen es allein sinnvoll ist, es als eine Welle zu beschreiben.

Bohr, Einstein, der österreichisch-schweizerische Physiker Wolfgang Pauli und der deutsche Physiker Werner Heisenberg waren die wichtigsten Protagonisten bei der Diskussion des Welle-Teilchen-Problems. Sie und ihre Kollegen debattierten darüber jahrelang im Zusammenhang mit anderen theoretischen Problemen der Quantenmechanik. Die Frage war, ob sich eines der beiden Modelle – Welle oder Teilchen – als die »bessere« Beschreibung herausstellen würde. Könnte man einem Modell eine »grundlegendere Wirklichkeit« zuschreiben? Waren beide gleich »real«? Oder waren sie beide nicht real, sondern lediglich »nützliche Gedankenmodelle«?

Vor allem Bohr beschäftigte sich immer wieder mit diesem Thema. In einem Brief an Einstein aus dem Jahre 1927 kam er zu dem Schluß, daß wir mit diesem Widerspruch leben müssen. Es »ist möglich, daß wir zwischen den Realitäten schwimmen«[24], schrieb er, solange wir nicht unserem intuitiven Gefühl nachgeben und uns »dazu verführen lassen«, daß Materie und Strahlung *entweder* Welle oder Teilchen sein müssen. Bohr hatte begonnen, eine neue Methode auszuarbeiten, um mit diesen einander widersprechenden »Wahrheiten« umzugehen; eine Methode, bei der es keinen Sinn macht, die beiden Möglichkeiten gegeneinander auszuspielen oder zu entscheiden, welches von beiden Modellen das richtige und welche das falsche sei; vielmehr ging es darum, sie zwar als inkompatibel, aber beide als notwendig anzuerkennen.

Wenn man nun diesen Gedanken auf den scheinbaren Konflikt zwischen Religion und Naturwissenschaft überträgt, stehen die Kritiker auf und betonen, daß die beiden Probleme keineswegs gleich seien. Bei der Welle-Teilchen-Dualität, so argumentieren sie, schließen sich die beiden Beschreibungen gegenseitig aus, weil sie jeweils nur unter sich gegenseitig ausschließenden experimentellen Bedingungen zutreffen. Es sei aber schwierig nachzuweisen, daß dies auch bei den beiden Modellen von Naturwissenschaft und Religion gelte. Darüber hinaus sind sich in bezug auf die Welle-Teilchen-Dualität alle über die Daten einig sowie über die Tatsache, daß beide – einander widersprechende – Beschreibungen notwendig sind. Bei dem Streit zwischen Naturwissenschaft und Religion können wir hingegen nicht von einer derartigen Übereinstimmung ausgehen. Viele Naturwissenschaftler weigern sich, religiösen Erkenntnissen, die mit naturwissenschaftlichen Fakten nicht vereinbar sind, auch nur die geringste Gültigkeit zuzugestehen. Doch für jene, die überzeugt davon sind, daß es einen handelnden, eingreifenden Gott gibt, und die gleichzeitig daran festhalten, daß die Naturwissenschaft zuverlässig ist – was sie vor unlösbare Widersprüche stellt –, *sind* die Probleme durchaus ähnlich, wenn nicht sogar vollkommen gleich. Und viele von ihnen sehen dabei in der Komplementarität eine hilfreiche Stütze.

Naturwissenschaft und Religion sind für sie zwei verschiedene Beschreibungen, die zusammengenommen ein volleres Verständnis der Wirklichkeit vermitteln als nur eine allein es könnte. Wenn sich diese Beschreibungen gegenseitig ausschließen, so ihre Argumentation, ist das zwar irritierend, doch diese Tatsache sollte uns nicht dazu verleiten, vorschnell einer Beschreibung den Vorzug zu geben oder künstlich eine Harmonie herzustellen. Wie Bohr können wir akzeptieren, daß beide

Denkmodelle nicht adäquat sind, doch sie befriedigen unser menschliches Bedürfnis nach einer Beschreibung der Wirklichkeit; und wir vergessen dabei nicht, daß uns in Situationen, die über die Verstandeskraft des Menschen hinausgehen, alle bildlichen Vorstellungen und sprachlichen Beschreibungen im Stich lassen. Andere Gottesgläubige wiederum halten dieses Vorgehen für unbefriedigend; nach ihrer Erfahrung beharrt Gott darauf, bei allen Beschreibungsmodellen, Theorien und Experimenten an oberster Stelle zu stehen. Der Gott, den sie meinen, ist eine lebendige Gegenwart, nicht nur eine Art, das Universum zu beschreiben oder darüber nachzudenken, und er handelt auch nicht ausschließlich in Bereichen, die jenseits der menschlichen Verstandeskraft liegen.

Kann die Komplementarität uns auch dazu dienen, den Konflikt zwischen den Anhängern der Schöpfungslehre und den Naturwissenschaftlern zu lösen? C. S. Lewis hat die Behauptung aufgestellt, selbst der Widerspruch zwischen den verschiedenen Denkmodellen für die Schöpfung lasse sich daraus erklären, daß keines allein die Gegebenheiten – nicht nur das physikalische Universum, sondern auch Verstand, Seele und Psychologie des Menschen, unsere Moral, das Problem des Bösen und unsere Beziehung zu Gott – vollständig erklären kann. Das Buch Genesis und die moderne Naturwissenschaft seien einander widersprechende Beschreibungen, doch wie bei Bohrs »Wirklichkeiten« sei die Frage, welche davon die richtige ist, naiv und beruhe auf unserem intuitiven Gefühl, daß es nur entweder die eine oder die andere sein könne. Die Frage könne aber nur mit Aussagen wie »beide sind richtig« *und* »keine ist richtig« beantwortet werden. Zusammengenommen brächten sie uns einer vollständigen Beschreibung der Wirklichkeit näher als eine allein. Und dennoch seien beide nicht mehr als unzureichende menschliche Erkenntnisse von Geschehnissen, die ungeheuer weit über unsere Erkenntnis- oder Beschreibungsmöglichkeiten hinausgehen – vielleicht auch nur dunkel erahnte Offenbarungen Gottes oder auch Offenbarungen, die Gott dem menschlichen Verstand entsprechend absichtlich einfach gestaltet hat. Wenn wir wüßten, was am sogenannten »Anfang« wirklich geschah, würden wir unsere gegenwärtigen Auseinandersetzungen für mehr als peinlich halten, ganz unabhängig davon, auf welcher Seite wir stünden. Wir können diese Erörterung nicht abschließen, ohne unsere Vorbehalte dagegen zum Ausdruck zu bringen, »Erkenntnisse aus der Physik«, wie zum Beispiel die Komplementarität, auf andere Gebiete anzuwenden, als ob ihre Gültigkeit in der Physik sie automatisch zu Prinzipien erheben würde, die auch in einem breiteren Erfahrungsrahmen tragfähig sind. Bohr selbst jedoch nahm Dualität und Komplementarität in vielen Lebensbereichen innerhalb und außerhalb der Naturwissenschaft wahr. Diese Idee stammte ursprünglich nicht von ihm, obwohl er einige Interpretationen und Anpassungen vornehmen mußte, um sie auf Wellen und Teilchen anzuwenden. John Hedley Brooke geht in seinem Buch *Science and Religion: Some Historical Perspectives*[25] den Quellen nach, die wahrscheinlich Bohrs Denken mitprägten. Bohrs Vater, ein Physiologe an der Universität von Kopenhagen, hatte behauptet, daß eine mechanische Erklärung lebender Organismen eine zweite Erklärung auf der Ebene von Absicht und Bedeutung nicht überflüssig mache. Wenn man alles über das Verhalten der Tiere wissen wolle, was man überhaupt wissen könne, so betonte er, dann brauche man beide Erklärungen. Laut Brooke war Bohr wahrscheinlich auch von der Psychologie William James', der Theologie Kierkegaards und den Philosophien Kants und H. Hoffdings beeinflußt. Man könnte daraus den Schluß ziehen, daß im Falle der Komplementarität die Naturwissenschaft gezwungen war, Anleihen bei einem recht unwissenschaftlichen Konzept zu machen, um eine allem Anschein nach hoffnungslos unwissenschaftliche Situation rational erklären zu können. Und nun wird eben dieses Denken als »wissenschaftliche« Methode gefeiert, an andere Wissensbereiche heranzugehen und Naturwissenschaft und Religion zu versöhnen. Diese Art und Weise, sich an den eigenen Haaren aus dem Sumpf zu ziehen, ist aber nicht besonders empfehlenswert.

Vielleicht ist die Erwähnung hilfreich und ermutigend, daß Dirac eine Theorie entwickelte, mit der es ihm gelang, Welle und Teilchen in einer Beschreibung ohne Widersprüche oder Paradoxa zusammenzuführen. Jenseits der Beschreibung durch Wort und Bild gibt es in der dieser Theorie zugrundeliegenden Mathematik eine Flexibilität, die dem erwähnten Dualismus entspricht, doch es bedarf nur einer einfachen mathematischen Transformation, um die Bewegungsgleichungen (die mit Teilchen zu tun haben) in Wellengleichungen zu verwandeln. Dies hielt jedoch Einstein nicht von der späteren Äußerung ab: »Diese ganzen fünfzig Jahre des Nachdenkens haben mich der Beantwortung der Frage ›Was sind Lichtquanten?‹ kein bißchen näher gebracht. Heutzutage glaubt jeder Hinz und Kunz es zu wissen, doch er irrt sich.«[26]

Es gibt noch eine andere Herangehensweise, bei der die Frage der Inkompatibilität von Naturwissenschaft und Religion definitiv nicht mehr in der Reichweite des menschlichen Diskurses liegt.

Die ultimative sich selbst bestätigende Hypothese

Man kann in der folgenden Weise, die wohl die einzig vernünftige ist, über das Problem nachdenken: Wenn Gott Gott ist, dann kann er alle Gesetze brechen, die er irgendwann einmal aufgestellt hat; er ist uns dafür keine Rechenschaft schuldig und kann nach keinen anderen als seinen eigenen Kriterien beurteilt werden. Obwohl wir herleiten können, welches aller Wahrscheinlichkeit nach Gottes Kriterien sind, wissen wir es nicht wirklich. Ein wichtiger Physiker des neunzehnten Jahrhunderts, Sir George Stokes, hat es einmal so ausgedrückt: »Wenn man die Existenz eines Gottes, eines persönlichen Gottes annimmt, folgt daraus zwangsläufig die Möglichkeit von Wundern. Wenn die Naturgesetze in Übereinstimmung mit seinem Willen ausgeführt werden, dann kann er, der sie gewollt hat, auch ihre Außerkraftsetzung wollen.«[27]

Stokes hatte damit eine vorsichtige Formulierung für das gefunden, was in der Bibel deutlicher zum Ausdruck kommt: »Wer ist es, der den Ratschluß verdunkelt mit Gerede ohne Einsicht?«[28] fragt Gott den Hiob in Erwiderung auf dessen berechtigte Zweifel und Klagen. Und ein wenig später: »Mit dem Allmächtigen will der Tadler rechten?« »Willst du wirklich mein Recht zerbrechen, mich schuldig sprechen, damit du recht behältst?«[29] Aber dies ist nicht nur die alttestamentliche Sicht von Gott. In seinem Brief an die Römer zitiert Paulus Gottes Worte: »Wer bist du denn, daß du als Mensch mit Gott rechten willst? Sagt etwa das Werk zu dem, der es geschaffen hatte: Warum hast du mich so gemacht?«[30]

Dieser Gott ist – sagen wir es ganz deutlich – die ultimative sich selbst bestätigende Hypothese. Es steht uns frei, eine derartige Gottesvorstellung von uns zu weisen, doch es spricht auch vieles dafür, daß kein Gott Gott sein kann, ohne zugleich der höchste Maßstab zu sein, der Wertvorstellungen wie Gerechtigkeit, Güte, Wahrhaftigkeit, ja sogar Widerspruchsfreiheit definiert. Nach unseren eigenen Maßstäben zu argumentieren oder nach denen, die wir für die Maßstäbe Gottes halten, ist von zweifelhaftem Wert. Wir schreiben uns selbst die Autorität zu, wie Evelyn Waugh eine seiner Figuren in *Brideshead Revisited* sagen läßt: »Gottes Güte Konkurrenz zu machen.«[31] Dürfen wir das tun? Ob es nun einen Gott gibt, mit dem man rivalisieren kann, oder nicht – dürfen wir uns als die höchsten Richter darüber aufspielen, was gut, gerecht, wahrhaftig und widerspruchsfrei ist? Wir wissen, daß wir diese Konzepte möglicherweise erfunden haben oder sie sich entwickelt haben könnten, weil sie zufällig unseren Vorfahren in der Welt, in der sie lebten, einen Überlebensvorteil sicherten, während eine andere Umwelt völlig andere Maßstäbe zur Folge gehabt hätte. Wir könnten aber auch anders argumentieren, daß Güte, Gerechtigkeit, Wahrhaftigkeit und Widerspruchsfreiheit dem Universum innewohnende und von uns und auch von der Evolution oder einem Gott gänzlich losgelöste Maßstäbe sind. Der Philosoph Gottfried Wilhelm Leibniz behandelte im 18. Jahrhundert die Begriffe Schönheit, Weisheit und das Gute, als ob sie unabhängig vom Willen oder der Entscheidung Gottes existierten. In diesem Denken ist Gott gezwungen, sich an Maßstäbe zu halten, die stärker sind als er selbst – eine Sichtweise, die sehr der in diesem Kapitel bereits erwähnten Meinung ähnelt, es sei Gott nicht erlaubt, die Gesetze des Universums außer Kraft zu setzen, da dies dem Kriterium der Zuverlässigkeit und Widerspruchsfreiheit nicht entspräche, Gott aber zuverlässig und widerspruchsfrei sein müsse. Aber warum sollte Gott notwendigerweise zuverlässig und widerspruchsfrei sein, und wer oder was definiert überhaupt, was »zuverlässig« und »widerspruchsfrei« ist? Woher stammen diese Prinzipien und Definitionen? Sind *sie* vielleicht die selbstverständliche, sich selbst bestätigende Hypothese und daher mit mehr Kraft ausgestattet als Gott?

Vielleicht sind wir ein wenig übers Ziel hinausgeschossen, aber diese Idee ist nicht so offensichtlich oder leicht zu akzeptieren. Wir haben verschiedene Kandidaten geprüft, die als Erste Ursache in Frage kommen: eine mathematische und logische Konsistenz, die das Universum unvermeidlich macht, das Universum selbst (in Form der Keine-Grenzen-Theorie), uns selbst (in Form des anthropischen Prinzips) und schließlich Gott. Wir sind von der Möglichkeit ausgegangen, auf einer anderen Grundlage als der des Sich-selbst-Bestätigens unter diesen Kandidaten eine Wahl für die Erste Ursache treffen zu können. Doch während wir vielleicht die Vorstellung von Gott als der ultimativen, sich selbst bestätigenden Hypothese zurückweisen, stellen wir nach einiger Reflexion zu unserem Schrecken fest, daß nicht nur Gott uns mit diesem Problem konfrontiert. Wo immer der Schwarze Peter landet, wo immer wir die unverursachte Erste Ursache finden, die keine Erklärung oder keinen Grund für ihre Existenz hat – sei es die mathematische und logische Konsistenz, das Universum ohne Grenzen, der Mensch oder Gott – wir haben eine sich selbst bestätigende Hypothese entdeckt. Ohne Grund ist es so, wie es ist ... ohne Ursache ... es IST einfach. Die letzte und vollständige Wahrheit liegt jenseits der Beweisbarkeit und der vernünftigen Argumentation; zum Teil deshalb, weil es auf dieser Ebene keinen außerhalb liegenden Blickwinkel gibt, von dem aus man ein Urteil fällen könnte, keine externen Maßstäbe, an denen man die Wahrheit überprüfen könnte, nichts, was nicht durch sie selbst definiert und gesetzt wäre. Eine derartige Wahrheit ist ihrem ureigensten Wesen nach weder beweisbar noch falsifizierbar. Sie bestätigt sich selbst. »ICH BIN« – basta.

Man möchte darauf beharren, daß es nicht so ist, daß Gott oder eine Theorie, die absolut alles umfaßt (ganz unabhängig davon, wie zwingend ihre logische Widerspruchsfreiheit ist), niemals nur sich selbst bestätigt, weil sie ihre Übereinstimmung mit der von uns beobachteten Wirklichkeit unter Beweis stellen muß. Es gibt jedoch Pedanten, die folgendermaßen argumentieren würden: Wenn ein Anwärter für die Erste Ursache seine Anwartschaft nur dadurch behaupten kann, daß er mit beobachtbarem Beweismaterial übereinstimmt, dann handelt es sich nicht um einen guten Kandidaten für dieses Amt. Warum? Weil dann das empirische Beweismaterial – die Wirklichkeit, die wir in unzureichender Weise beobachten – ein strengerer Maßstab und ein strengerer Begriff wird als der Kandidat für die Erste Ursache, der vor diesem Hintergrund geprüft wird. Die Konsequenz aus diesem Argument lautet daher: Wenn es *irgendwelche* unabhängigen Maßstäbe gibt, nach denen der Kandidat für die Erste Ursache beurteilt werden kann, dann eignet sich dieser Kandidat nicht als Erste Ursache.

Die Debatte droht nun aber hoffnungslos abgehoben zu werden. Es ist ein wenig lächerlich, sich zu diesem Zeitpunkt allzu viele Sorgen darum zu machen, ob wir hier, am Rande des letzten Wissens, einen echten Konflikt zwischen logischer Widerspruchsfreiheit und beobachtbarer Wirklichkeit und vielleicht auch moralischen Maßstäben ausfindig machen könnten. Denn schließlich würden die oben erwähnten Pedanten folgendes Argument in die Waagschale werfen: Wenn wir darüber urteilen dürfen, für welche Auffassung am meisten spricht, und die Kompetenz besitzen zu sagen, daß es da einen Konflikt gibt, dann macht das *uns* zum höchsten Maßstab! Wir wollen aber dieses Labyrinth fruchtloser Spekulationen vorerst verlassen und einfach einräumen, daß, wenn das »ICH BIN« Gott, der Schöpfer und der letzte Maßstab aller Dinge *ist,* wir diesen Gott nicht mögen müssen. Und wenn er seine Gesetze bricht oder zu brechen scheint, dürfen wir nicht sagen, er könne das nicht. Dieselbe Bibel, die behauptet, daß wir nach dem Ebenbild Gottes geschaffen sind, läßt Gott auch sagen: »Meine Gedanken sind nicht eure Gedanken!«[32] Als die Pharisäer Kritik an Jesus übten, weil er als sein eigener Zeuge auftrat, erklärte er ihnen: »Auch wenn ich über mich selbst Zeugnis ablege, ist mein Zeugnis gültig.«[33] Wie wir gesehen haben, bringt auch das Buch Hiob am Ende dasselbe Argument mit unerbittlicher Strenge vor.

Trotzdem: Zwar führt der in der Bibel beschriebene Gott den Menschen gern seine absolute Macht vor Augen, doch er setzt auch Maßstäbe für Güte und Zuverlässigkeit und gewährt den Menschen zumindest partielles Wissen darüber, welches diese Maßstäbe sind. Wenn Gottes Handeln allem Anschein nach im Widerspruch steht zu dem, was wir für seine Maßstäbe zu halten gelernt haben oder was wir mit Hilfe der Naturwissenschaft erkannt haben, müßte es einen Weg geben, anders mit dem Problem fertig zu werden als nur ratlos die Arme in die Luft zu werfen und zu verkünden, Gott sei eine sich selbst bestätigende Hypothese.

Der meisterhafte Umgang mit reinen Quinten

Es gibt ein Modell der Wirklichkeit, das den meisten Menschen wohl eher gefallen würde und dennoch sowohl mit der naturwissenschaftlichen als auch der biblischen Sicht vereinbar ist: Man könnte davon ausgehen, daß die physikalischen Gesetze des Universums und Maßstäbe wie Güte und Gerechtigkeit, wie wir sie kennen, nur Teil eines größeren Bildes sind.

Wenn wir von einem rational strukturierten Universum sprechen, meinen wir eigentlich das von uns beobachtete Universum und das, was wir aufgrund unserer Beobachtungen daraus ableiten können – das Universum, wie es für uns Sinn macht. Kapitel 3 hat Ihren Glauben an diese Vorstellung vielleicht ein wenig erschüttert. Dort hieß es, Barrow gehe davon aus, daß uns das Universum nur deshalb verstehbar erscheint, weil wir Bereiche herausgenommen haben, die wir erklären können, andere dagegen ignoriert haben. Der Chaoswissenschaftler Joseph Ford schrieb: »Wenn sowohl analytisch ableitbare als auch chaotische Umlaufbahnen nicht vorhersagbar sind, beginnt man den Verdacht zu hegen, daß die Newtonsche Mechanik nur die phantasievolle Beschreibung einer von vollkommenen Beobachtern bewohnten vollkommenen Welt ist.«[34] Mit derartigen Äußerungen soll nicht die Wissenschaft in Frage gestellt oder behauptet werden, das Bild vom Universum, das uns Naturwissenschaft und naturwissenschaftliche Theorie vermitteln, sei subjektiv und synthetisch und habe nichts mit der Realität »dort draußen« zu tun. Vielmehr soll damit lediglich auf das in Kapitel 3 erörterte Problem des Standpunktes hingewiesen werden. Denn wenn man erkennt, daß dieses Problem überall auftaucht, gewinnt man hinsichtlich der Frage nach der letzten Wahrheit eine um so stärkere Position.

Wenn man sagt, daß wir nicht das ganze Bild im Blick haben, heißt das nicht, daß das, was wir sehen, ein *falsches* Bild ist. Ich kann eine Reihe richtiger Erkenntnisse über mein eigenes Dorf gewinnen, ohne auch nur das geringste über seine unmittelbare Umgebung oder die noch weiter entfernten Städte, Meere und anderen Kontinente zu wissen. Sicher würde man mir entgegenhalten, daß ich vieles in meinem Dorf nicht verstehen kann, wenn ich es nicht in einem größeren Kontext sehe, und daß ich besser nicht davon ausgehen sollte, daß die Kenntnis meines eigenen Dorfes mir auch nennenswertes Wissen über den Rest der Welt verschafft. Trotzdem würde ich darauf bestehen, daß das, was ich über mein Dorf weiß, keine Illusion ist.

Genauso ist es mit der Naturwissenschaft. Wenn es eine tieferliegende Realität gibt als jene, der wir in der Naturwissenschaft begegnen, dann folgt daraus nicht zwangsläufig, daß die Naturwissenschaft uns ein falsches Bild vermittelt. Vorschnell solch eine Schlußfolgerung zu treffen entspricht nicht der Art und Weise, wie sich der Fortschritt im menschlichen Wissen vollzieht. Selbst wenn wir uns auf die Erörterung der physikalischen Realität beschränken, stoßen wir auf Dinge wie die Inflationstheorie. Wenn wir, so diese Theorie, unser gesamtes beobachtbares Universum erklären könnten, so wäre das genauso wenig eine »vollständige Kenntnis der Wirklichkeit«, wie mein Wissen über mein Dorf ein vollständiges Wissen über die Welt ist.

Eine derartige Auffassung ist der Naturwissenschaft nicht fremd. Unsere Annahme der Einheit des Universums – daß es grundlegende Naturgesetze gibt, die sich im Laufe der Zeit nicht ändern und überall im Universum gültig sind – macht es uns möglich, den Kosmos zu erforschen und seine Geschichte bis in Zeiten zurückzuverfolgen, die unmittelbar zu beobachten wir niemals hoffen können. In Bereichen, in denen uns die Newtonschen Gesetze im Stich lassen, können wir Einsteins tiefergehende Erklärung heranziehen; aber Einstein hat nicht bewiesen, daß Newton sich »geirrt« hat. Als die Relativitätstheorie zu der Schlußfolgerung führte, daß das Universum mit einer Singularität begann, bei der alle diese Gesetze bedeutungslos wären, trat man einen Schritt zurück, betrachtete die Angelegenheit vom Standpunkt einer anderen Theorie aus und postulierte Dinge wie die imaginäre Zeit, die es uns erlaubt, unsere normale Alltagszeit als bloß annähernde Beschreibung zu sehen – die aber deshalb nicht »falsch« ist. In der Wissenschaft ist es allgemein üblich, bei logischen Problemen, bei einem Zusammenbruch von Gesetzen und scheinbaren Widersprüchen und Anomalien davon auszugehen, daß es ein tieferliegendes Gesetz gibt, das nicht zusammenbricht, und daß es keine Widersprüche, Anomalien und logischen Probleme mehr gäbe, wenn wir dieses tieferliegende Schema erkennen könnten.

Man kann uns also wohl kaum vorwerfen, einen intellektuell nicht haltbaren Weg einzuschlagen, wenn wir die Hypothese aufstellen, daß die gesamte durch Naturwissenschaft und gesunden Menschenverstand erschlossene und noch zu erschließende Wirklichkeit und Rationalität vielleicht doch nicht die tiefste zugrundeliegende Ebene der Realität und Rationalität ist. Das heißt aber nicht, daß wir unser Wissen auf die Ebene der Illusion – quasi einer Filmkulisse – verbannen müssen. Wir brauchen auch nicht anzunehmen, daß wir auf der letzten Ebene des Wissens, falls wir diese erreichen könnten, auf Gott stoßen würden. Doch wenn es einen Gott gibt, müssen wir unser Wissen und unsere Leistungen nicht abwerten, um Gott zuzugestehen, daß er vielleicht viel mehr weiß und in für uns unbegreiflicher Art und Weise handelt.

Wenn es einen Gott gibt, und wenn Gott in das Universum eingreift, wie es in der Bibel beschrieben wird – wie können wir dann die Tatsache erklären, daß die Naturwissenschaft, dieses ausgezeichnete und wirkungsvolle Instrument, die tiefere Wirklichkeit, in der ein intervenierender Gott mit den physikalischen Gesetzen vereinbar wäre, nicht entdecken kann? Natürlich kennen wir die Antwort darauf nicht, aber es gibt verschiedene Hypothesen:

Erstens: Vielleicht ist die Ablehnung jedes Beweises, der nicht öffentlich bestätigt werden kann, zwar eine praktische Notwendigkeit, führt aber zu einer stark eingeschränkten Sicht. Zweitens: Vielleicht wurden solche Dinge wie die drei Dimensionen des Raumes und die eine Dimension der Zeit, die Wechselwirkungen (seien es nun vier oder eine), Materie und Energie – vielleicht unser gesamtes physikalisches Universum und die Gesetze, die es bestimmen –, zum Wohle des Menschen und des menschlichen Geistes geschaffen. Diese Umgebung läßt viel Platz für den Gebrauch unserer Intelligenz, doch gleichzeitig werden wir nicht mit Dingen konfrontiert, mit denen umzugehen wir nicht gerüstet sind. Wenn T. S. Eliot recht hatte mit seiner Äußerung, daß »der Mensch nicht viel Wirklichkeit ertragen kann«, hat Gott oder die Evolution vielleicht eine Art

kosmischen Kindergarten für uns geschaffen, in dem wir zumindest zeitweilig vor allem geschützt sind, was der menschliche Geist nicht verstehen oder ertragen kann.
Drittens: Vielleicht erreichen der menschliche Verstand und das menschliche Wissen – durch denselben Prozeß, durch den wir immer grundlegendere physikalische Gesetze entdecken – am Ende ein Niveau, mit dem wir die tieferen Ebenen verstehen können. Wir haben es nur noch nicht erreicht.
Viertens: Vielleicht wird Gott zu gegebener Zeit – in diesem Universum oder im nächsten – offenbaren, was wir selbst nicht herausfinden können. Vielleicht hatte Paulus recht, wenn er sagte: »Jetzt schauen wir in einen Spiegel und sehen nur rätselhafte Umrisse, dann aber schauen wir von Angesicht zu Angesicht. Jetzt erkenne ich unvollkommen, dann aber werde ich durch und durch erkennen, so wie ich auch durch und durch erkannt worden bin.«[35]
Wie immer auch die Antwort lauten mag, wir können spekulieren, daß der vollständige Code, die Gesetze – nicht nur unseres Universums, sondern von allem –, die wirklich niemals gebrochen oder verändert werden, eine weit höhere Ordnung und Rationalität beinhaltet als das, was wir gegenwärtig für physikalische Gesetze halten. Seine Eleganz und Schönheit, Güte und Gerechtigkeit stellen vielleicht unsere gegenwärtigen Maßstäbe vollkommen in den Schatten. In einem derartigen Modell wären die uns bekannten Gesetze nicht falsch, sondern sie wären approximative Gesetze, die in bestimmten, aber nicht in allen Bereichen Gültigkeit hätten; sie stünden in keinem Widerspruch zu grundlegenderen Gesetzen, lieferten uns aber keinesfalls das vollständige Bild der diesen grundlegenderen Gesetzen inhärenten Möglichkeiten. Was uns als übernatürlich und zufällig erscheint, wäre dann vielleicht vollkommen natürlich und rational erklärbar. Und was uns als unverrückbarer Maßstab von Gerechtigkeit, Güte und Zuverlässigkeit erscheint, würde sich in einem solchen Modell ebenfalls als Annäherung an einen tieferliegenden Maßstab erweisen. Diese Hypothese ist natürlich nicht falsifizierbar. Aber sie stimmt

gut damit überein, wie »Gesetze« nicht nur in der Naturwissenschaft, sondern auch auf anderen Gebieten menschlicher Kreativität funktionieren.

Die folgende Analogie verdankt sich meinem Musikstudium: Zu Beginn des theoretischen Musikunterrichts lernen die Schüler, mehrstimmige Choralmelodien nach Regeln zu schreiben, die aus den Kompositionen Johann Sebastian Bachs abgeleitet wurden. Bach selbst hat diese Regeln nicht festgehalten, doch Musiker und Musikwissenschaftler haben Bachs Musik erforscht und daraus diese Regeln abgeleitet. Es sind sehr gute Regeln, und wenn man ihnen akribisch folgt, kann man es soweit bringen, daß die Komposition fast wie von Bach selbst klingt! Eine dieser uns beigebrachten Regeln lautet: Füge niemals reine Quinten aneinander.

Da dies kein Buch über Musiktheorie ist, werde ich nicht erklären, was das bedeutet. Es genügt zu sagen, daß diese Regel nicht einfach nur erfunden wurde, um den Studenten das Leben schwer zu machen. Wenn Sie als Musikschüler zu meiner Zeit einen Fehler gemacht und aus Versehen in einer mehrstimmigen Chorpartitur reine Quinten aneinandergefügt hätten, wäre der Dozent wahrscheinlich zum Klavier gegangen und hätte Sie bloßgestellt, indem er Ihre Komposition vorgespielt hätte. Ohne vorgewarnt worden zu sein, auf was sie da hören sollten, wären alle Schüler einschließlich Ihnen selbst erschüttert und verärgert gewesen, wenn sie diese Quinten gehört hätten. Es hätte einfach falsch geklungen. Und auf keinen Fall wäre das Bach gewesen. Selbst jemand ohne formale musikalische Ausbildung hätte wahrscheinlich erkannt, daß etwas nicht stimmte. Das »Gesetz«, das die Aneinanderfügung reiner Quinten ausschließt, spiegelt eine bestimmte Realität wider, die mit dem zu tun hat, was unsere Ohren in einem Bach-Choral als angenehm empfinden und was nicht.

Überraschenderweise gibt es nun aber in den Chorälen, die Johann Sebastian Bach selbst schrieb, eine ganze Reihe aneinandergefügter reiner Quinten. Er verletzte die Regel, die diese Quinten verbietet, so bedenkenlos, daß man sich sogar fragen kann, ob er überhaupt Kenntnis von der Existenz einer derartigen Regel hatte. Auf jeden Fall wußte Bach, wann es richtiger war, die Regel zu verletzen, als ihr zu gehorchen. Es klingt niemals falsch, wenn Bach reine Quinten aneinanderfügt. Wie auch immer die wahre Regel lautet, die bestimmt, wann die Aneinanderfügung reiner Quinten in einem mehrstimmigen Bachchoral erlaubt ist – die Verfasser musiktheoretischer Texte haben sie nicht herausgefunden, oder zumindest war sie in den sechziger Jahren, als ich Musik studierte, noch nicht bekannt. Es bedarf einer über das normale Maß hinausgehenden Begabung, um zu wissen, wann die uns bekannte Regel gebrochen werden kann – vielleicht könnten wir sogar sagen: *muß*. Es bedarf einer Begabung, die wahrscheinlich selbst überhaupt keine Regeln braucht, in deren Schöpfungen bei näherem Hinsehen aber dennoch Regeln gelten.

Es ist wohl keine Bilderstürmerei, wenn man behauptet, daß es mehr Genialität brauchen dürfte, als selbst in der Royal Society oder der gesamten Gemeinde der Nobelpreisträger versammelt ist, um die Frage zu beantworten, wann die uns bekannten Naturgesetze außer Kraft gesetzt werden können – vielleicht sogar *müssen* –, um Konsistenz auf einer tieferen Ebene zu gewährleisten. Die Wagnerianer unter den Lesern wissen sicher, was gemeint ist, wenn ich sage, daß die Meistersinger der Naturwissenschaft besser darauf gefaßt sein sollten, Gott seinen preisverdächtigen Auftritt zu gönnen – falls es denn einen Gott gibt.

Wir wissen nicht, ob die einzige, unverrückbare Wahrheit hinter allem tatsächlich Gott ist, doch wir sollten auch zugeben, daß wir ebensowenig wissen, welches die Gesetze sind, die wirklich nicht gebrochen werden können!

Wer ist das »Ich« des »ICH BIN«?

Die wissenschaftliche Methode entstand in einem intellektuellen Milieu, in dem das Potential des Menschen und des menschlichen Intellekts gepriesen wurde – eine Haltung, die jeder annimmt, der sich erklärtermaßen auf die Suche nach dem letzten Wissen über das Universum begibt. Auch folgen wir ganz der Tradition, wenn wir das Recht – nicht nur als »Menschheit«, sondern auch als Individuum – beanspruchen, nach Wissen und Erklärungen zu suchen, sowie das Recht, darüber zu entscheiden, was wir persönlich als Wahrheit akzeptieren.

In der heutigen Zeit läßt der Zeitgeist nicht die ganze Palette der Wahlmöglichkeiten zu. Zum Beispiel erlaubt er uns, an dem Glauben festzuhalten, daß die Naturwissenschaft – oder wenn nicht die Naturwissenschaft in unserem Sinne, dann eine umfassendere Manifestation des menschlichen Verstandes – am Ende alles wird erklären können. Doch man kann auch die gegenteilige Meinung vertreten, daß dies »Hybris« sei. Man kann sich das, was jenseits unseres Verstandes liegt, als etwas höchst Erhabenes – viel erhabener als wir – vorstellen, wie zum Beispiel als Geist Gottes, der nur undeutlich in den Gesetzen des Universums zum Vorschein kommt, als Einsteins Gott oder als eine Reihe tieferer, viel grundlegenderer und unveränderlicher Gesetze. Wenn es über diesen Punkt auch zahlreiche Debatten und Meinungsverschiedenheiten geben mag, kann man derartige Standpunkte bei einem akademischen Tischgespräch in Oxford oder Cambridge doch zumindest anführen, ohne daß sich betretenes Schweigen breitmacht. Ein Gott, der möglicherweise unsere Intelligenz beleidigt, ist eine andere Sache.

Brian Pippard schreibt, daß der Naturwissenschaftler »zu Recht alle Lehren zurückweist, die einen Gott voraussetzen, dessen Großartigkeit nicht der Großartigkeit des ihm bekannten Universums entspricht«.[36] Selbst wenn wir nicht an Gott glauben, stellen wir uns doch gern vor, daß – sollte sich herausstellen, daß es doch einen Gott gibt – dieser Gott uns ähnlich wäre und er unseren Maßstäben von Rationalität, Gerechtigkeit, Liebe und Großartigkeit entsprechen würde. Wo aber bleibt dann die alte Dame mit dem blaugefärbten Haar und den rosafarbenen Lockenwicklern, die weinend vor dem Fernseher sitzt, wo ein Chor religiöse Schnulzen singt? Gibt es irgendeinen Grund zu behaupten, daß Gott ihr nicht genauso zugänglich sein sollte wie mir oder Brian Pippard – obwohl der Jesus, den sie zu kennen meint, vielleicht nicht zu der Erhabenheit des Universums paßt, die wir uns vorstellen.

Der intellektuelle Zeitgeist stellt zudem den Menschen über jedes Wertesystem. Heißt das, daß wir das Denken der Aufklärung ins absurd Extreme treiben? Sicher, wir sagen, daß wir die menschlichen Werte hochhalten müssen, aber wir entscheiden, welche das sind. Haben wir uns nicht immer schon in dieser Weise zum Maßstab gemacht? Schließlich geht es genau darum schon in der Geschichte von Adam und Eva. Aber wir haben diese Haltung auch schon immer ein Stück weit aufgegeben und gesagt, daß es unabhängige Maßstäbe gibt, die unsere menschliche Urteilskraft übersteigen – zumindest in einem Lippenbekenntnis. Was auch immer wir über die Unmöglichkeit sagen mögen, zu entscheiden, welches wirklich die Erste Ursache ist – gibt es heute ernsthafte Konkurrenten, die mit MIR um den Platz der letzten sich selbst bestätigenden Hypothese wetteifern?

Unglücklicherweise – oder vielleicht auch glücklicherweise – hindert unser Recht, bestimmte Lehren zurückzuweisen oder anzunehmen, persönlich einer Ersten Ursache gegenüber einer anderen den Vorzug zu geben oder uns sogar einen Gott nach unserem Geschmack zu erschaffen, die unabhängige Realität nicht daran, genau so zu sein, wie sie ist. Vielleicht ist sie nicht besonders »geschmackvoll«. Wenn ich mich eines Tages zufällig im Himmel wiederfinden sollte, werde ich dann die Musik dort schauderhaft finden? Wird es »zeitgenössische christliche Musik« oder Rock sein statt Bach? DAS ist nun eine letzte Frage, die mich *wirklich* berührt! Trotzdem glaube ich nicht, daß ich mir das Repertoire des himmlischen Chors aussuchen kann, oder daß Gott, so er existiert, zwangsläufig meinen Geschmack teilen muß. Die letzte Wirklichkeit muß *niemandem* gerecht werden – weder Sir Brian Pippard noch Stephen Hawking, weder mir noch Billy Graham oder der alten Dame vor dem Fernseher. Sie muß für uns nicht einmal den geringsten Sinn machen – trotz unserer Annahme, daß sie einen Sinn hat. Zu Beginn dieses Buches habe ich gesagt, daß das einzige, dessen ich mir gewiß sein kann, meine eigene Existenz ist. (Auch das ist eine Annahme, jedoch eine, die ich bewußt getroffen habe.) Warum dann dieses ganze Theater um die Überzeugung der Menschen, die Antwort zu kennen oder zu wissen, wie sie auszusehen habe? Wer sonst *könnte* denn überhaupt entscheiden, was die Wahrheit ist? Ich bin meine eigene letzte Autorität – nicht, weil ich das für mich beanspruche, sondern weil ich nichts anderes habe.

Dies ist das stärkste Argument für die Macht des Individuums und des menschlichen Verstandes – und es ist wirklich recht schwach. In Ermangelung einer anderen *meine eigene* letzte Autorität zu sein, garantiert nicht, daß ich recht habe. Es heißt nicht, daß ich DIE letzte Autorität bin. Es gehört zu den Annahmen von Naturwissenschaft und Religion, daß es so etwas wie objektive Wahrheit gibt, und das bedeutet, daß ich möglicherweise total falsch liege. Welchen Stellenwert hat dann in dieser Hinsicht überhaupt meine persönliche Sicht des Universums?

7

Unzulässige Beweise

> »*Ich würde so etwas nicht glauben,
> und wenn es mir Cato erzählte!*«
> Altes römisches Sprichwort

In seinem Buch *Gott und die moderne Physik* schreibt Paul Davies, »der wahrhaft Gläubige muß zu seinem Glauben stehen, welcher Beweis auch immer gegen diesen spricht«.[1] Im Lichte der vorangegangenen Kapitel könnten wir zu dem Schluß kommen, daß ein Beweis gegen den Glauben in der modernen Wissenschaft nicht leicht zu erbringen ist. Doch nehmen wir einmal an, Davies hätte statt des obigen Satzes geschrieben, »der wahrhaft Gläubige muß zu seinem Glauben stehen, auch wenn es keinen Beweis *für* diesen Glauben gibt«. Nirgendwo steht geschrieben, daß der Glaube der alttestamentlichen Patriarchen, der Apostel oder der Heiligen des Mittelalters dieses Kriterium erfüllte. Nach Darstellung der Bibel beziehungsweise der Literatur des Mittelalters gründete ihr Glaube vielmehr auf der durch persönliche Erfahrung gewonnenen unmittelbaren Einsicht. Eine derartige Erfahrung würde Sie oder mich vielleicht auch überzeugen, *wenn* es tatsächlich unsere Erfahrung *wäre*.

In Kapitel 5 haben wir uns einen Außerirdischen vorgestellt, der unser Universum nie zuvor gesehen hat und fragt: »Können Sie mir irgendeinen Grund nennen, zu glauben daß es einen Gott gibt, außer der Tatsache, daß die Naturwissenschaft seine *Nicht*existenz nicht beweisen kann?« Wo ist dieser Beweis?

Öffentliches Wissen versus privates Wissen

Nach traditioneller Sicht liegt der gravierende Unterschied zwischen Wissenschaft und Religion darin, daß die Wissenschaft »öffentliches Wissen« ist und die Religion »privates Wissen«.

Wie wir in Kapitel 3 gesehen haben, gehört es zu den der wissenschaftlichen Methode zugrunde liegenden Prinzipien, daß das Experiment, die unmittelbare Erfahrung mit dem Universum, öffentlich – im öffentlichen Raum – wiederholbar sein muß. Wenn ein Ergebnis nur einmal erzielt wurde, wenn die Erfahrung nur von einer einzigen Person gemacht wurde und nicht auch von anderen objektiven Beobachtern, die denselben Versuch oder dieselbe Beobachtung unter annähernd denselben Bedingungen vornehmen, dann muß die Naturwissenschaft dieses Ergebnis als ungültig zurückweisen – zwar nicht notwendigerweise als falsch, aber als wertlos.

Wir haben gesehen, daß es Schwierigkeiten gibt, die uns daran hindern, diesem naturwissenschaftlichen Ideal voll und ganz gerecht zu werden: Wir stehen vor der Frage, ob wir überhaupt jemals das Universum unmittelbar erfahren, ob unsere Beobachtungen – auch jene, die ausgesprochen unkompliziert und weitestgehend überprüft sind – nicht immer in gewissem Maße beschränkt sind und durch unsere Erwartungen und unseren Standpunkt bestimmt werden anstatt durch die äußere Wirklichkeit. Auch ist nicht jeder Beweis so öffentlich zugänglich, wie wir es gerne hätten, denn erstens sind die bedeutsameren physikalischen Experimente enorm teuer, und zweitens lassen sich astronomische Beobachtungen und biologische Entdeckungen wie zum Beispiel ein fossiler Fund oftmals nicht wiederholen.

Trotzdem, das allgemeine Prinzip hat Gültigkeit: Die Naturwissenschaft ist ein öffentliches Wissen, das im öffentlichen Raum nachgeprüft und weiter verfeinert wird.

Kann man das auch vom religiösen Wissen behaupten? Die gängige Antwort darauf lautet: Nein. Man muß davon ausgehen, daß die Beweise, die uns Gläubige vorlegen, wenn sie ihre Sache vertreten, Informationen und Einsichten beinhalten, die von einzelnen Personen stammen. Jüdischer und christlicher Glaube betonen den Stellenwert der Bibel (wobei sich das Judentum selbstverständlich nur auf das Alte Testament bezieht), eine Textsammlung aus antiken Handschriften, die ihrerseits wieder eine Verschriftlichung ausgewählter mündlicher Überlieferungen darstellen. Die Bibel baut zu großen Teilen auf das Zeugnis einzelner Personen, auf das Zeugnis von Propheten und das Zeugnis eines Menschen, der von sich behauptete, die Inkarnation Gottes zu sein. Häufig gibt es keine überprüften Beweise für die in der Bibel oder anderswo geschilderten religiösen Erfahrungen, und wenn es sie gibt, kann man die Zeugen nicht als neutral und objektiv bezeichnen. Ein religiöser Beweis ist vielleicht auch ein nicht wiederholbarer Beweis, der zu einer bestimmten Zeit an einem bestimmten Ort auftaucht und dessen Bedeutung nur denen zugänglich ist, die unmittelbar beteiligt sind. Es gibt keine zuverlässigen Formeln dafür, keine Möglichkeit, aus religiösen Erfahrungen spezifische Voraussagen abzuleiten, anhand derer sich diese Erfahrungen gründlich überprüfen ließen. Ergebnisse, die bei einer Person mit Gebeten und Gehorsam gegen Gott erklärt werden, wiederholen sich nicht zwangsläufig bei einer anderen Person, die dieselben Gebete spricht und genauso dem Willen Gottes folgt. Darüber hinaus ist der religiöse Beweis vielleicht nur aufgrund eines vorausgehenden Bekenntnisses zum Glauben zugänglich und sinnvoll; dem unbeteiligten Beobachter hingegen mag der Beweis oder seine Bedeutung verschlossen bleiben.

Doch auch dies ist wieder eine zu starke Verallgemeinerung. Viele der in Schriften aus dem Mittelalter, der Gegenreformation, aber auch in unserer Zeit berichteten Wunder scheinen zwar einen ganz persönlichen Sinn ohne öffentliche Bedeutung zu haben, doch in der Bibel ist von Gottesbegegnungen und Wundern die Rede, die fast unterschiedslos weit darüber hinaus von Bedeutung sind. Wenn man einwirft, daß ein Beweis, der eines vorausgehenden Bekenntnisses zum Glauben bedarf, bedeutungslos ist, so ist das mit zweierlei Maß gemessen; eine Methode, derer wir uns gerne bedienen, wenn wir etwas persönlich nicht überzeugend finden. Es gibt Ästheten und religiöse Fundamentalisten, die sie auf die Naturwissenschaft anwenden, ja selbst Naturwissenschaftler machen von ihr Gebrauch, wenn sie den Verdacht hegen, daß ein Glaubenssprung aufgrund einer zugkräftigen Theorie zu sehr nach einer »Brille hinter den Augen« aussieht. Im Hinblick auf den subjektiven Charakter des religiösen Wissens gibt es die Auffassung, daß die Religion klarere, objektivere Grenzen zieht als die Naturwissenschaft, denn die offenbarte Wirklichkeit Gottes könne nicht durch Tests gewonnen oder erzwungen, nach Belieben manipuliert oder überprüft oder je nach unseren Bedürfnissen mit ins Spiel gebracht werden. Polkinghorne schreibt: »Weder das Gebet noch die Blasphemie taugen als magisches Mittel, um Gott zur Demonstration seiner Existenz zu zwingen.«[2] Gläubige bestehen darauf, daß die Begegnung mit Gott eine Begegnung mit etwas ist, das ganz fraglos unabhängig von uns selbst existiert, und zwar in einem Ausmaß, wie es naturwissenschaftliche Fakten niemals annehmen können.

Außerdem ist die religiöse Erfahrung – und das scheint äußerst wichtig – nicht ausschließlich und nicht einmal vorwiegend individuelles Wissen. Dieses Wissen ist vielmehr über einen viel längeren geschichtlichen Zeitraum hinweg angesammelt worden und entstammt einem viel breiteren Bevölkerungsspektrum als das naturwissenschaftliche Wissen. Des weiteren ist die Religion auch nicht zwangsläufig privates Wissen in dem Sinne, daß es nur bestimmten Menschen zugänglich ist. Einer der fundamentalen Lehrsätze des jüdischen und christlichen Glaubens lautet, daß die Erkenntnis Gottes jedem zugänglich ist, der wirklich danach trachtet – unabhängig von Stand, Bildung, geistigem Vermögen, Geschmack, Charakter oder Alter. Und gerade diese universelle Zugänglichkeit Gottes ist es, was einer intellektuellen Elite an der Religion nicht gefällt. Die Erkenntnis, daß die Gotteserfahrung eines Weltraumforschers oder eines Heiligen vielleicht in beträchtlichem Maße mit der Gotteserfahrung eines ungebildeten Landarbeiters, eines Punkrockers oder einer Miß Amerika übereinstimmt, beleidigt unseren Sinn für Proportionen. Doch wenn wir nach öffentlichem Wissen suchen – hier ist es, und zwar in einem Ausmaß, mit dem die Naturwissenschaft wohl kaum mithalten kann! Dennoch bleibt die Religion im wesentlichen privates Wissen, wenn wir in Betracht ziehen, wo die wichtigste Überprüfung der religiösen Beweise stattfindet. Wer ist denn am Ende überzeugt – oder nicht überzeugt – von diesen Beweisen? Wie auch immer wir diese Frage zu beantworten versuchen, von den historischen oder den zeitgenössischen Positionen der Religion aus, egal, wie nach Ansicht mancher Leute die Antwort aussehen *sollte* – wer das letzte Wort haben *sollte* – und ohne Rücksicht darauf, wie wir uns gegenseitig zu beeinflussen suchen: Wir kommen nicht darum herum, daß die Beantwortung der Frage, ob man an die Existenz eines Gottes glauben kann – und wenn ja, an was für einen – auf persönlichen Entscheidungen beruht und nicht auf einem Konsens.

Diese Schlußfolgerung mag unorthodox und der offiziellen Kirchenlehre zuwiderlaufend erscheinen, doch das täuscht. Sowohl die jüdische als auch die christliche Religion behaupten, daß sie tiefste Kenntnisse über die Beziehung zwischen Mensch und Gott besitzen, und die zahlreichen Beispiele, die sie liefern, legen nahe, daß die Entscheidung für oder gegen solch eine Beziehung niemals wirklich eine kollektive Entscheidung ist. Jakob muß trotz seiner starken Bindung an die Familie allein mit Gott ringen. Hiob steht allein und ohne seine Freunde vor Gott. Ein »verlorenes Schaf« muß zurückgebracht werden, ein »verlorener Sohn«. Der ganze Himmel hält den Atem an, als ob das Schicksal des Universums auf dem Spiel stünde, wenn ein einzelner Mensch sich entscheidet, ob er glaubt oder nicht; ganz anders hingegen, wenn eine Debatte zwischen britischen Akademikern darüber stattfindet, ob die Naturwissenschaft die Notwendigkeit eines Gottes überflüssig gemacht habe. Lehre, Dogma, Argument, Feststellung, jeder

Vorgang der Veräußerlichung oder offiziellen Bestätigung religiösen Wissens, jedes Mittel, durch das Druck ausgeübt wird, ist vor allem deshalb bedeutend, weil es als Mittel zu diesem Zweck dient: eine Beziehung zwischen Gott und den Menschen herzustellen. Augustinus spielte auf diese Verlagerung der Aufmerksamkeit vom intellektuellen Einverständnis hin zur Beziehung Mensch–Gott an, als er eine seiner Betrachtungen über Zeit und Ewigkeit folgendermaßen beschloß: »Was kümmert es mich, wenn einer das nicht versteht? Auch er soll sich freuen und sprechen: ›Was ist dies?‹ Er freue sich auch so und soll lieber nichtfindend Dich finden, als etwas findend Dich nicht finden.«[3]

Dennoch werden nicht wenige Menschen darauf bestehen, daß wir einen öffentlichen Beweis brauchen, um eine Entscheidung – so persönlich diese auch sein muß – treffen zu können. Und manch einer wird sogar daran festhalten, daß die in der Naturwissenschaft statthafte Art von Beweis die *einzige* ist, die sie in ihrem persönlichen Entscheidungsprozeß zulassen. Tun sie recht daran?

Zulässige Beweise?

Wenn einzelne Menschen herausbekommen wollen, was wahr ist und was nicht, beschränken sie sich nicht auf die Methoden und Hilfsmittel, die sie bei einer Entscheidung innerhalb einer Gruppe verwenden würden. Egal, wie sehr er sich der wissenschaftlichen Methode verschrieben hat, es gibt niemanden, der sich darauf versteift, daß man nur das glauben dürfe, was durch diese Methode als »Wahrheit« herausgefiltert wurde. Auch wenn manche Leute dieses Prinzip überaus wortreich vertreten, so lebt doch niemand danach. Wir alle akzeptieren vieles als Beweis, was aus Quellen stammt, die mit der naturwissenschaftlichen Methode nicht das geringste zu tun haben. Für die meisten gehört zu diesen zulässigen Beweisen der Beweis durch die ureigenste Erfahrung.

Nehmen wir einmal an, daß in dem Prozeß, in dessen Verlauf ich zu meinem persönlichen Konsens über einen Stuhl, das Universum oder Gott komme, entdecke ich, daß etwas in meiner persönlichen Erfahrung der öffentlichen Erfahrung widerspricht. Werde ich zulassen, daß diese öffentliche Erfahrung die Oberhand über mich gewinnt? Wenn niemand je Feen in meinem Garten gesehen hat und ich dort Feen zwischen meinen Zinnien sehe, was dann? Ich könnte annehmen, daß der Widerspruch zwischen meiner persönlichen Erfahrung und öffentlichen *Erwartungen* liegt, die nicht auf »Wahrheit« beruhen, sondern auf *vorhergehenden* Erfahrungen – daß ich also recht habe und die öffentlichen Erwartungen falsch sind. Ich kann sogar ganz korrekt damit argumentieren, daß dies eine Vorgehensweise ist, die ich aus der Naturwissenschaft gelernt habe, denn auch sie geht davon aus, daß die persönliche Erfahrung nicht zwangsläufig falsch ist. Die Möglichkeit einzuräumen, daß zuweilen die persönliche Erfahrung richtig ist, während Vorhersagen und Erwartungen, die auf früherer öffentlicher Erfahrung beruhen, sich als Irrtum herausstellen – und die Möglichkeit, daß nachfolgende Überprüfungen die neue Erfahrung bestätigen und zur Änderung früherer Schlüsse und Erwartungen führen könnten –, gehört zu den Antriebsmomenten der Naturwissenschaft.

Aber, o weh, es besteht noch eine weitere Möglichkeit: Wenn es einen ernstzunehmenden Widerspruch zwischen persönlicher und öffentlicher Erfahrung gibt, sollte man seinen Wahrnehmungen mißtrauen, die Möglichkeit einer Halluzination in Betracht ziehen, vielleicht sogar im Extremfall die eigene Zurechnungsfähigkeit in Frage stellen. Vielleicht bin ich ja einfach verrückt. Man kann ohne weiteres annehmen, daß nicht jeder fromme Kirchgänger oder phantasierende Mondsüchtige, der glaubt, »Gott begegnet« zu sein, ihm auch wirklich begegnet ist.

Wenn aber *meine eigene* Erfahrung der öffentlichen Erfahrung widerspricht, fällt die Entscheidung, wer recht hat – ich oder die anderen –, wahrscheinlich nicht zugunsten der anderen aus.

Wenn wir unserer Erfahrung sicher sind – selbst wenn wir nicht imstande sind, sie zu verstehen –, können uns nicht einmal alle Physiker, alle kirchlichen Autoritäten und alle gegenteiligen Beweise der Welt zusammengenommen davon überzeugen, daß wir diese Erfahrung nicht gemacht haben.

Wenn die Menschen auf diese Weise vorgehen – und allem Anschein nach tun sie das –, dann wäre ein Gott, der uns überzeugen will, gut beraten, auf der persönlichen Ebene zu agieren. Die unmittelbare persönliche Erfahrung wäre der kürzeste Weg. Die Naturwissenschaft mag solche persönlichen Beweise für unzulässig erklären; für den Menschen, der auf der Suche nach der Wahrheit ist, sind sie es nicht. Darüber hinaus müssen wir uns mit dem beunruhigenden Gedanken beschäftigen, daß solche auf unmittelbarer Erfahrung beruhenden Beweise – falls es sie gibt – das Zustandekommen des öffentlichen Wissens in ein völlig neues Licht rücken würden.

Noch einmal: Die Brille hinter den Augen

Vielleicht stehen wir hier am Rande eines unüberwindlichen Grabens. Wenn Menschen persönlich Gott erfahren können, dann haben sich die, die diese Erfahrung teilen, und die, die sie nicht teilen, wohl wenig zu sagen, vielleicht sogar so wenig, daß es für eine vernünftige Auseinandersetzung nicht reicht. Sie sehen die Fakten jeweils unter ganz verschiedenen Aspekten, etwa so wie jemand, der Zeuge eines Mordes war, alle anderen Aussagen im Gerichtssaal mit anderen Augen betrachtet als der Richter und die Geschworenen, die keine Zeugen waren, aber aufgrund der Indizien und Zeugenaussagen zu entscheiden versuchen, wer der Mörder ist. Das erinnert an eine Szene in *The Night of January 16* von Ayn Rand. Die des Mordes angeklagte Frau steht einer Tatzeugin gegenüber, die ihrer Darstellung widerspricht, und schleudert ihr die Worte entgegen: »Eine von uns lügt, und wir wissen beide, wer!«[4] Zunächst klingt das wie eine sinnvolle Aussage. Und natürlich ist sie wahr, aber sie hilft den Zuhörern und den Geschworenen in keinster Weise.

Wir haben an früherer Stelle den kritischen Einwurf erwähnt, der lautet: Ein religiöser Beweis ergibt nur unter der Voraussetzung eines bereits abgelegten Bekenntnisses zum Glauben einen Sinn und ist daher nicht zulässig. Wenn ich eine direkte Gotteserfahrung habe, werde ich zwar einräumen, daß der religiöse Beweis mehr Gewicht für mich hat, aber auch betonen, daß mein »vorhergehendes Bekenntnis« selbst auf sehr starken Beweisen beruht. Ich akzeptiere vielleicht nicht automatisch und unkritisch alle anderen religiösen Beweise, aber meine Sicht auf alles – angefangen bei der Bibel über die Naturwissenschaft und den Glauben bis hin zu der alten Dame mit dem blauen Haar – wird sich vollkommen von der Sicht desjenigen unterscheiden, der diese unmittelbare Erfahrung nicht hat. Vielleicht widme ich mich der, wie Polkinghorne es nennt, »rationalen Erforschung dessen, was unserer Erfahrung nach tatsächlich der Fall ist«, also einem wissenschaftlich anerkannten Verfahren; doch ich gehe dabei von einer anderen Erfahrungsgrundlage aus.

Wenn es keine unmittelbare Gotteserfahrung gibt, dann beruht dieser aus unmittelbarer Erfahrung gewonnene Glaube auf nichts anderem als auf einer Täuschung und nicht auf einem Beweis; ein solcher Glaube würde dazu führen, daß ich sämtliche anderen Beweise im falschen Licht sehen würde. Die »rationale Erforschung« wäre dann die »Rationalisierung« falscher Vorgaben.

Ein ganzer Schwarm von Zeugen

Wir haben mehr als ein Kapitel lang versucht, die Gründe herauszufinden, warum wir niemals sicher sein können, daß wir in der Naturwissenschaft eine »unabhängige Realität« beobachten. Wenn die Situation in der Naturwissenschaft schon so unklar ist, dann sicherlich erst recht in der Religion. Wie können wir es überhaupt ernst nehmen, wenn jemand sagt, er habe die Wirklichkeit Gottes erfahren?

Erinnern wir uns an das Argument der Naturwissenschaftler in Kapitel 2: Es muß etwas »Wirkliches« sein in dem, was die Naturwissenschaft entdeckt, denn sonst würde es sich nicht in so erstaunlicher Weise zusammenfügen, und die Forscher würden nicht so häufig mit dem Unerwarteten konfrontiert. Wir haben auch andere mögliche Erklärungen gehört – die Evolution habe uns so geformt, daß wir selbst dort Strukturen, das Prinzip von Ursache und Wirkung und ein »Sichzusammenfügen« entdecken können, wo all dies gar nicht vorhanden ist; das Unerwartete gebe es nur deshalb, weil das Filtersystem unseres Gehirns und unseres Bewußtseins nicht vollkommen ist; und schließlich, wir würden »Sichzusammenfügendes« deshalb entdecken, weil wir uns unbewußt vor allem auf jene Probleme konzentrieren, die aller Wahrscheinlichkeit nach zu dieser Art von Lösung führen.

Wenn religiöse Menschen ähnlich klingende Formulierungen gebrauchen – »Es muß etwas ›Wirkliches‹ an unserer Erfahrung sein, denn sonst würde es sich nicht so erstaunlich zusammenfügen, und wenn wir es nur erfänden, würden wir nicht so häufig mit dem Unerwarteten konfrontiert« – können wir natürlich ebenfalls eine breite Palette von Gegenargumenten vorbringen. Doch solche Haarspaltereien haben uns nicht davon abgehalten, die Naturwissenschaft im großen und ganzen ernst zu nehmen, und es wäre intellektuell unredlich, zweierlei Maß anzulegen.

Bevor wir mit unseren Erörterungen fortfahren, werden wir daher eine Zeitlang jenen das Feld überlassen, die behaupten, aufgrund ihrer persönlichen Erfahrung die Existenz Gottes beweisen zu können. Wir wollen ihnen Gelegenheit geben zu klären, was sie unter einem solchen Beweis verstehen. Leser, die sich bei dieser Art von Zeugenaussage unwohl fühlen, können die folgenden Abschnitte überspringen, wenn sie möchten, doch es sollten auch diese Leute zu Wort kommen dürfen, und eine gewisse Kenntnis ihrer Beweise wird uns an späterer Stelle in diesem Kapitel hilfreich sein.

Bei der Frage, wie man in dieser Welt den religiösen Glauben unter den Menschen praktizieren sollte, herrscht unter den Gläubigen ein unglaublicher Mangel an Konsens. Bei der Frage jedoch, welcher Art die Erfahrung der *Gegenwart* Gottes ist, gibt es ein erstaunliches Maß an Übereinstimmung. Die folgenden Äußerungen stammen nicht aus der Vergangenheit, sondern von Zeitgenossen, von Menschen, mit denen ich persönlich gesprochen habe, so daß wir ganz nah an der Quelle sind. Sie ziehen sich jedoch in ähnlicher Form auch durch die ganze Geschichte und Literatur der Religion:
Normalerweise ist die Gotteserfahrung nicht »unheimlich«. Manchmal, wenn auch definitiv nicht immer, wird sie als »mystisch« bezeichnet. Zum größten Teil besteht sie nicht aus Ereignissen, die ihrem Wesen nach die Naturgesetze umstoßen oder in Frage stellen. (Ich habe nur ein einziges Mal aus erster Hand ein Ereignis berichtet bekommen, das, falls es sich tatsächlich so abgespielt hat, nur sehr schwer durch *irgendeinen* der Naturwissenschaft gegenwärtig bekannten Prozeß erklärt werden könnte.) Die Erfahrung schafft keinen heißen Draht zu Gott, durch den alle Fragen beantwortet, alle Zweifel ausgeräumt und ein vollständiges Wissen erreicht werden. Nur selten bringt sie überraschendes neues Wissen oder neue Einsichten mit sich, die dem Rest der Menschheit offenbart werden sollten. Die befragten Personen weisen meist gleich zu Beginn des Gesprächs darauf hin, daß sie ihrer Meinung nach zwar wirklich Gott erfahren haben, daß diese Erfahrung aber, selbst wenn sie besonders deutlich und ausgeprägt ist, nur ein partielles, menschliches, unzureichendes Bild dessen liefere, was Gott wirklich ist und wirklich tut. Das Gotteserlebnis stellt sich manchmal blitzartig ein, doch häufiger werden subtilere Erfahrungen über einen gewissen Zeitraum hinweg angesammelt.
John Spong, der episkopalische Bischof jenes Gebiets in New Jersey, in dem ich wohne, gilt nicht als Fundamentalist. Im Gegenteil, seine Ablehnung der orthodoxen Bibelauslegung bestürzt zum Teil sogar Menschen, die nicht an Gott glauben.

Spong beschreibt seine eigene Gotteserfahrung folgendermaßen: »Ich will nicht den Eindruck erwecken, daß ich ein mystisches Niveau erreicht habe, wo meine Suche zu Ende ist und wo es keine Zweifel mehr gibt, oder daß ich nun einen übernatürlichen Seelenfrieden erlangt habe. Nichts wäre weiter von der Wahrheit entfernt. Ich bin lediglich an einem Punkt angelangt, wo meine Suche einen Sinn bekommen hat, weil ich die Wirklichkeit dieser Gegenwart – wenn auch nur undeutlich – gespürt habe.«[5]

Bei der Frage nach der ersten Gotteserfahrung sagen manche, sie hätten erst allmählich erkannt, daß der Gott, von dem sie in Büchern, Liedern oder durch andere Menschen gehört hätten, wirklich und für sie persönlich erfahrbar sei. Andere hingegen schlugen heftig und voller Skepsis gegen die Himmelstür (als der Himmel für sie nur hypothetisch existierte) und verlangten eine Antwort auf die Frage, OB ein Himmel existiert. Ihre kompromißlos rationale Haltung veranlaßte sie, Gott so in die Ecke zu treiben, daß sie als Antwort eigentlich eher mit einem Blitzschlag hätten rechnen müssen als mit göttlichem Segen. Ihre Forderung nach Zeugnissen und Beweisen wurde nur selten wunschgemäß erfüllt, doch irgendwann einmal stellten sie erstaunt fest, daß sie mit einem realen Wesen rangen, mit einem Wesen, das nicht in menschliche Worte gefaßt oder mit menschlichen Maßstäben gemessen werden konnte, und daß es sich nicht um eine Vorstellung oder eine Abstraktion handelte. Dieser Gott stand außerhalb ihrer Kontrolle und entsprach nicht dem Bild, das sie sich von ihm gemacht hatten; er war nicht jemand, den man »auf seine Seite bringen« und zum eigenen Vorteil nutzen konnte, »kein gezähmter Löwe«, wie sich C. S. Lewis in seinen *Chronicles of Narnia* ausdrückte. Unabhängig davon, wie schwach oder stark ihre Hoffnungen oder Zweifel gewesen waren, unabhängig auch davon, für wie stark sie ihren Glauben bis dahin gehalten hatten, diese Erkenntnis traf sie wie ein Schlag.

Wie auch immer die erste Begegnung aussah, allen Berichten zufolge erwies sich die daraus entstehende Beziehung über die

Erwartungen hinaus als fordernd, lohnend und bisweilen auch beunruhigend. Alle Befragten bezeugen, daß sie an Wendepunkten in ihrem Leben, wo die menschliche Voraussicht und menschliches Wissen nicht mehr ausreichten, Gott um seine führende Hand baten und diese auch erhielten; wie sich herausstellte, wurden alle durch Gottes Führung absolut zum richtigen Ziel gelenkt, wenn auch vielleicht nicht in die Richtung, die man sich gewünscht hatte. Einige gingen Risiken ein, die sie allein niemals auf sich genommen hätten, setzten sich unglaublich hohe Ziele und erreichten diese auch. Einigen half Gott in unerwarteter Weise über Schwierigkeiten und extreme Notlagen hinweg; andere führte er durch die Hölle auf Erden und befreite sie wieder daraus; einigen nahm er in Situationen alle Angst, wo sämtliche Gründe dafür sprachen, ängstlich zu sein. Gott ließ Menschen abrupt innehalten, obwohl sie dies gar nicht wollten, als sie im Begriff waren, einen schweren Fehler zu begehen. Gott hat Menschen in einer Weise verändert, wie sie es aus eigener Kraft nie vermocht hätten, auch wenn sie sich sämtlichen Psychotherapien unterzogen hätten. Gott ermöglichte es ihnen, die nicht Liebenswerten zu lieben, das Unverzeihliche zu vergeben. Und Gott hat auch *ihnen* das Unverzeihliche vergeben, so daß sie sich selbst vergeben konnten.
War all das »spirituelle« Hilfe? Nach diesen Aussagen zu urteilen nicht. Gott ist ein mächtiger und handelnder Gott, der eingreift, wo, wann und über welchen Weg es ihm gefällt. Der Ausdruck »Hinterlist Gottes« stammt von einer Bischöfin. Gottes Eingreifen ist nicht immer nett, freundlich und angenehm. Er hält sich nicht an die menschlichen Regeln und geht nicht auf unseren Wunsch ein, die Dinge vorauszuplanen. Manchmal scheint Gott eine ausgeprägte Vorliebe für Rettungen in allerletzter Minute zu haben. Gott tritt nicht immer auf den Plan, wenn wir ihn rufen, er gibt uns nicht immer das, was wir brauchen, ja er schützt uns noch nicht einmal immer vor schrecklichem Schmerz und Kummer. Gott setzt höhere Maßstäbe als der Mensch, und er ist streng in seiner Gnade, doch seine Versöhnlichkeit und Liebe sind unbegrenzt.

Hier ein paar wörtliche Zitate aus meinen Gesprächen mit Gläubigen: »Meine Beziehung zu Gott ist bei weitem die anspruchsvollste Beziehung in meinem Leben gewesen.« »Gott ist mein stärkster Beistand gewesen, aber auch mein schwierigster Gegner.« »Wenn ich nicht absolut sicher wüßte, daß dies das einzige Spiel ist, das gespielt wird, würde ich todsicher damit aufhören!« »Der beste Beweis ist nicht ein ›Wunder‹, sicher auch nicht Erfolg, Glück oder das sichere Gefühl, daß meine Gebete so erhört werden, wie es mir paßt. Es ist vielmehr der außergewöhnliche, alles auf den Kopf stellende, faszinierende Kurs, den mein Leben eingeschlagen hat, seit ich mich auf diesen Dialog mit Gott eingelassen habe – dem man, hat man ihn einmal begonnen, praktisch nicht mehr entrinnen kann.«

Da haben wir es. Jemand, der eine solche Erfahrung nicht gemacht hat, kann diese Zeugenaussagen einfach ignorieren, sie beseite schieben oder sich weiterhin mit der Frage herumschlagen, ob er ihnen glauben soll oder nicht. Obwohl derartige Erfahrungen so weit verbreitet sind, daß sie kaum das Etikett »persönlich« verdienen, gibt es keine Möglichkeit, sie einer wissenschaftlichen Prüfung zu unterziehen.

Besteht für jemanden, der diese Erfahrung nicht teilt, *überhaupt keine* Möglichkeit, diese Art von Beweis zu überprüfen? Diejenigen, die darauf bestehen, daß es einen Gott gibt, behaupten, daß der einzige wahrhaft unwiderlegbare Beweis für die Existenz Gottes die persönliche Erfahrung sei. Daher ist die einzige Möglichkeit, wirklich herauszufinden, ob es einen Gott gibt, das Wort des Alten Testaments für bare Münze zu nehmen: »Du wirst ihn auch finden, wenn du dich mit ganzem Herzen und mit ganzer Seele um ihn bemühst«[6]. Man muß Gott zwingen, Farbe zu bekennen, indem man die äußerste, uneingeschränkte Suche anstellt – nicht nach einem Beweis, sondern nach Gott.

Wir wollen nicht des kulturellen Imperialismus beschuldigt werden und bieten diesen Vorschlag deshalb nicht auch unserem hypothetischen Außerirdischen an. Dabei müssen wir uns allerdings darüber im klaren sein, daß wir damit eventuell vollkommen am Kern der Sache vorbeigehen. Den Kurs, den die Religion (Gott selbst?) empfiehlt, nicht einzuschlagen, könnte vielleicht dasselbe sein, als würde man sich weigern, die naturwissenschaftliche Methode anzuwenden, um Naturwissenschaft zu betreiben! Wir wollen aber dennoch fortfahren.

Ein Spiel namens »Ich zweifle«

Wenn wir keine persönliche Gotteserfahrung haben, ist jeder religiöse Beweis, auf den wir stoßen, bestenfalls ein Beweis aus zweiter Hand. Selbst jemand *mit* persönlicher Erfahrung muß aber Entscheidungen über zahlreiche Beweise treffen, die nicht von ihm selbst stammen.
Dieses Problem ist nicht auf die Religion beschränkt. Unser Wissen über die Welt entstammt zum größten Teil nicht persönlicher Erfahrung, sondern Berichten über die Erfahrungen anderer Menschen, seien es nun zeitgenössische oder historische Berichte. Die Naturwissenschaft hat strenge Verfahren entwickelt, solche Berichte sorgfältig zu überprüfen, um die Wahrheit über das physikalische Universum herauszubekommen. Andere Disziplinen gebrauchen Methoden, die sich von der der Naturwissenschaft unterscheiden, nicht weil sie weniger »objektiv« sein wollen, sondern weil die Fakten auf ihrem Gebiet mit den Mitteln der naturwissenschaftlichen Methode nicht wirksam überprüft werden können. Hier führen Versuche, sich ausschließlich auf diese Mittel zu beschränken, nur zu Verzerrungen.
Zum Beispiel ist die Überprüfung und Bewertung unbestätigter und miteinander in Widerspruch stehender persönlicher Berichte ein üblicher Vorgang vor Gericht. Obwohl manche Beweise, die man in einem Gerichtssaal zu hören bekommt, in der Naturwissenschaft nicht zulässig wären, werden sie in einem strengen Verfahren überprüft – einem Verfahren, das demjenigen nicht unähnlich ist, das wir alle instinktiv anwen-

den, wenn wir zu entscheiden versuchen, ob etwas Gelesenes oder Gehörtes wahr oder falsch ist.

Ist das Wissen, das man im Gerichtssaal oder bei persönlichen Entscheidungen erreicht, zwangsläufig ein schwächeres Wissen als das in der Naturwissenschaft erreichte? »Erreicht« ist die Formulierung, auf die wir unsere Aufmerksamkeit lenken sollten. Gerichte können sich nicht wie die Naturwissenschaft den Luxus der zeitlichen Unbegrenztheit erlauben. Die meisten Rechtssysteme verlangen, daß Richter und Geschworene – anstatt das zur Verfügung stehende Beweismaterial für unzureichend zu erklären – sich irgendwie durchwursteln und zu Entscheidungen kommen müssen. Ähnlich stehen wir als einzelne immer wieder vor dem »Entweder-Oder«. Einige dieser Entscheidungen sind in einem Maße unwiderruflich, wie es eine naturwissenschaftliche Entscheidung kaum jemals ist. Wie wir gesehen haben, ist es ein Mißverständnis zu glauben, daß die Naturwissenschaft endgültige Urteile fällt.

Die Religion und andere Disziplinen sind – zum Teil aus dem defensiven Versuch heraus, »wissenschaftlicher« zu sein – im Hinblick auf Urteile viel vorsichtiger geworden, als sie es bisher waren. Als Individuen, die nach der Wahrheit suchen (und nicht nur mit den Gegebenheiten zurechtkommen wollen), liegt es in unserem persönlichen Ermessen, wie vorsichtig wir sein wollen. Doch immer dann, wenn wir einen privaten Beweis zulassen, der nicht aus der eigenen Erfahrung abgeleitet ist – und wir alle tun das, unabhängig davon, wie wissenschaftlich wir denken –, beruhen unsere Entscheidungen bewußt oder unbewußt auf zwei Kriterien: der Glaubwürdigkeit des Zeugen und der Wahrscheinlichkeit der Geschichte.

»Berücksichtige die Quelle« ist eine Hauptregel im Spiel der Wahrheitssuche, auch in der Naturwissenschaft – deshalb messen wir unserer persönlichen Erfahrung und der Erfahrung von Menschen und Institutionen Wert bei, die wir für vertrauenswürdig halten. Vielleicht ist bei der Frage, ob man an Gott glauben soll, nach der persönlichen Erfahrung der zweitstärkste Beweis das Zeugnis uns bekannter Menschen, deren geistige Qualitäten und Integrität es unvernünftig erscheinen lassen, ihren Worten zu mißtrauen. Doch selbst wenn der Beweis aus der zuverlässigsten aller Quellen stammt, haben wir Schwierigkeiten, etwas zu glauben, wenn es drastisch von dem abweicht, was nach früheren Erfahrungen »wahrscheinlich« ist.

Im folgenden wollen wir drei Verfahren zur Bewertung fremder Berichte begutachten. Sie stammen von dem Oxforder Universitätslehrer C. S. Lewis (20. Jahrhundert), dem schottischen Philosophen David Hume (18. Jahrhundert) und dem Physiker Sir Brian Pippard aus Cambridge (20. Jahrhundert). Lewis gehört zu denjenigen, die die Möglichkeit der Gotteserfahrung nicht ausschließen. Er glaubte an Gott und war ein beredter Verfechter des christlichen Glaubens. Hume gehörte zu denen, die jeden Wunderglauben und jede Gotteserfahrung ablehnten. Viele sehen in ihm einen bedeutenden Verfechter des Atheismus. Pippard, mit dessen philosophischem Herangehen an Wissen und Physik wir in diesem Buch begonnen haben, glaubt zwar nicht an Gott, doch seine Haltung in bezug auf die Möglichkeit der Gotteserfahrung steht Lewis näher als Hume.

Das Problem Lucy

C. S. Lewis hat die Bewertung persönlicher Zeugnisse in verschiedenen Büchern und in seinen Briefen erörtert, doch nirgendwo kommt seine Sichtweise prägnanter und einfacher zum Ausdruck als in seinem Kinderbuchklassiker *Der König von Narnia*. Die Geschichte beginnt damit, daß Lucy und ihre drei älteren Geschwister ein großes, sonderbares Landhaus besuchen und Lucy dort durch einen Wandschrank eine andere Welt betritt – einen schneebedeckten Wald in einem Land namens Narnia. Als Lucy zurückkehrt und ihren Geschwistern von ihrem Erlebnis berichtet, glauben sie ihr kein Wort. Schließlich erregt die Angelegenheit das Interesse des betag-

ten Professors, bei dem sie zu Gast sind. Er hört sich aufmerksam ihre Geschichte an und fragt sie, wie sie die Zuverlässigkeit und Zurechnungsfähigkeit Lucys einschätzen:
»›Logik!‹ murmelte der Professor, so halb zu sich selbst. ›Warum lernen sie auf der Schule keine Logik? Es gibt nur drei Möglichkeiten: entweder lügt eure Schwester, oder sie ist verrückt, oder sie berichtet die Wahrheit. Ihr wißt, sie lügt nie, sie ist offensichtlich auch nicht verrückt, also ehe es sich nicht anders erweist, müssen wir annehmen, daß sie die Wahrheit sagt.‹«
Die Kinder sind sprachlos, doch der Professor ist ein aufgeschlossener Mann (außer vielleicht dann, wenn jemand unlogisch argumentiert). So geht ein wenig später das Gespräch wie folgt weiter:
»›Aber Herr Professor‹, rief Peter, ›das kann doch nicht wahr sein!‹
›Und warum nicht?‹ fragte der Professor.
›Aus einem ganz einfachen Grund‹, erklärte Peter. ›Wenn es die Wahrheit wäre, warum findet dann nicht jeder dieses Land im Wandschrank? Als ich hineinschaute, war nichts drin, selbst Lucy konnte es nicht mehr finden.‹«
[Peter stellt natürlich unsere Frage: Wenn es wirklich ist, warum ist es dann nicht öffentlich, wiederholbar, nachprüfbar?]
»›Was bedeutet das schon?‹ fragte der Professor.
›Nun, Herr Professor, was da ist, ist da und bleibt auch für immer da.‹
›Stimmt das?‹ fragte der Professor.«
[Die Debatte kommt schließlich wie folgt zum Abschluß:]
»›Ja, aber glauben Sie denn wirklich, Herr Professor‹, fragte Peter, ›andere Welten sind überall zu finden und einfach nur so um die Ecke herum?‹
›Nichts ist wahrscheinlicher‹, antwortete der Professor. Er nahm seine Brille von der Nase und putzte sie sorgfältig. Dabei murmelte er: ›Ich frage mich wirklich, was sie ihnen eigentlich auf den Schulen beibringen.‹«[7]

»Ich würde so etwas nicht glauben, und wenn es mir Cato erzählte!«

David Hume hätte Lewis oder seinem Professor im Hinblick auf Lucys Geschichte nicht zugestimmt. In seinen Schriften finden sich auch das obige Sprichwort aus dem alten Rom. Es war auf Geschichten gemünzt, die so unglaubwürdig waren, daß die Römer sie selbst einer Autorität wie Marcus Porcius Cato (Cato der Jüngere, ein bedeutender Staatsmann und Philosoph des 1. Jahrhunderts) nicht abgenommen hätten.

Hume war so kühn zu schreiben: »Ich schmeichle mir, eine Begründung [. . .] aufgefunden zu haben, welche, wenn sie richtig ist, für Weise und Gelehrte eine dauernde Schranke gegen jede Art von abergläubischer Verblendung aufrichten und daher ihren Nutzen behalten wird, solange die Welt fortbesteht. Denn so lange werden meines Erachtens in der heiligen wie weltlichen Geschichte Berichte von Wundern und Naturwidrigkeiten sich vorfinden.«[8] Hume bezog sich hier in Wahrheit nicht nur auf Wunder und Naturwidrigkeiten, sondern auf jede übernatürliche Behauptung der Religion und damit, aus seiner Sicht, auf die Gültigkeit der Religion überhaupt.

Im Gegensatz zu den Philosophen, die die Vernunft als Wegweiser zur Wahrheit über die Erfahrung stellen (wir werden einige ihrer Thesen ein wenig später erörtern), betonte Hume, daß alles Wissen aus der Erfahrung komme – nicht unbedingt nur aus unmittelbarer Erfahrung, sondern auch aus dem gesammelten Erfahrungsschatz der Menschheit. Die Erfahrung, so schränkte er allerdings ein, zeige uns zwar manchmal, daß eine bestimmte Wirkung aus einer bestimmten Ursache folgt, aber die Erfahrung habe ihre Grenzen, denn gewöhnlich könne sie uns nicht genau die Verbindung zwischen Ursache und Wirkung angeben oder uns zeigen, wie fest diese Verbindung ist. Auch könne man aus ihr nicht immer erschließen, was in einer bestimmten Situation passieren wird. Manchmal sagt uns die Erfahrung eindeutig, daß B aus A folgen sollte, doch in anderen Fällen ist das, was wir der Erfahrung entnehmen können, weniger eindeutig. Zum Beispiel weiß man aus Erfahrung, daß man in England im Juni besseres Wetter erwarten kann als im Januar. Aber das erlaubt uns noch nicht, mit Sicherheit vorauszusagen, daß am 1. Juni besseres Wetter sein wird als am 1. Januar. In diesem Fall lehrt die Erfahrung lediglich die Wahrscheinlichkeit, daß zu bestimmten Zeiten des Jahres das Wetter besser ist als zu anderen, sie gewährt jedoch keine Gewißheit. Hume wollte damit sagen, daß es bei auf Erfahrung beruhenden Schlüssen viele Grade der Sicherheit gibt – oder, wenn man so will, viele Grade des Zweifels: von der sehr hohen Gewißheit, daß ich mich nach unten bewege und nicht nach oben, wenn ich von einem Gebäude herunterfalle, bis hin zu jener Zuversicht, die ich vielleicht empfinde, wenn ich eine Hochzeit im Freien für Juni plane. Wenn wir weise sind, warnte Hume, bemessen wir unseren Glauben entsprechend, und beim Abschätzen der Wahrheit eines berichteten Ereignisses (sagen wir eines Wunders) wägen wir die Möglichkeiten auf der Grundlage von Erfahrungen ab. Bis hierher klingt es so, als ob Hume – indem er das enge Band zwischen Ursache und Wirkung löst – Wunder zulassen würde, statt sie auszuschließen. Hume meinte, wie gesagt, mit Erfahrung nicht nur die unmittelbare persönliche Erfahrung. Er erkannte auch den Beweis durch Zeugenaussagen an, ja dies erschien ihm sogar als Notwendigkeit. Doch sei es nicht notwendig, alles zu glauben, was wir lesen oder hören. Angenommen, die Zeugen widersprechen einander; angenommen, sie sind zweifelhaft oder nur wenige an der Zahl; angenommen, sie haben ein persönliches Interesse an der Sache, über die sie aussagen; angenommen, sie zögern und äußern sich unklar, oder sind allzu sehr von ihrer persönlichen Version der Dinge überzeugt. All diese besonderen Umstände mindern die Glaubwürdigkeit eines Zeugen. Nehmen wir andererseits an, daß die Zeugen von untadeligem Charakter und ausgesprochen glaubwürdig sind, daß jedoch das Ereignis, dessen Zeugen sie angeblich waren, eines ist, das wir noch nie oder nur selten beobachtet haben, oder gar eines, das im Verlauf der gesamten Menschheitsgeschichte nur äußerst selten beobachtet wurde.

Was sagen wir, wenn wir einer Lucy gegenüberstehen, deren Integrität und Verstand außer Frage stehen? Vielleicht hatten Lucys Geschwister Hume in der Schule durchgenommen, doch ihr Instinkt hätte sie zu derselben Schlußfolgerung gebracht. Wenn Lucy berichtet hätte, sie hätte jemanden gesehen, der ein Kamel in den Park führt, hätten die Kinder ihr wahrscheinlich geglaubt. Kamele im Park wären ungewöhnlich, aber nicht unmöglich, und man hätte Lucy trauen können. Was Lucy jedoch von dem Wandschrank berichtete, war nichts weniger als ein Wunder. Für die anderen war es etwas, das in ihrer Erfahrung und in dem ihnen vertrauten Erfahrungsspektrum des Menschen nicht vorkam.

Hume definierte ein Wunder als Verletzung der Naturgesetze, die aufgrund von »festen und unveränderlichen Erfahrungen« aufgestellt wurden. Wir haben bereits gesagt, daß es sich bei vielen Wunderberichten *nicht* um Ereignisse handelt, die an und für sich Verletzungen der Naturgesetze sind. In vielen Fällen ordnen wir sie nur deshalb als Wunder ein, weil behauptet wird, sie beruhten auf dem unmittelbaren Eingreifen Gottes. Wenn ich behaupte, daß ich vom Krebs geheilt wurde, weil meine Freunde und ich dafür gebetet haben, könnte man dem entgegenhalten, daß spontane Heilungen von Krebs auch auftreten, ohne daß jemand gebetet hat, und daß Koinzidenzien (zum Beispiel daß ein Gebet und eine spontane Heilung zeitlich eng beieinander liegen) ein alltägliches Phänomen sind. Es hat keine sichtbare Verletzung von Naturgesetzen beziehungsweise von Gesetzen gegeben, die aufgrund von festen und unveränderlichen Erfahrungen aufgestellt wurden. Humes Definition schließt Ereignisse wie diese Heilung von der Kategorie »Wunder« aus. Doch es wäre auch bei jeder anderen Definition schwierig, auf naturwissenschaftlicher Basis zu entscheiden, ob es sich um ein Wunder handelt oder nicht.

Humes Argumentation bezieht sich vielmehr auf Gesetzesverletzungen, die fast jeder so nennen würde – das Nachwachsen eines amputierten Körperteils zum Beispiel oder die Auferstehung von den Toten. Er betonte, daß ein Wunder seinem Wesen nach ein Ereignis ist, das zu keiner Zeit und in keinem Land *jemals* beobachtet wurde. Dann heißt es weiter: »Es steht daher notwendig eine gleichförmige Erfahrung jedem wunderbaren Ereignis entgegen, sonst würde das Ereignis nicht diesen Namen verdienen.«[9]

Die meisten Philosophen und Logiker würden Hume wegen dieser Argumentation ernsthaft ins Gebet nehmen, selbst wenn sie mit Humes Ansicht übereinstimmen. Ob jemals ein wunderbares Ereignis beobachtet worden ist, war natürlich genau die Frage, die Hume beantworten wollte. Daher war es reichlich voreilig, ein »Wunder« als etwas zu *definieren*, das niemals beobachtet wurde, und daraus dann zu schließen, daß es keine Wunder gebe! Humes Argumentation fordert Einwände wie die folgende Bemerkung Polkinghornes geradezu heraus: »Hume erweist sich in dieser Sache als Absolutist, als unnachgiebiger Skeptiker, der *niemals* einen Beweis akzeptieren würde, der seinen bisherigen Erwartungen widerspricht. Gegen solch eine verhärtete Position kann man nicht argumentieren, doch sie ist die Antithese zur Offenheit gegenüber der Wahrheit. Und sicher verträgt sie sich nicht mit den Denkgewohnheiten eines Naturwissenschaftlers.«[10]

Trotzdem wollen wir im Moment Hume noch insofern recht geben, als die meisten Menschen unter Wundern Ereignisse verstehen, die der normalen und zu erwartenden Erfahrung widersprechen. Wir wollen uns anhören, welche Empfehlungen er dafür gibt, mit Leuten wie Lucy umzugehen. Nach Hume ist es völlig klar, daß »kein Zeugnis aus[reicht], ein Wunder festzustellen, es müßte denn das Zeugnis von solcher Art sein, daß seine Falschheit wunderbarer wäre, als die Tatsache, die es festzustellen trachtet. Berichtet mir jemand, er habe einen Toten wieder aufleben sehen, so überdenke ich gleich bei mir, ob es wahrscheinlicher ist, daß der Erzähler trügt oder betrogen ist oder daß das mitgeteilte Ereignis sich wirklich zugetragen hat. Ich wäge das eine Wunder gegen das andere ab, und je nach Überlegenheit, die ich entdecke, fälle ich meine Entscheidung und verwerfe stets das größere Wunder. Wäre die Falschheit seines Zeugnisses wunderbarer als das von ihm berichtete Ereignis, dann, aber auch erst dann kann er Anspruch auf meinen Glauben und meine Überzeugung erheben.«[11]

Dies ist genau die Situation, in der sich Lucys Geschwister befanden, als sie die Geschichte von dem Wandschrank hörten. Und hier schlägt Hume die bereits erwähnten Kriterien zur Wahrheitsfindung vor: die Zuverlässigkeit des Zeugen, die Wahrscheinlichkeit der Geschichte. Was war schwerer zu glauben: daß es hinter dem Wandschrank ein Land gab oder daß Lucy sich etwas eingebildet hatte beziehungsweise log? Man müßte schon Lucy selber sein oder sie wirklich sehr gut kennen, um den Fall in ihrem Sinne zu entscheiden, und selbst dann könnte man die Möglichkeit einer Halluzination nicht ausschließen.

Hume nun argumentiert folgendermaßen weiter: Kein Wunder sei jemals von einer ausreichenden Zahl von Leuten bezeugt worden, die vernünftig, scharfsichtig und gebildet genug waren, um über den Verdacht des Irrtums und des Aberglaubens erhaben zu sein, und zugleich eine so zweifelsfreie Integrität, Festigkeit und Widerstandskraft gegen alle Fallen der menschlichen Natur besaßen, daß man ausschließen konnte, daß sie sich oder andere jemals bewußt oder unbewußt getäuscht hätten. Daher meinte Hume, es sei stets weitaus vernünftiger, dem Zeugen zu mißtrauen, als an das Wunder zu glauben.

In Erwiderung auf das Argument, es habe doch zahlreiche Berichte von Wundern gegeben, und zwar so viele, daß es nicht ganz richtig sei, von einem Gegensatz zur öffentlichen Erfahrung zu sprechen, gibt Hume drei Wundergeschichten wieder, bei denen die Zeugen zahlreich, gebildet, einigermaßen objektiv und bekanntermaßen glaubwürdig waren (ja sogar die Vorstellung von Wundern ablehnten). Trotzdem kommt er zu folgender Schlußfolgerung: »Wo finden wir sonst eine solche Anzahl von Umständen, die zur Bestätigung einer Tatsache zusammenträfen? Und was haben wir einem solchen Schwarm von Zeugen anderes entgegenzuhalten, als die vollkommene Unmöglichkeit oder die wunderbare Natur der berichteten Er-

eignisse? Diese allein werden aber in den Augen aller vernünftigen Leute als genügende Widerlegung gelten.«[12]
Polkinghornes Einschätzung war natürlich treffend und Humes Argument (ganz abgesehen von der Frage, ob uns seine Schlußfolgerung gefällt oder nicht) schwach; es bestätigte lediglich sich selbst. Es wäre besser gewesen, er hätte es dabei belassen, die Zuverlässigkeit des Zeugen gegen die Wahrscheinlichkeit der Geschichte abzuwägen. Für Hume sprach *jeder* Beweis gegen ein Wunder, weil es auf der Seite des Wunders viel weniger menschliche Erfahrungen gibt, die man in die Waagschale werfen könnte. Hume glaubte sogar, es gäbe diese überhaupt nicht, und ganz sicher nicht genug davon, um darauf eine Religion zu begründen oder die Annahme einer bereits vorhandenen Religion zu rechtfertigen.
Um die Gegenposition zu beziehen, könnte man fragen: Wie viele in dieser Art charakterisierte Zeugen *wären* denn notwendig? Hume meinte, es gäbe nie genug. Von Einstein kursiert folgende Anekdote: Als einmal in einem Zeitungsartikel stand: »Hundert Wissenschaftler beweisen, daß Einstein sich geirrt hat«, lautete seine Antwort darauf: »Einer hätte völlig genügt.« Ähnlich ist es beim Wunder. Ein Zeuge würde schon ausreichen. Vor dem Hintergrund der bisherigen Erörterungen können wir leicht voraussagen, wer dieser eine sein muß. Wenn überhaupt ein Zeuge David Hume hätte überzeugen können, dann hätte dieser Zeuge David Hume heißen müssen.

»Die unüberwindliche Unwissenheit der Naturwissenschaft«

Im Jahre 1988 hielt Brian Pippard in Cambridge die jährliche Eddington-Memorial-Vorlesung. Bei dieser Gelegenheit stellte er die Frage, ob die Menschheit jemals eine Möglichkeit finden würde, öffentliches und privates Wissen zu einer vollständigen Beschreibung der Wirklichkeit zusammenzuführen.
Wenn Pippard von privatem Wissen spricht, so meint er damit

nicht nur das Wissen, auf welches sich Religion und Wunderglaube stützen. Er ist seinem Beruf nach Wissenschaftler, in seiner Freizeit aber Musiker, und privates Wissen umfaßt seiner Definition nach zum Beispiel auch das, was Beethovens »Eroika« für ihn bedeutet, die Farbe des Stuhls, wie er sie wahrnimmt, und alle anderen persönlichen Sichtweisen vom Universum – all die Fresken in seinem Kopf, die er niemals öffentlich ausstellen kann.

Pippard bezweifelt, daß wir jemals die Ursache aller Dinge kennen oder wissen werden, ob es einen Gott gibt, aber er glaubt, daß wir »nicht einmal anfangen können zu wissen, ohne alle Mittel zu Hilfe zu nehmen, durch die wir Wissen erlangen können«.

»Der Naturwissenschaftler«, so fährt er fort, »ist aufgrund der Sicherheit, über die er in seinem eigenen Bereich verfügt, versucht, die religiöse Erfahrung als Täuschung abzulehnen. Sicher hat er das Recht, sich mit den Fakten zu brüsten, die ihn jenen antiquierten Kosmologien gegenüber skeptisch machen, die Religionen gewöhnlich im Schlepptau haben; und er hat das Recht, Dogmen abzulehnen, in denen Gottes Erhabenheit nicht mit der Großartigkeit des ihm bekannten Universums zusammenstimmt. Doch wenn wir die Scharlatane verjagt haben, bleiben immer noch die Heiligen und andere Gestalten, deren Integrität offensichtlich ist und deren Glaubensgewißheit nicht zurückgewiesen werden kann, nur weil sie unbequem ist und nicht von allen geteilt wird. Vielleicht ist uns die Gnade des Glaubens nicht zuteil geworden, so wie uns vielleicht die Gabe des Absoluten Gehörs fehlt; doch es würde uns gut anstehen, jene zu beneiden, deren Leben von einer vielleicht nicht vermittelbaren, aber deswegen doch nicht weniger wahren Wahrheit erstrahlt. Als Naturwissenschaftler müssen wir die Rolle des Handwerkers in der Stadt Gottes spielen; wir können nicht die Freiheit dieser Stadt gewinnen, bevor wir nicht die Freiheit jedes Bürgers respektieren.«[13]

Vorbereitet durch diese Erörterungen wollen wir nun noch weitere Beweise auf den Tisch legen.

»Weil die Bibel es sagt« – der Beweis der Schrift

Christen und Juden betrachten das Alte und Neue Testament unter anderem als Bericht über menschliche Gotteserfahrungen, der eine viele Jahrhunderte dauernde Zeit der Prüfung abdeckt. Die menschlichen Vorstellungen von Gott und die Erwartungen hinsichtlich der Art und Weise, wie er mit den Menschen in Beziehung tritt, wurden durch diese Erfahrungen geformt. Gläubige betonen, daß der biblische Bericht über diese Zeit der Prüfung heute für jeden von unschätzbarem Wert ist, der in gleicher Weise nach Wissen strebt. Sie sind sich nicht alle einig darüber, in welchem Maß die Bibel wörtlich zu verstehen ist, ja nicht einmal darüber, was es heißt, »die Bibel wörtlich zu nehmen«. Sie sind sich uneins darüber, wieviel in der Bibel auf »Inspiration« zurückzuführen ist, oder wieviel »inspiriertes Leben« erforderlich ist, um Gewinn aus ihrer Lektüre zu ziehen. Und sie sind sich nicht einig darüber, welche Bücher wirklich dazugehören. Aber nur wenige Gläubige streiten ab, daß die Bibel ernst genommen werden sollte.

Wenn die Lucys, die uns Informationen und Beweise liefern, zeitlich und kulturell gesehen so weit von uns entfernt sind, wie dies bei den Personen aus der Bibel der Fall ist, sind wir um so mehr gehandikapt, was die Beurteilung ihrer Zuverlässigkeit anbelangt. Woher sollen wir wissen, ob wir Maria Magdalena, Paulus, Jesaja, König David oder Moses vertrauen können? Hinzu kommt noch folgendes: Woher sollen wir wissen, ob die Berichte über ihre Erfahrungen, die wir in der Bibel finden, auch nur annähernd mit dem übereinstimmen, was uns diese Leute erzählen würden, wenn sie uns persönlich gegenüberstünden?

Die Bibel, wie sie uns vorliegt, ist von Bearbeitern zusammengestellt worden, die vermutlich ihre persönlichen Vorlieben hatten. Doch nehmen wir einmal an, diese Berichte lägen uns *tatsächlich* so vor, wie sie ursprünglich aufgeschrieben oder mündlich vorgetragen wurden. Nehmen wir weiter an, wir könnten sie in der Originalsprache lesen. Dann bleibt immer noch die Frage, ob wir Menschen des 20. Jahrhunderts diesen Worten, Wendungen, Argumentationsweisen, Interpretationen und literarischen Formen immer noch dieselbe Bedeutung und dasselbe Gewicht beimessen wie ihre Verfasser. Wie können wir wissen, wieviel Übertreibung – oder wieviel Untertreibung – für die Hörer und Leser in früheren Zeiten selbstverständlich war? Woher sollen wir wissen, wann die biblischen Verfasser ihre Äußerungen wörtlich und wann im übertragenen Sinne verstanden wissen wollten, wann sie in Gleichnissen sprachen und wann nicht? Die Unterscheidung zwischen »materiell« und »immateriell« war nach den Aussagen vieler Fachleute keine, die von primitiven Völkern getroffen wurde. Wie beeinträchtigt *diese* kulturelle Differenz unsere Lektüre? Woher sollen wir wissen, welche Ratschläge und Verhaltensregeln einer bestimmten Situation galten und welche allgemeiner aufgefaßt werden sollten? Wie gehen wir mit der Tatsache um, daß die Historiker in früheren Zeiten andere Methoden der Forschung und Geschichtsschreibung hatten als die Historiker der Gegenwart? Wie schätzen wir die Genauigkeit von Berichten ein, die über viele Generationen mündlich weitergegeben wurden, da wir doch die Gedächtnisleistung von Kulturen nicht kennen, die sich – im Gegensatz zu uns heute – nur auf mündliche Historie stützen konnten?

Die Frage, inwiefern die Bibel wörtlich aufzufassen ist – und wie die Beantwortung dieser Frage notwendig unseren Glauben beeinflußt –, ist gewiß nicht neu. In seinem Buch *The Unauthorized Version* schreibt der Historiker Robin Lane Fox von der Universität Oxford: »In seiner Jugend kehrte sich der Heilige Augustinus zum Teil deshalb vom Christentum ab, weil sich die Stammbäume Jesu im Lukas- und Matthäus-Evangelium widersprachen: Er ging zu einem Glauben über, in dem die Texte der Schöpfungsgeschichte nicht wörtlich zu verstehen waren, sondern eine verborgene tiefere Bedeutung hatten. Doch er kehrte zum christlichen Glauben zurück und schrieb später ein umfangreiches Werk über das Buch Genesis, in dem er behauptete, es sei bis zum letzten Buchstaben wahr.«[14]

Die Frage nach dem Ausmaß, in dem wir die Bibel als genaues historisches Zeugnis betrachten können, wird weiterhin sowohl von ernstzunehmenden Wissenschaftlern erörtert als auch von Ideologen beider Seiten, doch es wird dabei nur sehr wenig geklärt. Die Situation ist so verworren, daß wir unter Wissenschaftlern, die nicht an Gott glauben, manche finden, die mehr dazu neigen, die Historizität der Bibel zu unterstellen, als ihre gläubigen Kollegen. Im Vorwort zu seinem Buch schreibt Fox: »Ich schreibe als Atheist, aber es gibt christliche und jüdische Wissenschaftler, deren Sicht viel radikaler ist als meine. Sie werden die Ansichten dieses Historikers für konservativ, vielleicht sogar für veraltet halten, aber es gibt Zeiten, da sind Atheisten treue Anhänger der Wahrheit.«[15]

Wir leben in einer »postmodernen« Ära des literarischen Dekonstruktivismus, der auf die ganze Sprache und sämtliche schriftlichen und mündlichen Berichte angewendet wird. Der Dekonstruktivismus hegt Zweifel daran, daß Worte eine »offensichtliche« Bedeutung haben, ja sogar daran, daß sie überhaupt eine Bedeutung haben; Zweifel daran, ob Kommunikation überhaupt möglich ist, ob irgendeine Interpretation mehr Gültigkeit hat als eine andere. Trotzdem wird es in manchen Theologieschulen und Seminaren auch weiterhin als radikal betrachtet, wenn man darauf beharrt, daß die Verfasser der Bibel *geglaubt* haben müssen, sie stellten die Ereignisse klar und verständlich dar und sie sprächen über Wahrheiten, die ihnen offenbart wurden. Niemand wird bestreiten, daß es im Nahen Osten der Antike *einige* historische Ereignisse gab, die tatsächlich stattgefunden haben. Es ist nicht ganz wie mit der Quantenebene des Universums. Aber manchmal hat es den Anschein, es könne alles in allem durchaus so sein.

Je nachdem, wo wir bei der großen Zweiteilung stehen, von der wir vorher gesprochen haben, halten wir das biblische Zeugnis für aussagekräftig oder nicht. Wenn jemand persönlich einen eingreifenden Gott erfahren hat, warum sollte er dann an den biblischen Berichten über ähnliche Fälle zweifeln? Und wenn einer persönlich die Gegenwart Gottes erfahren hat, warum sollte er dann überrascht sein über die Widersprüche, die sich in der Bibel zwischen den Geschichten derjenigen finden, die wie er mit Erfahrungen konfrontiert wurden, die jenseits des menschlichen Verstehens liegen und nicht in Worte gefaßt werden können? Wenn die persönliche Erfahrung jemanden veranlaßt zu glauben, Gott spiele, wie es die Bibel nahelegt, eine Hauptrolle in dieser Welt, dann erscheinen alle Versuche, die Bibel ausschließlich unter dem Gesichtspunkt der Säkulargeschichte zu betrachten – und damit automatisch alles unter den Tisch fallen zu lassen, was nach göttlichem Eingreifen riecht –, als üble Verzerrung: so als würde man die napoleonischen Kriege erforschen und dabei den Einfluß Napoleons vollkommen ignorieren.

Darüber hinaus ist das Argument, daß es kein über zweitausend Jahre altes historisches Dokument gibt, das unverfälscht ist, keine Entgegnung auf das Argument, daß wir nicht wirklich wissen, wie stark die Bewahrung der Bibel über die Jahrhunderte hinweg auf ein Eingreifen Gottes zurückzuführen ist. Doch wir müssen nochmals wiederholen, daß die meisten Christen und Juden – selbst jene, die den Erfahrungsbeweis für die Existenz Gottes angeblich haben – die Unfehlbarkeit der Bibel nicht akzeptieren. Sie gehen jedoch davon aus, daß die Bibel *die* wichtigste Informationsquelle über Gott und seine Beziehungen zu seiner Schöpfung ist. Worauf stützen sie sich bei dieser Behauptung? Ihre Antwort lautet häufig, daß die Bibel in erstaunlicher Weise mit ihrer eigenen Gotteserfahrung übereinstimmt und daß die Wahrheit der Bibel im Leben des einzelnen bestätigt wird, wenn er glaubt.

Ist das Ergebnis der Beweis?

Einer der Gründe, warum wir der Naturwissenschaft vertrauen, liegt in den übersehbaren Resultaten, die sie in Form von Technik, Medizin und Wissen über den Kosmos gezeitigt hat. Vielleicht hat das Vertrauen in die Religion denselben Grund.

John Spong, den wir bereits zitiert haben, gehört wahrscheinlich zu den von Fox erwähnten Bibelkundigen, deren Interpretation der Bibel und ihres Wertes als Geschichtswerk viel radikaler und skeptischer ist als die atheistische Sichtweise von Fox selbst. Und doch hat Spong in einer Predigt gesagt: »Das Christentum führt als Beweis die erstaunliche Kraft der Verwandlung an, die im Leben der Menschen sichtbar wird, eine Kraft, die es dem einzelnen ermöglicht, nicht nur die Welt um sich herum, sondern auch sich selbst zu verändern, und zwar in einem Ausmaß, wie wir es von den Menschen aus sich heraus nicht erwarten dürfen.«[16]

Die Folgen des Glaubens sind ein persönlicher, aber starker Beweis für oder gegen den Glauben. Wenn ich an Gott glaube und meine Erwartungen an Gott ständig enttäuscht werden, werde ich wahrscheinlich aufhören zu glauben. Wenn ich aber Erfahrungen mache, wie sie in den oben zitierten Äußerungen von Gläubigen zum Ausdruck kommen, werde ich diese wahrscheinlich als überzeugenden Beweis für Gott betrachten. Und selbst wenn ich keinen auf Erfahrung gründenden Beweis für die Gegenwart Gottes habe, könnte ich zu der Feststellung kommen, daß der Glaube an Gott mich stärker, besser, freundlicher, liebesfähiger, glücklicher, weiser, scharfsichtiger und lebensfähiger macht. Ich könnte das nicht durch ein wissenschaftliches Experiment überprüfen, indem ich mich etwa klonen lasse, um herauszufinden, ob dieses Klon ohne den Glauben an Gott schwächer, schlechter, unfreundlicher, weniger liebesfähig, unglücklicher, dümmer, weniger scharfsichtig und weniger lebensfähig wäre als ich. Ich könnte nicht beweisen, daß es nicht nur Irrglaube und Bestärkung durch den Glauben sind, die all das bewirken (eine Art Placeboeffekt), sondern die Tatsache, daß der Glaube richtig ist. Ich wäre auch nicht in der Lage zu sagen, ob diese positiven Eigenschaften zu meinem Glauben *beitragen* und ihn verursacht haben oder vielmehr dessen Folge sind. Dennoch würde ich mich wegen dieser Haarspaltereien nicht von meinem Schluß abbringen lassen, daß der Glaube an Gott für mich positive Folgen hat und daher Gültigkeit besitzen muß.

Wenn wir uns die Folgen des Glaubens im Leben anderer Menschen ansehen, wird die Situation noch unklarer. Was für ein Beweis ist das, wenn ein tiefreligiöser Mensch angesichts überwältigender Not triumphiert, während sein Nachbar, der offensichtlich ebenso fromm ist, in einer ähnlich schrecklichen Lage Selbstmord begeht? Was für ein Beweis ist das, wenn Hawking, ein erklärter Agnostiker, ebenfalls angesichts überwältigenden Unglücks triumphiert? Vielleicht kennt man einen religiösen Menschen, dessen Freundlichkeit, Klugheit und Weisheit, unerschöpfliche Großmut und gute Laune, dessen Takt, grenzenlose Vergebungsbereitschaft und Liebesfähigkeit bewirken, daß er von allen zutiefst geliebt wird und man ihm vertraut. Solch ein Mensch scheint ein starkes Argument für die Religion zu sein ... bis man auf einen anderen Gläubigen stößt, dessen fanatisches und heuchlerisches Wesen, dessen Lieblosigkeit, Voreingenommenheit und Neigung, sich in alles einzumischen, der Welt nichts als Kummer bringt. Auch hier reden wir nicht über ein wissenschaftliches Experiment. Wir wissen, daß viele Faktoren uns zu dem gemacht haben, was wir sind, und daß manche davon sogar engsten Verwandten und langjährigen Bekannten, ja selbst uns selbst tief verborgen sind. Sind aber der Erzbischof Tutu, Mutter Teresa oder die unbekannte Ordensschwester, die sich selbstlos für »ihre« Obdachlosen einsetzt, ein überzeugender Beweis für die Gültigkeit der Religion? Sind diejenigen, die aufgrund ihres Glaubens Greueltaten begingen und Religionskriege anzettelten, ein überzeugender Beweis gegen deren Gültigkeit?

Auf der kulturellen Ebene stehen wir vor derselben Schwierigkeit. Auf der einen Seite gibt es diejenigen (und nicht alle von ihnen sind religiös), die zu bedenken geben, daß Juden- und Christentum die abendländische Zivilisation überhaupt erst ermöglicht haben. Beide Religionen waren das Gewissen und die Inspirationsquelle des abendländischen Menschen. Sie sind die Grundlage unserer Werte und unserer Moral. Sie haben über lange, dunkle Jahrhunderte das Wissen bewahrt, das sonst verlorengegangen wäre, und für unsere Kunst, Musik und Literatur wichtige Themen geliefert. Sie haben uns eine Sicht von der Welt gegeben, aus der die Naturwissenschaft hervorgehen konnte. Und schließlich gehören heute viele Religionsgemeinschaften in die vorderste Reihe derer, die rassisch oder ethnisch begründeten Krieg und Haß beenden wollen.

Doch auf der anderen Seite würde niemand behaupten, daß in der westlichen Kultur und Zivilisation alles gut war und ist – und daß, selbst wenn alles gut wäre, dies ausschließlich auf den Einfluß der Religion zurückzuführen sei. Man kann ohne weiteres der genau entgegengesetzten Meinung sein: daß nämlich vieles, was mit der Religion in Zusammenhang steht, zweifellos schlecht war – die Inquisition, Verbohrtheit und Intoleranz, die zahllosen Konfessionskriege, die Hexenverfolgung und all die Unmenschlichkeiten, die wir einander im Namen Gottes angetan haben.

Von den Historikern erhalten wir keinen klaren Aufschluß darüber, welcher Seite wir recht geben sollen. Sie machen uns einerseits auf das Leid aufmerksam, das im Namen Gottes verursacht wurde, erinnern uns aber andererseits auch daran, daß die Religion *selbst* nicht dafür verantwortlich ist, wenn religiöse Parolen als Propaganda zur Verschleierung politischer Schachzüge und menschlicher Handlungen benutzt werden, die wenig mit der Religion zu tun haben oder einen ernsten Verstoß gegen sie darstellen; oder wenn religiöse Argumente benutzt werden, um verhärtete Positionen aufrechtzuerhalten, die in Wirklichkeit kein bißchen »religiöser« sind als Ideen, die ihnen gefährlich zu werden drohen. Der englische Historiker John Hedley Brooke zum Beispiel unterzieht die gängige Beurteilung der Auseinandersetzung Galileis mit der römisch-katholischen Kirche einer Überprüfung. Galilei selbst glaubte offenbar, er stütze mit seiner Argumentation sowohl die Naturwissenschaft als auch die Religion. »Um die mißliche Lage Galileis in bezug auf sein Verhältnis zur römisch-katholischen

Kirche zu begreifen«, schreibt Brooke, »genügt es nicht zu sagen, daß es einen Konflikt zwischen Wissenschaft und Religion gab. Die politischen Folgen der Gegenreformation bewirkten, daß Galileis Wissenschaft (die nicht per se richtig war) Bedeutungen und Implikationen bekam, die sie ohne sie nicht gehabt hätte.« Sowohl Wissenschaft als auch Religion waren im Fall Galileis wohl in gleichem – wenn nicht sogar höherem – Maße Schachfiguren und Opfer der Machtpolitik, wie sie Ursache des Konflikts waren. Und weiter heißt es bei Brooke: »... ein Großteil des Konflikts, der scheinbar zwischen Wissenschaft und Religion herrschte, erweist sich als Konflikt zwischen neuer Wissenschaft und der legitimierten Wissenschaft der alten Generation.«[17]

Sicher ist es nicht klug, ein Urteil über den »Beweis durch die Folgen« auf kultureller Ebene fällen zu wollen, ohne sorgfältig die politischen, soziologischen und wirtschaftlichen Faktoren zu berücksichtigen. Wir werden später genau dieses Thema noch radikaler beleuchten.

Die Wahrheit des Stuhls – der Beweis durch die Vernunft

Dem Vertrauen in die Beweiskraft der Erfahrung diametral entgegengesetzt wäre die Überzeugung, daß der Glaube allein mit den Mitteln der Vernunft und ohne Rückgriff auf irgendeine Erfahrung bestätigt werden könne. Diese Herangehensweise ist heute selbst in religiösen Kreisen aus der Mode gekommen, ja sie ist eigentlich schon seit fast dreihundert Jahren obsolet. Dies ist allerdings zum Teil auf Mißverständnisse zurückzuführen.

Die Vernunftgründe, die wir im folgenden überprüfen werden, waren nie als »Beweis« gegenüber Ungläubigen gedacht, daß es einen Gott gibt. Das Verfahren, welches Thomas von Aquin und Anselm von Canterbury benutzten und das wir nun erörtern werden, hat Polkinghorne »rationale Prüfung« eines Glaubens genannt, der bereits aus anderen Gründen etabliert ist.

Spötter würden vielleicht lieber vom »Rationalisieren« eines Glaubens sprechen, für den es überhaupt keine Gründe gibt. Der Heilige Anselm lebte Ende des 11., Anfang des 12. Jahrhunderts. Er stammte aus Italien, wurde Abt eines Klosters in der Normandie und später Erzbischof von Canterbury. Als gläubiger Christ betrachtete er es als seine Aufgabe, die Rationalität seines Glaubens unter Beweis zu stellen. So betonte er, die Vernunft habe die Kraft, nicht nur zu beweisen, daß die grundlegenden Lehrsätze des christlichen Glaubens wahr sind, sondern auch, daß der christliche Glaube in sich selbst konsistent ist.

Anselm erklärte, Gott sei »dasjenige, größer als welches nichts gedacht werden kann«[19]. Mit anderen Worten: Unabhängig davon, was wir unter »Gott« verstehen – wenn wir uns etwas Größeres vorstellen können, ist dieser »Gott«, an den wir zuvor gedacht haben, nicht wirklich Gott. Wenn wir diesem Gedankengang folgen, stellt sich bei unserer Liste der Kandidaten für die Erste Ursache um so mehr die Frage danach, was eher da war, das Huhn oder das Ei. Wenn die mathematische Konsistenz mehr Macht hat als Gott (oder: wenn Gott keine andere Alternative hat, als sich der mathematischen Konsistenz zu fügen), dann ist Gott nicht wirklich Gott. Die mathematische Konsistenz ist Gott – es sei denn, wir können etwas Größeres als die mathematische Konsistenz denken, und natürlich sind wir dazu in der Lage. Wir können fragen: »Ja, aber wer hat die mathematische Konsistenz festgelegt?« Man könnte diesem Gedankengang weiter folgen, aber das wäre ziemlich fruchtlos. Wir könnten sogar Anselms Argument heranziehen, um zu beweisen, daß es keinen Gott gibt, oder zumindest um zu zeigen, daß wir Gott noch nicht entdeckt haben, weil wir uns *immer* etwas Größeres als jede angenommene »Erste Ursache« denken können.

Doch Anselms Argument (sein »erster ontologischer Beweis«) lautet folgendermaßen: Es ist eine Sache, uns rein theoretisch etwas auszudenken; eine andere Sache ist zu begreifen, daß es tatsächlich existiert. »Dasjenige, größer als welches nichts gedacht werden kann«, kann nicht bloß in unseren Köpfen stekken, denn dann wäre es zweifellos weniger bedeutend, als es sein würde, wenn es außerhalb unserer Vorstellung wirklich existiert. Wenn Gott nur als existent *gedacht* wird, ist er nicht so groß, als wenn er tatsächlich existiert. Da wir Gottes Existenz denken können, muß er existieren oder er ist nicht »dasjenige, größer als welches nichts gedacht werden kann«.

Der Dominikanerbruder, Theologe und Philosoph Thomas von Aquin, der im 13. Jahrhundert lebte, lieferte »Ursachenbeweise« für Gott, ein Gedanke, der nicht von ihm selbst stammte. Argumente für die Behauptung, das Universum müsse eine Ursache haben und diese Ursache sei Gott, lassen sich weit bis in die Zeit vor Thomas von Aquin und Anselm zurückverfolgen. Schon bei Plato und Aristoteles sind sie zu finden, und sie wurden auch von jüdischen Philosophen des Mittelalters wie Maimonides und Isaak Albalag vorgetragen.

Der »Ursachenbeweis« durchzieht dieses ganze Buch, und wir haben gesehen, daß er nicht zwangsläufig zu der Schlußfolgerung führen muß, daß Gott die Erste Ursache ist. Mit Hilfe der Naturwissenschaft läßt sich weder beweisen, daß Gott die Erste Ursache des Universums ist, noch daß er es nicht ist. Wir haben die These erörtert, daß das Universum selbst die Erste Ursache sein könnte, so daß heute schon die Annahme, das Universum müsse eine Ursache außer sich selbst haben, in Frage gestellt wird.

Thomas von Aquin legte bei seinen Ausführungen des Ursachenbeweises fünf Argumente für die Existenz Gottes vor:

1. Das Argument der Bewegung. Nichts bewegt sich, wenn es nicht von etwas anderem bewegt wird, aber diese Kette von »Bewegern« und »Bewegtem« kann nicht unendlich sein. »Wir müssen also unbedingt zu einem ersten Bewegenden kommen, das von keinem bewegt ist. Dieses erste Bewegende aber meinen alle, wenn sie von ›Gott‹ sprechen.«[20]

Wie wir gesehen haben, gibt es Gründe für die Annahme, daß diese Kette durchaus nicht zwangsläufig zu Gott führt.

2. Das Argument von Ursache und Wirkung. »[Es ist] niemals

festgestellt worden und ist auch nicht möglich, daß etwas seine eigene Wirk- oder Entstehungsursache ist, nichts kann sich selbst im Sein vorausgehen.« Aber auch hier gilt, daß die Kette von »Ursache« und »dem, was verursacht wird«, nicht unendlich sein kann. »Wir müssen also notwendig eine erste Wirk- oder Entstehungsursache annehmen, und die wird von allen ›Gott‹ genannt.«

Mit Hawkings Keine-Grenzen-Hypothese haben wir allem Anschein nach einen Fall, wo etwas die Ursache seiner selbst sein könnte, ohne daß es vorher existiert hat.

3. Das Argument von Möglichkeit und Notwendigkeit. Anscheinend gibt es in der Natur solche Dinge, »die geradesogut sein wie auch nicht sein können ... denn das, was möglicherweise nicht ist, ist irgendwann einmal auch tatsächlich nicht da.« Daraus folgt, daß »es eine Zeit gegeben haben [muß], wo überhaupt nichts war«, wo alles nur eine Möglichkeit war. Dinge können nicht von selbst anfangen zu existieren. Um von der Möglichkeit zur Existenz zu kommen, bedarf es etwas, was diese Veränderung verursacht, und offensichtlich hat diese Veränderung stattgefunden. Daher kann es *nicht* wahr sein, daß *alle* Dinge einmal nicht existierten und bloß möglich waren. Es muß etwas gegeben haben, was diese Veränderung verursacht hat, und die Existenz dieses Etwas kann nicht bloß möglich, sondern muß an und für sich notwendig sein, ohne durch etwas anderes verursacht worden zu sein. »Dieses notwendige Sein aber wird von allen ›Gott‹ genannt.«

Um aus diesem Dilemma herauszukommen, wurde, wie wir bereits sahen, die These aufgestellt, daß das Nichts instabil ist und dazu tendiert, in etwas zu zerfallen. An und für sich notwendig ist, so diese These, daß das Nichts bis zu diesem Grade instabil ist. Aber Polkinghorne hat darauf hingewiesen, daß wir diese Instabilität nicht »umsonst« bekommen. Hawking nimmt im Grunde Thomas von Aquins Argumentation wieder auf, wenn er fragt: »Wer bläst den Gleichungen den Odem ein und erschafft ihnen ein Universum, das sie beschreiben können? ... Ist die einheitliche Theorie so zwingend, daß sie diese

Existenz herbeizitiert?« Um es in den Worten Thomas von Aquins auszudrücken: Was ist es, das aus der Möglichkeit alles Existierenden etwas macht, das tatsächlich existiert? Wie es scheint, handelt es sich um einen Schritt ungeheuren Ausmaßes, der die Einzelheiten der Existenz, so sie einmal zustande kommt, vergleichsweise unbedeutend erscheinen läßt.

4. Das Argument der Seins-[= Wert-]Stufen, die wir in den Dingen finden. Bei allen Dingen gibt es Wertstufen – zum Beispiel mehr oder weniger gut, mehr oder weniger edel, mehr oder weniger heiß. Das impliziert, daß es etwas Höchstes gibt, an dem das »mehr« oder »weniger« gemessen wird. Ohne den höchsten Grad in solchen Dingen wie »Sein, Güte und jedweder Seinsvollkommenheit« könnte es diese Grade nicht geben; sie werden tatsächlich durch die Existenz eines Höchsten verursacht. »So muß es auch etwas geben, das für alle Wesen Ursache ihres Sein, ihres Gutseins und jedweder ihrer Seinsvollkommenheit ist: und dieses nennen wir ›Gott‹.«

Dieses Argument tauchte auch in unserem Kapitel 3 auf, wo der moralische Pfeil erörtert wurde – was definiert die Richtungen «gut/böse« oder »Wahrheit/Falschheit« im Universum? –, sowie in Kapitel 6, wo es um Gott als die ultimative, sich selbst bestätigende Hypothese ging.

5. Das Argument der Weltordnung. Dinge, »die keine Erkenntnis haben«, wie zum Beispiel »Naturkörper, [sind] dennoch auf ein festes Ziel hin tätig, [sind] immer oder doch in der Regel in der gleichen Weise tätig und [erreichen] stets das Beste.« Das kann nicht bloß Zufall sein, noch können diese Dinge, da sie keine Erkenntnis haben, dies aufgrund eines eigenen Willensaktes tun. Sie müssen durch ein erkennendes geistiges Wesen gelenkt werden. »Es muß also ein geistig-erkennendes Wesen geben, von dem alle Naturdinge auf ihr Ziel hingeordnet werden: und dieses nennen wir ›Gott‹.«

Trotz dieses großartigen Versuchs, rationale Beweise für die Existenz Gottes zu finden, betonte Thomas von Aquin selbst, daß mit den Mitteln der menschlichen Vernunft aufgestellte Argumente für den Glauben nicht beweisen können, was zum

Glauben gehört. Andererseits hielt er die menschliche Vernunft für unabdingbar, um von den Glaubenssätzen zu weiteren Wahrheiten zu gelangen.

Handelt es sich hier um einen Fall, wo man erst glauben muß, damit Beweise und Argumente Bedeutung haben? Ganz entschieden, und Thomas war sich dessen bewußt. Doch er sah darin eine unmittelbare Übereinstimmung zwischen seiner »Wissenschaft« und anderen Wissenschaften. Was er tatsächlich unter »Wissenschaft« verstand, war ein Wissen, das auf »Prinzipien« beruht.

»Die anderen Wissenschaften haben den Beweis nicht etwa dafür notwendig, um ihre Prinzipien zu rechtfertigen, sondern höchstens, um aus den Prinzipien auf dem Wege des Beweises ihre Schlußfolgerungen abzuleiten; so bedarf auch diese Lehre der Beweise nicht, um ihre Prinzipien, die Glaubensartikel, zu begründen; sie geht vielmehr so vor, daß sie aus ihren Prinzipien irgendeine neue Wahrheit ableitet,...«[21] Diese Einsicht wird nur selten bei Auseinandersetzungen um den Wert naturwissenschaftlicher Erkenntnisse und Beweise im Vergleich zum Wert religiöser Erkenntnisse und Beweise eingebracht. In der Regel stützt sich die Naturwissenschaft auf ihre grundlegenden Annahmen, und sie muß nur nachweisen, daß alles andere logisch aus diesen folgt. Nur selten wird von ihr verlangt, diese grundlegenden Annahmen zu verteidigen. Der Religion hingegen gestatten wir gewöhnlich nicht einmal, sich auch nur auf ihr grundlegendstes Prinzip – daß es einen Gott gibt – zu stützen und daraus alles andere logisch abzuleiten. Die Religion wird immer wieder aufgefordert, jenes grundlegende Prinzip zu verteidigen. Verwundert es da noch, daß Naturwissenschaft und Religion in der Regel aneinander vorbei argumentieren?

Eines der Themen dieses Buches war es, daß die Voraussetzungen der Naturwissenschaft genauso unüberprüfbar und logisch unbeweisbar sind wie die der Religion – daß es sich im großen und ganzen um dieselben Grundannahmen handelt. Eine dieser Annahmen, die wir in Kapitel 2 nur kurz berührt haben, von denen jedoch, wie sich in den späteren Kapiteln herausgestellt hat, sowohl die Naturwissenschaft als auch die Religion ausgehen, ist die Authentizität der menschlichen Erfahrung. In diesem Kapitel haben wir immer wieder deren Bedeutung für die Frage betont, ob es einen Gott gibt. Und seit es eine naturwissenschaftliche Methode gibt, stützt sich auch die Naturwissenschaft in hohem Maße auf die menschliche Erfahrung, statt sich aufs reine Denken zu verlassen. Doch die Zuverlässigkeit der menschlichen Erfahrung ist gleichfalls lediglich eine Annahme. Wir können sie nicht beweisen. Trotzdem *gehen* wir davon aus, daß unsere Erfahrung ein gültiger Beweis ist. Und damit stehen wir vor Mysterien, wie etwa diesem: Eine Weile, nachdem Thomas von Aquin all die komplizierten Argumente seiner *Summa Theologica* dargelegt hatte, machte er eine Gotteserfahrung – die ihn dazu veranlaßte, all diese früheren intellektuellen Anstrengungen mit »leerem Stroh« zu vergleichen.

Der Beweis durch die Kraft der Erklärung

Bei den bisherigen Erörterungen über die Naturwissenschaft hat sich als ein triftiges Argument für die Gültigkeit einer Theorie ihre Fähigkeit herausgestellt, Daten zu einem sinnvollen Ganzen zu ordnen, die zuvor verwirrend und unerklärbar erschienen. Lassen sich solche Argumente auch für die Religion finden?
Das »moralische Argument« ist sicher eines davon: Die Religion bietet eine sinnvolle Beschreibung und Erklärung für die menschliche Natur und eine Orientierung für Gut, Böse, Unschuld und Schuld. Dieses Argument behauptet zugleich, daß wir in der Religion einen beispiellosen Moralkodex haben sowie eine gangbare Möglichkeit, uns aus unserem moralischen Dilemma zu befreien, wenn es uns nicht gelingt, nach diesem Kodex zu leben. Obwohl es auch andere gut durchdachte überlieferte Moralkodizes gibt; obwohl es außer der Bibel noch andere literarische Werke gibt – zum Beispiel Shakespeare und

die griechischen Dramatiker –, die die menschliche Natur mit demselben Feingefühl, demselben Humor und derselben Genauigkeit beschreiben; und obwohl die Psychologie uns eine weitere Möglichkeit an die Hand gibt, mit unserer Schuld und anderen psychischen Problemen fertig zu werden: nichts von alledem bietet ein so tiefes und umfassendes Bild vom Menschen wie die Bibel. Thomas von Aquin wies auf die »Seinsstufen aller Dinge« hin und erklärte, ohne einen höchsten Grad solcher Dinge wie »Sein, Güte und jedweder anderen Seinsvollkommenheit« könnten diese Wertstufen nicht existieren. C. S. Lewis nimmt Thomas von Aquins Argumentation wieder auf, wenn er darauf besteht, daß dieser höchste Grad nur Gott sein kann und daß man nur sehr schwer erklären kann, warum der Gegensatz von Gut und Böse überhaupt im Universum vorhanden ist (und wir können uns des Eindrucks nicht erwehren, daß das tatsächlich der Fall ist), ohne Gott als die höchste Seinsstufe anzunehmen.

Immanuel Kant ist unter allen Philosophen wohl derjenige, dessen Denken sich am schwierigsten in einer kurzen Abhandlung wiedergeben läßt. Trotzdem wollen wir versuchen, seine Philosophie zusammenzufassen. Kant begründete den Glauben mit dem moralischen Wert. Wie Hume wies er auf die Grenzen der Vernunft bei der Suche nach Wahrheit hin und zeigte auf, daß rationale Beweise für Gott als die Erste Ursache nirgendwo zu finden waren. Kant hatte keinerlei persönliche Gotteserfahrung. Darüber hinaus griff er die Vorstellung an, daß die Rationalität und Vollendetheit des Universums auf die Existenz Gottes hinweisen, weil sie aus seiner Sicht nicht dazu taugten, die Gott zugeschriebene moralische Vernunft zu beweisen oder zu erklären.

Nach Kant ist aufgrund dieser moralischen Vernunft der Glaube an Gott vernünftig und mehr als nur die unkritische Übernahme unbewiesener Annahmen. Er argumentiert folgendermaßen: Wir haben eine moralische Pflicht, das höchste Gut zu befördern. Wenn wir sagen, daß wir dieses höchste Gut erreichen »sollten«, impliziert das, daß wir es erreichen »können«. Trotzdem wissen wir, daß wir es in Wirklichkeit nie erreichen. Vielleicht können wir Tugend erlangen, aber die Tugend garantiert nicht für Glück, und das »höchste Gut« bedeutet sowohl Glück als auch Tugend. Der Forderung nach dem »höchsten Gut« kann man nur gerecht werden, indem man ein moralisches und rationales Wesen annimmt, das das Universum geschaffen hat und es bewahrt und in dessen Macht es steht, dafür zu sorgen, daß Glück und Tugend sich die Waage halten.

Man könnte den Eindruck bekommen, daß Kant zwar behauptet, man könne die Wahrheit nicht durch Vernunft erlangen, daß er aber genau das versucht. Doch er beanspruchte nicht, durch diesen Gedankengang die objektive Wahrheit gefunden zu haben. Sein Argument war lediglich, daß er keine andere Möglichkeit sehen könne, unsere moralische Erfahrung zu begründen, als durch das Postulat eines vernünftigen und moralischen Schöpfers und Erhalters des Universums sowie der Willensfreiheit und der Unsterblichkeit der Seele. Darüber hinaus hielt Kant die moralische Vernunft Gottes für die einzige rationale Grundlage der Lebensführung.

Für Kant ist die moralische Vernunft Gottes nicht beweisbar und liegt weitgehend außerhalb unserer Erkenntnis. Die Existenz des Bösen und des Leids könne nicht wegerklärt werden, und alle diesbezüglichen Versuche seien schwach und unzureichend, ja widerwärtig. Es sei besser, Hiobs Haltung anzunehmen und sich ohne Erkenntnis zu unterwerfen.

Kant betonte, daß man weder mit Hilfe der spekulativen Vernunft oder der Wissenschaft noch mit Hilfe der moralischen Vernunft beweisen könne, daß Gott existiert. Trotzdem verwarf er den Gedanken, wir müßten wissen, ob Gott existiert oder nicht, um zu entscheiden, ob wir den Standpunkt der Religion einnehmen sollen. Statt dessen zeigt er uns, daß wir es nicht wissen können und daß die Idee Gottes zwar nicht überprüfbar, aber gerechtfertigt ist, weil die Resultate des Glaubens an die moralische Vernunft Gottes dafür sprechen.

Man sollte nicht übersehen, daß zwar viele Theologen Kritik an

Kant geübt haben, weil er Christus auf den Status eines Morallehrers herabdrückt, daß dies aber eine ziemlich vereinfachte Sicht der Kantschen Lehre ist. In Kants Schriften steht nicht der Gedanke im Vordergrund, daß wir die Vorstellung von der Existenz eines Gottes aufgeben oder die moralischen Grundsätze als den einzig annehmbaren Teil der Religion ansehen sollen. Vielmehr geht es ihm darum, daß wir alle Versuche aufgeben sollten, Gottes Existenz oder Nichtexistenz zu beweisen, und vor allem, ihn wie einen Gegenstand manipulieren zu wollen. Wenn wir die moralische Haltung akzeptieren – und zugleich die christliche Zuversicht teilen, daß falls wir unfähig sind, die reinen und eindeutigen Forderungen dieser Moral zu erfüllen und »wir so handeln, wie es in unserer Macht liegt, das, was nicht in unserer Macht liegt, uns aus anderer Quelle zu Hilfe kommen [wird], *ob wir wissen, auf welche Weise, oder nicht*« (Hervorh. d. A.) –, läuft das auf einen Glauben hinaus, der über die bloße Verpflichtung auf einen Moralkodex hinausgeht. Kant sah darin die vernünftigste Haltung und hielt es deshalb auch für ein hinreichendes Argument für den Glauben.

Heute sähe sich Kant allerdings mit dem Einwand konfrontiert, daß unser moralischer Pfeil – der Grund dafür, daß wir innerhalb einer gewissen moralischen Ordnung wohl besser leben können –, auf die Evolutions- und Sozialgeschichte zurückzuführen ist und keine Bedeutung für die Frage hat, ob es einen Gott gibt. Ein Verhalten, welches einmal einen Überlebensvorteil verschaffte und später verfestigt wurde, indem Gesellschaften es aus Selbsterhaltungsgründen zur Norm erhoben, ist als »moralisches Verhalten« in unser psychologisches Rüstzeug eingegangen; andere mögliche Konfigurationen des Gut-Böse-Gegensatzes dagegen nicht. Kant müßte sich auch mit der Meinung auseinandersetzen, daß der Moralkodex der Bibel veraltet ist oder daß die biblischen Werte von »menschlichen« überlagert sind, Werten, die wir selbst – ohne Hilfe von Gott und ohne jegliche andere Begründung oder Rationalisierung – wählen können. Die Kantianer der Neuzeit würden dem vielleicht entgegenhalten, daß alle Hinweise auf eine Erklärung durch die Evolution oder »menschliche Werte« genauso gut, vielleicht sogar noch besser, als Beweis dienen können, daß der moralische Pfeil im Universum – das menschliche Bestreben, das wahrhaft Gute zu erreichen und die Unfähigkeit dazu – so grundlegend und bindend ist wie jedes physikalische Gesetz. Die Schwierigkeit, hierfür eine Erklärung zu finden, ohne die Existenz Gottes zu postulieren und die biblische Beschreibung der Beziehung Gott–Mensch zu übernehmen, ist vielleicht noch größer, als Kant geglaubt hat.

Ein weiteres Argument richtet sich gegen die bereits erwähnte Absicht, daß mit Blick auf die Folgen des Glaubens für den einzelnen und die Gesellschaft wenig für die Religion spricht. Dieses Argument richtet sich auch gegen die Behauptung, die Existenz des Bösen und vollkommen Absurden sei der Beweis dafür, daß es keinen Gott gebe – und wenn doch, so sei Gott, wie Tennessee Williams sich ausgedrückt hat, »ein seniler Delinquent«. Das Argument lautet: Die Bibel verspricht uns nicht – weder dem einzelnen noch der Gesellschaft – das Paradies auf Erden, die Abwesenheit des Bösen oder die Rationalität, die die Skeptiker suchen. Insbesondere das Neue Testament verheißt keineswegs, daß aus der Existenz Gottes oder aus den guten Werken der Gläubigen Annehmlichkeiten und menschliche Erleuchtung folgen werden. Ganz im Gegenteil, wie wiederholt betont wird: Trotz aller Anstrengungen und kurzfristigen Verbesserungen wird die Welt bis zur Wiederkehr Christi zunehmend vom Bösen, von Haß, Leid, Ungerechtigkeit und Gewalt heimgesucht werden sowie von Verwirrung durch jene, die fälschlicherweise oder irrtümlich behaupten, im Namen Gottes zu handeln oder sogar sich selbst zum neuen Christus erklären. Bisher hat sich diese Voraussage auf erschreckende Weise bestätigt, und die apokalyptische Vision wird uns nur zu oft im Fernsehen vorgeführt.

In Hinblick auf den einzelnen geben uns weder das Alte noch das Neue Testament Anlaß zu der Erwartung, daß diejenigen, die an Gott glauben, samt und sonders tugendhaft sein sollten. Auch hier ist das Gegenteil der Fall. Das einzige Versprechen in dieser Hinsicht lautet, daß ihnen allen vergeben wird. Und trotz der salbungsvollen Sprüche, die die Fernsehprediger verbreiten, können wir aus keinem der beiden biblischen Bücher entnehmen, daß die Gläubigen nach den Maßstäben dieser Welt alle glücklich, gesund und erfolgreich sein werden.

Juden- und Christentum haben sich schon seit frühester Zeit mit dem Problem des Bösen beschäftigt. Und beide Religionen beharren darauf, dieses Böse sei etwas, das durch menschliche Anstrengung allein niemals besiegt werden und das der menschliche Verstand niemals vollständig erklären könne. Gleichzeitig aber versichern sie uns, daß es absolut richtig sei, es zu verachten und zu bekämpfen, so gut wir können.

Folglich ist es unangemessen, die Gültigkeit des biblischen Zeugnisses oder der Religion insgesamt nur deshalb anzuzweifeln, weil nicht alles auf dieser Welt in Ordnung ist, das Böse allgegenwärtig ist und Gott und der Glaube an ihn diesen Planeten nicht in einen Garten Eden oder die Gläubigen in irdische Engel verwandelt haben. Die Bibel behauptet lediglich, daß Gott irgendwann einen Wandel dieser Art herbeiführen wird – endlich also »etwas vollkommen anderes«! Trotzdem müssen wir dieses Zeugnis erst noch überprüfen können, und allem Anschein nach warten wir darauf schon eine sehr lange Zeit. Diejenigen, die an den biblischen Gott glauben, weisen inzwischen jedoch darauf hin, daß die biblische Beschreibung der Welt leider ins Schwarze trifft, und die biblische Erklärung für die mißliche Lage, in der wir uns befinden, und das Problem des Bösen ganz allgemein paßt – auch wenn uns diese Erklärung nicht gefallen mag.

Die Natur als Beweis

Zum Schluß des Kapitels 3 haben wir die Frage gestellt, ob in der uns bekannten Natur für das »Ohr der Vernunft« irgendwo klar und deutlich die Worte zu vernehmen sind: »Die Hand, die dies schuf, ist göttlich«. Nirgendwo sind wir darauf gestoßen, daß die Natur unmißverständlich von der Existenz Gottes zeugt. Doch selbst heute, am Ende des 20. Jahrhunderts, sind die Argumente für einen planenden und denkenden Geist hinter allem nicht vom Tisch. Aus welchem Grunde auch immer, ob gültig oder nicht, es drängt sich unweigerlich der Eindruck auf, daß es hinter den Gesetzen des Universums oder ihnen innewohnend einen Geist gibt. Nirgendwo haben wir Geistlosigkeit feststellen können, nicht einmal in den unberechenbaren Systemen, die die Chaoswissenschaftler erforschen, denn auch dort gibt es geheimnisvolle, schöne Muster und Strukturen. Selbst die deprimierende Vorstellung von einem Universum, das unerbittlich fortschreitend in die Entropie verfällt, wurde durch ein Bild ersetzt, in dem auf allen Ebenen Selbstorganisation sichtbar wird.

Die Menschen haben sich bei ihrer Suche nach Zeugnissen für Gott in der Natur mehr als einmal im Kreis gedreht. Einige unserer fernsten Vorfahren fanden ihren Gott oder ihre Götter im Chaos der Natur – das beängstigend Unvorhersagbare und Zufällige –, Götter, die besänftigt werden wollten, nicht geliebt oder verstanden. Später schienen die Rationalität, die Strukturen und die Gesetzmäßigkeit des Universums beredtes Zeugnis für einen Plan Gottes abzulegen. Dann erkannte man, daß die Struktur so stark, der Systemcharakter so universell war, daß das Universum kaum eines Gottes bedurfte. Alles funktionierte wie ein Uhrwerk, ein Uhrwerk, das vielleicht sogar sich selbst erfunden haben konnte. Es hatte den Anschein, daß, wenn es einen Gott gäbe, wir ihn wie in längst vergangenen Zeiten an jenen Orten suchen müßten, wo dieses Uhrwerk zusammenbrach oder aussetzte, im Unvorhersagbaren, an jenen Plätzen, die die Naturwissenschaft lieber überging – in den Lücken. Doch die Naturwissenschaft richtete ihre Suchscheinwerfer auch auf diese Gebiete, und es sah so aus, als ob dort bald keine Lücken mehr übrig blieben, in denen ein existierender und seine Macht über das Universum ausübender Gott gedacht werden konnte.

Nun entdecken wir zu unserer Überraschung, daß das Uhrwerk

fast überall zusammenbricht. Vorhersagbare Systeme sind die Ausnahme, nicht die Regel. Ja, wir finden solche Systeme eigentlich nur in ziemlich speziellen Situationen, und auch dort sind sie nur in einem bestimmten Ausmaß vorhersagbar. Aber wir haben andererseits auch keine Irrationalität entdeckt, und es sieht plötzlich so aus, als sei diese Tatsache – daß das Universum rational *ist* – genauso schwer zu erklären, wie unsere Vorfahren glaubten. Mit welchem Recht dürfen wir erwarten, daß das Universum sich von selbst zu Galaxien, Sternen und Planeten organisiert hat? Daß das Leben auf dieser Erde sich von selbst zu Ökosystemen, daß Tiere und Menschen sich von selbst zu Gesellschaften organisiert haben? Es gibt Wahrscheinlichkeiten dafür, aber manchen Berechnungen zufolge sind diese Wahrscheinlichkeiten verschwindend gering. Es sieht allmählich so aus, als ob das Universum ohne eine geheimnisvolle Tendenz zur Organisierung nicht existieren könnte, obschon sie niemals das Ausmaß annehmen kann, wie es sich die Mechanisten und Deterministen erhofft haben.

Die Tendenz zur Einfachheit und Linearität hat in der Vergangenheit die Natur unserem Verstand zugänglich gemacht. Erst allmählich begreifen wir, daß ein tieferes Verständnis der Natur – wir möchten fast sagen, eine tiefere Erfaßbarkeit – in der Erkenntnis liegt, daß ein großer Teil von ihr sich niemals auf Einfachheit und Linearität reduzieren lassen wird. Und wir stellen uns die Frage, wieso sie sich überhaupt darauf reduzieren lassen sollte.

In seinem Artikel »What is Chaos that we should be mindful of it?« (zu deutsch etwa: »Was ist Chaos und warum sollten wir uns damit beschäftigen?«) aus dem Jahre 1989 macht Joseph Ford diese dynamische umfassende Symmetrie zwischen Chaos und Ordnung anschaulich. Er spricht vom Chaos als einer »Dynamik, die befreit ist von den Fesseln der Ordnung und Vorhersagbarkeit«[23]. Dieses Chaos lasse zu, daß Systeme »zufällig jede ihrer dynamischen Möglichkeiten ausschöpfen« – eine »Überfülle von Möglichkeiten«. Ford verweist auf

die Evolution als ein Beispiel dafür, wie die Natur durch das Zufallsprinzip Ordnung im Chaos hervorbringt:
»Durch den Mechanismus, den wir Evolution nennen, wollte sich die Natur gegen jede mögliche Variante einer Naturkatastrophe absichern; außerdem wollte die Natur die Ausbreitung des Lebens in jede nur mögliche ökologische Nische, und sei diese noch so unwirtlich oder spezialisiert, befördern. Im Prinzip hätte die Natur auch ein deterministisches Programm schreiben können, um mit der zeitlichen Entwicklung zunehmend komplexer, fast zufälliger lebendiger Strukturen fertig zu werden, die den Gang der Dinge beeinflußten.« Ebenfalls im Prinzip hätte Gott ein solches Programm schreiben oder alles Stück für kompliziertes Stück zusammensetzen und von Hand einfügen können – so daß jedes unendlich kleine Detail der Schöpfung ein zufälliges Element wäre. Bei Ford heißt es weiter: »Statt dessen wählte die Natur eine ausgesprochen wirksame Technik, bei der der Zufall als Waffe gegen das Unerwartete dient. Genauer gesagt bedient sich die Natur der zufälligen Mutationen, um die breite Vielfalt von Lebensformen zu gewährleisten, die notwendig sind, um den Anforderungen der natürlichen Selektion gerecht zu werden. Im wesentlichen ist die Evolution Chaos mit Rückkoppelung. Zufällige Mutationen allein würden einer Natur entsprechen, die gleichgültig mit unpräparierten Würfeln spielt, doch die zusätzlich eingebaute Rückkoppelung der natürlichen Selektion und des Überlebens des Stärkeren läuft letztlich auf eine Präparierung der Würfel hinaus, so daß im Verlauf vieler Würfe die Lebensformen nicht nur überleben, sondern sich auch verbessern – und zwar mit der Wahrscheinlichkeit eins.« Wenn Ford sagt, daß ein Ereignis mit der »Wahrscheinlichkeit eins« stattfindet, so meint er, daß dieses Ereignis mit äußerst hoher Wahrscheinlichkeit eintritt. Wer oder was ist die »Natur«? Hat sich dieses System selbst aus weniger effektiven Systemen entwickelt? Kann alles das als Ergebnis von Wahrscheinlichkeiten erklärt werden – eine statistische Vorgabe, die auf mysteriöse Weise am Ursprung des Universums festgelegt wurde oder vielleicht sogar vor diesem

und empfindungsfähiges Leben unausweichlich machte? Richard Dawkins deutet an, daß dies durchaus der Fall sein kann. Andere Wissenschaftler meinen, die DNS »hätte nie auftreten sollen«. *Ist* ein geheimnisvolles organisierendes Prinzip am Werk, eines, das die Naturwissenschaft entdecken wird – oder vielleicht eines, das die Erklärungskraft jeder naturwissenschaftlichen Vollständigen einheitlichen Theorie sprengt?
Was spricht am deutlichsten für die Existenz eines Gottes – die Struktur und Rationalität des Universums oder das, was unerklärbar und zufällig zu sein scheint? Vielleicht stellt eine größere Symmetrie, die Art und Weise, wie Chaos und Ordnung miteinander vermischt und verwoben sind, einen besseren Beweis für einen unendlich überlegenen Geist dar, der Risiko und Freiheit zuläßt, diese beiden Faktoren, die den Menschen, vorsichtig und kleingläubig wie sie sind, Angst einflößen. Wie wir wissen, geht der schöpferische Mensch – in Kunst, Musik, Tanz und Literatur – enorme Risiken ein.
In diesem Kontext wirken die in den vorhergehenden Kapiteln erörterten Versuche, das Universum ohne Gott zu erklären, allmählich ein wenig aufgesetzt und nur den eigenen Zwecken dienend, während dies bei der älteren, einfacheren, geheimnisvolleren Erklärung: »Es gibt einen Gott« um so weniger der Fall ist.
Aber wir haben in der Natur keinen Gottesbeweis entdeckt, den wir unserem hypothetischen Außerirdischen vorlegen könnten. Alle Bemühungen, solch einen Beleg zu finden, sind fehlgeschlagen. Newton glaubte, in der Tatsache, daß die Sonnen- und Planetenmaterie mit Hilfe von Kometen wieder aufgefüllt wird, einen klaren Beweis für die göttliche Vorsehung gefunden zu haben. Doch diese Vorstellung wurde Ende des 18. Jahrhunderts widerlegt, als Laplace und Lagrange entdeckten, daß Irregularitäten in Planetenumlaufbahnen sich selbst regulieren können. Paley glaubte, in den komplexen Plänen der Natur einen klaren Beweis für die göttliche Vorsehung gefunden zu haben, aber dann entdeckte Darwin die Evolution. Allem Anschein nach nähern wir uns jedesmal dem Punkt, wo

wir den Schöpfer auf frischer Tat ertappen könnten, und dann entwischt er uns im letzten Augenblick – ähnlich wie in manchen Kriminalgeschichten, wo die Detektive in der Gewißheit, daß sie den Täter endlich gefaßt haben, statt dessen nur einen raffinierten Mechanismus vorfinden, den er zurückgelassen hat, um sie zu täuschen. Wenn wir diesen Mechanismus nicht einmal als Beweis dafür nehmen können, daß überhaupt ein Täter existiert, heißt das, daß es keinen gibt, oder daß der Täter nur unübertrefflich schlau ist?

Der Beweis durch die Verfügbarkeit Gottes

In seinem Vortrag mit dem Titel »The Invincible Ignorance of Science« verweist Brian Pippard sich und viele seiner Freunde ein für allemal auf den Status von Handwerkern in der Stadt Gottes zurück. In seinem Stück *The Cocktail Party* präsentiert T. S. Eliot eine ähnliche Sicht des Universums. Es gibt Heilige und außerdem nur noch normale Sterbliche. Wenn es jedoch Wissen über Gott gibt und wenn die jüdisch-christliche Religion recht hat bezüglich dieses Wissens, dann ist es, wie wir gesehen haben, das am meisten verfügbare Wissen überhaupt. Es ist geradezu bedrückend egalitär. Die alte Dame mit den blauen Haaren, den rosafarbenen Lockenwicklern und dem entsetzlichen Geschmack kann genausogut »den Herrn kennen« wie der heilige Augustinus oder der Erzbischof von Canterbury, und sie ist vielleicht dem Geist Gottes unendlich viel näher als Stephen Hawking. Dieses Dogma würden wir vielleicht gern verwerfen, obwohl wir nicht zugeben wollen, daß wir so elitär denken. Doch kaum eine religiöse Behauptung ist stärker als jene, daß die Antwort auf die Frage, ob es einen Gott gibt, für jeden verfügbar ist, dessen Wunsch zu wissen über bloße intellektuelle Neugier hinausgeht. Natürlich haben wir dieses Argument unserem außerirdischen Freund nicht vorgelegt. Mit dieser Entscheidung haben wir ihm vielleicht den einzig wirklich gültigen Beweis für Gott vorenthalten.

Wir wissen nicht, einen wie großen Teil der bedeutsamen Fakten über das Universum die Naturwissenschaft ausschließt. Vielleicht fast gar keine. Vielleicht einen so großen Teil, daß unser ganzer Bestand an Wissen kaum mehr ist als eine Karikatur. Vielleicht etwas in der Mitte – so daß die Naturwissenschaft zwar Wahrheit findet, aber nicht die ganze Wahrheit. Polkinghorne hat den Ausschluß aller persönlichen Beweise mit einer Erforschung des Universums verglichen, bei der man optische Teleskope verwendet, aber nicht in der Lage ist, ein Radioteleskop zu benutzen. Diejenigen, die sich wünschen, daß die Naturwissenschaft akzeptiert, was heute als unzulässiger Beweis gilt, sind nicht in der Lage zu zeigen, wie das geschehen soll.

Vielleicht gerät der religiöse Beweis mehr als durch alles andere gerade durch seinen ungeheuren Reichtum ins Abseits – und nicht aufgrund der Tatsache, daß er nicht überprüft werden oder nach den Maßstäben der Naturwissenschaft zum »öffentlichen Beweis« werden kann. Religion und Naturwissenschaft haben wie Kunst, Musik und Literatur ihre Wurzeln in der menschlichen Erfahrung. Natürlich hat diese Erfahrung Gemeinsamkeiten, doch auf der grundlegendsten Ebene ist die menschliche Erfahrung unteilbar, und jedes Wissen beginnt zunächst auf dieser Ebene. Die Naturwissenschaft ist erpicht darauf, dieses Wissen zu öffentlichem Wissen zu verarbeiten, indem sie so schnell wie möglich den Vergleich, das Argument und den Konsens sucht – und dieses Verarbeiten hat uns hervorragende Dienste geleistet, wenn es darum ging, etwas über das physikalische Universum in Erfahrung zu bringen. Doch es wäre ein weiser Entschluß, Skepsis anzumelden, wenn dieser Prozeß das letzte Wort über *alle* menschliche Erfahrungen haben soll.

8
Vollständige einheitliche Theorie, Geist Gottes

»*Dann werden wir uns alle – Philosophen, Naturwissenschaftler und Laien – mit der Frage auseinandersetzen können, warum es uns und das Universum gibt. Wenn wir die Antwort auf diese Frage fänden, wäre das der endgültige Triumph der menschlichen Vernunft – denn dann würden wir Gottes Geist erkennen.*«
Stephen Hawking

»*Wenn du meine Worte annimmst und meine Gebote beherzigst, der Weisheit Gehör schenkst, dein Herz der Einsicht zuneigst, wenn du nach Erkenntnis rufst, mit lauter Stimme um Einsicht bittest, wenn du sie suchst wie Silber, nach ihr forschst wie nach Schätzen, dann wirst du die Gottesfurcht begreifen und Gotteserkenntnis finden. Denn der Herr gibt Weisheit, aus seinem Mund kommen Erkenntnis und Einsicht.*«
(Buch der Sprichwörter)

Wenn es endgültige Antworten gibt, dann werden die Schlußfolgerungen, zu denen wir in diesem Buch gelangen, an ihnen nichts ändern. Keine noch so tiefe menschliche Not, kein glühender Glaube, kein überzeugendes Argument und keine intellektuelle Anstrengung kann einen Gott herbeizaubern, wenn es keinen gibt. Kein redlicher Agnostizismus, kein entschiedener Atheismus, keine wissenschaftliche Erklärung, und sei sie noch so schlüssig, keine noch so deutliche

Unvereinbarkeit zwischen Wissenschaft und Glauben kann bewirken, daß Gott nicht existiert, wenn es einen gibt. Es liegt nicht in unseren Händen, über diese Dinge zu entscheiden. Können wir sie jemals *wissen*? Der geistigen Anstrengung des Menschen ist es noch nicht gelungen, die Leiter zu zimmern, die zu den endgültigen Antworten führen könnte. Und es dürfte ihr wohl auch nicht gelingen.

Wir sind wieder dort, wo wir begonnen haben. Gegenüber von mir sehe ich im Zimmer den Holzstuhl meiner Großeltern. Ist es etwa hier, bei mir, wo meine Suche nach Wissen beginnt und endet? Wie weit weg auch immer mich meine Reise führt und wie sehr sie einen öffentlichen Charakter bekommt – führt sie mich lediglich immer wieder zurück zu meiner ganz persönlichen Sicht des Universums? Und schließlich, wer oder was außer mir entscheidet darüber, was *ich* als Wahrheit anerkenne? Falls es endgültige Wahrheiten gibt, bin ganz gewiß nicht ich die letzte Instanz, die entscheidet, wie diese Antworten lauten. Aber hier in meinem Arbeitszimmer, auf dieser Ebene und für mich ganz persönlich sieht es so aus, als sei ich es. Für wen spielt es denn überhaupt eine große Rolle, wofür ich mich entscheide? Für die Wissenschaft gewiß nicht. Aber die Religion möchte mich gerne glauben machen, daß die Entscheidung, ob ich an Gott glaube oder nicht, die ich ganz privat vor mir selbst verhandle, von unermeßlicher Bedeutung ist.

Auf unserer gedanklichen Expedition, zu der wir in diesem Buch aufgebrochen sind, sind wir zu der Erkenntnis gelangt, daß die Entscheidung, was wir aus der Wissenschaft und der Religion akzeptieren sollen, uns nicht vor eine so krasse Wahl stellt, wie es häufig dargestellt wird. Unsere Reise hat uns mehrmals an kritische Punkte geführt – etwa bei der Diskussion der Evolution und bei der Frage nach einem Gott, der die Welt absichtsvoll lenkt –, wo wir schwerwiegende und unversöhnliche Konflikte vermuteten, die aber dann doch nicht zum Ausbruch kamen. Dennoch, nicht alle sind sich in allem einig. Manchmal ging es um wissenschaftliche Ergebnisse und fundiertes Wissen, in anderen Fällen um unbewiesene theoretische Vermutungen und Spekulationen. Einige der religiösen Überzeugungen, die wir diskutiert haben, sind zentrale Glaubenswahrheiten, andere nur von nebensächlicher Bedeutung für die Fragen »Gibt es einen Gott« und sogar »Gibt es einen personalen Gott, der mit seiner Schöpfung in Beziehung tritt?« Gewiß können wir uns aus »Wissenschaft« und »Religion« aussuchen, was wir möchten, so wie es uns im Restaurant freisteht, sowohl von der linken wie von der rechten Seite der Speisekarte zu bestellen – auf die Gefahr hin, uns am Ende eine ernsthafte, wenngleich wohl nicht unheilbare logische Magenverstimmung zuzuziehen.

Wer glaubt, daß Gott Eva im wörtlichen Sinn aus der Rippe Adams erschaffen hat, steht im Widerspruch zu dem, der behauptet, daß sich menschliche Wesen beiderlei Geschlechts über einen langen Zeitraum hinweg aus weniger komplexen Formen des Lebens entwickelt haben. Es ist wohl schwierig, beide Überzeugungen gleichzeitig aufrechtzuerhalten, außer vielleicht, wenn man beim Prinzip der Komplementarität Zuflucht sucht, das wir in Kapitel 6 erörtert haben. Aber kann dies wirklich als echter Konflikt zwischen Naturwissenschaft und Religion bezeichnet werden, da doch die Mehrheit der religiösen Menschen an eine wortwörtliche Erschaffung Evas aus der Rippe Adams durch Gott nicht glaubt?

Diejenigen, die glauben, Gott habe für Josua den Lauf der Sonne angehalten, stehen in einem Konflikt mit denen, die behaupten, wir würden die Gesetze gut genug kennen, die die Veränderungen dieses Universums bewirken, um unzweideutig zu folgern, daß dies nicht der Fall gewesen sein kann, und zugleich behaupten, Gott breche niemals die Naturgesetze. Es erscheint schwierig, beide Überzeugungen nebeneinander aufrechtzuerhalten, außer wir bestehen erneut darauf, daß es manchmal realistischer ist, mit einem Widerspruch zu leben als ihn allzu voreilig lösen zu wollen. Doch ist dies wirklich ein Konflikt zwischen Religion und Wissenschaft, da doch die meisten Gläubigen meinen, die Geschichte von Josua sei vermutlich eine Legende, die sich um einen vorzeitlichen Helden gebildet hat, und dies dem Glauben an Gott in keiner Weise für abträglich halten? Der Glaube, Christus sei von den Toten auferstanden – ein Glaubenssatz, der für den Christen weitaus zentraler ist als die Josua-Geschichte – kollidiert mit der Behauptung, eine solche Umkehr des normalen biologischen Prozesses sei nicht möglich. Aber ist dies wirklich ein Konflikt zwischen Wissenschaft und Religion, da doch manche Wissenschaftler meinen, Gott setze manchmal seine eigenen Gesetze außer Kraft, und ein Wissenschaftler, mit dem ich wegen einer bestimmten Theorie dieses Buchs sprach, mir sagte: »Nein, ich glaube nicht, daß Gott seine eigenen Gesetze bricht; aber ich glaube auch nicht, daß mir die grundlegenden Gesetze bekannt sind, die Gott nicht bricht, nur weil ich einige Annäherungswerte an das kenne, was normalerweise geschieht.«

Wir können kaum den ernsthaften Konflikt leugnen, der zwischen der Überzeugung besteht, daß die Naturwissenschaft letzten Endes zeigen wird, daß es keinen Gott gibt, und dem Glauben, daß Gott existiert. Aber ist dies wirklich ein Konflikt zwischen »Naturwissenschaft« und »Religion«? Sicher können wir diesem Streit nicht mehr Würde verleihen, als wenn wir ihn entweder als Konflikt eines äußerst optimistischen Atheismus unter dem Deckmäntelchen der Wissenschaft mit der Religion bezeichnen; oder wir bezeichnen – was schlimmer ist – beide Positionen als blinde Glaubensüberzeugungen, die sich nicht nur auf imaginären Pferden, sondern auch auf einem imaginären Schlachtfeld gegenüberstehen. Wir können weiterhin nach Herzenslust Konflikte, Kompromisse und glückliche Lösungen ersinnen. Wir können unsere Reiter auf dem Schlachtfeld immer wieder in eine neue Ordnung bringen und so ein blutiges Gemetzel veranstalten, artige Turnierspiele abhalten oder die Umwandlung von Schwertern in Pflugscharen demonstrieren. Wenn jemand behauptet, »Naturwissenschaft und Religion sind unversöhnliche Gegensätze«, so tun wir alle gut daran zu fragen, was genau er auf welchen Seiten der Speisekarte ausgewählt hat. »Na ja, also, ... Sie wissen schon ... Galilei« reicht einfach nicht.

An welchem Punkt sind wir nach sieben Kapiteln angelangt? Joseph Ford sagte einmal: »Die allermeisten [Wissenschaftler] geben sich mit unbeantworteten Fragen zufrieden.«[1] Eine der Fragen, die die Naturwissenschaft nicht beantwortet hat und vielleicht nie beantworten wird können – über etwas anderes wollen wir gar nicht erst spekulieren –, lautet, ob es einen Gott gibt. Wir haben *nicht* behaupten können, es erfordere Gedankenakrobatik oder eine andere intellektuelle Unredlichkeit, gleichzeitig an die Naturwissenschaft, wie wir sie am Ende des zwanzigsten Jahrhunderts kennen, und an Gott zu glauben – selbst an einen personalen Gott, der ins menschliche Leben eingreift.

Aber weshalb sollte man eine solche Kombination von Überzeugungen für notwendig oder für unerläßlich erachten, wenn man nach der absoluten Wahrheit sucht? Zwei Gründe sprechen dafür: Zum einen, um aus erster Hand und eigener Erfahrung einen überzeugenden Beweis für einen Gott zu erhalten. Zum andern, weil man mit der summarischen Ablehnung des Glaubens an Gott vorschnell und leichtfertig einer ganzen Reihe von Mitmenschen ihre geistige Zurechnungsfähigkeit, Redlichkeit und Intelligenz absprechen würde; Menschen nämlich, die für sich beanspruchen, aus eigener Erfahrung über Beweise zu verfügen, und denen wir in anderen Dingen stillschweigend vertrauen. Es steht uns allen schlecht an, die Haltung einzunehmen, jeder Gottesbeweis sei ein falscher Beweis und keiner Überlegung wert, nur weil er ein Gottesbeweis ist oder einfach deshalb, weil er außerhalb wissenschaftlicher Normen liegt. Solche Haltungen werden manchmal im Namen der Wissenschaft eingenommen, doch in Wahrheit ist diese Einstellung intellektuell unredlich. Unsere angesehensten Wissenschaftler, so überheblich sie sich auch manchmal geben, behaupten nicht, daß das, was sie nicht wissen, kein Wissen ist oder daß das, was sie nicht selbst erfahren haben, keine Erfahrung.

Die Naturwissenschaft lehrt uns die Hoffnung, daß vollständiges Verstehen innerhalb der Grenzen der menschlichen Vernunft vielleicht doch möglich ist, aber die Wissenschaft ist nicht allzu optimistisch, daß dies erreichbar ist. »Ich kann vielleicht herausfinden, ›wie‹ etwas ist, doch ich habe keinen großen Optimismus, herausfinden zu können, ›warum‹ es so ist. Wenn ich das wüßte, würde ich das Wesentliche wissen«[2], meint Stephen Hawking. Und John Barrow schreibt: »Es gibt keine Weltformeln, die alle Wahrheit, alle Harmonie, alle Einfachheit enthalten. Keine Theorie für alles kann je eine vollständige Erkenntnis sein. Denn wenn wir alles durchschauen könnten, gäbe es für uns nichts mehr zum Anschauen und Entdecken.«[3] Aber der heilige Paulus schrieb: »Jetzt schauen wir in einen Spiegel und sehen nur rätselhafte Umrisse, dann aber schauen wir von Angesicht zu Angesicht. Jetzt erkenne ich unvollkommen, dann aber werde ich durch und durch erkennen, so wie auch ich durch und durch erkannt worden bin.«[4] Die Religion ist weitaus optimistischer als die Wissenschaft, daß wir jenseits unseres gegenwärtigen Begriffs der menschlichen Vernunft auf irgendeine Weise »das Wesentliche« erkennen werden. Vielleicht besteht der bedeutsamste Unterschied zwischen Naturwissenschaft und Religion darin, daß die Naturwissenschaft glaubt, bei dieser Suche seien wir ganz auf uns selbst gestellt. Die Religion hingegen sagt uns, daß wir auf der Suche nach der Wahrheit zwar vielleicht auf imaginären Pferden sitzen, daß aber die Wahrheit auch *uns* sucht.

Anmerkungen

Kapitel 1

1 Zit. nach James R. Moore, »Charles Darwin Lies in Westminster Abbey« in: *Biological Journal of the Linnean Society.* (1982), S. 102.
2 Ebd. S. 103.
3 Ebd.
4 Ebd.
5 Ebd.
6 Buch der Sprichwörter 3,13.
7 Buch der Sprichwörter 2,5.

Kapitel 2

1 Sir Arthur Eddington, *The Nature of the Physical World*, Cambridge 1928.
2 Stephen Hawking, *Eine kurze Geschichte der Zeit*, Hamburg 1991.
3 Brian Pippard, »Eddington's Two Tables« in: *Great Ideas Today*, London 1990.
4 Ebd. S. 312.
5 Zit. nach »Edison Enlightens«, *Uncle John's Third Bathroom Reader*, New York 1990, S. 161.
6 Albert Einstein, »Physics and Reality« in: *Journal of the Franklin Institute 221* (1936), S. 349.
7 Richard Feynman, *QED. Die seltsame Theorie des Lichts und der Materie*, München 1992, S. 14.
8 Zit. nach Bryan Appleyard, »Master of the Universe: Will Stephen Hawking Live to Find the Secret?« in: *The Sunday Times*, 3. Juli 1988.

Kapitel 3

1 Henri Poincaré, »The Value of Science« in: *The Foundations of Science*, New York 1907, S. 318.

2 Albert Einstein, *Aus meinen späten Jahren*, Stuttgart 1956.
3 Zit. in Michael Harwood, »The Universe and Dr. Hawking«, *New York Times Magazine*, 23. Januar 1983, S. 57.
4 Poincaré, *The Value of Science*, S. 199.
5 John Hedley Brooke, *Science and Religion. Some Historical Perspectives*, Cambridge 1991, S. 257.
6 Werner Heisenberg, *Das Naturbild der heutigen Physik*. Hamburg 1960, S. 18.
7 Murray Gell-Mann, zit. nach Kitty Ferguson, *Das Universum des Stephen Hawking*, Düsseldorf u. a. 1992, S. 35.
8 John D. Barrow, *Theorien für Alles. Die philosophischen Ansätze der modernen Physik*, Heidelberg, Berlin, New York 1992, S. 165.
9 N. Russell Hanson, *Perception and Discovery*, London 1969.
10 Steven Weinberg, *Dreams of a Final Theory: The Search for the Fundamental Laws of Nature*, New York 1992, S. 123.
11 Steven Weinberg, *Der Traum von der Einheit des Universums*, München 1993, S. 129.
12 Ebd. S. 131.
13 Ebd. S. 133.
14 Zit. nach George Bruce Halsted in einer der Einführungen (betitelt »Henri Poincaré«) zu Poincaré, *The Foundations of Science*, New York 1929.
15 Poincaré, *The Value of Science*, S. 353.
16 Jagdish Mehra erzählte diese Anekdote bei einem Diner, das zur Feier des 70. Geburtstages von Dirac im September 1972 in Triest stattfand. Abgedruckt in Jagdish Mehra (Hg.), *The Physicist's Conception of Nature*, Norwell 1973.
17 Paul Dirac, »The Evolution of the Physicist's Picture of Nature«, *Scientific American*, Mai 1963, S. 47.
18 G. H. Hardy, *A Mathematician's Apology*, Cambridge 1940, S. 25.
19 Weinberg, *Dreams of a Final Theory*, S. 98.
20 Murray Gell-Mann, Vorlesung.
21 Eröffnungssolo in der *Messe* von Leonard Bernstein.
22 Albert Einstein, Brief an Ernst Strauss, abgedruckt in B. G. Kuznetsov, *Einstein: Leben, Tod, Unsterblichkeit*, Basel 1977, S. 285.
23 Hardy, *A Mathematician's Apology*, S. 70.
24 Zit. nach Jonathan Powers. »Did God have any Choice in the Creation of the World?« *Symposium: Hawking's »History of Time« Re-considered*, The Cambridge Review, März 1992, S. 13.
25 Ebd.
26 »Consistency and Completeness: A Résumé«, *The American Mathematical Monthly* 63, 1956, S. 295–305.

27 *Pi in the Sky: Counting, Thinking, and Being,* Oxford 1992.
28 Barrow, *Theorien für Alles,* S. 58.
29 Zit. nach John Tierney, »Subramanyan Chandrasekhar: Quest for Order« in: Allen L. Hammond (Hg.), *A Passion to Know: Twenty Profiles in Science,* New York 1985, S. 6.
30 Ebd., S. 2–5.
31 Ebd. S. 3.
32 Ebd. S. 4.
33 »A Killer Returns«, *Newsweek,* 30. November 1992, S. 39.
34 Paul C. W. Davies, *Superforce: The Search for a Grand Unified Theory of Nature,* London 1984, S. 47.
35 A. van den Beukel, zit. nach John Bowden, *More Things in Heaven and Earth: God and the Scientists,* London 1991, S. 42.
36 Deuteronomium 6,16, zit. nach Matthäus 4,7.
37 Weinberg, *Dreams of a Final Theory,* S. 247.
38 Robert Jastrow, *God and the Astronomers,* London 1978, Neuauflage 1992, S. 9.
39 Albert Einstein in einem Brief an Willem de Sitter, zit. nach ebd. S. 21.
40 Allan Sandage in: *Time,* 30. Dezember 1974, S. 48.
41 Hawking, *Eine kurze Geschichte der Zeit,* S. 179.
42 Richard Dawkins, *Der blinde Uhrmacher. Ein neues Plädoyer für den Darwinismus.* München 1990, S. 295.
43 Weinberg, *Der Traum von der Einheit des Universums,* S. 194.
44 W. Peter Trower, »Muddling to Discovery«, *Newsweek,* 24. August 1992, S. 52.
45 Hawking, *Eine kurze Geschichte der Zeit,* S. 217.
46 Der Romandetektiv ist die Erfindung des Kriminalschriftstellers John Dickson Carr.
47 Rundfunksendung von ABC »20/20«, 1989.
48 Zit. nach Paul C. W. Davies, *The Mind of God: Science and the Search for Ultimate Meaning,* London 1992, S. 223.
49 C. S. Lewis, *Surprised by Joy.*
50 Schlußzeile der Hymne »The spacious firmament on high«, Gedicht von Joseph Addison (1672–1809), in dem er sich auf Psalm 19, 1–6 bezieht.

Kapitel 4

1 Dr. Seuss, *Horton Hears a Who,* New York 1954.
2 Zit. nach Jastrow, *God and the Astronomers,* S. 18. Die Schilde-

rung stammt von John Hall, dem einstigen Direktor des Lowell-Observatoriums in Flagstaff. Hall wiederum hörte sie von John Miller.
3 Einstein, Brief an Willem de Sitter, zit. in ebd. S. 21.
4 Georges Lemaître, übersetzt von Betty H. Korff und Serge A. Korff, *The Primeval Atom*, ..., 1950.
5 Zur Verdeutlichung nehmen wir hier zehn Milliarden Jahre als Größe an. Zur Zeit wird das Alter des Universums auf zehn bis zwanzig Milliarden Jahre geschätzt. Das Licht von weit entfernten Quasaren wurde ausgesendet, als das Universum etwa sechs Prozent seines gegenwärtigen Alters hatte.
6 Jastrow, *God and the Astronomers*, 107.
7 Stephen Hawking, »The Origin of the Universe«: Vortrag zur Konferenz »Three Hundred Years of Gravity« in Cambridge im Juni 1987. Abgedruckt in Stephen Hawking, *Black Holes and Baby Universes, and other Essays*, New York und London, 1993, S. 91.
8 Stephen Hawking, »The Edge of Spacetime«, in Paul: C. W. Davies (Hg.), *The New Physics*, Cambridge 1989, S. 67.
9 Ebd.
10 Alan Lightman, *A Modern Day Yankee in a Connecticut Court*, New York und Harmondsworth 1986, S. 93.
11 Ebd. S. 92.
12 Grußwort des Papstes an die Konferenz zur astronomischen Kosmologie im Vatikan 1981.
13 Zit. nach Roy E. Peacock, *A Brief History of Eternity*, London 1989, S. 93.
14 Hawking, »The Edge of Spacetime«, S. 68.
15 Stephen Hawking, »Einstein's Dream«. Vortrag bei der »Paradigm Session« der NTT Data Communications Systems Corporation in Tokio. Juli 1991. Abgedruckt in Stephen Hawking, *Black Holes and Baby Universes, and other Essays*, New York und London 1993, S. 83.
16 Zit. nach Ferguson, *Das Universum des Stephen Hawking*, S. 168.
17 Zit. nach Jerry Adler, Gerald Lubenow und Maggie Malone, »Reading God's Mind«, *Newsweek*, 13. Juni 1988, S. 59.
18 e. e. cummings, *selected poems 1923-1958*, London 1960, S. 56.
19 Vgl. Peter Convey und Roger Highfield, *The Arrow of Time*, London 1990, S. 181.
20 Zit. in H. R. Pagels, *Perfect Symmetry*, New York 1985, S. 316.
21 Thomas von Aquin, *Summa Theologica*, Teil 1, 2. Frage, 3. Artikel.
22 Hawking, *Eine kurze Geschichte der Zeit*, S. 217.
23 Genesis, 1,1.

24 Hawking, *Eine kurze Geschichte der Zeit*, S. 23.
25 Roger Penrose, *Computerdenken. Des Kaisers neue Kleider oder die Debatte um Künstliche Intelligenz, Bewußtsein und die Gesetze der Physik*, Heidelberg 1991, S. 92.
26 Hawking, *Eine kurze Geschichte der Zeit*, S. 217.
27 Barrow, *Theorien für alles*, S. 236.
28 Stephen Hawking, Halley-Vorlesung, Oxford, Juni 1989.
29 Zitiert nach Bryan Appleyard, »Master of the Universe: Will Stephen Hawking Live to Find the Secret?«
30 Davies, *The Mind of God*, S. 151.
31 John Polkinghorne, »The Mind of God?«, *Symposium: Hawking's ›History of Time‹ Re-considered*, The Cambridge Review, März 1992, S. 1.
32 Brief an die Autorin.
33 »Master of the Universe: Stephen Hawking«; Sendung der BBC von 1989.
34 Don N. Page, »Hawking's Timely Story«, *Nature 332*, 21. April 1988, S. 743.
35 Kolosser, 1, 16–17.
36 Davies, *The Mind of God*, S. 68.
37 Augustinus, *Bekenntnisse*, 11. Buch, XXX, Einsiedeln 185, S. 315.
38 Siehe Page, »Hawking's Timely Story«, S. 743.
39 Stephen Hawking, »My Position«, ein Gespräch am Gonville- und Caius-College in Cambridge im Mai 1992. Abgedruckt in Stephen Hawking, *Black Holes and Baby Universes, and other Essays*, New York und London 1994, S. 46.
40 John A. Wheeler, *A Journey into Gravity and Spacetime*, New York 1990, S. 3.

Kapitel 5

1 Leon Lederman, *The God Particle*, New York 1993, S. 1.
2 »Master of the Universe: Stephen Hawking«, Sendung der BBC, 1989.
3 Aus einem Aufsatz Albert Einsteins von 1939; abgedruckt in: *Out of My Later Years*, New York 1956, 1984 und bei Timothy Ferris, *The World Treasury of Physics, Astronomy and Mathematics*, London 1991, S. 835.
4 Hawking, *Eine kurze Geschichte der Zeit*, S. 217.
5 Aus: John Polkinghorne, *One World: The Interaction of Science and Theology*, London 1986, S. 62.

6 Dawkins, *Der blinde Uhrmacher*, S. 16.
7 William Paley, *Natural Theology – or Evidence of the Existence and Attributes of the Deity Collected from the Appearances of Nature*, 1802. Reprint: Houston, Texas, 1972. Zit. nach Dawkins, *Der blinde Uhrmacher*, S. 17.
8 Davies, *The Mind of God*, S. 213.
9 Dawkins, *Der blinde Uhrmacher*, S. 16.
10 Ebd. S. 330.
11 Ebd. S. 334.
12 Vgl. ebd. Kapitel 3, S. 58 ff.
13 Ebd. S. 166.
14 Ebd. S. 166.
15 Penrose, *Computerdenken*, S. 399.
16 Hawking, *Eine kurze Geschichte der Zeit*, S. 169.
17 Barrow, *Theorien für alles*, S. 78.
18 Zit. bei David H. Freedman, »Maker of Worlds« in: *Discover*, Juli 1990, S. 49.
19 »Master of the Universe: Stephen Hawking«, Sendung der BBC, 1989.
20 Psalmen 8,3–4.
21 Psalmen 46, 1–3.
22 Vgl. Brooke, *Science and Religion*, S. 52.
23 Zit. nach Peacock, *A Brief History of Eternity*, S. 22 und 38; auch bei Colin Humphreys, »Can Science and Christianity Both Be True?« in: R. J. Berry (Hg.), *Real Science, Real Faith*, London 1991, S. 116.
24 Zit. nach Owen Gingerich, »Let There Be Light: Modern Cosmogony and Biblical Creation« in: Roland Mushat Frye (Hg.), *Is God a Creationist?* New York 1983.
25 Penrose, *Computerdenken*, S. 437.
26 Brief an die Autorin.

Kapitel 6

1 Sprichwörter 1,9.
2 Häufige Ankündigung in »Monty Python's Flying Circus«.
3 Das Wunderland, welches Lucy in C. S. Lewis *König von Narnia* durch einen Wandschrank betritt. S. auch Kap. 7, S. 371 ff.
4 Sir Nevill Mott, »Christianity Without Miracles?«, in: Sir Nevill Mott, Hg.: *Can Scientists Believe?: Some Examples of the attitude of scientists to religion*, London 1991, S. 4 f.

5 Josua 10, 12-14.
6 Sir Arthur Conan Doyle, »Silver Blaze«, *Memoirs of Sherlock Holmes*.
7 John Polkinghorne, *Science and Providence: God's Interaction with the World*, London 1989, S. 27 f.
8 Dawkins, *Der blinde Uhrmacher*, S. 159 f.
9 Joseph Ford, »What is Chaos, that we should be mindful of it?, in: Paul C. W. Davies, Hg.: *The New Physics*, Cambridge 1989, S. 348.
10 »The Promise of Chaos: An interview with Georgia Tech physics professor Joseph Ford«, in: *Georgia Tech Research Horizons*, Spring 1988, S. 14.
11 Ford, »What is Chaos?«, S. 351.
12 »Wenn man Unsinn in den Computer eingibt, kommt auch Unsinn heraus« (Anm. d. Ü.).
13 James Clerk Maxwell, »Does the progress of Physical Science tend to give any advantage to the opinion of Necessity (or Determinism) over that of the Contingency of Events and the Freedom of the Will?« Essay aus dem Jahre 1873, Neudruck in: Lewis Campbell und William Garnett, *The Life of James Clerk Maxwell*, London 1882, S. 440, 442.
14 Coveney & Highfield, *Anti-Chaos. Der Pfeil der Zeit in der Selbstorganisation des Lebens*, Reinbek 1992, S. 269 f.
15 Ilja Prigogine und Isabelle Stengers, *Order out of the Chaos*, London 1985, S. 271.
16 Ford, »What is Chaos?«, S. 352.
17 Bereshit Rabbah, Kap. 5 (Sammlung weiser Sprüche aus dem Talmud, 5. Jh.) zit. nach Cyril Domb, »Faith and Reason in Judaism«, in: Mott, Hg., *Can Scientists Believe?* S. 131.
18 »The Promise of Chaos«, S. 15.
19 Buch Jona 1-4.
20 Aurelius Augustinus, *Bekenntnisse*, übers. v. Hans Urs von Balthasar, Einsiedeln 1985, S. 297.
21 Ebd. S. 297.
22 Ebd. S. 315.
23 Johannes 8, 58.
24 Zit. nach Dugald Murdoch, *Niels Bohr's Philosophy of Physics*, Cambridge 1987, S. 52.
25 John Hedley Brooke, *Science and Religion*, S. 333.
26 P. Speciali, Hg. *Albert Einstein and Michele Besso, Correspondence 1903-1955*, Brief vom 12. Dezember 1952, Paris 1972, S. 453; zit. nach A. Pais, »*Subtle is the Lord...*« *The Science and Life of Albert Einstein*, Oxford 1982, S. 382.

27 Zit. nach E. L. Mascall, *Christian Theology and Natural Science*, London 1956, S. 180.
28 Buch Hiob 38, 2.
29 Buch Hiob 40, 2 und 8.
30 Römerbrief 9, 20.
31 Evelyn Waugh, *Brideshead Revisited*, Penguin Books Ltd. 1986; (Erstveröffentlichung bei Chapman and Hall 1945), S. 387.
32 Buch Jesaja 55, 8.
33 Johannes 8, 14.
34 Ford, »What is Chaos?«, S. 352.
35 1. Korintherbrief 13, 12.
36 Brian Pippard, »The Invincible Ignorance of Science«, Eddington-Memorial-Vorlesung im Januar 1988; Erstveröffentlichung in: *Contemporary Physics*, Bd. 29, Nr. 4; Abdruck in *Great Ideas Today: 1990*, London 1990, S. 337.

Kapitel 7

1 Paul C. W. Davies, *Gott und die moderne Physik*, München 1989, S. 24.
2 Polkinghorne, *One World*, S. 26.
3 Augustinus, *Bekenntnisse*, S. 37.
4 Ayn Rand, *Night of January 16*, New York 1936.
5 John S. Spong, *This Hebrew Lord*, New York 1974, S. 14.
6 Deuteronomium 4, 29.
7 C. S. Lewis, *Der König von Narnia*, München 1977, S. 38 ff.
8 David Hume, *Eine Untersuchung über den menschlichen Verstand*, Leipzig 1911, S. 129.
9 Ebd. S. 134.
10 Polkinghorne, *Science and Providence*, S. 55.
11 Hume, *Eine Untersuchung über den menschlichen Verstand*, a.a.O., S. 135 f.
12 Ebd. S. 147 f.
13 Brian Pippard, *The Invincible Ignorance of Science*, S. 337.
14 Robin Lane Fox, *The Unauthorized Version: Truth and Fiction in the Bible*, London 1991, S. 38.
15 Ebd. S. 7.
16 John S. Spong, aus einer Predigt im April 1993 in St. Peter's Church, Morristown, New York.
17 John Hedley Brooke, *Science and Religion, Some Historical Perspectives*, Cambridge 1991, S. 8.

18 Ebd. S. 37.
19 Anselm von Canterbury, *Proslogion*, Köln 1966.
20 Thomas von Aquin, *Summa theologica*, Salzburg o. Jg., Band 1, Frage 2, 3. Artikel, S. 46 ff.
21 Ebd. Frage 1, 8. Artikel, S. 23.
22 Immanuel Kant, zit. nach Brooke, *Science and Religion*, S. 208.
23 Ford, »What is Chaos?«, S. 354.

Kapitel 8

1 Brief an die Autorin.
2 Zit. nach M. Mitchell Waldrop, »The Quantum Wave Function of the Universe« in: *Science*, 242 (2. Dez. 1988), S. 1250.
3 Barrow, *Theorien für Alles*, S. 268.
4 1. Korinther 13,12.

Literatur

Adler, Mortimer J., »Reality and Appearances« in: Mortimer Adler, *Ten Philosophical Mistakes*, London 1985

Anselmus Cantuariensis, *Monologion. Proslogion*, Köln 1966

Aquin, Thomas von, *Summa Theologica*, vollst. ungek. dtsch.-lat. Ausg., Salzburg o. Jg.

Augustinus von Hippo, *Bekenntnisse*. Übersetzung Hans Urs von Balthasar, Einsiedeln 1985

Barrow, John D., *Pi in the Sky: Counting, Thinking and Being*, Oxford 1992

Barrow, John D. und F. J. Tipler, *The Anthropic Cosmological Principle*, Oxford 1986

Barrow, John D., *Theories of Everything: The Quest for Ultimate Explanation*, Oxford 1991 (dt.: *Theorien für Alles. Die philosophischen Ansätze der modernen Physik*, Heidelberg, Berlin, New York 1992)

Berry, R. J. (Hg.), *Real Science, Real Faith*, Eastborne 1991

Brooke, John Hedley, *Science and Religion: Some Historical Perspectives*, Cambridge 1991

Burrell, David und Bernard McGinn, *God and Creation: An Ecumenical Symposium*, Notre Dame, Indiana 1990

Casti, John L., *Searching for Certainty: What Scientists Can Know About the Future*, New York 1990 (dt.: *Szenarien der Zukunft: Was Wissenschaftler über die Zukunft wissen können*, Stuttgart 1992)

Chandrasekhar, Subrahmanyan, »Truth and Beauty: Aesthetics and Motivations« in *Science*, Chicago 1987

Colodny, Robert G. (Hg.), *Frontiers of Science and Philosophy*, Pittsburgh 1962

Coveney, Peter and Roger Highfield, *The Arrow of Time*, London 1990 (dt.: *Anti-Chaos. Der Pfeil der Zeit in der Selbstorganisation des Lebens*, Reinbek 1992)

Davies, Paul C. W., *God and the New Physics*, London 1983 (dt.: *Gott und die moderne Physik*, München 1989)

ders., *The Mind of God: Science and the Search for Ultimate Meaning*, London 1992

Dawkins, Richard, *The Blind Watchmaker*, London 1986 (dt.: *Der blinde Uhrmacher. Ein neues Plädoyer für den Darwinismus*, München 1990)

Dodd, James E., *The Ideas of Particle Physics: An Introduction for Scientists*, Cambridge 1984. Neu durchgesehene Auflage 1988

Eccles, J. C., *The Understanding of the Brain*, New York 1973 (dt.: *Das Gehirn des Menschen*, München 1990)

Eddington, Arthur S., *The Expanding Universe*, New York 1933

ders., *The Nature of the Physical World*, Cambridge 1928

Einstein, Albert, *Out of My Later Life*. New York 1956, 1984 (dt.: *Aus meinen späten Jahren*, Stuttgart 1952)

Ferguson, Kitty, Stephen Hawking: *Quest for a Theory of Everything*, London 1992 (dt.: *Das Universum des Stephen Hawking*, Düsseldorf 1992)

Ferguson, Kitty, *Black Holes in Spacetime*, New York 1991 (dt.: *Eine Reise an die Grenzen des Universums. Die letzten Rätsel der Schwarzen Löcher*, Düsseldorf 1993)

Feynman, Richard, *QED: The Strange Theory of Light and Matter*, Princeton 1985 (dt.: *Die seltsame Theorie des Lichts und der Materie*, München 1992)

Ford, Joseph, »A Complex World: Can We Cope?« in: Lochak, Georges und Pierre Lochak, *Courants, Amers, Écueils, en Microphysique*, Paris 1993

ders., »What is Chaos That We Should Be Mindful of It?« in: Paul C. W. Davies, *The New Physics*, Cambridge 1989

Fox, Robin Lane, *The Unauthorized Version: Truth and Fiction in the Bible*, London 1991

Galilei, Galileo, *Dialog über die beiden hauptsächlichen Weltsysteme*. Aus dem Italienischen von Emil Strauss, in: Schriften, Briefe, Dokumente, Bd. 1, Berlin 1987

Gingerich, Owen, »Let There Be Light: Modern Cosmogony and Biblical Creation« in: Roland Mushat Frye (Hg.), *Is God a Creationist?* New York, 1983

Gleick, James, *Chaos: Making a New Science*, London 1988 (dt.: *Die Ordnung des Universums*, München 1988)

Gribbin, John, *In Search of the Big Bang*, London 1986

Guth, Alan und Paul Steinhardt, »The Inflationary Universe« in: Paul C. W. Davies (Hg.). *The New Physics*, Cambridge 1989

Hammond, Allen (Hg.), *A Passion to Know: Twenty Profiles in Science*, New York 1984, New York 1985

Hanson, N. Russell, *Perception and Discovery*, London 1969

Hardy, Godfrey H., *A Mathematician's Apology*, Cambridge 1967

Hawking, Stephen W., *A Brief History of Time: From the Big Bang to Black Holes*, London 1988 (dt.: *Eine kurze Geschichte der Zeit. Die Suche nach der Urkraft des Universums*, Reinbek 1991)

ders., »Black Holes and Their Children, Baby Universes«, unveröffentlicht

ders., »The Edge of Spacetime« in: Paul C. W. Davies (Hg.), *The New Physics*, Cambridge 1989

ders., »Is Everything Determined?«, 1990, unveröffentlicht

ders., »Wormholes in Spacetime«, August 1987, unveröffentlicht

Hawking's »History of Time« Re-considered, Symposium, The Cambridge Review, März 1992. (Beiträge von John Polkinghorne, Malcolm Longaire, Michael Redhead, Jonathan Powers, Stephen Hawking)

Heisenberg, Werner, *Das Naturbild der heutigen Physik*. Hamburg 1960

Hofstadter, Douglas R., *Gödel, Escher, Bach: An Eternal Golden Braid*, Hassocks 1979 (dt.: *Gödel Escher Bach – ein Endloses Geflochtenes Band*, Stuttgart 1985)

Hume, David, *An Enquiry Concerning Human Understanding*. Abgedruckt in: Steven M. Cahn (Hg.), *Classics of Western Philosophy*. 3. Auflage, Cambridge 1977, ³1990 (dt.: *Eine Untersuchung über den menschlichen Verstand*, Leipzig 1911)

Isham, Christopher C., »Creation of the Universe as a Quantum Process« in: Robert J. Russell, William R. Stoeger und George V. Coyne, *Physics, Philosophy, and Theology: A Common Quest for Understanding*, Vatikan- Staat 1988

Jaki, Stanley L., *The Road of Science and the Ways to God*, Edinburgh 1972

Jastrow, Robert, *God and the Astronomers*, London 1978, Neuauflage 1992

Kant, Immanuel, *Grundlegung zur Metaphysik der Sitten*

Lederman, Leon M., *The God Particle: If the Universe is the Answer, What is the Question?* New York 1993

Lederman, Leon M. und David N. Schramm, *From Quarks to the Cosmos: Tools of Discovery*, New York 1989

Lemaître, Georges, *The Primeval Atom*, New York 1950

Lewis, C. S., *God in the Dock*. Hg. v. Walter Hooper, Grand Rapids 1970 (dt.: *Gott auf der Anklagebank*, Basel, Gießen 1981)

ders., *The Lion, the Witch and the Wardrobe*. Buch 1 der *Chronicles of Narnia*, New York 1950 (dt.: *Der König von Narnia*, München 1977)

ders., *Miracles: A Preliminary Study*, New York 1947 (dt.: *Wunder*. Basel, Gießen 1980)

Longaire, Malcolm, »The New Astronomers« in: Paul C. W. Davies (Hg.), *The New Physics*, Cambridge 1989

Mehra, Jagdish (Hg.), *The Physicist's Conception of Nature*, Norwell 1973

Mott, Neville (Hg.), *Can Scientists Believe? Some Examples of the Attitude of Scientists to Religion*, London 1991

Murdoch, Dugald, *Niels Bohr's Philosophy of Physics*, Cambridge 1987

Newman, John Henry, *The Idea of a University*, Neuauflage New York 1959 (dt.: *Christentum und Wissenschaft*, Darmstadt 1957)

Pais, A., *»Subtle is the Lord...«. The Science and the Life of Albert Einstein*, Oxford 1982; dt.: *»Raffiniert ist der Herrgott...« Albert Einstein; eine wissenschaftliche Biographie*, Braunschweig u. a. 1986

Paley, William, *Natural Theology – or Evidences of the Existence and Attributes of the Deity Collected from the Appearances of Nature*, 1802, Neuauflage Houston 1972

Paul, Ian, *Science and Theology in Einstein's Perspective*, Edinburgh 1986

Peacock, Roy E., *A Brief History of Eternity: A Considered Response to Stephen Hawking's »A Brief History of Time«*, London 1989

Peitgen, H.-O. und P. H. Richter, *The Beauty of Fractals*, Berlin, Heidelberg 1986

Peitgen, H.-O. und D. Saupe, *The Science of Fractal Images*, Berlin 1986

Penrose, Roger, *The Emperor's New Mind: Concerning Computers, Minds, and the Laws of Physics*, Oxford 1989 (dt.: *Computerdenken: des Kaisers neue Kleider oder die Debatte um künstliche Intelligenz, Bewußtsein und die Gesetze der Physik*. Heidelberg 1991)

Pippard, Brian, »Eddington's Two Tables« in: *Great Ideas Today*: 1990, London 1990, S. 311–317

Poincaré, Henri, *The Foundations of Science: Science and Hypothethis. The Value of Science. Science and Method*, New York 1907

Polkinghorne, John, *One World: The Interaction of Science and Theology*, London 1986

ders., *Reason and Reality: The Relationship Between Science and Theology*, London 1991

ders., *Science and Creation: The Search for Understanding*, London 1988

ders., *Science and Providence: God's Interaction with the World*, London 1989

Popper, Karl: *The Logic of Scientific Discovery*, London 1961 (dt.: Logik der Forschung, Tübingen 1966)

Prigogine, Ilja und Isabelle Stengers, *Order out of Chaos*, London 1985

Ray, Christopher, *Time, Space, and Philosophy*, London 1991

Sandage, Allan, »Cosmology: The Quest to Understand the Creation and Expansion of the Universe« in: Byron Preiss, *The Universe*, New York 1987

Smith, Robert W., *The Expanding Universe: Astronomy's »Great Debate«*, Cambridge 1982

van den Beukel, A., *More Things in Heaven and Earth: God and the Scientists*, übers. v. John Bowden, London 1991

Weinberg, Steven, *Dreams of a Final Theory: The Search for the Fundamental Laws of Nature*, New York 1992 (dt.: *Der Traum von der Einheit des Universums*, München 1993)

ders., *The First Three Minutes: A Modern View of the Origin of the Universe*, London 1988 (dt.: *Die ersten drei Minuten: der Ursprung des Universums*, München 1989)

Personen- und Sachregister

Aberglaube 279, 377
Agnostiker 272, 277, 288, 385
Agnostizismus 114 ff., 187, 198, 405
Aids 110
Albalag, Isaak 389
Alpher, Ralph 149 ff.
Andromedanebel 101, 142
Anfangszustand 317, 319 ff.
Anselm von Canterbury 387 ff., 403
Anti-Gravitation 141
Antimaterie 157 f.
Apfelmännchen 313
Argument, moralisches 393
Aristoteles 332, 389
Asymmetrien 38, 87, 158
Atheismus 114 f., 187, 220, 371, 405, 408
Äther 259
Attraktoren 312 f., 315 f.
Auferstehung 290, 321, 324, 327, 375
Augustinus von Hippo 148, 205, 332 f., 335, 381, 403
Ausdehnungstheorie 117

Baby-Universen 170–173, 203, 256, 258 f., 266, 328
Bach, Johann Sebastian 350 f., 353
Barrow, John 69, 103 f., 190, 193, 244, 254, 346, 410
Beethoven, Ludwig van 379
Bell, John 112

Bergman, Ingmar 300, 327
Bernstein, Leonard 99
Beukel, A. van den 113
Bifurkation 313
Bohm, David 112
Bohr, Nils 41, 113, 328 f., 336–340
Boltzmann, Ludwig 195
Bondi, Hermann 117, 146 f.
Bosonen 77 ff.
Bridge, J. Frederick 15
Broglie, Louis de 98
Brooke, John Hedley 66, 340, 386 f.
Burke, Bernard 150

Casino-Gott 322
Cato, Marcus Porcius 355
Cepheiden 142
Chalatnikow, Isaak 152
Chandrasekhar, Subramanyan 105 ff., 153
Chandrasekharscher Grenzwert 106
Chaos 400 f.
Chaosforschung 38, 46, 56, 115, 122, 299, 305–309, 317, 326
Chaostheorie 243, 318–321, 326 f.
Coleman, Sidney 257 ff.
Computersimulation 222–225, 309
Coveney, Peter 316 f.

Darwin, Charles 13 ff., 66, 95, 111, 132, 135, 219 f., 402
Darwin, Erasmus 111

Davies, Paul C. W. 41, 112, 168, 195, 204 f., 219, 355
Dawkins, Richard 118 f., 218–225, 229 f., 241–244, 265, 331, 402
Dekonstruktivismus 382
Determinismus 298
DeWitt, Bryce 212
Dicke, Robert 150
Dimopoulos, Savas 260 f., 263
Dirac, Paul 95–98
DNS 36, 228 ff., 239, 243, 264, 331, 402
Doppler-Effekt 139
Down-Quarks 261
Duhem, Pierre 87

Eccles, John 296 f.
Eddington, Sir Arthur 18, 25, 105–108, 142, 144, 378
Edison, Thomas Alva 39
Einstein, Albert 18, 40–43, 45, 64 f., 70, 81, 98 f., 105, 112 f., 117, 140 f., 143, 170, 173, 182, 206, 209, 214, 256, 259, 293, 299, 337, 347, 352, 378
Elektroschwach-Theorie 76, 85, 87 f., 90, 97, 118, 263, 302
Elementarteilchen 303, 331
Elemente, arbiträre 72
Eliot, T. S. 39, 107, 348, 403
Entropie 177 f., 180, 308, 399
Erfahrung, religiöse 358 f.
Erste Ursache 199 f., 206 f., 210 f., 239 f., 273, 323, 331, 343 f., 353, 388
Everett, Hugh 329
Evolution 14, 16, 34 f., 96, 118, 129, 134, 217, 221, 226–229, 239–243, 245, 264 f., 271, 294, 348, 401 f., 406
Ewigkeit 333
Existenz Gottes 51 f.
–, Argumente für 389 ff.
Expansionsenergie 246

Feigenbaum, Mitchell 313
Ferguson, Caitlin 267
Fermi, Enrico 77
Fermionen 77 ff.
Feynman, Richard 54
Ford, Joseph 306 f., 310, 322 f., 346, 400 f., 409
Fox, Robin Lane 381 f., 384
Friedmann, Alexander 141–145, 149, 173
Friedmann-Modell 175, 177

Galaxien, Clusterbildung von 47, 308, 326
Galaxienbildung 151 f.
Galilei, Galileo 101, 287, 289, 386 f., 408
Gamow, George 149 f.
Gell-Mann, Murray 68, 96
Genesis 187, 212, 217, 220, 290 f., 339, 381
Genmanipulation 111
Geometrie, Regeln der 37 f.
Glashow, Sheldon 77
Glaubensartikel 22 ff., 26, 29
Gleichungen, Schönheit der 96 f.
Gluonen 78
Gödel, Kurt 102 f., 210
Gödelsches Theorem 102 ff., 193
Gold, Thomas 117, 146 f.
Gott, Eingreifen von 286, 301
Gottes Wirken 297
Gottesbegegnungen 357 ff.
Gottesbegriff 133
Gottesbeweis 409
–, teleologischer 219 f., 244, 264
Gotteserfahrung 363, 365 f., 369, 380, 383, 393 f.
Gottesvorstellungen 212 ff.
Gratisuniversum 181, 183 f., 187, 198
Gravitation 42, 44, 72, 74, 78, 81 f., 106, 122, 153, 159 ff., 174, 183, 245 ff., 251, 255, 259, 289

428

Gravitonen 78
Guth, Alan 181, 249, 251

Hall, Lawrence 260 f., 263
Halluzinationen 285, 296, 361, 377
Händel, Georg Friedrich 15
Hanson, Russell 75 f., 86
Hardy, G. H. 96, 100 f., 135
Hartle, Jim 164, 166 ff., 170, 188 f., 201 ff., 205
Hawking, Jane 195
Hawking, Stephen 15, 17, 20 ff., 24, 40 f., 45, 48, 53–56, 64 f., 70, 118 f., 129, 133, 153 ff., 161–168, 170, 178, 180, 184, 188 ff., 193–197, 201–206, 212 ff., 249, 267, 306, 333, 354, 385, 390
Haydn, Joseph 135
Heilungswunder 286
Heisenberg, Werner 31, 67, 337
Herman, Robert 149 ff.
Higgs-Feld 260, 263, 266
Higgs-Teilchen 261, 263
Highfeld, Roger 316 f.
Hintergrundstrahlung, kosmische 150 f., 153, 160
Hiob 278, 345, 359, 395
Hoffding, H. 340
Horizontproblem 253
Hoyle, Fred 117, 133, 146 f., 245
Hubble, Edwin 44, 142 f.
Humason, Milton 143
Hume, David 371, 373–378, 394

Inflations-Theorie 188, 250–254, 266, 347
Insel-Universen 138, 142
Intelligenz, künstliche 127, 271
Irrationalität 38, 282

James, William 340
Jastrow, Robert 116 ff., 147 f.
Jona-Geschichte 324 f.
Josua-Wunder 286–289, 408

Kant, Immanuel 340, 394–397
Keine-Grenzen-Hypothese 118, 169, 185–188, 196, 201–206, 343, 390
Kepler, Johannes 266, 269
Kirkegaard, Sören 340
Klonen 111, 384
Koinzidenzien 300 f., 375
Kollaps, Großer 180
Kollapsar 50
Komplementarität 336, 338 ff., 407
Komplexitätsforschung 38, 46, 56, 115, 122, 243, 299, 305, 308 f., 326
Komplexitätstheorie 318–321, 326 f.
Konsistenz, mathematische 99 ff., 103, 266, 388
Konstante, kosmologische 141, 256–259
Kopernikus, Nikolaus 245
Kreationismus 114
Kreativität 65 f.
Kuchar, Karel 205
Kupfer, Harry 61 f.

Lagrange, Joseph-Louis de 402
Laplace, Pierre Simon de 311 f., 317, 320, 402
Leben, Heiligkeit des 129
Lederman, Leon 212
Legalismus 281, 285
–, naturwissenschaftlicher 291
Leibniz, Gottfried Wilhelm 166, 342
Lemaître, Abbé Georges-Henri 137, 141 ff., 146, 154
Leptonen 260–263
Lewis, C. S. 133, 135, 278, 339, 366, 371, 373, 394
Lewis, John 13
Lichtgeschwindigkeit 124 f.
Lichtquanten 341
Liddon, H. P. 14

Lifschitz, Jewgenii 152
Lightman, Alan 164 f.
Lin, Douglas 175
Linde, Andrej 253
Linseneffekte 175
Lorenz, Edward 309–312
Lucas, George 111
Lückenbüßergott-Theologie 273, 304 f.

Magellansche Wolke 175
Maimonides 389
Mandelbrot, Benoit 313
Mandelbrot-Menge 313
Massenhalluzination 289
Materie, dunkle 174 f.
–, Entstehung von 182
Mathematik 58, 99, 101 ff., 166 f., 191 f., 194, 210
Maxwell, James Clerk 195, 311
May, Robert 312–315, 318
McVittie, George 142
Meer, Simon van der 89 f.
Mehra, Jagdish 95
Menschenverstand, gesunder 17, 19, 21, 24 f., 27, 30, 177, 255, 305
Mentor-System 108
Merrivale, Sir Henry 132
Meteorologie 309 f.
Michelangelo 63
Milchstraße 137 f., 143, 175
Monty Python 61 f., 120
Morgan, Jim 53
Mott, Sir Neville 284, 290
Mutationen 222 f., 226, 240 f., 294, 401
Mutter Teresa 385

Napoleon I. 383
Narnia 278, 366, 371
Naturgesetze, Verletzung der 375
Naturkonstanten 45 f., 80, 125, 141
Naturtheologie 132

Naturwissenschaft, Grundpfeiler der 64
–, Theorien in der 70, 72 ff.
–, Ursprünge der 22
Newman, John Henry 219
Newton, Sir Isaac 54, 72, 121, 166, 259, 293, 299, 306, 317, 321, 346 f.
Nichteinmischungspolitik 268 f.

Page, Don 204
Paley, William 218 f., 244, 402
Pass the Parcel 40 f.
Pauli, Wolfgang 337
Paulus 410
Peierls, Sir Randolph 112
Penrose, Roger 45, 153 ff., 161, 178, 180, 192, 242, 271 ff., 299
Penzias, Arno 150, 153, 160
Photonen 78, 81, 84, 149, 257
Pippard, Sir Brian 25 ff., 272, 352 ff., 371, 378 f., 403
Planck, Max 14
Plato 278, 389
Poincaré, Henri 61 f., 65 f., 70, 94 f., 168
Polkinghorne, John 197 f., 296 f., 299, 358, 363, 376, 378, 387, 390, 404
Popper, Karl 74, 118
Powers, Jonathan 102, 105
Prigogine, Ilja 316
Prinzip, anthropisches 246–249, 265, 330 f.
Protosterne 139
Psychologie 128, 271

Qualität, fraktale 313
Quantenebene 188, 297 ff.
–, Erforschung der 33
–, Realität der 67, 69
Quantengravitation 163
Quantenmechanik 18, 29, 41, 72, 161 ff., 167, 181, 186, 188, 196, 257, 303, 328, 337
Quantenphysik 52, 98, 112, 175

–, Unschärferelation der 31 ff., 41, 49
Quantentheorie 98, 105, 113, 115, 297, 325
Quarks 29, 40, 111, 260–263
Quasare 29, 101, 145, 151 f.
Quine, W. van 87

Raby, Stuart 260 f., 263
Rand, Ayn 362
Rationalität 28, 214 f., 271, 348 f.
Raum-Zeit-Maßstab 155
Raumzeit 206 f.
–, Entstehung der 181
Raumzeit, Krümmung der 81, 153 ff., 170, 183, 257
Realität 91–94, 100, 112 f., 122, 316, 329, 336, 348
–, objektive 48 f., 69 f.
–, unabhängige 363
Reduktionismus 328
Relativitätstheorie, Allgemeine 18, 43, 45, 96, 98, 140, 152–155, 161 ff., 167, 181, 186, 196, 257, 347
Richards, Paul 150
Rotverschiebung 139 f., 142 f.
Rubbia, Carlo 89 f.
Rückkoppelung, Chaos mit 401

Salam, Abdus 76 f., 81 f., 84 f., 89
Sandage, Allan 117
Schmetterlingseffekt 310
Schöpfergott 217, 266
Schöpfungsgeschichte 14
Schrödinger, Erwin 98
Schrödinger-Gleichung 298, 301
Schwarzes Loch 29, 42–45, 50, 74, 98, 105, 107, 111, 153 f., 163, 169, 172, 242
Science-fiction 29 ff., 167, 180, 185, 277
Selbst-Konsistenz 193
Selbst-Referenz 126
Selektion, natürliche 243

Shakespeare, William 221 f., 393
Singularität, verschmierte 164
Singularitäten 42–45, 58, 74, 153, 155, 157, 169, 202, 242, 293
Sitter, Willem de 140, 142
Skeptizismus 48, 70, 91, 117
Slipher, Vesto 139 f., 142
Smoot, George 160
Spielberg, Steven 111, 277
Spiralnebel 139, 142
Spong, John 365 f., 384
Stanford-Experiment 88
Steady-State-Theorie 117, 146 f., 149, 151 f., 157, 187
Stengers, Isabelle 316
Stokes, Sir George 341
Stoppard, Tom 307
String-Theorie 189
Strings, supersymmetrische 175
Sua, F. De 103
Superstring-Theorie 72, 97, 188 f.
Symmetrie 36 ff., 263, 292, 325
–, gebrochene 82 ff., 335 f.
Symmetrieverletzung 304
Systeme, chaotische 315

Taylor, John 112
Testament, Altes und Neues 269, 279, 290, 296, 319, 323, 335, 357, 368, 380, 397
Theorie, approximative 47, 55
Theorie, Vollständige einheitliche 53 ff., 79 f., 126, 199, 405
Thermodynamik, Zweiter Hauptsatz der 177 f., 308
Thomas von Aquin 184, 192, 387, 389–394
Tierpopulation 312–315, 318
Top-Quark 261, 263
Trower, Peter 120
Tryon, Edward 181
Twenty Questions 50

Überlebensprobleme 123
Übernatürliche, das 128, 130 f.

Universum 20–24, 57
–, Ausdehnung des 144, 153, 180
–, Beziehungen im 125
–, Existenz des 51
–, expandierendes 44
–, Materie im 37, 77, 156 f.
–, pulsierendes 177 f., 181
–, Randbedingungen des 79, 168, 201 f.
–, Theorie des 55
Up-Quarks 261
Uratom 141
Urknall 138, 141, 156, 160 f., 165
-Explosion 253
-Singularität 163, 178
-Szenario 155
-Theorie 116 ff., 147, 149, 151 f., 156 f., 159, 166, 185 f., 253
-Universum 161
Ursache und Wirkung 28 f., 32, 274, 298
Ursachenbeweise 389

Vakuum, Energiedichte des 255
Vatikan-Konferenz (1981) 165
Vernunft Gottes, moralische 395
Verschmierungseffekt, quantenmechanischer 168
Vorhersagbarkeit 311, 316, 333
–, Grenzen der 126

Wagner, Richard 61 f., 350
Wahrscheinlichkeitsdichte 298, 301
Wahrscheinlichkeitsregeln 321
Waugh, Evelyn 342
Wechselwirkungen der Natur 77, 81
Weinberg, Steven 76 f., 81 f., 84–89, 116, 120
Weiße Zwerge 106
Welle-Teilchen-Dualität 336 ff.
Wheeler, John 50 f., 96, 99, 106, 112, 153, 159, 170, 174, 181, 206, 248
Wilbur, Richard 17
Williams, Tennessee 397
Wilson, Robert 150, 153, 160
Wissen, öffentliches und privates 356
Wissenschaftsgläubigkeit 112
Wunder 375–378
–, biblische 296
Wurmloch 46, 74, 170 ff., 184, 266
-Theorie 97, 173, 203, 256, 258

Zahlen, imaginäre 166
Zeit, chronologische 333 f.
–, imaginäre 167, 169 f., 194, 203
Zeitlosigkeit 332